教育部　财政部职业院校教师素质提高计划职教师资培养资源开发项目
动物科学专业职教师资培养资源开发（VTNE059）

草食动物生产

黄国清　兰旅涛　主编

中国农业大学出版社
·北京·

内 容 简 介

本教材内容包括产前筹划(牧场的筹划和建设、草食动物饲草料的筹划与调制)、产中实施(牛生产技术、羊生产技术、马生产技术、家兔生产技术)及产后经营(草食动物生态养殖与产业经营)共 7 个单元 34 个学习任务。

图书在版编目(CIP)数据

草食动物生产/黄国清,兰旅涛主编. —北京:中国农业大学出版社,2016.6
ISBN 978-7-5655-1559-0

Ⅰ.①草… Ⅱ.①黄… ②兰… Ⅲ.①家畜-饲养管理 Ⅳ.①S82

中国版本图书馆 CIP 数据核字(2016)第 099277 号

书　　名	草食动物生产		
作　　者	黄国清　兰旅涛　主编		
策　　划	赵　中	责任编辑	洪重光
封面设计	郑　川	责任校对	王晓凤
出版发行	中国农业大学出版社		
社　　址	北京市海淀区圆明园西路 2 号	邮政编码	100193
电　　话	发行部 010-62818525,8625	读者服务部	010-62732336
	编辑部 010-62732617,2618	出 版 部	010-62733440
网　　址	http://www.cau.edu.cn/caup	E-mail	cbsszs@cau.edu.cn
经　　销	新华书店		
印　　刷	涿州市星河印刷有限公司		
版　　次	2016 年 8 月第 1 版　　2016 年 8 月第 1 次印刷		
规　　格	787×1 092　　16 开本　　24 印张　　595 千字		
定　　价	50.00 元		

图书如有质量问题本社发行部负责调换

教育部 财政部职业院校教师素质提高计划成果系列丛书

项目牵头单位 江西农业大学

项目负责人 黄国清

项目专家指导委员会

主　任 刘来泉

副主任 王宪成　郭春鸣

成　员 （按姓氏笔画排序）

刁哲军　王继平　王乐夫　邓泽民　石伟平　卢双盈

汤生玲　米　靖　刘正安　刘君义　孟庆国　沈　希

李仲阳　李栋学　李梦卿　吴全全　张元利　张建荣

周泽扬　姜大源　郭杰忠　夏金星　徐　流　徐　朔

曹　晔　崔世钢　韩亚兰

编写人员

主　编　黄国清（江西农业大学）

　　　　　兰旅涛（江西农业大学）

副主编　刘海霞（江苏农牧科技职业学院）

　　　　　姜明明（黑龙江农业经济职业学院）

　　　　　刘　燕（河南农业职业学院）

参　编　陈功义（河南农业职业学院）

　　　　　李　明（河南农业大学）

　　　　　杜晓霞（山东畜牧兽医职业学院）

　　　　　朱爱文（江苏农牧科技职业学院）

出版说明

《国家中长期教育改革和发展规划纲要（2010—2020 年）》颁布实施以来,我国职业教育进入加快构建现代职业教育体系、全面提高技能型人才培养质量的新阶段。加快发展现代职业教育,实现职业教育改革发展新跨越,对职业学校"双师型"教师队伍建设提出了更高的要求。为此,教育部明确提出,要以推动教师专业化为引领,以加强"双师型"教师队伍建设为重点,以创新制度和机制为动力,以完善培养培训体系为保障,以实施素质提高计划为抓手,统筹规划,突出重点,改革创新,狠抓落实,切实提升职业院校教师队伍整体素质和建设水平,加快建成一支师德高尚、素质优良、技艺精湛、结构合理、专兼结合的高素质专业化的"双师型"教师队伍,为建设具有中国特色、世界水平的现代职业教育体系提供强有力的师资保障。

目前,我国共有 60 余所高校正在开展职教师资培养,但由于教师培养标准的缺失和培养课程资源的匮乏,制约了"双师型"教师培养质量的提高。为完善教师培养标准和课程体系,教育部、财政部在"职业院校教师素质提高计划"框架内专门设置了职教师资培养资源开发项目,中央财政划拨 1.5 亿元,系统开发用于本科专业职教师资的培养标准、培养方案、核心课程和特色教材等系列资源。其中,包括 88 个专业项目,12 个资格考试制度开发等公共项目。该项目由 42 家开设职业技术师范专业的高等学校牵头,组织近千家科研院所、职业学校、行业企业共同研发,一大批专家学者、优秀校长、一线教师、企业工程技术人员参与其中。

经过 3 年的努力,培养资源开发项目取得了丰硕成果。一是开发了中等职业学校 88 个专业(类)职教师资本科培养资源项目,内容包括专业教师标准,专业教师培养标准、评价方案以及一系列专业课程大纲、主干课程教材及数字化资源;二是取得了 6 项公共基础研究成果,内容包括职教师资培养模式、国际职教师资培养、教育理论课程、质量保障体系、教学资源中心建设和学习平台开发等;三是完成了 18 个专业大类职教师资资格标准及认证考试标准开发。上述成果,共计 800 多本正式出版物。总体来说,培养资源开发项目实现了高效益:形成了一大批资源,填补了相关标准和资源的空白;凝聚了一支研发队伍,强化了教师培养的"校—企—校"协同;引领了一批高校的教学改革,带动了"双师型"教师的专业化培养。职教师资培养资源开发项目是支撑专业化培养的一项系统化、基础性工程，是加强职教教师培养培训一体化建设的关键环节，也是对职教师资培养培训基地教师专业化培养实践、教师教育研究能力的系统检阅。

自 2013 年项目立项开题以来，各项目承担单位、项目负责人及全体开发人员做了大量深入细致的工作，结合职教教师培养实践，研发出很多填补空白、体现科学性和前瞻性的成果，有力推进了"双师型"教师专门化培养向更深层次发展。同时，专家指导委员会的各位专家以及项目管理办公室的各位同志，克服了许多困难，按照两部对项目开发工作的总体要求，为实施项目管理、研发、检查等投入了大量时间和心血，也为各个项目提供了专业的咨询和指导，有力地保障了项目实施和成果质量。在此，我们一并表示衷心的感谢。

指导委员会

2016 年 3 月

前　言

　　"草食动物生产"是动物科学本科专业的专业课程,是在学习"畜禽解剖生理"、"动物生物化学"、"动物微生物学"、"畜禽繁育"、"动物营养与饲料"、"家畜环境卫生"和"生物统计"等课程基础上开设的一门综合性、实践性很强的课程。本课程从现代养牛、养羊、养马、养兔生产企业的岗位,对应饲养管理技术员、繁殖配种员、奶站管理员、产品检测实验员及生产经营管理人员等岗位任职能力分析入手,以应用能力培养为重点,打破学科体系,在传统的"牛生产学"、"羊生产学"、"马生产学"和"兔生产学"四门课程的基础上,把牛、羊、马、兔等草食动物生产的共性进行充分整合和优化,突出理论知识的应用和实践能力的培养,强化学生对综合解决问题能力和职业能力的全面提升,充分体现专业性、应用性、科学性和先进性的原则。通过本课程的学习,使学生掌握奶牛饲养、肉牛饲养、毛(绒)用羊饲养、奶山羊饲养、肉用羊饲养、马匹饲养、家兔饲养、草食动物繁育、草食动物产品加工及检测、草食动物生产经营的基本知识和基本技能。

　　本教材在内容编排上,紧紧抓住草食动物"草食性"的特点,以工作过程为导向,以草食动物生产条件为切入点,打破以往按学科体系设计教材的习惯,采用单元化课程编排模式,按照"单元—任务—技能训练"的结构,根据草食动物生产企业的实际岗位技能与生产流程来提炼相关内容,包括产前筹划(牧场的筹划和建设、草食动物饲草料的筹划与调制)、产中实施(牛生产技术、羊生产技术、马生产技术、家兔生产技术)及产后经营(草食动物生态养殖与产业经营)共 7 个单元 34 个学习任务,从共性到个性再回到共性,环环相扣,充分体现"以职业为先,岗位为重,素质为本"的现代教育理念。

　　本教材按照"以岗位能力培养为核心、以单元任务为载体"的要求,"教、学、做"一体化的体例进行编排,有利于"理实一体化"教学的全面实施。每个单元设有若干个学习任务,每个学习任务理论学习与技能训练相结合,让学生边学习,边操作,边理解,边记忆。教师可以根据当地生产实际及课时情况选修学习任务和技能训练。

　　本教材具有体例新颖、内容结合生产实际、图文并茂、直观易懂和实用性强的特点,适用于应用型本科人才培养,既可作为"动物科学"职教师资本科专业教材,也可作为"动物科学"应用型本科专业教材。

　　本教材在开发过程中,得到了项目组专家的细心指导,在编写体例、结构和内容选取等方面做了大胆的改革尝试,但由于本教材是四门课程的整合,涉及的内容较广,限于编者的能力和水平,教材中难免有不妥甚至错误之处,敬请同行专家和使用者批评指正,以便再版时修正。

编　者

2016 年 2 月

目　录

单元 1　牧场的筹划和建设 …………………………………………… 1
　任务 1-1　确定草食动物生产规模与方式 ……………………… 1
　　一、适宜规模的确定 …………………………………………… 1
　　二、适宜饲养方式的确定 ……………………………………… 1
　任务 1-2　规划布局牧场 ………………………………………… 5
　　一、场址的选择 ………………………………………………… 5
　　二、场地规划与布局 …………………………………………… 6
　任务 1-3　设计与建造畜舍 ……………………………………… 8
　　一、奶牛舍设计与建设 ………………………………………… 8
　　二、肉牛舍设计与建设 ………………………………………… 16
　　三、羊舍设计与建设 …………………………………………… 19
　　四、马舍设计与建设 …………………………………………… 26
　　五、兔舍设计与建设 …………………………………………… 28
　　技能训练 1-1　奶牛场的规划与牛舍建筑设计 ……………… 34
　　技能训练 1-2　羊舍建筑设计分析 …………………………… 35
单元 2　草食动物饲草料的筹划与调制 ……………………………… 38
　任务 2-1　草食动物常用的饲草料 ……………………………… 38
　　一、能量饲料 …………………………………………………… 38
　　二、蛋白质饲料 ………………………………………………… 39
　　三、青绿饲料 …………………………………………………… 40
　　四、多汁饲料 …………………………………………………… 41
　　五、粗饲料 ……………………………………………………… 42
　　六、青贮饲料 …………………………………………………… 42
　　七、矿物质饲料 ………………………………………………… 43
　　八、饲料添加剂 ………………………………………………… 43
　任务 2-2　粗饲料的调制加工技术 ……………………………… 43
　　一、干草的调制加工 …………………………………………… 43
　　二、秸秆的调制加工 …………………………………………… 44
　　技能训练 2-1　氨化饲料的制作及品质鉴定 ………………… 48
　任务 2-3　青贮饲料的调制加工技术 …………………………… 50
　　一、青贮饲料的种类 …………………………………………… 50
　　二、青贮饲料调制技术 ………………………………………… 50
　　三、青贮饲料质量检验 ………………………………………… 52
　　四、青贮饲料饲喂方法 ………………………………………… 53

五、注意事项 ·· 53

技能训练2-2 青贮饲料的调制及品质鉴定 ······················ 54

任务2-4 块根、块茎及瓜类饲料的收获与饲喂方法 ·············· 55

一、甘薯 ·· 55

二、木薯 ·· 56

三、胡萝卜 ·· 57

四、饲用甜菜 ·· 57

五、芜菁甘蓝 ·· 58

六、南瓜 ·· 58

任务2-5 矿物质饲料的添加与饲喂方法 ·························· 59

一、钠与氯 ·· 59

二、钙 ·· 59

三、磷 ·· 60

四、其他矿物质饲料 ·· 60

任务2-6 非蛋白氮的添加与饲喂方法 ···························· 60

一、非蛋白氮源 ·· 61

二、尿素的使用方法 ·· 61

三、添加尿素时应注意的问题 ·· 62

任务2-7 精饲料的调制加工技术 ································ 63

一、粉碎与压扁 ·· 63

二、浸泡 ·· 63

三、焙炒 ·· 63

四、过瘤胃保护技术 ·· 63

五、糊化淀粉尿素 ·· 64

六、饼类脱毒处理 ·· 64

七、饲料颗粒化 ·· 64

任务2-8 天然草场的合理利用 ·································· 65

一、我国草地资源概况 ·· 65

二、放牧地的合理利用 ·· 67

三、刈割草地的合理利用 ·· 71

四、草地的培育与改良 ·· 73

技能训练2-3 牛场饲草料供应计划的编制 ······················ 79

单元3 牛生产技术 ·· 82

任务3-1 牛的品种识别及鉴定技术 ······························ 82

一、乳用牛品种 ·· 82

二、兼用牛品种 ·· 83

三、肉用牛品种 ·· 84

四、中国黄牛品种 ·· 86

五、水牛与牦牛品种 ·· 87

六、牛的外貌评定 ………………………………………………… 89

七、牛的选择与杂交改良 ………………………………………… 106

技能训练 3-1　牛的品种识别 …………………………………… 111

技能训练 3-2　牛的体尺测量与年龄鉴定 ……………………… 111

任务 3-2　犊牛的饲养管理技术 …………………………………… 113

一、犊牛生长发育特点 …………………………………………… 113

二、犊牛培育要求和饲养方式 …………………………………… 114

三、新生犊牛的护理 ……………………………………………… 115

四、常乳期犊牛的饲养管理 ……………………………………… 116

五、断奶至 6 月龄犊牛的饲养 …………………………………… 118

六、犊牛的管理 …………………………………………………… 119

技能训练 3-3　犊牛去角、剪去副乳头 ………………………… 121

技能训练 3-4　犊牛断奶方案制订 ……………………………… 122

任务 3-3　育成牛的饲养管理与发情配种 ………………………… 123

一、育成牛的生长发育特点 ……………………………………… 123

二、育成牛的饲养 ………………………………………………… 123

三、育成牛的管理 ………………………………………………… 124

四、育成牛的发情配种 …………………………………………… 125

五、母牛的妊娠与分娩 …………………………………………… 127

技能训练 3-5　母牛的输精技术 ………………………………… 131

任务 3-4　奶牛泌乳期的饲养管理 ………………………………… 133

一、奶牛生产性能及其评定 ……………………………………… 133

二、奶牛日粮配合 ………………………………………………… 135

三、奶牛的生产周期和泌乳规律 ………………………………… 136

四、干奶期母牛饲养管理 ………………………………………… 136

五、围产期母牛饲养管理 ………………………………………… 137

六、泌乳期母牛饲养管理 ………………………………………… 138

七、高产奶牛饲养管理 …………………………………………… 140

八、挤奶技术 ……………………………………………………… 141

技能训练 3-6　泌乳奶牛群 TMR 饲喂技术 …………………… 144

技能训练 3-7　奶牛泌乳曲线的绘制与分析 …………………… 145

任务 3-5　肉牛生产技术 …………………………………………… 148

一、肉牛生长发育的规律 ………………………………………… 148

二、肉牛育肥技术 ………………………………………………… 151

三、高档牛肉生产技术 …………………………………………… 155

技能训练 3-8　肉牛的肥育技术 ………………………………… 157

任务 3-6　牛产品加工及其检验 …………………………………… 159

一、乳品生产与检验 ……………………………………………… 159

二、肉品生产与检验 ……………………………………………… 162

三、牛皮的初加工 …………………………………………………… 166

技能训练 3-9 原料乳成分分析 …………………………………… 167

技能训练 3-10 牛肉的质量评定 …………………………………… 168

任务 3-7 牛场经营管理 …………………………………………… 169

一、牛场生产管理 …………………………………………………… 169

二、牛场技术管理 …………………………………………………… 176

三、牛场财务管理 …………………………………………………… 178

技能训练 3-11 奶牛场生产计划的编制 …………………………… 181

单元 4 羊生产技术 ………………………………………………… 184

任务 4-1 羊的品种识别与鉴定技术 …………………………… 184

一、绵羊品种 ………………………………………………………… 184

二、山羊品种 ………………………………………………………… 186

三、羊的外形评定 …………………………………………………… 190

四、羊种选择与品质鉴定 …………………………………………… 192

技能训练 4-1 羊品种类型观察 …………………………………… 195

任务 4-2 接羔育幼 ……………………………………………… 196

一、产羔前的准备及接羔技术 ……………………………………… 196

二、产羔母羊及初生羔羊护理 ……………………………………… 200

三、初生羔羊品质鉴定 ……………………………………………… 202

四、羔羊编号、去角、去势与断尾 ………………………………… 203

五、羔羊培育、断奶鉴定及分群 …………………………………… 206

技能训练 4-2 羊的编号、断尾与去势 …………………………… 207

任务 4-3 羊的饲养管理 ………………………………………… 208

一、羊的生物学特性与消化生理 …………………………………… 208

二、羊的营养需要和饲养标准 ……………………………………… 210

三、羊的日粮配合 …………………………………………………… 210

四、羊的一般饲养管理 ……………………………………………… 211

五、羊的阶段饲养管理 ……………………………………………… 212

六、奶山羊的饲养管理 ……………………………………………… 216

七、毛(绒)用羊的饲养管理 ……………………………………… 219

技能训练 4-3 羊的修蹄 …………………………………………… 222

技能训练 4-4 羊的剪毛、梳绒 …………………………………… 222

技能训练 4-5 奶山羊的挤奶技术 ………………………………… 224

技能训练 4-6 绵羊的药浴 ………………………………………… 225

任务 4-4 羊的育肥技术 ………………………………………… 225

一、育肥羊的准备工作 ……………………………………………… 225

二、羔羊育肥 ………………………………………………………… 226

三、成年羊育肥 ……………………………………………………… 227

四、肉羊育肥关键技术 ································· 228

任务 4-5　羊产品加工与检验技术 ····················· 229

一、羊毛与羊绒 ································· 229

二、羊皮 ····································· 235

三、羊肉 ····································· 239

四、羊奶 ····································· 243

技能训练 4-7　羊毛纤维的组织学结构观察 ············· 248

技能训练 4-8　净毛率的测定 ······················· 249

技能训练 4-9　肉羊屠宰及胴体分割 ················· 251

任务 4-6　羊场经营管理 ··························· 253

一、羊场劳动管理 ······························· 253

二、羊场财务管理 ······························· 255

单元 5　马生产技术 ······························· 261

任务 5-1　马品种识别与鉴定技术 ····················· 261

一、马品种识别 ································· 261

二、马的体质外貌鉴定 ··························· 264

三、马的步法 ································· 268

任务 5-2　马的群牧与饲养管理技术 ················· 268

一、群牧马的特性 ······························· 268

二、马的四季放牧技术 ··························· 270

三、马的饲养管理技术 ··························· 273

四、各类型马的饲养管理 ························· 274

技能训练 5-1　马的刷拭与护蹄 ····················· 277

任务 5-3　产品养马与马术运动 ····················· 278

一、奶用养马 ································· 278

二、肉用养马 ································· 281

三、马术运动的种类 ····························· 283

四、运动用马的选择与繁育 ······················· 284

五、运动用马的调教与管理 ······················· 285

技能训练 5-2　母马泌乳力测定 ····················· 286

单元 6　家兔生产技术 ····························· 290

任务 6-1　兔品种识别与鉴定技术 ····················· 290

一、家兔的生物学特性 ··························· 290

二、家兔品种分类 ······························· 292

三、常见家兔品种 ······························· 293

技能训练 6-1　家兔品种识别和主要性状的比较 ········· 296

任务 6-2　家兔的繁殖技术 ························· 298

一、家兔繁殖的一般特性 ························· 298

二、家兔发情与配种特点 ························· 299

三、家兔妊娠诊断 ················· 300

任务 6-3 家兔的饲养管理技术 ·········· 301
一、兔的常规管理技术 ············· 301
二、各类型兔的饲养管理 ············ 304
三、獭兔的饲养管理 ·············· 307
四、长毛兔的饲养管理 ············· 307
五、兔的育肥技术 ··············· 308

任务 6-4 兔产品加工与检验 ·········· 310
一、兔皮 ··················· 310
二、兔肉 ··················· 313
三、兔毛 ··················· 316
技能训练 6-2 家兔屠宰与取皮 ········ 318

单元 7 草食动物生态养殖与产业经营 ········ 322
任务 7-1 草食动物的生态养殖 ········· 322
一、生态养殖概念及特征 ············ 322
二、草食动物生态养殖模式 ··········· 323
三、草食动物生态养殖技术 ··········· 327
四、草食动物生态养殖案例分析 ········· 328

任务 7-2 草食动物产业化经营 ········· 333
一、草食动物产业化经营的背景与意义 ······ 333
二、草食动物产业化经营的模式 ········· 337
三、草食动物产业化社会化服务体系的建设 ···· 338
四、草食动物产业化经营案例分析 ········ 346

任务 7-3 家庭牧场经营 ············ 348
一、家庭牧场的来源 ·············· 348
二、家庭牧场的概念 ·············· 349
三、家庭农(牧)场的种类 ··········· 350
四、家庭牧场的模式 ·············· 351
五、家庭牧场经营的技术保障 ·········· 354
六、发展家庭牧场经营的措施 ·········· 355

附录 ······················ 357
附录一 高产奶牛饲养管理规范(NY/T 14—1985) ··· 357
附录二 无公害肉羊标准化生产技术规程 ······ 362
附录三 主要相关网站 ············· 367

参考文献 ···················· 368

单元 1　牧场的筹划和建设

【知识目标】

◆ 掌握草食动物饲养规模与饲养方式的确定；

◆ 掌握畜牧场场址的选择、规划与布局；

◆ 掌握不同类型草食动物畜舍建筑和设计方法。

【能力目标】

◆ 能够结合当地资源条件确定适宜的生产规模和方式；

◆ 能够根据养殖规模，合理选择养殖场的场址，规划牧场并独立设计畜舍。

任务 1-1　确定草食动物生产规模与方式

一、适宜规模的确定

适宜的养殖规模实际上是指在一定条件下实现利润最大化的养殖规模。由于草食动物生产规模主要受到饲草料资源等因素的制约，因此可以采用饲草料控制法来决定适宜的养殖规模。一般可参考天然草场 1 hm² 产草量 7 500 kg；人工耕种草场 1 hm² 产草量 150 000 kg；青贮玉米亩产约为 5 000 kg。结合每头草食动物年均青粗饲料需求量计算，每头成年奶牛每年约需青饲料 9 000 kg，粗饲料 1 000 kg；每头羊年需要青饲料 1 500 kg。

目前，养殖场按照规模划分主要有三种：大型养殖场、中型养殖场和小型养殖户。大型养殖场规模较大，一般奶牛场成母牛 800 头以上，肉牛场肉牛 400 头以上；羊场 2 000 只以上，兔场 3 000 只以上。奶牛场建设规模划分的大、中、小型可按表 1-1-1 标准确定。

表 1-1-1　奶牛场建设规模划分

牛场	大型奶牛场	中型奶牛场	小型奶牛场
成年母牛头数	＞800	400～800	200～400

中型养殖场以肉牛 200 头、羊 1 000 只、兔 1 500 只为宜；小型养殖户以牛 20～30 头、羊 100～300 只、兔 150～500 只为宜，以生产商品畜为主。

二、适宜饲养方式的确定

由于草食动物的种类不同，生物学特性不同，当地资源条件不同，所采用的饲养方式也不同。

（一）奶牛的饲养方式

1.放牧饲养

这是一种传统的全生态养殖方式,完全利用天然草场、各类草山草坡等进行放牧饲养(图1-1-1)。这种方式主要适合广大牧区及放牧条件较好的山区采用。放牧一般适用于断奶后15 d至产犊前2个月的后备牛。

2.拴系式饲养

拴系式饲养也是传统的养殖方式。每头牛单独拴系有固定的牛床和食槽,除运动外,饲喂、挤奶、刷拭及休息均在牛床内(图1-1-2)。

图1-1-1　奶牛放牧饲养

图1-1-2　奶牛拴系式饲养

3.散栏式饲养

将牛群用围栏围于带有卧床的牛舍内,奶牛在不拴系、无固定卧栏的牛舍中自由采食、饮水和运动,并在饲养员的引导下有序地进入全机械化挤奶厅集中挤奶。这种自由牛床饲养和挤奶厅统一挤奶相结合的模式是值得推广的现代饲养工艺,又称为开放式饲养(图1-1-3)。

4.半舍饲半放牧式饲养

即采用放牧与圈养相结合的方式,又可称为半生态养殖,其特点也介于放牧与圈养之间。

图1-1-3　奶牛散栏式饲养

（二）肉牛的饲养方式

1.舍饲育肥

肉牛舍饲育肥一般划分为三个阶段:在育肥前期,日粮中粗饲料与精饲料的比例控制为6∶4,粗蛋白质含量为12%左右;在育肥中期,日粮中饲料的粗、精比例控制为5∶5,粗蛋白质含量为11%左右;在育肥后期,日粮中饲料的粗、精比例控制为4∶6,粗蛋白质含量为10%左右。舍饲育肥方式适合于大型肉牛育肥场和农区个体饲养(图1-1-4)。

2.放牧加补饲育肥

犊牛断奶后进行越冬舍饲,到翌年春季结合放牧适当补饲精料。这种育肥方式精饲料用量少,平均每天增重1 kg左右,约消耗精饲料2 kg。15月龄体重为300～350 kg,18月龄体重为400～450 kg。

图 1-1-4 肉牛舍饲育肥

3.架子牛育肥

架子牛育肥也称为后期育肥,是指犊牛断乳后,在较粗放的饲养条件或者纯放牧状态下饲养到2~3岁,体重达到300 kg时,再采用强度集中育肥3~4个月的方式。

(三)羊的饲养方式

1.放牧饲养方式

放牧饲养是草原养羊业所采用的基本育肥方式。放牧饲养成本低,不用太多的投入,利用天然草场、人工草场或秋茬地放牧抓膘(图1-1-5)。

在草场分配上,羔羊宜在以豆科牧草为主的草场上放牧育肥,而成年羊宜在以禾本科牧草为主的草场上放牧育肥。

2.舍饲方式

舍饲方式适用于农区养羊(图1-1-6)。舍饲育肥需要有一定的投入,但育肥效果好,可以按饲养标准配制饲料,舍饲与放牧育肥相比,羊的活重提高10%,胴体重提高20%。

舍饲育肥开始时,进圈育肥的羊,改变采食习惯要有一个适应期。开始以喂优质干草为主的日粮,逐渐增加精料,等适应新的饲养方式后,就改喂育肥日粮,一般以45%精料与55%的粗料搭配为宜。加大育肥程度时,精料比例可增加到69%,甚至更高。加大精料喂量,要注意因过食而引起的肠毒血症与日粮中钙磷比例不当而引起的尿结石症。

图 1-1-5 羊放牧饲养

图 1-1-6 羊舍饲

3.混合饲养方式

即放牧加舍饲补料相结合的育肥方式。抓好放牧抓膘是放牧育肥的关键,要选择青绿多汁、营养丰富、水草条件好的优良草场进行放牧。要跟群放牧,加强管理,适当延长放牧时间使羊少走动,多吃草,有条件的地方要推广围栏划区轮牧。晚间归牧后补饲精料、青贮、干草等。育肥前期少补,后期多补。根据育肥羊的增重情况,每半个月调整一次补饲量。视草场情况再加补适量的青贮、干草、氨化、微贮饲料。

4.移地饲养方式

移地饲养方式是近年来推广的经济效益较高的育肥方式。具体就是牧区繁殖,农区育肥。牧区精料少,环境条件差,把牧区繁殖的羔羊转移到精料多、环境条件好的农区,可有效地提高育肥效果与经济效益。

(四)马的饲养方式

1.散养马场

散养马场是指传统养马地区,特别是牧区或农牧交错带上一定规模的马场或养马专业户。这些马场基本上是以自繁自育为主。散养马场管理相对粗放,散放形式较多,有些地区是半舍饲,季节性放牧,在水草丰满季节放牧或轮牧,冬春季晚间有时进行补饲。

2.规模马场

规模马场马匹数量较多,马场设施比较齐全配套,管理机构和管理制度完善,一般都有某某马场称号(图1-1-7)。中国目前规模马场主要还是以繁育和出售马匹为主要经营目标,大多数的马场对马匹不进行技术驯教。

图1-1-7 马场

3.专业马场

专业马场是以繁育现代马业所需马匹为主要生产目标的马场。专业马场的特点是"专业",不但是繁育技术方面的专业,更是以驯教马匹为主要工作内容,即把马匹进行"技术加工"而成为体育文化产品出售或展现。有些国家马术队、省马术队或名企所属的马术队一般都是专业马场的。

4.马术俱乐部

马术俱乐部是以提供乘马娱乐功能为主要目标的马场。主要特点是建设在城郊、旅游区等地,有些俱乐部不但以繁育马匹为目的,驯教马匹也成为其工作重要内容。俱乐部经营目标是以提供各种娱乐服务、组织和参加赛事等为重点。马术俱乐部是社会进步的体现,是传统马业向现代马业发展的生力军。

5.其他形式

按照不同的特点和要求,特别是现代马业发展的需要,会出现很多形式的马场,如寄养马场、驯教马场、赛马场、拍卖场、综合马场、马术学校等,这些马场除了具备上述马场中的一些特点外,有些还具各自鲜明的特点。

有些马场兼有一种或多种马场类型特点,如有些马术俱乐部一般兼有专业马场的特点。

(五)兔的饲养方式

家兔饲养方式很多,根据家兔的品种、年龄、性别以及各地的饲养条件和气候不同,可实行放养、栅养、窖养、笼养等。

1.放养

放养就是把兔群长期在野外放牧饲养,让其自由采食、自由活动、自由交配繁殖,是一种粗放的饲养方式。放养的场所,要求有充足的饲草、饲料供给其采食,并采取防护措施防止野兽的袭击。家兔会打洞,还得防止打洞逃逸。这种方式仅适用于饲养肉兔。

2.栅养

在室内用竹片或小树棍围成栅圈,每圈占地 $5\sim6\ m^2$,可养成兔 $15\sim20$ 只。栅圈的向阳一侧可开小门通向室外运动场,同样用竹片或树棍围起来。室内场地采用高垫草办法,弄脏以后再垫上一层垫草,达一定高度,彻底清除垫草并消毒,再重新垫上一层垫草。栅内设有采食和饮水器具。栅养适于饲养商品肉兔,也可饲养毛兔和商品皮兔,但公兔须去势,以便和母兔混群饲养,不适宜饲养种公兔和繁殖母兔。

3.窖养

我国北方地区冬季漫长,气候寒冷,农村广泛采用地窖饲养。窖养适于高寒干燥地区采用。

4.笼养

将兔单个或小群终年养在笼子里,称为笼养。笼养是较为理想的一种饲养方式,尤其适于饲养小兔、种

图 1-1-8 家兔笼养

兔和皮毛用兔。尽管造价较高,管理费工,室内每天须清扫,但笼养还是值得推广的一种饲养方式(图 1-1-8)。

任务 1-2 规划布局牧场

一、场址的选择

1.社会联系

草食动物牧场周围地区应为无疫病区,牧场与牧场之间要有一定的距离,有利于疾病的预防。要远离居民区的垃圾和污水排出处,更要远离化工厂、屠宰厂、制革厂等。按照牧场建设标准,距离居民区 $500\ m$ 以上,距国道、省际公路 $500\ m$,省道、区际公路 $300\ m$,一般道路 $100\ m$,大型牧场之间应相距不少于 $1\ 000\sim1\ 500\ m$,距离一般牧场不少于 $500\ m$,距离各种化工厂、

屠宰场、制革厂间距应不小于1 500 m,且周围要有绿化隔离带。在城镇郊区建场,距离大城市20 km,小城镇10 km。同时也要考虑到饲料供给、产品的运出及工作人员的往来等交通便利因素。

2.地势

场址要选择通风良好、背风向阳、较干燥的环境。牧场地势应较高,排水良好;稍有缓坡(不超过2.5%),北高南低,总体平坦。切不可建于低洼地处,以免排水困难,汛期积水及冬季防寒困难。地形要开阔整齐,方形有利于场地规划和建筑物布局,避免狭长和多边角形。要综合考虑当地的气象因素,如最高温度、最低温度、湿度、年降雨量、主风向、风力等,以选择有利地势。

3.土质

牧场地基要求透气透水,未受病原微生物污染。沙壤土最理想,黏土不宜选用,因为沙壤土土质松软,抗压性强,透水性好,雨水、尿液不易积聚,有利于畜舍及运动场的清洁与卫生,有利于防止蹄病的发生。

4.水源

地下水位2 m以下,水源要清洁、充足,水质良好,取用方便。切忌在严重缺水或水源严重污染地区建场,特别是牛场生产中需水量很大,1头奶牛仅饮水量每天就达70~130 kg。

5.饲料

牧区牛场应选择牧地广阔、牧草种类多、品质好的场所,牧场附近要有可种植牧草的优质土地种植高产牧草,以补充天然饲草不足;农区以舍饲为主,更要有足够的饲料饲草基地或饲料饲草来源;利用草山、草坡放牧养牛,也应有充足的放牧场地及大面积人工草地。

6.能源

牧场址要电源充足,通信条件方便,这是现代化、规模化牧场对外交流、合作的必备条件,便于产品交换与流通。

二、场地规划与布局

草食动物牧场场地规划是指将牧场内划分成几个区,合理安排其相互间的关系。规划牧场的目的在于合理利用场地,便于卫生防疫、便于组织生产、提高劳动生产率。

(一)场地规划

1.牧场分区规划的原则

(1)在体现建场方针、任务的前提下,做到节约用地。

(2)应全面考虑家畜粪尿、污水的处理利用。

(3)合理利用地形地物,有效利用原有道路、供水线路、供电线路及原有建筑物等,以减少投资,降低成本。

(4)为场区今后的发展留有余地。

2.功能分区

根据生产功能,牧场通常分为生产区、辅助生产区、生活管理区和隔离区(图1-2-1)。

(1)生产区　主要布置不同类型的畜舍及挤奶厅、乳品处理间、羊剪毛间、家畜采精室、人

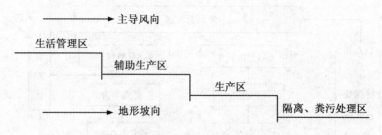

图 1-2-1　牧场按地势、风向的分区规划示意

工授精室、家畜装车台、销售展示厅等建筑，是牧场的核心。规模较小的牧场，可根据不同畜群的特点，统一安排各种畜舍。大型的牧场，则可划分为种畜、幼畜、育成畜、商品畜等小区，以方便管理和有利于防疫。不同畜群间，彼此应有较大的卫生距离。有些场可达 200 m 之远。

（2）辅助生产区　主要由饲料库、饲料加工车间和供水、供电、供热、维修、仓库等建筑设施组成。

（3）生活管理区　草食动物牧场生活管理区主要包括办公室、接待室、会议室、技术资料室、化验室、食堂餐厅、职工值班宿舍、厕所、传达室、警卫值班室、围墙和大门，以及外来人员第一次更衣消毒室和车辆消毒设施等办公管理用房和生活用房有家属宿舍时，应单设生活区。

（4）隔离、粪污处理区　包括兽医诊疗室、病畜隔离舍、尸体解剖室、病尸高压灭菌或焚烧处理设备及粪便和污水储存与处理设施。

（二）牧场布局

1.平面总体布局

生活管理区和辅助生产区应位于场区常年主导风向的上风处和地势较高处，隔离区位于场区常年主导风向的下风处和地势较低处。

生产区与生活管理区、辅助生产区之间应设置围墙或树篱严格分开，在生产区入口处设置第二次更衣消毒室和车辆消毒设施。生产区内与场外运输、物品交流较为频繁的有关设施，如挤奶厅乳品处理间、羊的剪毛间、采精室、人工授精室、装车台、销售展示厅等，必须布置在靠近场外道路的地方。

辅助生产区的设施要紧靠生产区布置。对于饲料仓库，则要求卸料口开在辅助生产区内，取料口开在生产区内，杜绝外来车辆进入生产区，保证生产区内外运料车互不交叉使用。干草常堆于最大风向的下风处，与周围建筑物的距离符合国家现行的防火规范要求。

生活管理区应在靠近场区大门内侧集中布置。

隔离、粪污处理区与生产区之间应设置适当的卫生间距和绿化隔离带。区内的粪污处理设施也应与其他设施保持适当的卫生间距，与生产区有专用道路相连，与场区外有专用大门和道路相通。

2.建筑设施布局

草食动物牧场建筑设施的规划布局，就是合理设计各种房舍建筑物及设施的排列方式和次序，确定每栋建筑物和每种设施的位置、朝向和相互之间的间距，如图 1-2-2 所示。

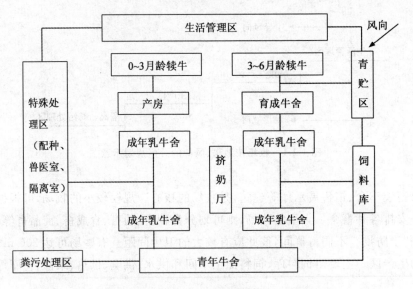

图 1-2-2　千头奶牛场布局及建筑功能联系

任务 1-3　设计与建造畜舍

一、奶牛舍设计与建设

(一)奶牛场牛舍建筑类型

1. 按牛舍屋顶形式分类

分为钟楼式、半钟楼式、双坡式和弧形式 4 种(图 1-3-1)。

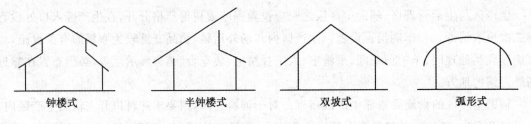

图 1-3-1　牛舍形式

2. 按饲养方式分类

分为拴系式和散栏式牛舍。

(1)拴系式牛舍　每头牛都有固定的槽位和牛床,互不干扰,单独或 2 头牛合用一个饮水器,一般每头牛的牛床面积为 1.5～2.0 m^2,拴系式牛舍的跨度通常在 10.5～12 m,檐高为 2.4 m。按照牛床的排列方式可分单列式(图 1-3-2)、双列式和四列式等,牛群 20 头以下者可采用单列式,20 头以上者多采用双列式,成年母牛存栏量在 1 000 头以上的奶牛场可考虑采用三列式或四列式牛舍。双列式牛舍内分对头式和对尾式两种(图 1-3-3),对尾式因牛头向窗(图1-3-4),对日光和空气的调节较为便利,传染疾病机会较少;对头式牛床中间为喂饲通道(图1-

3-5),两边各有一条除粪通道,但奶牛的尾部对着墙,粪便较易污及墙面,应做 1.5 m 左右高的水泥墙裙。

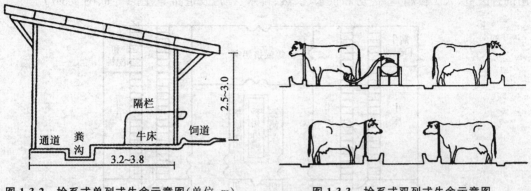

图 1-3-2 拴系式单列式牛舍示意图(单位:m)　　　图 1-3-3 拴系式双列式牛舍示意图

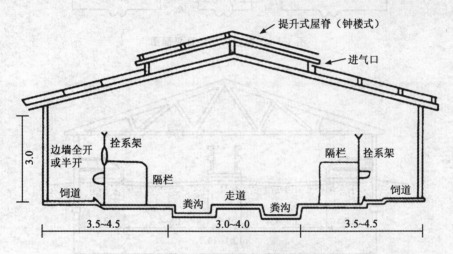

图 1-3-4 拴系对尾双列式牛舍示意图(单位:m)

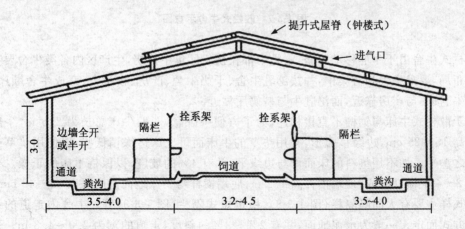

图 1-3-5 拴系对头双列式牛舍示意图(单位:m)

（2）散栏式牛舍　一般包括休息区、饲喂区、待挤区和挤奶区等。总体布局应以奶牛为中心，通过对粗饲料、精饲料、牛奶、粪便处理四个方面进行分工，逐步形成四条生产线。建立公用的兽医室、人工授精室、产房和供水、供热、排水、排污及道路等（图1-3-6、图1-3-7）。

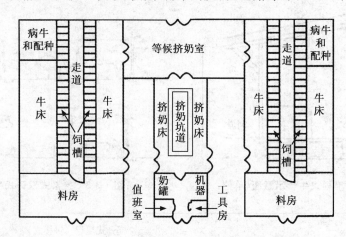

图1-3-6　散栏式奶牛舍平面图

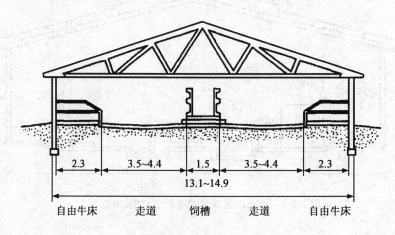

图1-3-7　散栏式牛舍示意图

散栏式牛舍由于牛群移动频繁，泌乳牛都在挤奶厅集中挤奶，生产区内各类牛舍要有一个统一的布局，要求牛舍相对集中，并按泌乳牛舍、干奶牛舍、产房、犊牛舍、育成牛舍顺序排列，使干奶牛、犊牛与产房靠近，而泌乳牛与挤奶厅靠近。

由于散栏式牛床与饲槽不直接相连，为了方便牛卧息，一般牛床总长为2.5 m，牛床一般较通道高15～25 cm，边缘呈弧形，常用垫草的牛床面可比床边缘稍低些，以便用垫草或其他垫料将之垫平。如不用垫料的床面可与边缘平，并有4％的坡度，以保持牛床的干燥。牛床的隔栏由2～4根横杆组成，顶端横杆高1.2 m，底端横杆与牛床地面的间隔以35～45 cm为宜。隔栏的式样主要有大间隔隔栏（图1-3-8）、稳定短式隔栏（图1-3-9）等。牛舍内走道的结构视清粪的方式而定。一般为水泥地面，并有2％～3％的斜度，走道的宽为2.0～4.8 m。采用机械刮粪的走道宽度应与机械宽度相适应，采用水力冲洗牛粪的走道应用漏缝地板，漏缝间隔为3.8～4.4 cm。饲架将休息区与采食区分开，散栏式饲养大多采用自锁式饲架，其长度可按每

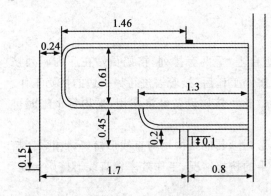

图 1-3-8　大间隔隔栏及牛床示意图（单位：m）

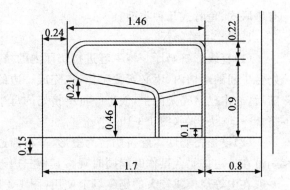

图 1-3-9　稳定短式隔栏及牛床示意图（单位：m）

头牛 65 cm 计。

3. 按牛舍不同用途分类

（1）哺乳犊牛舍　犊牛自出生至哺乳结束实行单体独立饲养模式。哺乳犊牛舍有单排列式（单栏）和单体式（犊牛岛），奶桶和料桶设置在颈枷适当位置，另外设置草架，以供犊牛自由采食干草。也可以群栏饲养，要做到每个犊牛生活区独立，之间可用隔栏分开，以防止犊牛疾病相互传播。哺乳单体犊牛舍设计前缘高 180 cm，后缘高 165 cm，长 170～180 cm，宽 70～90 cm，下放木条垫板，木条垫板离地面 20 cm。南面敞开式，每个舍装一扇铁门。也可以合成材料成型的犊牛岛或放于舍内的单个犊牛栏，长 170～180 cm，宽 70～90 cm，高 140 cm，漏缝木条或塑料。

（2）产房　产房是专用于饲养围产期牛只的用房。由于围产期的牛只抵抗力较弱，产房要求冬暖夏凉，舍内便于清洁和消毒，有条件时尽量铺设垫草，产房内的牛床数一般可按成母牛数的 10%～13% 设置，采用双列对尾式，牛床长 2.2～2.4 m，宽度为 1.4～1.5 m，以便于接产操作。

（3）犊牛舍、育成牛舍、青年牛舍　犊牛常单独建舍，舍内根据不同月龄分群管理。断奶后犊牛可养于通栏中，用活动夹板固定饲喂，舍内和舍外均要有适当的活动场地。犊牛通栏布置亦有单排、双排栏等，最好采用 3 条通道，把饲料通道和清粪通道分开来，中间饲料通道宽 90～120 cm 为宜，清粪道兼供犊牛出入运动场，以 140～150 cm 为宜。6～12 月龄的育成牛亦可养于通栏中，为了训练育成牛上槽饲养，育成牛舍也可以用颈枷，其平面布置与成乳牛舍一样，床位可小于成乳牛床，可采用对头式，青年牛舍同成母牛舍。

（4）种公牛舍　种公牛舍一般在种公牛站后面，并配有辅助设施如运动场、地磅间、牛洗澡间、牛的装运站台、病牛舍（包括兽医室）、修蹄架、饲料库、草棚、草垛堆放场等。

种公牛舍除严寒地区外，一般以敞棚式单间拴养为宜，每间有单独固定的槽位，饲槽为 1.5 m×0.9 m，有 0.5 m×0.8 m 草槽和 0.35 m 直径的水槽。饲料道宽 1.1～3.5 m 不等，取决于机械化程度，有铁栏杆与牛床隔开，牛床由水泥混凝土制成，长 5.5～6 m，宽 6～6.5 m，冬铺垫草，夏铺沙子，地面最好铺木板护蹄。室外有运动场，四周应设围栏，防止脱缰时干扰全场，公牛在运动场上沿着钢丝绳做逍遥运动或驱赶运动（人工或机器驱赶）。

（二）挤奶厅设计与建造

挤奶厅分固定式和转动式，前者又有直线形和菱形两种类型，后者根据母牛站立的方式则有串联式、鱼骨式几种类型。

1.固定式挤奶厅

(1)直线形挤奶厅 将牛赶进挤奶厅内的挤奶台上,呈两旁排列,挤奶员站在厅内两列挤奶台中间的地槽内,不必弯腰工作,先完成一边的挤奶工作后,接着去进行另一边的挤奶工作。随后,放出已挤完奶的牛,放进一批待挤奶的母牛。此类挤奶设备经济实用,平均每个工时可挤30~50头奶牛(图1-3-10)。

(2)菱形挤奶厅 除挤奶台为菱形(平行四边形)外,其他结构均与直线形挤奶台相同。挤奶员在一边挤奶台操作时能同时观察其他三边母牛的挤奶情况,工作效率较直线形挤奶台高,一般在中等规模或较大的奶牛场上使用(图1-3-11)。

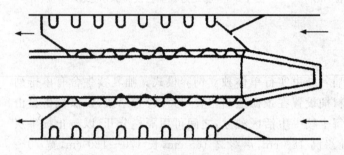

图1-3-10 直线形挤奶台示意图

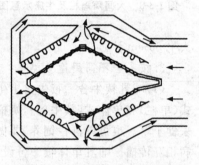

图1-3-11 菱形挤奶台示意图

图1-3-12 转盘式挤奶厅

2.转动式挤奶厅

转盘式挤奶厅采用如图1-3-12所示的全自动转盘式挤奶设备,适用于大型奶牛场。

(1)串联式转盘挤奶厅 是专为一人操作而设计的小型转盘。转盘上有8个床位,牛的头尾相继串联,牛通过分离栏板进入挤奶台(图1-3-13)。根据运转的需要,转盘可通过脚踏开关开动或停止。每个工时可挤70~80头奶牛。

(2)鱼骨式转盘挤奶厅 这一类型与串联式转盘挤奶台基本相似,所不同的是牛呈斜形排列,似鱼骨形,头向外,挤奶员在中央操作,这

样可以充分利用挤奶台的面积(图1-3-14)。一人操作的转盘有13~15个床位,两人操作的转盘则有20~24头牛,配有自动饲喂装置和自动保定装置。

3.挤奶厅的附属设备

(1)待挤区 待挤区是将同一组挤奶的牛集在一个区内等待挤奶,较为先进的待挤区内还配置有自动驱牛装置。待挤区常设计为方形且宽度不大于挤奶厅,面积按每头牛2 m²设计,地面应有3%~5%的坡度(由低到高至挤奶厅入口)。奶牛在待挤区停留的时间一般以不超过0.5 h为宜。

(2)滞留栏 采用散放式饲养,由于奶牛无拴系,如需进行修蹄、配种、治疗等,均需将奶牛牵至固定架或处理间,为了便于将牛只牵离牛群,多在挤奶厅出口通往奶牛舍的走道旁设一滞

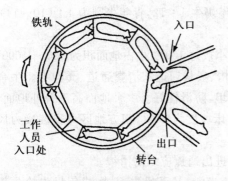

图 1-3-13　串联式转盘挤奶厅

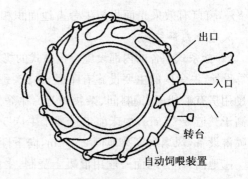

图 1-3-14　鱼骨式转盘挤奶厅

留栏,栅门由挤奶员控制。目前最为先进的挤奶台配有牛只自动分隔门,其由电脑控制,在奶牛离开挤奶台后,自动识别,及时将门转换,将奶牛导入滞留栏,进行配种、治疗等。

(3)附属用房　在挤奶台旁通常设有机房、牛奶制冷间、更衣室、卫生间等。

4.挤奶站的建设

挤奶站应在奶牛相对集中的地区选址,通常在半径 1 000 m 的范围内奶牛饲养量不得少于 200 头。挤奶站要水、电、交通方便,周围无污染源,地势高,排污方便。

(1)基本建筑　挤奶站的面积可根据周边奶牛饲养量和日收奶量灵活掌握。如一般周边有奶牛 500 头和日挤奶可达 4 t 左右的地区,可以选择一个占地 500～600 m² 的场地,房舍 200 m²(其中值班室 10 m²、化验室 10 m²、贮奶间 80 m²、挤奶设备及消毒间等 100 m²)、挤奶厅(棚)200～300 m²、奶牛待挤场地 100～200 m²,全部地面要硬化,场地要防滑,不积水,便于清洗。

(2)机械设备　包括挤奶设备、冷却奶罐、奶泵、发电机组、奶车等及其各种附件,此外还要有相应的化验设施和仪器。

(三)奶牛舍建筑与设计

1.牛舍设计要求

奶牛最适宜的环境温度为 10～20℃、相对湿度为 30%～40%,当环境温度高于 30℃、相对湿度大于 85% 时,产奶量将大幅下降。我国南北方地区温差大,南方建造牛舍重点考虑夏季防暑降温和防湿,北方主要考虑冬季保暖;由于冬春季风向多偏西北,牛舍以坐北朝南或朝东南好;牛舍要有一定数量和大小的窗户,以保证太阳光线充足和空气流通;房顶有一定厚度,隔热保温性能好。

2.牛舍外部结构

牛舍应坐北朝南向东偏15°,舍内要宽敞明亮,通风好,屋顶设气楼窗;屋檐高度为 3.2～3.5 m,东西面墙可装排风扇;南方地区,南北墙可全敞开。

牛舍建筑结构基本要求:基础应有足够强度和稳定性,坚固;墙壁要求坚固结实、抗震、防水、防火,具有良好的保温、隔热性能;屋顶防雨水、风沙,隔绝太阳辐射,要求质轻坚固结实,抵抗雨雪、强风等外力影响;地面要求致密坚实,不硬不滑,温暖有弹性,易清洗消毒。门窗保证牛群、料车、人员出入方便,符合通风透光的要求;成年奶牛的门宽和门高分别为 1.8～2.0 m 和 2.0～2.2 m,犊牛的相应值为 1.4～1.6 m 及 2.0～2.2 m;牛舍窗口大小一般为占地面积的 8%,窗口有效采光面积与牛舍占地面积相比,成年奶牛 1:12,青年牛则为 1:(10～14)。

3.牛舍内部结构

(1)拴系式牛舍的内部设施 拴系式的奶牛舍大小按每 100 头牛占地面积为 950～1 000 m² 计算设计,牛舍内的主要设施有牛栏、牛床、颈枷、食槽、喂料通道和清粪通道、粪沟等。牛舍的辅助用房有贮奶间、饲料间、杂物间等。牛舍地面平坦,防滑性好。牛舍地面高于舍外地面,牛床高于粪道 3～5 cm,牛床前走道高于牛床 5 cm,牛床坡度为 1%。南方地区可安装接力风扇和喷淋设备,风扇高度离地面 250 cm,向下倾斜 10°。

①地面:牛舍地面一般用混凝土浇制,牛床和牛进出通道应划防滑线。

②拴牛架:牛床的前方有拴牛架,拴牛架要牢固、光滑、易于奶牛起卧,成年母牛拴牛架高 135～145 cm,育成母牛架高 130～140 cm,犊牛架高 100～120 cm,拴牛采用活铁链或铁颈枷固定。

③隔栏(隔牛栏):一般在牛床的两头设计隔栏,便于牛只管理工作,其一端与拴牛架连在一起,另一端固定在牛床前 2/3 处,栏杆高 80～90 cm,由前向后倾斜,通常用弯曲的钢管制成,在牛床可以设有隔栏,但清洁不方便。

④牛床:牛床位于饲槽后面,牛床要求长宽适中,牛床过宽过长,牛活动余地过大影响挤奶操作。牛床的坡度应适当,并要高于舍内地面 5 cm,以利于冲洗和保持干燥。坡度通常为 1%～1.5%,但不要过大,否则奶牛易发生子宫脱和脱胯。北方寒冷,地面潮凉,牛床上应铺硬质木板、橡皮或塑料材料做面层,木板表面刨糙,防止奶牛滑倒。牛床长、宽设计参数见表 1-3-1。

表 1-3-1　牛床长、宽设计参数　　　　　　　　　　　　　　　　　　　　cm

牛群类别	长度	宽度
成年奶牛	170～180	110～130
青年牛	160～170	100～110
育成牛	150～160	80
犊牛	120～150	60

⑤饲槽:饲槽位于牛床前,通常为统槽。饲槽底平面高于牛床。饲槽必须坚固、光滑、便于洗刷,槽面不渗水、耐磨、耐酸。拴系式的饲槽一般可采用如表 1-3-2 和图 1-3-15 的尺寸。饲槽前缘设有牛栏杆,饲槽端部装置给水导管及水阀,饲槽两端设有窗栅的排水器,以防草、渣类堵塞阴井。

表 1-3-2　牛食槽设计参数　　　　　　　　　　　　　　　　　　　　cm

牛别	槽上部内宽	槽底部内宽	前缘高	后缘高
泌乳牛	60～70	40～50	30～35	50～60
育成牛	50～60	30～40	25～30	45～55
犊牛	30～35	25～30	15～20	30～35

⑥饲栏与拴系形式:饲栏与拴牛架合为一体,固定于拴牛架上,拴系形式有硬式和软式两种,硬式多采用钢管制成,软式多用铁链。硬式多为固定式颈枷,颈枷的作用是在不妨碍牛活动和休息的前提下,将牛固定于牛床上,不能随意乱动;控制牛不能退至排尿沟,或前肢踏入饲

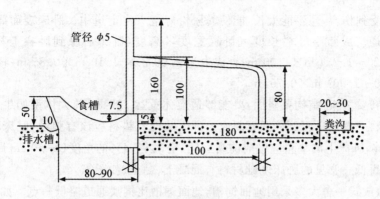

图 1-3-15 牛床栏及饲槽侧面示意图(单位:cm)

槽,以免污损饲料或抢食其他牛的饲料,牛头可上下活动;可设置串联颈枷,颈枷高度一般为:犊牛 1.2~1.4 m,育成牛、青年牛和成乳牛 1.6~1.7 m。铁链拴牛分直链式和横链式,一般采用直链式,直链式简单实用,坚固造价低;短链能沿长链上下滑动,可使牛颈上下左右转动,采食、休息都很方便。

⑦饮水设备:采用自动饮水设备既清洁卫生,又可提高产奶量。一般每 2 头牛提供 1 个,设在两牛栏之间。

⑧通道:牛舍内的通道有饲喂通道和清粪通道。饲喂通道位于饲槽前,高于牛床,宽度 0.8~4.0 m 不等,如不设饲槽则用地面饲槽,可比饲道低,便于机械化饲喂,要求饲道宽些。清粪通道与粪尿沟相连,在拴系式对尾双列牛舍中,即为中央通道,它是奶牛出入和进行挤奶作业的通道,为便于操作,清粪通道宽度为 1.6~2.0 m,路面最好有大于 1%的拱度,标高一般低于牛床,地面应抹制粗糙。

⑨粪尿沟:拴系式的牛床与清粪通道之间,应设粪尿沟,粪尿沟通常为明沟,沟宽为 30~40 cm,沟深为 5~18 cm,沟底向流出处略倾斜,坡度为 0.6%。粪尿沟也可采用半漏缝地板。

(2)散栏式牛舍内部设施 布局总体要求与挤奶台的位置相匹配。散栏式牛舍内分采食区和休息区,是互相独立的,奶牛不用拴系,牛舍内有采食通道和清粪通道,通道上的粪污可用刮粪板或者其他机械设备清除。牛舍内的卧床有两列式、三列式、四列式、五列式和六列式,牛舍的跨度为 12~34 m。牛舍的檐高最小为 2.7 m。有些散栏式牛舍为了饲喂方便,在牛舍内设自由采食颈枷。

①饲栏与牛床:饲栏设在牛床的前方,起到固定牛采食位置和防止牛进入饲槽的作用,分为通栏式(亦称柱栏式)和自由夹式。通栏式饲栏隔缘上方用活扣安装横隔栏,注意横隔栏应安装在立柱的外侧,即饲槽一面,奶牛可采食到较远的食物,并且不会对隔缘施加太大的压力;横隔栏高 80~110 cm,可根据牛体大小来调节。自由夹式饲栏与拴系式饲栏设计相同,在饲栏上设置自锁颈枷。位于饲栏后的牛床(采食通道)为通床,宽为 2.5~3 m,建筑要求与拴系牛舍相同,一般不设明粪沟,多用漏缝粪沟或机械清粪。

②隔栏(隔牛栏):一般在牛床的两头设计隔栏,与拴系式牛舍设计相同。

③卧床:奶牛休息区设自由卧栏式牛床(简称卧床),卧床分单列式、两列式(头对头或尾对尾)置于牛舍中间或两侧或一侧。最理想的状态是为每一头奶牛设置一个专门的卧床,卧床要足够宽,既能使奶牛舒适地躺卧,又不能让奶牛在卧栏中转身;卧栏足够长,使奶牛能在上面舒

适地休息而不受到伤害,还不能太长,能使粪尿恰好落入牛走道中。卧床表面要有一定弹性,同时要保持干燥。成年牛卧栏长度×卧栏宽度×高度(卧床后缘到卧栏上杆)为(2.25～2.40)m×(1.20～1.25)m×1.00 m;育成牛为2.00 m×1.10 m×0.85 m;犊牛为(1.60～1.8)m×(0.70～1.00)m×0.75 m。

卧栏的材料要结实,结构要坚固,要能够适应体重达700 kg的大体型奶牛的碰撞。设置卧床隔栏的材料一般选择用镀锌钢管制成。卧床基础及垫料应该有弹性,卧床后缘应比牛走道高20～30 cm,卧床上的垫料应做成前高后低,呈2%～4%的角度(每60 cm距离,高差增加2.5 cm),头高臀低。常见的卧床基础材料有混凝土、黏土、沙子等。

④饲槽:散放式牛舍大多采用地面饲槽,地面饲槽比饲喂通道略低一点。如果奶牛定时饲喂则每个牛位宽度为70 cm,如果不定时自由采食,则成母牛的采食槽宽度50～60 cm及以上,育成牛为30～40 cm及以上。

⑤饲喂通道:饲喂通道位于饲槽前,是饲喂饲料的通道。通道宽度应便于操作(包括机械化饲喂和全混合日粮搅拌车),一般1.5～3.5 m不等,坡度为1%。

⑥牛通道:位于自由卧床前,散放式牛舍一般不设粪尿沟,牛通道的粪便多用机械化或半机械清理。现代化奶牛场多安装链刮板式自动清粪装置,链刮板在牛舍往返运动,可将牛粪直接送出牛舍。

二、肉牛舍设计与建设

国内常见的肉牛养殖方式有拴系式和散放式两类,牛舍建筑有牛栏舍、牛棚舍、塑料大棚等。牛舍内应设牛床、牛槽、粪尿沟、通道、工作室或值班室。牛舍南侧有条件设有运动场,内设自动饮水槽、凉棚和饲槽等,牛舍四周和道路两旁应绿化,以调节小气候。

常见肉牛舍如图1-3-16所示。

图1-3-16 肉牛舍

(一)拴系式牛舍

拴系式牛舍亦称常规牛舍,每头牛都用链绳或牛颈枷固定拴系于食槽或栏杆上,限制活动;每头牛都有固定的槽位和牛床。拴系式肉牛舍较为简单,从环境控制的角度可分为封闭式牛舍、半开放式牛舍、开放式牛舍、牛棚舍等几种。

1.封闭式牛舍、半开放式牛舍、开放式牛舍

按照牛舍跨度大小和牛床排列形式,可以分为单列式和双列式。单列式跨度为 4～5 m,舍顶类型可采用平顶式、半坡式或平拱式,双列式牛舍的舍顶为双坡式,牛舍跨度为 12 m,最少也不能低于 8 m,因饲道宽窄而定。牛舍长可视养牛数量和地势而定。北方寒冷,也可采用封闭式的,南方气温高,两侧棚舍可敞开,不要侧墙。饲槽可沿中间通道装置,草架则沿墙壁装置,这种牛舍饲喂架子牛(育肥牛)最适合,若喂母牛、犊牛则要求设置隔牛栏,此种牛舍造价稍高,但保暖、防寒性好,适于北方地区采用。

2.塑料暖棚式牛舍

选用白色透明的不凝结水珠的塑料薄膜,规格 0.02～0.05 mm 厚,塑料棚的构造见图 1-3-17。

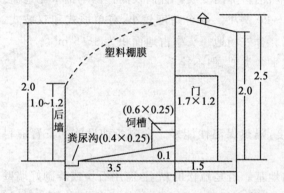

图 1-3-17　塑料暖棚牛舍侧面图(单位:m)

塑料暖棚式牛舍三面全墙,向阳一面有半截墙,有 1/2～2/3 的顶棚。向阳的一面在温暖季节露天开放,寒冷季节在露天一面用竹片、钢筋等材料做支架,上面覆单层或双层塑料薄膜,两层膜间留有间隙,使牛舍呈封闭的状态,借助太阳能和牛体自身散发热量,使牛舍温度升高,防止热量散失。暖棚舍顶类型可采用平顶式、半坡式或平拱式,以联合式(基本为双坡式,但北墙高于南墙)暖棚较好。棚舍一般坐北朝南,偏东一定的角度(如 5°～10°),屋顶斜面与水平地面的夹角(仰角)应大于当地冬至时的太阳高度角,使进入舍内的入射角增大,有利于采光。塑料薄膜覆盖暖棚的扣棚时间一般在 11 月中旬以后,具体时间应根据当地当时的气候情况决定。扣棚时,将标准塑膜或黏接好的塑膜卷好,从棚的上方或一侧向下方或另一侧轻轻覆盖。为了保温和保护前缘墙,覆盖膜应将前缘墙全部包过去,固定在距前缘墙外侧 10 cm 处的地面上。棚膜上面用竹片或木条(加保护层)压紧,四周用泥或水泥固定。对于较为寒冷的地方,塑料薄膜要深入冻层之下或设防冻层。天气过冷时还要加盖草帘等以确实保温。白天利用设在南墙上的进气孔和排气进行 1～2 次通风换气,以排出棚内湿气和有毒气体。暖棚牛舍饲养育肥牛的密度以每头 4 m² 为宜。

3.露天式牛舍

主要是季节性育肥肉牛,有无任何挡风屏障或牛棚的全露天式、有挡风屏障的全露天式,饲槽放在简易棚或露天处。投资少,但饲料成本比有房舍高,饲槽设计一侧可实现机械化饲喂和清粪,为了节省劳力,降低劳动强度,可以采用散放式露天育肥。

4.棚舍式牛舍

为双坡式牛舍结构,结构简单,造价低,适用于冬季不太寒冷的地区。棚舍四周无墙壁,仅有钢筋水泥柱代为支撑结构;棚顶结构与常规牛舍相近,但用料简单、重量轻。采用双列头对头饲养,中间为饲料通道,通道两侧皆为饲槽,棚舍宽度为 11 m,最少也不能低于 8 m。棚舍长度则以牛的数量而定。

(二)围栏式散养牛舍

围栏式是肉牛在牛舍内不拴系,散放饲养,牛自由采食、自由饮水。围栏式牛舍多为开放式或棚舍式,并与运动场围栏相结合使用。

(1)开放式围栏牛舍　牛舍三面有墙,向阳面敞开,与运动场围栏相接。水槽、食槽设在舍内,刮风、下雨天气,使牛得到保护,也避免饲草、饲料淋雨变质。舍内及围栏内均铺水泥地面。牛舍内牛床面积以每头牛 2 m² 为宜,每舍 15～20 头牛。牛舍跨度较小,有单坡式和双坡式,休息场所与活动场所合为一体,牛可自由进出。舍外场地每头牛占地面积为 3～5 m²。

(2)棚舍式围栏牛舍　与拴系式的棚舍式牛舍类似,但不拴系。

(三)肉牛牛舍建筑

1.牛舍建筑结构要求

牛舍内应干燥,冬暖夏凉,房顶有一定厚度,隔热保温性能好。舍内各种设施的安置应科学合理,以利于肉牛生长。

(1)地基　土地坚实,干燥,可利用天然的地基。若是疏松的黏土,需用石块或砖砌好墙壁地基并高出地面,地基深 80～100 cm。地基与墙壁之间最好要有油毡绝缘防潮层;地面最好进行硬化处理,但走道表面不宜过于光滑。

(2)墙壁　砖墙厚 50～75 cm。从地面算起,应抹 100 cm 高的墙裙。在农村也可用土坯墙、土打墙等,但距从地面算起应砌 100 cm 高的石块,土墙造价低,投资少,但不耐久,且不易彻底消毒。

(3)屋顶(顶棚)　最常用的是双坡式屋顶,可适用于较大跨度的牛舍和各种规模类型牛群,既经济,保温性又好,而且容易施工修建。双坡式牛舍脊高 3.2～3.5 m,前后墙高 3.2 m;单坡式前墙 2 m,后墙高 1.8 m。平顶牛舍前后墙高 2.2～2.5 m。北方寒冷地区,顶棚应用导热性低保温的材料。南方则要求防暑、防雨并通风良好。

(4)屋檐　屋檐距地面为 280～320 cm。

(5)门与窗　牛舍的大门应坚实牢固,宽 200～250 cm,不用门槛,牛舍一般应向外开门,最好设置推拉门,门高(2.1～2.2) m×宽(2～2.5) m。一般南窗应较多、较大(100 cm×120 cm),北窗则宜少、较小(80 cm×100 cm)。牛舍内的阳光照射量受牛舍的方向,窗户的形式、大小、位置、反射面积的影响。窗台距地面高度为 120～140 cm。

(6)通气孔　设在屋顶,大小因牛舍类型不同而异,通气孔应设在尿道沟正上方屋顶上。单列式牛舍的通气孔为 70 cm×70 cm,双列式为 90 cm×90 cm。北方牛舍通气孔总面积为牛舍面积的 0.15% 左右,通气孔上面设有活门,可以自由启闭,通气孔应高于屋脊 0.5 m 或在房的顶部。

(7)尿粪沟和污水池　为了保持舍内的清洁和清扫方便,尿粪沟应不透水,表面应光滑。尿粪沟宽 28～30 cm,深 5～10 cm,倾斜度 1∶(100～200),尿粪沟应通到舍外污水池。污水池应距牛舍 6～8 m,其容积以牛舍大小和牛的头数多少而定,一般可按每头成年牛 0.3 m³、每头犊牛 0.1 m³ 计算,以能贮满 1 个月的粪尿为准,每月清除一次。为了保持清洁,舍内的粪便必须每天清除,运到距牛舍 50 m 远的粪堆上。要保持尿沟的畅通,并定期用水冲洗。

2.牛舍内部结构

(1)拴牛架与饲栏拴系形式　牛床的前方有拴牛架,高 135～145 cm,肉牛的拴系形式为软式,而且多为麻绳,使牛颈能上下左右转动,采食、休息都很方便。有条件的可在饲槽旁边离地面约 0.5 m 处安装自动饮水设备。

(2)肉牛牛床　一般肉、乳兼用牛床长 180～200 cm,每头牛占床位宽 110～120 cm,本地牛和肉用牛的牛床长 180～190 cm,宽 110～120 cm。肉牛育肥期若是群饲,牛床面积可适当小些。牛床坡度为 1.5%,前高后低。牛床类型有水泥及石质牛床、砖牛床、木质牛床、土质牛床和沥青牛床。

(3)饲槽　饲槽设在牛床的前面,有固定式和活动式两种,以固定式的水泥饲槽为常用,其上宽 60～80 cm,底宽 35 cm,底呈弧形。槽内缘高 35 cm(靠牛床一侧),外缘高 60～80 cm。

(4)饲道　牛舍饲道分两侧和中央饲道两种,其中双列式牛舍对头式饲养采用的中间饲道为常用,宽为 150～300 cm 不等,而两侧饲道宽多为 80～120 cm。

其他设施与拴系式奶牛舍相同。

三、羊舍设计与建设

(一)羊舍建造的基本要求

1.建筑材料

羊舍建筑材料可根据当地的资源和价格灵活选用。密闭式羊舍可为砖木结构或钢架结构。屋架结构可用木料、镀锌铁及低碳钢管等建造;墙体可以采用砖、石、水泥等建造。棚舍的承重柱可用镀锌铁管,框架结构用低碳钢管,天花板用镀锌波纹铁皮、石棉瓦等。饲槽、水槽要用钢板或铁皮,其中的承重架可用低碳圆钢材料;也可用水泥建造饲槽。围栏柱用角铁或镀锌铁管;分群栏及活动性栅栏都用镀锌铁管。油漆等要选用无铅环保性材料。

2.地面建设

羊舍地面可用碾碎的石灰石或三合土(石灰石、碎石及黏土比例 1:2:4,厚 5～10 cm)或砖砌地面。若用高架羊床及自动清粪装置,则须建成水泥地面。舍内地面应高出舍外地面 20～30 cm,且向排水沟方向有 1%～3% 的倾斜;排水沟沟底须有 0.2%～0.5% 的坡度,且每隔一定距离要设一深 0.5 m 的沉淀坑,保持排水通畅。若为单坡式羊舍,在羊舍与运动场接触的边缘区,可建 25～50 cm 宽的水泥带,外邻 10～15 cm 宽的排水槽,这样舍内流出的水可经排水槽进入排水道。若是双坡式羊舍,水泥护裙的宽度可达 1.2～1.4 m,坡度可为 4%,这样有利于保持舍内清洁。

3.羊床

羊床应具有保暖、隔热、舒适的特点。若进行地面饲养,可用秸秆、干草、锯末、刨花、沙土、泥炭等作为垫料。若饲养肉毛兼用羊,不宜用锯末做垫料。刨花和花生壳等吸湿性较差(表 1-3-3),但仍可作垫料。

表 1-3-3 羊圈各种垫料的吸湿性

垫料类型	吸湿率*	垫料类型	吸湿率*
麦秆	2.1	刨花	1.5～2.0
大麦秆	2.0	玉米秆	2.5
燕麦秆	2.4～2.5	沙子	0.3
干草	3.0	泥炭	10.0
锯末	1.5～2.5		

* 单位质量干料吸收水分的质量。

集约化羊场可采用漏缝地板。漏缝地板可用宽 3.2 cm、厚 3.6 cm 的木条(或竹条)筑成,要求缝隙宽 1.5～2.0 cm。漏缝地板距地面高度可为 1.5～1.8 m(高床),也可仅为 35～50 cm(低床)。高床便于人工清粪,而低床可采取水冲洗或自动清粪。此外,还可用 0.8 cm×5.5 cm 的镀锌钢丝网制作的漏粪地板,已有羊用聚丙烯塑料漏缝地板,但价格较高。

4.门窗

羊舍大门一般高为 1.8～2.0 m,宽为 2.2～2.3 m。若地面饲养,则门宽可达 3 m,以便拖车等机械进入;羊舍门槛应与舍内地面等高,并高于舍外运动场地面,以防止雨水倒灌。封闭式羊舍窗户一般应设计在向阳面,窗户与羊舍的面积比应为 1∶(5～15);窗户应距舍内地面 1.5 m 以上,本身高度和宽度可分别为 0.5～1.0 m、1.0～1.2 m。种公羊和成年母羊可适当加大,产羔舍或育成羊舍应适当缩小。

5.羊舍面积

羊舍面积参见表 1-3-4 和表 1-3-5。

表 1-3-4 各类羊所需的羊舍面积 m²/只

羊别	面积	羊别	面积
春季产羔母羊	1.1～1.6	成年羯羊和育成公羊	0.7～0.9
冬季产羔母羊	1.4～2.0	1岁育成母羊	0.7～0.8
群养公羊	1.8～2.25	去势羔羊	0.6～0.8
种公羊(独栏)	4～6	3～4月龄的羔羊	占母羊面积的20%

表 1-3-5 不同体重绵羊和山羊羊舍面积及槽位宽度推荐值

羊别	体重/kg	羊舍面积/(m²/只)			槽位宽度/(cm/只)
		硬质地面	漏粪地板	散养	
母羊	35	0.8	0.7	2	35
母羊	50	1.1	0.9	2.5	40
母羊	70	1.4	1.1	3	45
羔羊		0.4～0.5	0.3～0.4	—	25～30
公羊		3.0	2.5	—	50

6.屋顶和墙壁

屋顶材料应视各地气候和经济条件等因素决定,一般可用木头、低碳钢管、镀锌铁柱做支架,其上衬托防雨层和隔热层。防雨层可用石棉瓦、镀锌波纹铁皮、油毡等材料制作,隔热材料可用聚氨酯纤维、泡沫板、珍珠岩等。此外,还要安装雨水槽,将雨水汇入下水道排出。

羊舍墙壁必须坚固耐用、保温好、易消毒,可建成砖木结构和土木结构,常用的材料包括砖、水泥、石料、木料等。墙体厚度可为半砖(12 cm)、一砖(24 cm)或一砖半(36 cm)。寒冷地区墙体尽量建厚些,以增加冬季保温性能。在墙基部可设置踢脚、勒脚,高度约为1 m,以便消毒及防止羊的损坏。同时也可将舍内墙角建成圆角形,以减少涡风区,达到保温、干燥、经久耐用的效果。

(二)羊舍类型

羊舍的墙、门、窗可根据一年内气候的变化,进行拆卸和安装,组装成不同类型的羊舍。常见的羊舍有以下几种类型:

1.开放和半开放结合的单坡式羊舍

由开放舍和半开放舍两部分组成。羊可以在两种羊舍中自由活动(图1-3-18)。在半开放羊舍中,可用活动围栏临时隔出或分隔出固定的母羊分娩栏。这种羊舍,适合于炎热地区或当前经济较落后的地区。

2.半开放的双坡式羊舍

如图1-3-19所示,适合于比较温暖的地区或半农半牧区。

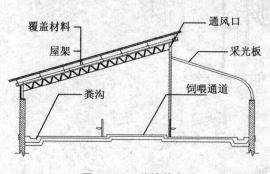

图 1-3-18   单坡羊舍

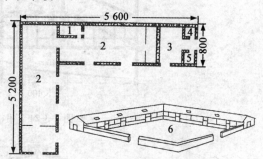

图 1-3-19   半开放的双坡式羊舍(单位:cm)
1.人工授精室   2.普通羊舍   3.分娩栏舍
4.值班室   5.饲料间   6.运动场

3.封闭双坡式羊舍

羊舍四周墙壁封闭严密,屋顶为双坡,跨度大,排列成"一"字形,保温性能好(图1-3-20)。适合寒冷地区,可作冬季产羔舍。其长度可根据羊的数量适当加以延长或缩短。

4.吊楼式羊舍

羊舍高出地面1～2 m,安装吊楼,吊楼上为羊舍,吊楼下为接粪斜坡,后与粪池相连,楼面为木条漏缝地面,双坡式屋顶,用小青瓦或茅草覆盖;后墙与端墙为片石,前墙柱与柱之间为木栅栏(图1-3-21)。

5.漏缝地面羊舍

羊舍为封闭的双坡式,跨度为6.0 m,地面漏缝木条宽50 mm,厚25 mm,缝隙15 mm。双列食槽通道宽50 cm,对产羔母羊可提供相当适宜的环境条件(图1-3-22)。

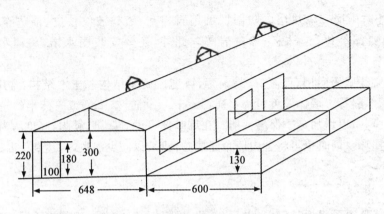

图 1-3-20 双坡单列式羊舍（单位：cm）

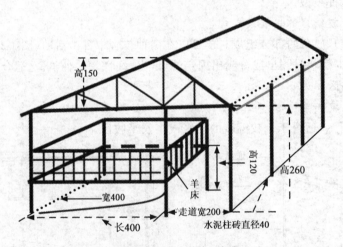

图 1-3-21 吊楼式羊舍（单位：cm）

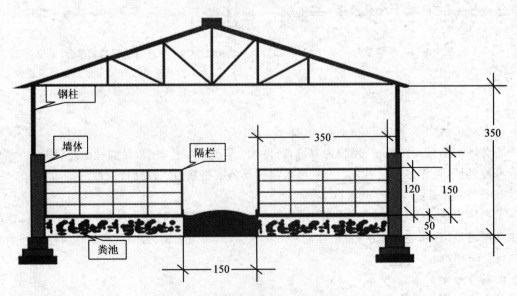

图 1-3-22 漏缝地面羊舍剖面（单位：cm）

6. 塑料棚舍

一般是利用农村现有的简易敞圈及简易开放式羊舍的运动场,用材料做好骨架,扣上密闭的塑料薄膜而成(图 1-3-23)。骨架材料因地制宜选材,如木杆、竹片、钢材、铅丝、铁丝等均可,塑料薄膜厚度 0.2～0.5 mm 白色透明透光好、强度大的薄膜。棚顶类型分为单坡式单层或双层膜棚或弧式单层或双层膜棚,以单坡式单层膜棚结构最简单,经济实用。扣棚时,塑料薄膜再铺平,拉紧,中间固定,边缘压实,扣棚角度一般为 35°～45°。在塑料棚较高墙上设排气窗,其面积按圈舍或运动场的 0.5～0.6 m 计算,东西方向每隔 8～10 m 设 1 个排气窗(2 m× 0.3 m),开闭方便。棚舍坐北朝南。

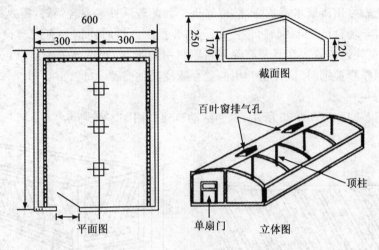

图 1-3-23　塑料棚舍(单位:cm)

7. 楼式羊舍

楼式羊舍如图 1-3-24 所示。

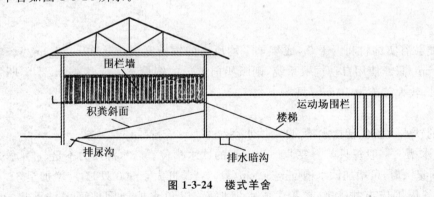

图 1-3-24　楼式羊舍

(三)羊场主要设施

1. 干草棚

干草棚是必需的附属设施之一,可用于贮存各种青干草,以备冬天使用。干草棚数量和干草储备量多少依赖于饲养模式和羊只数量多少。一般成年羊、育成羊和羔羊每只每天需要的干草量分别为 2 kg、1 kg、0.1～0.8 kg。表 1-3-6 给出了每吨苜蓿干草、非豆科干草、秸秆占用的贮存空间,据此可估算需要修建干草棚数量和大小。

表 1-3-6　每吨干草占用的贮存空间

干草类别	松散		打包		切碎	
	m³/t	kg/m³	m³/t	kg/m³	m³/t	kg/m³
苜蓿干草	13～14	70～65	6～9	160～95	8～10	110～80(切为 4 cm)
非豆科干草	13～17	70～55	7～9	130～95	8.5～11	105～80(切为 8 cm)
秸秆	19～28	48～30	11～14	80～65	7～10	130～15

饲料贮存仓库可用砖或水泥块修建,应靠近羊舍。若从外购混合饲料,需要的仓库贮存容积相对较小。若羊场自己配制饲料,需要的仓储容积大。这时还需要有配套设备,如饲料检验、称量、粉碎、搅拌设备等。注意要筛除饲料原料中的钢丝、碎玻璃等物质,以免对羊只健康造成损害。若制作颗粒饲料,应准备专用的贮存罐或其他容器。

2. 草架

饲喂用简易草架如图 1-3-25 所示,木制活动草架如图 1-3-26 所示。

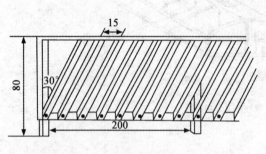

图 1-3-25　简易草架(单位:cm)

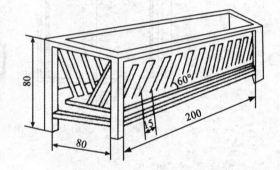

图 1-3-26　木制活动草架(单位:cm)

3. 饲槽

饲喂颗粒谷实饲料和青干草,成年羊平均所占的饲槽宽度应达 30～45 cm/只,较大羔羊为 25～35 cm/只。使用自动饲喂系统,则断奶前羔羊的饲槽宽度应达 4 cm/只,断奶后羔羊为 6 cm/只,较大羔羊为 10 cm/只。

4. 水槽

常用的饮水设备包括饮水槽、自动饮水系统等。

(1)饮水槽　一般每只羊需要 20～30 cm 的饮水槽位。若水源压力不足、进水管过细及夏季炎热饮水量大时,可增加饮水槽位至 30 cm/只。若羊群大于 500 只时,应增加至 31.5 cm/只。在饮水设备周围应有排水沟或者建成水泥地面,以免水槽周围地面泥泞不堪,助长蚊蝇滋生。

(2)自动饮水系统　自动饮水系统一般由水井(或其他水源)、提水系统、供水管网和过滤器、减压阀、自动饮水装置等部分组成。可先将饮水储存在专门水塔或水罐内,经地埋 PVC 管运输到羊舍,然后改为直径 30 mm 的镀锌管(距地面 1.1 m),顺羊舍背墙,穿越隔墙,形成串联性供水管道。在管道最末端可直接安装弯头落水管或自动饮水设备。自动饮水器有鸭嘴式、碗式和乳头式等。

若用饮水碗,1 只饮水碗分别可满足 40～50 只带羔母羊、50～75 只羔羊的饮水需要。而 1 只饮水乳头可满足 15～30 只羊需要。一般要在每个圈舍内安装 2 个以上饮水碗或饮水乳头。

5. 栅栏

用围栏可将羊舍内大群羊按年龄、性别等分为小群,划分出产羔栏、哺乳栏、教槽饲喂栏、活动母仔栏(图 1-3-27)等不同功能单元,减少羊舍占地面积,便于饲养管理和环境保护。此外,羊舍外运动场周围也要使用围栏。围栏可用木材、铁丝网、钢管等材料制作。肉用绵羊围栏以高 1.5 m 较合适,肉用山羊的应高于 1.6 m。

6. 挤奶台

挤奶台架如图 1-3-28 所示。

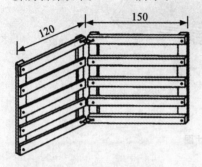

图 1-3-27 活动母仔栏(单位:cm)

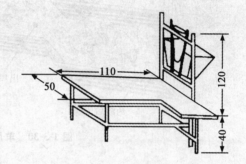

图 1-3-28 挤奶台架(单位:cm)

7. 药浴池

药浴池是预防和治疗羊外寄生虫病的专门设施(图 1-3-29)。

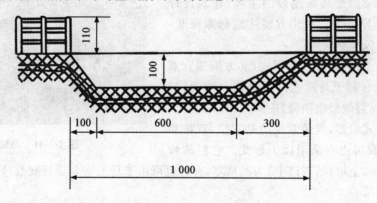

图 1-3-29 药浴池(单位:cm)

药浴池设计的主要原则(图 1-3-30)有:

(1)药浴池要建在地势较低处,远离居民生活区和人畜饮水水源;

(2)在室内药浴容易吸入过多的蒸汽,所以药浴应在通风良好的室外进行;

(3)药浴池与水源的距离要保持在 50 m 以上,与水龙头距离在 10 m 以上;

(4)要有专门通道引导羊进入药浴池,药浴池入口要有一定坡度;

(5)药浴池要防渗漏,可在药浴池周围装上挡板,高度应在操作人员腰部以上,这样可避免药液外溅；

（6）在药浴池边，要有专门水管供应清洁水源，用于稀释药物或洗涤药浴池，还要考虑药液清除问题；

（7）药浴池出口要有一定斜坡，使出浴羊滴落的药液回流入池内。

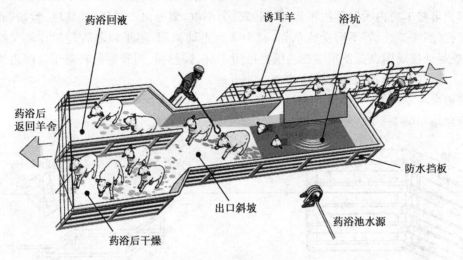

图 1-3-30　羊用药浴池设计图

四、马舍设计与建设

（一）马厩

马厩（图 1-3-31）是马场建设的主体，建筑设计与材料南北方差异很大。在北方要注意防寒保暖，南方则要注意通风隔热问题。

从建筑形式上，南方适宜单列式，北方则适宜双列式。双列式还有利于马匹之间的交流与沟通，减少马匹的寂寞，保温效果也稍微好一些。

欧美马厩形式很多，但最常见的是双层、双坡和双列式，近年来我国也有采用以上形式。它们的特

图 1-3-31　马厩

点是，下层为马厩，上层（吊篷以上）为贮草室，有时也可用于马工宿舍。马厩数量也不一样，一般不宜较多。

（二）会所建筑

会所相当于传统规模马场的场部，一般的会所建筑包括接待厅、咖啡厅、办公室、休息室与会客厅以及客房等。

（三）室内马场

现代马场建设的发展趋势是建立室内马场，一般是以舞步训练场为最小面积来建设，视马场的性质和要求来定，最好周边或三边要有走廊或看台。室内马场要求通道好，与马厩距离近，多功能性，屋顶采光。

（四）群牧养马的基本建筑和设备

1.马棚敞圈和避风所

马棚的建筑以背风、向阳、宽敞、地面平坦干燥、经济耐久适用为宜,可采用三面围墙、一面敞开的单斜式,开的一面与逍遥运动场相连(图1-3-32)。棚高 2.2～2.5 m,棚宽 4～5 m,棚长依马匹多少而定,每匹马平均占用面积 3～4 m²。逍遥运动场的面积应不少于马棚的 4～5 倍,牧区地广,如有可能以大些为好。为了便于管理,应设在冬牧场或其他适宜的地方。

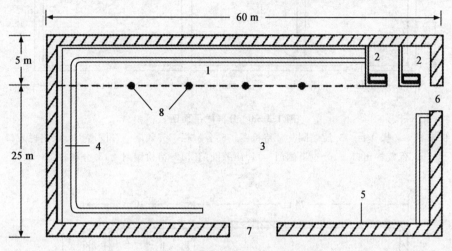

图 1-3-32　群牧马棚及敞圈平面图
1.棚　2.单间　3.圈　4.槽　5.围墙　6.小门　7.圈门　8.棚柱

马群要在冬季和早春免受寒风和暴风雪的侵袭,必须有自然的或人工的避风所。山谷低平处,两山之间向阳处,树林的边缘都可因地制宜选择避风处。

人工防风设备,可栽植防风林、防风篱和建防风墙。在缺少树的地区,可用土墙防风,筑成四面围墙或两面连角墙。风多的一面墙应高一些,墙角应顶向主风。

2.分群栏和鉴定场

群牧马的鉴定、整群、烙印、人工授精、驱虫、检疫、防疫注射、兽医治疗工作,都需要在分群栏内进行。分群栏的形式很多,但以结构坚固,简便实用,成本低,安全操作,提高工作效率为原则。

分群栏由待检圈、压缩圈、保定栏和分群圈构成(图1-3-33)。分群栏的保定栏可用直径 20 cm 的木桩制成栅栏,可同时检查 10 匹马。在保定栏入口处设木栅门。分群栏待检圈和各个分群圈总面积大小,必须能容纳一个马群有余。在分群栏附近,应设鉴定场。在保定架内对马进行外貌鉴定。鉴定场包括马站立的平台和步样检查场。

3.补饲槽和饮水场

群牧马采用围绕草垛制成的马蹄形补饲槽,添草方便(图1-3-34)。饲槽本身可代替草圈的围栏,避免马匹进草圈吃踏饲草。

关于饮水设施,为了保护水源清洁,便于马群饮水,应在天然河流、小溪、泉水、湖泊附近,设立固定饮水场,并铺设沙砾。饮水处要有足够的长度,避免饮水拥挤,若饮井水,要设水槽,槽的长度,按每100匹马不少于 25 m 计。饮马时,如有拥挤,可分组饮,特别对怀孕母马群更应如此。

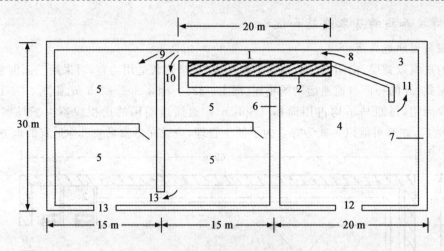

图1-3-33 分群栏平面图

1.保定栏 2.操作台 3.压缩圈 4.待检圈 5.分群栏 6.隔墙 7.围墙 8.保定栏入口
9.保定栏出口 10.过道侧门 11.压缩圈门 12.待检圈门 13.分群栏门

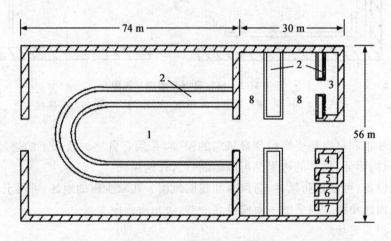

图1-3-34 马蹄形补饲槽

1.贮草场 2.补饲槽 3.马棚 4.值班室 5.职工宿舍 6.鞍具库 7.饲料库 8.病瘦马补饲圈

4.配种站和医疗室

配种站应建筑在交通方便、环境僻静、少受外界干扰、有清洁水源、地势较高燥、易于排水的地方,要便于人的生活和室外工作。附近有放牧地,牧草丰盛,能够供应整个配种季节马群的需要,配种站应有采精准备室、检验室、输精室或输精场等,还有住房和库房。

医疗室设在马群集中的地方,有药房、诊断室、值班室、病马圈及料房和拴马场等。

五、兔舍设计与建设

(一)兔舍建筑类型

1.单列式兔舍

单列式兔舍通风、光照良好,夏季凉爽,但冬季保温较差,要冬季挂草帘、塑料薄膜或塑料编织布,以利于防风、保温,还要注意防御兽害。

(1)室外单列式兔舍　这种兔舍实际上既是兔舍又是兔笼,是兔舍与兔笼的直接结合(图1-3-35)。兔笼正面朝南,兔舍采用砖混结构,为单坡式屋顶,前高后低,屋檐前长后短,屋顶、承粪板采用水泥预制板或波形石棉瓦,兔笼后壁用砖砌成,并留有出粪口,承粪板为水泥预制板。屋顶可配挂钩,便于冬季悬挂草帘保暖。为适应露天条件,兔舍地基要高,最好前后有树木遮阴。

(2)室内单列式兔舍　室内单列式兔舍四周有墙,南北墙有采光通风窗,屋顶形式不限(单坡、双坡、平顶、拱形、钟楼、半钟楼均可),兔笼列于兔舍内的北面,笼门朝南,兔笼与南墙之间为工作走道,兔笼与北墙之间为清粪道,南北墙距地面 20 cm 处留对应的通风孔。

2.双列式兔舍

双列式兔舍的两列兔笼之间设走道(图1-3-36),饲养管理方便,有利于冬季保温。承粪板向两侧倾斜,清除粪便在室外进行,舍内清洁卫生。为了便于通风,南列可少建一层,空出的距离安铁丝网,或反转玻璃窗,也可建钟楼式兔舍。为了加强仔兔的活动,北侧为兔笼,南侧建矮墙,做运动场,墙基上留出入孔,仔兔可以自由出入。也可以在舍内外运动场上架设电焊网或竹片网栅,在地网上饲养和运动,粪尿漏下,清洁卫生。

图 1-3-35　室外单列式兔舍

图 1-3-36　双列式兔舍

(1)室外双列式兔舍　室外双列式兔舍的中间为工作通道,通道宽度为 1.5 m 左右,通道两侧为相向的两列兔笼。两列兔笼的后壁就是兔舍的两面墙体,屋架直接搁在兔笼后壁上,屋顶为"人"字形或钟楼式,配有挂钩,粪沟在兔舍的两面外侧。

(2)室内双列式兔舍　室内双列式兔舍分为两种形式:一种是两列兔笼背靠背排列在兔舍中间,两列兔笼之间为清粪沟,靠近南北墙各一条工作走道;另一种是两列兔笼面对面排列在兔舍两侧,两列兔笼之间为工作走道(图1-3-37),靠近南北墙各有一条清粪沟。屋顶为双坡式、钟楼式或半钟楼式。

图 1-3-37　室内双列式兔舍

3.室内多列式兔舍

室内多列式兔舍有多种形式,如四列三层式、四列阶梯式、四列单层式、六列单层式、八列单层式等。屋顶为双坡式,其他结构与室内双列式兔舍大致相同,只是兔舍的跨度加大,一般为8～12 m。

4.敞棚式兔舍

四面无墙,仅靠立柱支撑舍顶,其通风透光好,家兔的呼吸道疾病少,造价低,适于较温暖的地区或作为季节生产用。

5.开放式和半开放式兔舍

(1)室内开放式兔舍　室内开放式兔舍四周有墙,通过窗户通风采光,适于黄河以北的广大地区。分单列式、双列式或多列式,饲养种兔单列式的效果优于多列式。

(2)室内开放式群兔舍　室内开放式群兔舍是专门以群养方式饲养幼兔和育肥兔的。幼兔栏带室外运动场。

(3)半开放式兔舍　半开放式兔舍是以兔笼的后壁为舍壁,除了三面有完整的墙外,前面有一半截墙,上部可设丝网。在冬季为了保温,前面封塑料布。半开放式兔舍可分单列式和双列式。

6.封闭式兔舍

封闭式兔舍四周墙壁完整,上有屋顶遮盖,前后有窗。通风换气依靠门、窗和通风管道。一般封闭式兔舍用来喂养种兔。

7.笼养兔舍

(1)室外笼养兔舍　室外笼养兔舍的兔舍与兔笼相连,既是兔舍,又是兔笼,和一般兔笼不同,既要达到兔舍建筑的基本要求,又要符合兔笼的设计要求。室外笼养兔舍一般包括围墙、兔笼、储粪池、通道、饲料间、管理间等六个部分。以砖、石等砌成笼舍合一的结构,一般1～3层,总高度控制在1.8 m以内。四周砌围墙,墙高2.5 m,主要用于防兽害、防盗窃和挡风。修建多少兔笼应根据兔场发展规模而定。兔舍的储粪池应有利于积肥,并能防止雨水流入粪池,冲走粪尿。兔舍的主通道宽1 m左右,笼间通道宽度以能通小车为标准,1.3～1.5 m,以利于喂料和出粪。

(2)塑料棚式兔舍　塑料棚式兔舍是仿温室结构,有单层、双层之分,以双层间有缓冲层的最好(图1-3-38);还有半塑棚(部分搭塑料布)和全塑棚之别,兔笼安放在棚中央。适用于温带地区进行冬季饲养与繁殖,但在寒带地区只靠阳光难达到理想温度,尚需补充热量。

(3)室内笼养兔舍　室内笼养兔舍的种类很多,各有特色(图1-3-39)。在北方由于外界气温较低,兔舍应矮些,以利于保暖,以双坡式、拱形式和不等式为好。建筑材料以土木结构为宜,砖墙及土墙厚度应较大,屋顶较厚,舍内地面以三合土(石灰、碎石、黏土按1∶2∶4配合)为宜,应干燥。

8.笼洞结合式笼舍

笼洞结合式笼舍是将室外笼舍建在靠山处,在笼后壁(网)处向山内掏成洞穴,入口直径15 cm,深50 cm,洞内径25 cm,有的在笼的底层设洞与斜坡式通道相连,宽15 cm,高20 cm,通往50 cm×50 cm×50 cm的人造洞穴,此洞穴距地面60 cm以上。笼洞结合式笼舍的优点是洞穴冬暖夏凉,利于家兔繁殖。适于干旱的山区及半山区,每用2～3年再换新地,以防疾病蔓延。

图 1-3-38　塑料棚式兔舍

图 1-3-39　室内笼养兔舍

9.靠山掏洞式兔舍

靠山掏洞式兔舍是山区普遍采用的一种兔舍。在背风向的土山南面用砖、石砌3层兔笼，在其后壁往里掏一个口小(宽12 cm、高14 cm呈长椭圆形)里大(25 cm×30 cm)深45 cm左右的产仔葫芦洞，洞向左下或右下方倾斜。

10.地下产仔室兔舍

地下产仔室兔舍是在普通室外兔舍的地上产仔室往前下方挖一宽12 cm、高20 cm的洞，末端砌一个产仔室，其上与地面接通，留一个观察孔。为了防潮，地下道与产室周围铺上白灰或塑料薄膜。由于地下安静、黑暗，非常适合家兔的习性，只要注意防潮和卫生，繁殖效果十分理想，适宜进行冬繁。

(二)兔笼及其形式

1.兔笼的组成与设计要求

兔笼一般由笼壁、笼门、笼底板(承粪板)、笼顶板和支架组成。

2.兔笼规格

(1)兔笼大小　应按家兔的品种类型和性别、年龄，兔笼的设置位置，地区的气候特点等的不同而定。一般以种兔体长为尺度，笼长为体长的1.5～2倍，大小应以保证其能在笼内自由活动和便于操作管理为原则。

(2)笼层高度　目前国内常用的多层兔笼，一般由3层组装排列而成，总高度应控制在2 m以下。最底层兔笼的离地高度应在25 cm以上，以利于通风、防潮，使底层兔有较好的生活环境。

种兔笼单笼规格见表1-3-7。

表 1-3-7　种兔笼单笼规格　　　　　　　　　　　　　　　　　　　　　　cm

饲养方式	种兔类型	笼宽	笼深	笼高
室内笼养	大型	80～90	55～60	40
	中型	70～80	50～55	35～40
	小型	60～70	50	30～35
室外笼养	大型	90～100	55～60	45～50
	中型	80～90	50～55	40～50
	小型	70～80	50	35～40

3.兔笼形式

兔笼形式按存在状态分移动式和固定式;按层数分单层、双层和多层;按排列方式分重叠式、阶梯式和半阶梯式;按其功能可分为饲养笼和运输笼;按制作材料可分为金属笼、水泥预制件笼、砖石砌笼、木制笼、竹制笼和塑料制笼等。

(1)平列式兔笼 平列式兔笼均为单层,全部排列在一个水平上,一般由竹木或镀锌冷拔钢丝制成。笼门可开在笼的上部[图1-3-40(a)],也可在前部。兔笼可悬吊于舍顶,也可以支架支撑或平放在矮墙上。由于是单层,粪便可直接落在笼下的粪沟内,不需要承粪板。平列式兔笼可分单列活动式和双列活动式两种。

(2)重叠式兔笼 重叠式兔笼在家兔生产中被广泛使用,多采用水泥预制件或砖结构组建而成,亦有成型的组合笼具。一般上下叠放2～4层笼体,层间设承粪板[图1-3-40(b)(c)]。

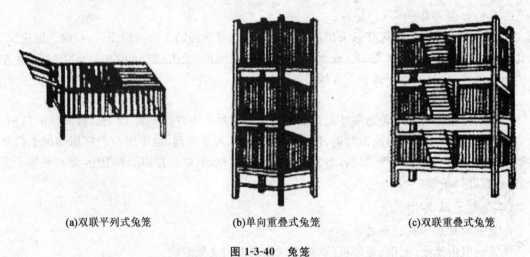

(a)双联平列式兔笼　　　　(b)单向重叠式兔笼　　　　(c)双联重叠式兔笼

图1-3-40　兔笼

(3)阶梯式兔笼 阶梯式兔笼在兔舍中排成阶梯形。先用金属、水泥、砖、木料等材料做成阶梯形的托架,兔笼就放在每层托架上。笼的前壁开门,饲料箱、饮水器等均安在前壁上,在品字形笼架下挖排粪沟,每层笼内的兔粪、尿直漏到排粪沟内(图1-3-41,图1-3-42)。

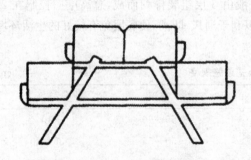
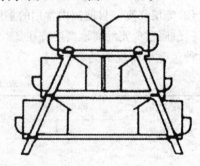

图1-3-41　全阶梯式兔笼　　　　　　　图1-3-42　半阶梯式兔笼

(4)活动式兔笼 活动式兔笼一般由竹木或镀锌冷拔钢丝等轻体材料制成,根据构造特点可分为单层活动式、双联单层活动式、单层重叠式、双联重叠式和室外单间移动式等多种。笼的大小和一般兔笼相同,无承粪板,粪尿直接漏在地上。

（5）固定式兔笼　固定式兔笼一般为双层或3层多联式。在舍内空间较小的情况下,以双层为宜,可降低饲养密度,有利于保持良好的环境,便于管理。固定式兔笼一般由火砖、水泥、石板砌成。笼底板以竹片制作而成,能随时放进、抽出。

【拓展知识】

草食动物生产的可行性分析

在市场与资源评估的基础上,结合自身的养殖技术,紧紧围绕"是否适合发展草食动物生产""最适合发展哪种草食动物"等问题进行可行性论证,写出项目实施方案。

可行性研究是指项目投资前,从经济、生产、供销,直至社会环境等方面进行调查研究,根据现有的和可能创造的条件,运用科学的方法对未来的发展前景进行周密的运算、分析、比较和综合平衡,确定项目是否可行,经济效益、社会效益如何,做出比较精细的预测和判断。

可行性研究是决定项目能否成立的前提。可行性研究做得是否精确,预测的结果是否符合实际,对项目的成败关系极大。对拟选择的奶牛、肉牛、肉羊、肉兔、毛兔等养殖项目进行综合技术论证,有利于决策的科学性、预见性,把握投资机会和避免不必要的损失。

进行草食动物养殖项目科学的可行性论证除作为投资决策的依据外,还可以作为引用外资、中外合资、筹划银行贷款或拨款的依据。也可作为与有关部门或合作伙伴签订协议的依据。

通常项目可行性论证,必须考虑遵循社会主义市场经济规律,应与国家、地区的国民经济发展规划和计划相一致;必须从本地区的实际出发,发挥地区优势,合理利用当地资源;必须坚持技术、经济、社会、生态等效果相统一的原则;必须处理好农与牧、当前与长远、局部与全局的关系。

可行性研究需着重从技术、经济两方面进行:技术的可行性研究是投资项目能否成立的前提,项目效益的好坏,能否取得预期的效果,与它采用的综合配套技术是否先进有很密切的关系。而经济上的可行性分析着眼于投资效益,方法侧重于市场调查和市场预测,计算产品成本,进行盈亏论证。

由于投资的项目不同,可行性研究本身所包括的内容也不一致,但从总体上说,一般可行性报告的主要内容和要求如下。

1. 基本情况及项目要求

包括项目名称、拟实施地域、项目的由来、资金来源、规模和目标、投资建设期限。

2. 项目背景及意义

简要介绍奶牛（或肉牛、肉羊、肉兔）产业形势及本地区的状况;项目实施后对本地经济、社会、生态方面的有利影响。

3. 项目实施的有利因素

资源优势:草食动物品种资源;农作物秸秆、草原资源;牧业劳动力资源;技术力量、技术成果等技术优势。

区域优势:含土地、交通、能源、通信设施等内容。

产业优势:从经济效益、发展潜力、市场前景方面分析。

政策优势:如发展草食畜牧业符合国家产业政策与本地区畜牧业发展目标相一致。

4.项目总思路及建设目标

总体发展规模、主导产业、基地建设、龙头企业、生产模式及技术、经济指标。

5.项目投资概算及实施计划

总投资费用的分项概算、项目建设期限要求、项目实施计划总进度、分年度投资计划、重大施工方案及进度、设备安装进度、人员培训等的合理安排。

6.经济效益分析

投入产出比等效益指标计算,投资回收状况及分析,生产成本、产值利润、项目规模、基地效益详细估算,做出全面的包括微观和宏观的经济分析和评价。

7.生产技术的先进性分析

包括主导产业、生产模式、运作方式。

主要技术方案:含品种改良、繁殖,秸秆青贮、氨化及微贮,畜产品加工,疾病防治等方面的技术标准。

生产工艺流程:牛奶及奶制品生产、牛肉及牛肉制品生产、羊肉及羊肉制品生产、兔肉及兔肉制品生产,奶牛饲养管理技术,肉牛、肉羊、肉兔快速育肥技术等。

设备材料类型:饲料青贮、氨化、微贮设备;采、制、贮、输精设备和运输车辆;恒温箱、显微镜、液氮罐等冷配设备及有关技术标准的确定。

8.项目的社会效益和生态效益

包括项目实施地区解决就业情况、带动区域经济发展及小城镇建设等。

9.问题和建议

保证项目顺利实施必须解决的主要问题及解决这些问题的具体建议。

10.主要附件

如国内外市场需求情况调研和预测报告;有关主管部门对畜产品以销定产安排意见;环境保护及卫生设施的意见;饲料供应、能源安排等方面意见。

总之,可行性分析必须对项目的投资提供技术、经济方面的依据做充分的论证,数据资料要详尽,可靠性要高,做到具有科学性、真实性、准确性和可操作性。

【技能训练】

技能训练1-1 奶牛场的规划与牛舍建筑设计

一、技能训练目标

通过参观介绍及实际设计,掌握奶牛场的总体规划及牛舍建筑设计。

二、技能训练材料

中小型奶牛场平面图、绘画纸、碳素笔、2B铅笔、圆规及三角板等。

三、技能训练方法与步骤

(1)参观中小型奶牛场以了解奶牛场的规划布局以及了解奶牛舍的建筑设计要求。

（2）由指导教师和技术员介绍牛场的场址选择、场区规划和平面布局的要求，不同类型牛舍的建筑特点、规格、内部设施和牛舍建筑的基本技术要求。

（3）然后由学生分组讨论并根据给出的条件设计一个奶牛场，包括奶牛场的规划布局和牛舍的建筑结构及牛场的附属设施等。

四、技能考核标准

奶牛场的规划与牛舍建筑设计技能考核标准如表 1-3-8 所示。

表 1-3-8　奶牛场的规划与牛舍建筑设计技能考核标准

序号	考核项目	考核标准	参考分值
1	牛舍布局	牛舍排列是否整齐；牛舍朝向、舍间距是否合理；场区地形利用是否合理	40
2	附属用房	数量、位置、面积设计	10
3	道路	主干道、小路设计；净道和污道设计	10
4	绿化	绿化类别；苗木选择	10
5	主要设备设施	牛舍和附属用房主要设备设施确定和选择是否全面、适用	30
合计			100

五、作业

设计一个年饲养 300～500 头的奶牛场。要求设计科学，布局适宜，结构合理，经济耐用，具有推广使用的价值。

技能训练 1-2　羊舍建筑设计分析

一、技能训练目标

（1）掌握羊场内各种建筑物的规划设计；

（2）完成设计图纸的汇总与完善；

（3）掌握羊舍内各种附属物的规划设计。

二、技能训练材料

1. 实训工具

卷尺、绘图纸、2B 铅笔、三角板、电脑、绘图软件（有条件时可以进行电脑制图）。

2. 实训材料

某规模化羊场。

三、技能训练方法与步骤

（1）教师讲解羊舍建筑要求；

（2）教师带领现场识别。

四、技能考核标准

羊舍建筑设计分析技能考核标准如表 1-3-9 所示。

表 1-3-9　羊舍建筑设计分析技能考核标准

序号	考核项目	考核标准	参考分值
1	羊舍建筑设计的实施准备	准备充分,细致周到	15
2	羊舍建筑设计的计划实施步骤	实施步骤合理,有利于提高评价质量	15
3	实施前测量工具的准备	鉴定所需工具准备齐全,不影响实施进度	15
4	羊场建筑设计的可行性	设计合理,具有实施可行性	15
5	教学过程中的课堂纪律	听课认真,遵守纪律,不迟到不早退	10
6	实施过程中的工作态度	在工作过程中乐于参与	10
7	卫生防疫意识	选址符合兽医卫生和环境卫生的要求	10
8	实施结束后的任务完成情况	过程合理,鉴定准确,与组内成员合作融洽,语言表述清楚	10
合计			100

【自测训练】

一、选择题

1.选择牧场场址时必须遵循(　　　)准则,使牧场不致成为周围社会的污染源,同时也不受周围环境所污染。

A.社会公共卫生　　　　B.社会安全　　　　C.社会环保　　　　D.社会绿化

2.成年奶牛运动场占地面积每头为(　　　)m²。

A.1～5　　　　B.6～10　　　　C.15～20　　　　D.25～30

3.犊牛运动场占地面积每头为(　　　)m²。

A.1～5　　　　B.6～10　　　　C.10～15　　　　D.15～20

4.畜牧场的核心区是(　　　)。

A.生活区　　　　B.管理区　　　　C.生产区　　　　D.隔离区

5.牛的运动场四周种植的树木以(　　　)为主。

A.高大冠大落叶乔木　　B.松柏灌木花草　　C.桃树杏树　　　　D.梨树苹果树

6.不同的畜舍其采光系数不同,乳牛舍采光系数为(　　　)。

A.1∶16　　　　B.1∶15　　　　C.1∶20　　　　D.1∶12

7.牛场的规划中生活区应设在(　　　)位置。

A.场区的中心　　　　B.场区的最上风　　C.场区的最下风　　D.都可以

8.奶牛舍内的空气湿度不宜超过(　　　)。

A.80%　　　　B.85%　　　　C.90%　　　　D.95%

9.根据北方地区冬季寒冷且时间长,风多且偏西北这一特点,故畜舍(　　)为好,有利于保温。

    A.坐南朝北　　　　　　　B.坐东朝西　　　　　　　C.坐北朝南　　　　　　　D.坐西朝东

10.要与交通要道、工厂及住宅区保持(　　)及以上的距离,并在居民区的下风向,以防牛场有害气体和污水等对居民的侵害。

    A.500～800 m　　　　　B.500～1 000 m　　　C.400～600 m　　　　D.600～1 000 m

11.全露天牛舍饲养方式投资少,便于机械化操作,适用于大规模饲养,很合适(　　)。

    A.饲养乳牛　　　　　　　B.饲养肉牛　　　　　　　C.饲养育成牛　　　　　D.饲养犊牛

二、填空题

1.按牛舍屋顶式样不同,分为钟楼式、半钟楼式、_____和弧形式等类型。

2.奶牛产房是专用于饲养_____牛只的用房。

3.选择牛场和建筑牛舍应根据_____、种类和发展规模、资金、机械化程度和设备条件而定并符合卫生防疫要求、经济适用和便于管理。

4.羊舍主要有_____、_____、_____、_____、_____等类型。

5.现代化养羊场常见的设备主要有 _____、_____、_____、_____、_____、_____、_____。

三、简答题

1.适宜的草食动物牧场规模的确定关键点有哪些?

2.场址选择时应注意哪些问题?

3.牧场通常分为几个区?分别是什么区?

4.奶牛牛舍的类型有哪些?各有什么优缺点?

5.怎样合理布局规划羊场及羊场内各种建筑物?

6.综述设计羊舍的关键技术要点。

7.现代化养羊有哪些优缺点?

8.沼气生产有何意义?

9.怎样合理布局规划兔场及兔场内各种建筑物的规划设计?

单元2 草食动物饲草料的筹划与调制

【知识目标】
- ◆ 了解草食动物常用的饲草料的种类及来源；
- ◆ 掌握各类饲草料的加工调制技术及饲喂方法；
- ◆ 了解我国天然草地资源分布、类型和合理利用。

【能力目标】
- ◆ 能够为草食动物配制合理的日粮；
- ◆ 能够对各类饲草料进行加工调制；
- ◆ 能够设计科学合理的草食动物饲草料供应计划；
- ◆ 能够科学合理地开发利用天然草地资源。

任务 2-1 草食动物常用的饲草料

一、能量饲料

能量饲料指干物质中粗纤维含量在 18% 以下，粗蛋白质含量在 20% 以下，每千克消化能 10.46 MJ 以上的饲料。

（一）谷实类饲料

大多是禾本科植物成熟的种子，主要包括玉米、小麦、大麦、高粱、燕麦、稻谷、谷子等。这类饲料富含无氮浸出物，占干物质的 66%～80%，其中主要是淀粉，占 82%～90%，故其消化率很高；粗纤维含量低，一般在 10% 以下，因而适口性好，可利用能量高，粗脂肪含量在 3.5% 左右。但粗蛋白质含量低，在 10% 以下，缺乏赖氨酸、蛋氨酸、色氨酸等必需氨基酸；钙及维生素 A、维生素 D 含量不能满足牛的需要，磷的含量高但多为植酸磷，利用率低，钙磷比例不当。

（二）糠麸类饲料

为谷实类饲料的加工副产品，主要包括麸皮和稻糠［图 2-1-1（a）］以及其他糠麸如玉米糠 ［图 2-1-1（b）］、高粱糠和小米糠。其共同特点是除无氮浸出物含量（40%～62%）较少外，其他各种养分含量均较高。有效能值低，含钙少而磷多，磷多为植酸磷，利用率低；含有丰富的 B 族维生素，硫胺素、烟酸、胆碱等含量较多，维生素 E 含量较少；物理结构松散，含有适量的纤维素，有轻泻作用；吸水性强，易发霉变质，不易贮存。

（三）块根、块茎及瓜果类饲料

块根、块茎类饲料种类很多，主要包括甘薯、马铃薯、木薯、胡萝卜等。从饲用角度来看，具有共同的特点，一般水分含量较高，为 75%～90%，单位重量的鲜饲料中营养成分低。按干物

(a)稻糠　　　　　　　　　　(b)玉米糠

图 2-1-1　糠麸类饲料

质中的营养价值来考虑,属于能量饲料。无氮浸出物含量高,为 $60\%\sim80\%$,有效能与谷实类相似,粗纤维和粗蛋白质含量低,分别为 $5\%\sim10\%$ 和 $3\%\sim10\%$,且有一定量的非蛋白态的含氮物质,矿物质及维生素的含量偏低。这类饲料适口性和消化性均好,鲜喂时是牛、羊冬季不可缺少的多汁饲料和胡萝卜素的重要来源,对保证草食动物健康有重要作用。鲜喂时由于水分高,容积大,能值低,单独饲喂其营养物质不能满足草食动物的需要,必须与其他饲料搭配使用。

(四)糖渣类饲料

制糖工业的副产品,其主要成分为糖类,蛋白质含量较低,矿物质含量较高,维生素含量低,水分高,能值低,具有轻泻作用。饲喂肉牛用量宜在 $10\%\sim20\%$。

(五)油脂类饲料

主要为饲用植物油如玉米油、大豆油、花生油等。犊牛对硬脂酸难以消化,易使 2 周龄内犊牛腹泻和发育不良。一般认为日粮中脂肪不宜超过 $5\%\sim6\%$,否则影响粗纤维的消化率。但最近国内外的研究表明,牛日粮中添加 10% 的未保护菜籽油对纤维消化和微生物氮的合成并无影响;添加保护性脂肪对日粮消化率影响较小。

二、蛋白质饲料

蛋白质饲料指干物质中粗纤维含量在 18% 以下,粗蛋白质含量在 20% 以上的饲料。

(一)植物性蛋白质饲料

主要包括豆科籽实、饼粕类及其他加工副产品。

1.豆科籽实

主要有两类,一类是高脂肪、高蛋白的油料籽实,如大豆、花生等;另一类是高碳水化合物、高蛋白的豆类,如豌豆、蚕豆等。豆类籽实蛋白质含量高,为 $20\%\sim40\%$,较禾本科籽实高 $2\sim3$ 倍;品质好,赖氨酸含量较禾本科籽实高 $4\sim6$ 倍,蛋氨酸含量高 1 倍。

2.饼粕类饲料

饼粕类饲料是豆科及油料作物籽实制油后的副产品,压榨法制油的副产品称为饼,溶剂浸提法制油后的副产品称为粕。常用的饼粕为:大豆饼粕(图 2-1-2)、花生饼粕、棉籽(仁)饼粕(图 2-1-3)、菜籽饼粕、芝麻饼粕、胡麻饼粕、葵花籽饼粕等。

3.其他加工副产品

主要指糟渣类,糟渣类饲料是酿造、淀粉及豆腐加工行业的副产品。其主要特点是水分含

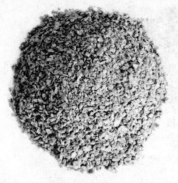

图 2-1-2 豆粕

图 2-1-3 棉粕

量高,为 $70\%\sim90\%$,干物质中蛋白质含量为 $25\%\sim33\%$,B 族维生素丰富,还含有维生素 B_{12} 及一些有利于动物生长的未知生长因子。常见的有玉米蛋白粉、豆腐渣、酱油渣、粉渣、酒糟等。

(1)豆腐渣 新鲜豆腐渣含水分 80% 以上,含粗蛋白质 3.4% 左右,是喂牛的好饲料。由于豆腐渣含水多,容易酸败,饲喂过量易使牛拉稀,而且维生素也较缺乏。因此,使用时注意质量,并搭配其他饲料。

(2)甜菜渣 它是制糖业的副产品。含水分多,营养价值低,但适口性好,是牛的调剂性饲料。用甜菜渣喂奶牛时,喂量不宜过大,以免影响牛奶品质。甜菜渣含有大量游离的有机酸,饲喂过量易使牛拉稀。喂量根据牛的粪便变化情况灵活掌握。

(3)酒糟、醋糟、酱油糟 这类饲料粗蛋白质含量相当丰富,占干物质的 1/4 左右,蛋白质经过发酵能增加细菌蛋白而提高其生物学价值。无氮浸出物含量较低,为干物质的 1/3 左右。B 族维生素的含量没有糠麸多,但含有维生素 B_{12} 及少量有利于动物生长的未知因素。粗纤维含量高,体积大。酒糟是育肥牛的好饲料,因酒糟含有一些残留酒精,喂量不宜大,否则会引起母牛流产或产死胎、弱胎。酱油糟的营养价值较高,但盐分过多,也不宜多喂。

(二)动物性蛋白质饲料

动物性蛋白质饲料主要指鱼粉。含蛋白质较多,品质优良,且过瘤胃蛋白较多,生物学价值较高,含有丰富的赖氨酸、蛋氨酸及色氨酸。含钙、磷丰富且全部为有效磷,还含有植物性饲料缺乏的维生素 B_{12}。

(三)单细胞蛋白质饲料

主要包括酵母、真菌及藻类。以酵母最具有代表性,其粗蛋白质含量为 $40\%\sim50\%$,生物学价值介于动物性和植物性蛋白质饲料之间。赖氨酸、异亮氨酸及苏氨酸含量较高,蛋氨酸、精氨酸及胱氨酸含量较低。含有丰富的 B 族维生素。但饲料酵母有苦味,适口性较差,牛日粮中可添加 $1\%\sim2\%$,用量一般不超过 10%。

(四)非蛋白氮饲料

参阅任务 2-6。

三、青绿饲料

指天然水分含量 60% 及其以上的青绿多汁植物性饲料。这类饲料水分含量高,单位重量所含的养分少。粗蛋白质较丰富,品质优良,按干物质计,禾本科为 13%～15%,豆科为18%～20%,其中非蛋白氮大部分是游离氨基酸和酰胺,对牛的生长、繁殖和泌乳有良好的作用。无氮浸出物含量高,粗纤维含量低,干物质中无氮浸出物为 40%～50%,粗纤维不超过30%。青绿饲料中还含有丰富的维生素,特别是维生素 A 源(胡萝卜素),可达 50～80 mg/kg;也是矿物质的良好来源,矿物质中钙、磷含量丰富,比例适当,尤其是豆科牧草更为突出,还富含铁、锰、锌、铜、硒等必需的微量元素。青绿饲料柔软多汁,鲜嫩可口,易消化,牛对有机物质的消化率可达 75%～85%。另外,青绿饲料具有轻泻、保健作用。

我国青绿饲料种类繁多,资源丰富,主要包括天然牧草、栽培牧草、青饲作物、树叶、田边野草、野菜及水生饲料等等。其中栽培牧草有苜蓿、三叶草、草木樨、紫云英、黑麦草(图 2-1-4)、苏丹草(图 2-1-5)、鲁梅克斯(高杆菠菜)等品种,常见的青饲作物有青刈玉米、青刈大麦、青刈燕麦和青刈大豆苗等等。

图 2-1-4 黑麦草

图 2-1-5 苏丹草

四、多汁饲料

多汁饲料水分含量高,在自然状态下一般含量为 75%～95%,故称为多汁饲料,如甘蓝(图 2-1-6),甘薯藤(图 2-1-7)等。具有轻泻与调养的作用,对泌乳母畜起催乳作用;干物质中富含淀粉和糖,有利于乳糖和乳脂的形成,纤维素含量少,一般不超过 10%,且不含木质素;粗蛋白质含量少,只有 1%～2%,以薯类含量最少。在含氮化合物中,氨化物占 50%。蛋白质含赖氨酸、色氨酸较多;缺少钙、磷、钠,钾含量丰富;维生素含量因种类不同而差异很大;适口性

图 2-1-6 甘蓝

图 2-1-7 甘薯藤

好,能刺激草食动物的食欲,有机物质消化率高;产量高,生长期短,生产成本低,易组织轮作,但因含水量高,运输较困难,不易保存。

五、粗饲料

指水分含量在 45％以下,干物质中粗纤维含量在 18％以上的饲料,包括青干草、秸秆及秕壳等。

这类饲料的共同特点是粗纤维含量在 25％～50％,并含有较多的木质素,单胃动物难以消化,消化率一般为 6％～45％;秸秆类及秕壳类饲料中的无氮浸出物主要是半纤维素和多缩戊糖的可溶部分,消化率很低,如花生壳无氮浸出物的消化率仅为 12％。但对于牛、羊来说,因其具有发达的瘤胃,其中栖息的大量微生物能分泌消化粗饲料中粗纤维的酶,故一般粗饲料可作为反刍动物的基础日粮。

粗饲料体积大而养分含量低。粗蛋白质含量低且差异大,为 3％～19％,维生素中除维生素 D 含量丰富外,其他维生素含量低。除优质青干草含有较多的胡萝卜素外,秸秆和秕壳类饲料几乎不含胡萝卜素。矿物质中含磷很少,钙较丰富。

常见的粗饲料有干草、稻草(图 2-1-8)、玉米秸(图 2-1-9)、麦秸、谷草、豆秸、豆荚、棉籽壳、棉籽壳菌糠以及小麦壳、大麦壳、稻壳等谷类皮壳。

图 2-1-8　稻草

图 2-1-9　玉米秸

六、青贮饲料

指将新鲜的青绿多汁饲料在收获后直接或经适当的处理后,切碎、压实,密封于青贮窖、壕(图 2-1-10)或塔内,在嫌氧环境下,通过乳酸菌发酵而成。包括一般青贮、半干青贮和添加剂青贮。

青贮饲料的营养价值因青贮原料不同而异。其共同特点是粗蛋白质主要是由非蛋白氮组成,且酰胺和氨基酸的比例较高,大部分淀粉和糖类分解为乳酸,粗纤维质地变软,胡萝卜素含量丰富,酸香可口,具有轻泻作用。

图 2-1-10　青贮壕

七、矿物质饲料

矿物质饲料一般指为牛提供钙、磷、镁、钠、氯等常量元素的一类饲料。常用的有食盐、石粉、贝壳粉、骨粉、磷酸氢钙、磷酸二氢钙等。

食盐喂量一般占风干日粮的 0.5%～1%。

八、饲料添加剂

可分为营养性添加剂和非营养性添加剂两种。前者包括氨基酸、矿物质和维生素添加剂；后者包括抑菌促生长剂、驱虫保健剂、瘤胃发酵及胃肠道消化生理调控剂、抗氧化剂、防霉剂等。

任务 2-2 粗饲料的调制加工技术

一、干草的调制加工

干草是指由青绿饲草刈割后调制的青干草。制作青干草，就是把鲜草水分从 60%～85% 迅速降至 15%～20%，在这样的水分含量下，牧草贮存过程中养分损失很少。传统的青干草制作主要靠太阳和风等自然能源。把刈割后的牧草晾晒于田间，也可以收回于通风处搭架晾干；晾晒于地面的要摊薄，注意定时翻动，或适当碾压以破裂茎秆，加快干燥。

也可用人工干燥技术制作青干草。把刈割的草通过鼓型旋转干燥设备，通以热风，热风温度经严格控制。干燥后的牧草一般粉碎后贮存于惰性气体中。牧草从贮存容器中取出后，一般加抗氧化剂以防氧化造成养分损失，并加 0.5%～1% 的脂肪以降低灰尘。这样制得的青干草（草粉）营养保存最完善，但成本高，多用于喂幼龄草食动物（如犊牛等）。

（一）地面干燥法

用地面干燥法干燥牧草的具体过程和时间，随地区气候的不同而有所不同。牧草在刈割以后，就地干燥 6～10 h，使之凋萎，含水 40%～50%（茎开始凋萎，叶子还柔软，不易脱落）用搂草机搂成松散的草垄，使牧草在草垄上继续干燥 4～5 h，含水为 35%～40%（叶子开始脱落以前）用集草器集成小草堆，牧草在草堆中干燥 1.5～2 d 就可制成干草（含水 15%～18%）。

紫花苜蓿草垛如图 2-2-1 所示，玉米青贮料如图 2-2-2 所示。

图 2-2-1 紫花苜蓿草垛   图 2-2-2 玉米青贮料

（二）草架干燥法

在潮湿地区由于牧草收割时多雨，用一般地面干燥法调制干草，往往不能及时干燥，使得干草变褐，变黑，发霉或腐烂，因此生产上采用草架干燥法来晒制干草。

用草架制干草时，首先把割下来的牧草在地面上干燥 0.5～1 d，使其含水量降至 45％～50％，无论天气好坏都要及时用草叉将草自上而下上架。最底层应高出地面，不与地面接触，这样既有利于通风，也避免与地面接触吸潮。在堆放完毕后应将草架两侧牧草整理平顺，这样遇雨时，雨水可沿其侧面流至地表，减少雨水浸入草内。

架上干燥可以大大地提高牧草的干燥速度，保证干草品质，减少各种营养物质的损失。用此法调制的干草，其营养物质总获得量比地面干燥法较多。

（三）高温快速干燥法

工艺过程是将切碎的青草（长约 2.5 cm）快速通过高温干燥机，再由粉碎机粉碎成粒状或直接压制成草块。这种方法主要用来生产干草粉或干草饼。

二、秸秆的调制加工

（一）秸秆的物理处理

1.秸秆切短、粉碎及软化

秸秆类饲料多为长的纤维性物质，适当铡短或粉碎（图 2-2-3）有助于改善采食状况，减少挑食，增加采食量。但粉碎过细会使粗料通过瘤胃的速度加快，以致发酵不完全。粉碎机筛底孔径以 8～11 mm 为宜，饲料粉碎长度不宜小于 0.64 cm，对牛来讲，铡短长度一般以 3～4 cm 为宜。与切短的秸秆相比，粉碎很细可以降低粗纤维的消化率达 20 个百分点，干物质的消化率降低 5～15 个百分点。秸秆的粉碎、蒸煮软化，都可以使秸秆的适口性得到改善，并不能提高秸秆的营养价值。

图 2-2-3　牧草及秸秆饲料粉碎

2.秸秆揉搓处理

秸秆切短后直接喂牛，吃净率只有 70％，虽然提高了秸秆的适口性和采食量，但因吃净率低仍有很大程度的浪费。使用揉搓机将秸秆揉搓成丝条状直接喂牛，吃净率可提高到 90％以上。使用揉搓机将秸秆揉搓成柔软的丝条状后进行氨化，不仅氨化效果好，而且可进一步提高吃净率。

3.秸秆热喷处理

其原理是利用热喷效应,使饲料木质素熔化,纤维结晶度降低,饲料颗粒变小,总面积增加,从而达到提高采食量和消化率以及杀虫、灭菌的目的。

秸秆、秕壳、劣质蒿草、灌木、林木副产品等粗饲料进行热喷处理,使全株采食率由不足5%提高到95%以上,消化率达到50%,两项叠加可使全株利用率提高2～3倍。结合"氨化"对饲料进行迅速的热喷处理,可将氨、尿素、氯化铵、碳酸铵、磷酸铵等多种工业氮源安全地用于牛的饲料中,使饲料的粗蛋白质水平成倍地提高。

(二)秸秆的化学处理

化学处理不仅可提高秸秆的消化率,而且能够改进适口性,增加采食量。粗饲料中纤维素和木质素结合紧密,木质素对消化率的影响最大。化学处理的目的主要是用化学方法使木质素和纤维素、半纤维素分离,从而提高瘤胃微生物对纤维素和半纤维素的消化利用率。

1.秸秆的碱化处理

碱化处理是用碱溶液处理秸秆,一是用石灰液处理法,用 100 kg 切碎的秸秆,加 3 kg 生石灰或 4 kg 熟石灰,食盐 0.5～1 kg,水 200～250 L,浸泡 12 h 或一昼夜捞出晾 24 h 即可饲喂,不必冲洗。二是用氢氧化钠溶液处理,100 kg 切碎秸秆,用 6 kg 1.6% 的氢氧化钠溶液均匀喷洒,搅拌堆置数天(数月乃至 1 年),然后洗去余碱,制成饼块,分次饲喂。秸秆经碱化处理后,有机物质的消化率由 42.4% 提高到 62.8%,粗纤维消化率由 53.5% 提高到 76.4%,无氮浸出物消化率由 36.3% 提高到 55.0%。

2.秸秆的氨化处理

秸秆氨化处理依采用的氮源不同而有以下 3 种方法:

(1)液氨氨化法　将切碎的秸秆喷适量水分,使其含水量达到 15%～20%,混匀堆垛,在长轴的中心埋入一根带孔的硬塑料管,以便通氨,用塑料薄膜覆盖严密,然后按秸秆重量的3% 通入无水氨,处理结束,抽出塑料管,堵严。密封时间依环境温度的不同而异,气温 20℃ 为2～4 周。揭封后晒干,氨味即行消失,然后粉碎饲喂。

(2)氨水氨化法　预先准备好装秸秆原料的容器(窖、池或塔等),将切短的秸秆往容器里放,按秸秆重 1∶1 的比例往容器里均匀喷洒 3% 浓度的氨水。装满容器后用塑料薄膜覆盖,封严,在 20℃ 左右气温条件下密封 2～3 周后开启(夏季约需 1 周,冬季则要 4～8 周,甚至更长),将秸秆取出后晒干即可饲喂。

(3)尿素氨化法　由于秸秆中含有尿素酶,将尿素或碳酸氢铵与秸秆贮存在一定温度和湿度下,能分解出氨,因此使用尿素或碳酸氢铵处理秸秆均能获得近似的效果。方法是按秸秆重量的 3% 加进尿素,首先将 3 kg 尿素溶解在 60 kg 水中均匀地喷洒到 100 kg 秸秆上,逐层堆放,用塑料膜覆盖,也可利用地窖进行尿素氨化处理切碎了的农作物秸秆,具体方法同液氨处理,只是时间稍长一些。

也可将粗料切短,然后按 100(秸秆)∶(3～5)(尿素)的比例喷洒尿素溶液。也可以把秸秆和尿素混合后再加水。加水量不宜过多,视秸秆含水量而定,一般占秸秆量的 20%～40%为宜。混合好装池的秸秆也须密闭,这样尿素产生的氨不致挥发失效;密封时间,冬天需 4～8 周,夏天 7～20 d 即可。取出后用前须放气,一般提前 1 d 取出,这样比较安全(图 2-2-4)。取用后剩余部分仍须盖好。据测定,每吨稻草用尿素 30 kg,泥窖处理 20 d,粗蛋白质从 29 g/kg 干物质提高到 59 g/kg 干物质,有机物消化率从 45% 提高到 54%。

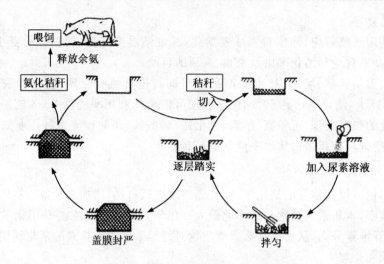

图 2-2-4 尿素(碳酸氢铵)氨化秸秆流程

液氨氨化法和尿素氨化法处理秸秆效果最好,氨水和碳酸氢铵效果稍差。用液氨氨化效果虽然好,但必须使用特殊的高压容器(氨瓶、氨罐、氨槽车等),从而增加了成本,也增加了操作的危险性。相比之下,尿素氨化不仅效果好,操作简单、安全,也无须任何特殊设备,方便、实用。

3.氨化秸秆的饲用技术

氨化秸秆只适用于饲喂反刍动物如牛、羊。

(1)饲喂前提前取出氨化好的秸秆 在使用前要打开塑料薄膜,从开口的一侧掏取,掏取后再封口。取喂时,应将每天要喂的氨化秸秆于饲喂前 2~3 d 取出释放氨气,其余的再密封起来,以防放氨后含水量仍较高的氨化秸秆在短期内饲喂不完而发霉变质。

(2)逐渐过渡 初喂氨化秸秆时,家畜不适应,需在饲喂氨化秸秆的第 1 天,将 1/3 的氨化秸秆与 2/3 的未氨化秸秆混合饲喂,以后逐渐增加。

(3)与其他饲料搭配饲喂 饲喂时应与能量饲料玉米、麸皮以及青绿饲料或青贮饲料搭配饲喂。一般氨化秸秆喂量占日粮干物质的 30%~40%,能量饲料与青绿饲料或青贮饲料占 60%~70%。出栏前 15 d 和母牛产前 2 个月,氨化秸秆饲料应减少,不超过日粮干物质的 25%。

4.贮存方法及饲喂注意事项

在达到氨化时间后,如暂时不喂,可不必打开,也可取出晾干后堆垛贮存,贮存时不要被雨水冲淋或被地表水浸渍。饲喂氨化饲料 1 h 后方可让家畜饮水,以免中毒。饥饿的家畜不宜大量饲喂。如果发现家畜有中毒现象,可喂食醋 500 g 解毒。

(三)秸秆的发酵处理

粗饲料的微生物发酵处理法,简称秸秆微贮。就是在农作物秸秆中加入微生物高效活性菌种,放入密封的容器(如水泥青贮窖,土窖)中贮藏,经一定的发酵过程,使农作物秸秆变成具有酸香味、草食动物喜食的饲料。微贮饲料以其自身的特点能提高牛奶的产量和质量,从而创造出很好的经济效益,深受广大养殖户和养殖企业的欢迎。

1.秸秆微贮的主要方法

（1）水泥池微贮法　此法与传统青贮窖青贮方法相似，将农作物秸秆切碎，按比例喷洒菌液后装入池内，分层压实、封口。这种方法的优点是：池内不易进气进水，密封性好，经久耐用。

（2）土窖微贮法　此法是选择地势高，土质硬，向阳干燥，排水容易，地下水位低，离畜舍近，取用方便的地方，根据贮量挖一长方形窖（深度以 2～3 m 为宜），在窖的底部和周围铺一层塑料薄膜，将秸秆放入池内，分层喷洒菌液，压实，上面盖上塑料薄膜后覆土密封。这种方法的优点是：贮量大，成本低，方法简单。

（3）塑料袋窖内微贮法　此法首先是按土窖微贮法选好地点，挖一圆形窖，将制作好的塑料袋放入窖内，分层喷洒菌液，压实后将塑料袋口扎紧覆土。这种方法优点是：不易漏气进水，适于处理 100～200 kg 秸秆。

2.制作秸秆微贮饲料的步骤

（1）菌种的复活　秸秆发酵活干菌每袋 3～8 g，可处理麦秸、稻秸、玉米干秸秆 1 t 或青秸秆 2 t。在处理秸秆前，先将菌剂倒入 200 mL 水中充分溶解，然后在常温下放置 1～2 h，使菌种复活。复活好的菌剂一定要当天用完，不可隔夜使用。

（2）菌液的配制　将复活好的菌剂倒入充分溶解的 0.8%～1.0% 食盐水中拌匀。

（3）秸秆的长短　用于微贮的秸秆一定要切短，牛用为 3～5 cm，羊用为 2～3 cm。

（4）加入大麦粉　在微贮麦秸和稻秸时应根据自己拥有的材料，加入 0.5% 的大麦粉或玉米粉、麸皮。这样做的目的，是在发酵初期为菌种的繁殖提供一定的营养物质，以提高微贮饲料的质量。加大麦粉或玉米粉、麸皮时，铺一层秸秆撒一层粉（图 2-2-5）。

图 2-2-5　秸秆微贮饲料制作

（5）贮料水分控制与检查　微贮饲料的含水量是否合适，是决定微贮饲料好坏的重要条件之一。因此，在喷洒和压实过程，要随时检查秸秆的含水量是否合适，各处是否均匀一致，特别要注意层与层之间水分的衔接，不得出现夹干层。含水量的检查方法是：抓取秸秆试样，用双手扭拧，若有水往下滴，其含水量约为 80% 以上；若无水淌，松开手后看到手上水分很明显约为 60%；若手上有水分（反光），为 50%～55%；感到手上潮湿为 40%～45%，不潮湿在 40% 以下。微贮饲料含水量要求在 60%～70% 最为理想。

（6）秸秆入窖　在窖底铺放 20～30 cm 厚的秸秆，均匀喷洒菌液水，压实后再铺放 20～30 cm 厚秸秆，再喷洒菌液压实，直到高于窖口 40 cm，再封口。分层压实的目的，是为了排出秸秆中和空隙中的空气,给发酵菌繁殖造成厌氧条件。如果窖内当天未装满,可盖上塑料薄膜,第二天装窖时揭开薄膜继续工作。

(7)封窖　在秸秆分层压实直到高出窖口 30～40 cm,再充分压实后,在最上面一层均匀撒上食盐粉,再压实后盖上塑料薄膜。食盐的用量为每平方米 250 g,其目的是确保微贮饲料上部不发生霉烂变质。盖上塑料薄膜后,在上面撒 20～30 cm 厚稻、麦秸秆,覆土 15～20 cm,密封。

(8)秸秆微贮后的管理　秸秆微贮后,窖池内贮料会慢慢下沉,应及时加盖土使之高出地面;并在周围挖好排水沟,以防雨水渗入。

3.秸秆微贮饲料的品质鉴定

封窖 21～30 d 后,即可完成发酵过程。可根据微贮饲料的外部特征,用看、嗅和手感的方法鉴定微贮饲料的好坏。

看:优质微贮青玉米秸秆饲料的色泽呈橄榄绿,稻麦秸秆呈金黄褐色。如果呈褐色或墨绿色则为质量较差。

嗅:优质秸秆微贮饲料具有醇香和果香气味,并具有弱酸味。若有强酸味,表明醋酸较多,这是由于水分过多和高温发酵所造成的;若有腐臭味、发霉味,则不能饲喂。

手感:优质微贮饲料拿到手里感到很松散,且质地柔软湿润;若拿到手里发黏,或者黏结成块,说明其质量不佳;有的虽然松散,但干燥粗硬,也属不良的饲料。

4.使用秸秆微贮饲料的注意事项

(1)秸秆微贮饲料,一般需在窖内贮藏 21～30 d,才能取喂。

(2)取料时要从一角开始,从上到下逐段取用。

(3)每次取出量应以当天喂完为宜。

(4)每次取喂时必须立即将口封严,以免雨水浸入引起微贮饲料变质。

(5)每次投喂微贮饲料时,要求槽内清洁,对冬季冻结的微贮饲料应化开后再用。

(6)霉变的农作物秸秆,不宜制作微贮饲料。

(7)微贮饲料由于在制作时加入了食盐,这部分食盐应在饲喂牲畜的日粮中扣除。

(8)饲喂时可以与其他草料搭配,也可与精料同喂。开始时,家畜对微贮饲料有一个适应过程,应循序渐进,逐步增加微贮饲料的饲喂量。奶牛一般每天每头的饲喂量为 15～20 kg。

【技能训练】

技能训练 2-1　氨化饲料的制作及品质鉴定

一、技能训练目标

通过实训操作,加深学生对氨化秸秆饲料制作流程的了解,掌握氨化秸秆饲料加工技术,使学生能够进行独立制作和品质鉴定。

二、技能训练材料

1.材料

塑料袋或薄膜(厚度 0.12 mm 以上)、扎口绳、尿素或碳酸氢铵、稻草或玉米秸秆和标签等。

2.用具

秤、铡刀或剪刀、普通天平、烧杯和量筒等。

三、技能训练方法与步骤

1.氨源与用量

尿素添加量为秸秆风干质量的 5% 或按照加氨量为秸秆干物质质量的 2.5%～3.5% 计算。

2.确定加水量

用感官方法估测秸秆含水量,按照秸秆理想含水量 25%～35% 计算加水量。用计算得到的含水量溶解尿素,制成尿素溶液。弃去不洁或霉变的秸秆。

3.氨化操作

(1)塑料袋法氨化　将秸秆切短到 3～5 cm,将尿素溶液均匀喷洒到秸秆上,装入塑料袋,扎紧袋口,贴好标签。

(2)垛法氨化　平整地面,铺放塑料薄膜,在塑料薄膜上堆放切短的秸秆。边堆垛边喷洒尿素水溶液。堆好后,盖塑料薄膜,并使上部薄膜与下部薄膜密接。薄膜下脚压土,并将整个垛用绳索固定。

(3)窖法氨化　选择地势高燥,排水良好的地方,建成水泥窖,长 2 m、宽 1.5 m、深 1.2 m,要求窖壁不漏气,窖底不漏水。

对玉米秆可成捆分层装放,按比例添加氨源,对于稻草可用尿素水溶液浇洒,每 100 kg 稻草用水 20～30 kg,要求分层踏实,待秸秆高出窖面 1 m 时,放成馒头形,以免陷成坑而积水。用塑料薄膜沿秸秆面和窖边铺,然后用泥压实封严。

4.氨化管理

氨化期间经常检查,一旦薄膜损坏,出现漏气,应及时修补以确保氨化秸秆质量。氨化时间随气温不同而变化,气温小于 5℃,4～8 周;5～15℃,2～4 周;15～30℃,1～2 周;大于 30℃ 时,1 周以下。一般冬季 50 d,春、秋季 20 d,夏季 10 d 即可成熟使用。

5.开窖放氨及感官鉴定

选择晴天开窖(袋),取出氨化秸秆摊开,日晒风干,放净余氨,切忌雨水浇淋秸秆,最好经粉碎后置室内贮存。

良好的氨化秸秆饲料,开窖时氨味强烈,放氨后呈糊香味,色泽浅黄或褐黄,质地柔软。若有糊烂味或秸秆发黏发黑应弃之。

四、技能考核标准

氨化秸秆饲料技能考核标准如表 2-2-1 所示。

表 2-2-1　氨化秸秆饲料技能考核标准

序号	考核项目	考核标准	参考分值
1	尿素用量的计算	根据所给的秸秆数量准确计算尿素的用量	20
2	秸秆氨化操作流程	水分调整、装窖、尿素喷洒、封窖、取用是否正确	50
3	感官鉴定	通过颜色、气味、质地进行鉴定氨化饲料等级	30
合计			100

任务 2-3 青贮饲料的调制加工技术

一、青贮饲料的种类

（一）一般青贮

是将原料切碎、压实、密封，在厌氧环境下使乳酸菌大量繁殖，从而将饲料中的淀粉和可溶性糖变成乳酸。当乳酸积累到一定浓度后，便抑制腐败菌的生长，将青绿饲料中养分保存下来。

（二）半干青贮（低水分青贮）

原料水分含量低，使微生物处于生理干燥状态，生长繁殖受到抑制，饲料中微生物发酵弱，养分不被分解，从而达到保存养分的目的。该类青贮由于水分含量低，其他条件要求不严格，故较一般青贮扩大了原料的范围。

（三）添加剂青贮

是在青贮时加进一些添加剂来影响青贮的发酵作用。如添加各种可溶性碳水化合物、接种乳酸菌、加入酶制剂等，可促进乳酸发酵，迅速产生大量的乳酸，使 pH 很快达到要求（3.8～4.2）；或加入各种酸类、抑菌剂等可抑制腐败菌等不利于青贮的微生物的生长，例如黑麦草青贮可按 10 g/kg 比例加入甲醛/甲酸（3：1）的混合物；或加入尿素、氨化物等可提高青贮饲料的养分含量。这样可提高青贮效果，扩大青贮原料的范围。

二、青贮饲料调制技术

青贮饲料是通过控制发酵使饲草保持多汁状态而长期贮存的方法。几乎所有的饲草均可制成青贮饲料。

（一）青贮设备

1. 青贮窖

原料少，应采用小圆形窖。原料多，应采用长方形窖。长方形的窖四角做成圆形，内壁呈倒梯形，便于青贮料下沉。青贮窖的宽深取决于每日饲喂的青贮量，通常以每日取料的挖进量不少于 15 cm 为宜。

2. 青贮塔

青贮塔是用钢筋、水泥、砖砌成的永久性建筑物，青贮塔呈圆筒形，上部有锥形顶盖，防止雨水淋入。塔的大小视青贮用料量而定。

3. 塑料袋青贮

这种方法投资少，是目前国内外正在推行的一种方法。我国有长宽各 1 m，高 2.5 m 的塑料袋，可装 750～1 000 kg 玉米青贮。一个成品塑料袋能反复使用两年。

（二）常用的青贮原料

1. 青刈带穗玉米

玉米带穗青贮，即在玉米乳熟后期收割，整株切碎进行青贮，这样可以最大限度地保存蛋白质、碳水化合物和维生素,具有较高的营养价值和良好的适口性,是牛的优质饲料。

2.玉米秸

收获果穗后的玉米秸上能保留 1/2 的绿色叶片,应尽快青贮,不应长期放置。若部分秸秆发黄,3/4 的叶片干枯视为青黄秸,青贮时每 100 kg 需加水 5～15 kg。

3.各种青草

各种禾本科青草所含的水分与糖分均适宜于调制青贮饲料。豆科牧草如苜蓿因粗蛋白质含量高,可制成半干青贮或混合青贮。禾本科草类在抽穗期,豆科草类在孕蕾及初花期刈割为好。

另外,甘薯蔓、白菜叶、萝卜叶等都可作为青贮原料,应将原料适当晾晒到含水 60%～70%。

(三)青贮技术要点

1.排除空气

乳酸菌是厌氧菌,只有在没有空气的条件下才能进行繁殖。如不排除空气,不仅乳酸菌不能存活,而且好气的霉菌、腐败菌会乘机滋生,导致青贮失败。因此在青贮过程中,原料切得越短,踩得越实,密封越严越好。

2.创造适宜的温度

原料温度在 25～35℃,乳酸菌会大量繁殖,很快占主导地位,致使其他一切杂菌都无法活动繁殖,若原料温度在 50℃以上,丁酸菌就会生长繁殖,使青贮饲料出现臭味,以致腐败。因此要尽量踩实,排除空气,并缩短铡草装料的时间。

3.掌握好水分

适于乳酸菌繁殖的含水量为 70% 左右,过干不易踩实,温度易升;过湿酸度大,牛不爱吃。70% 的含水量,相当于玉米植株下边有 3～5 片干叶;如果全株青绿,砍后可以晾半天;青黄叶比例各半,只要设法踏实,不加水同样可获成功。

4.选择合适的原料

乳酸菌发酵需要一定的糖分。青贮原料中含糖量不宜少于 1.0%～1.5%,否则影响乳酸菌的正常繁殖,青贮饲料的品质难以保证。原料含糖多的易青贮,如玉米秸、瓜秧、青草等。含糖少的难青贮,如花生秧、大豆秸等。对于含糖少的原料,可以和含糖多的原料混合青贮,也可添加 3%～5% 的玉米面或麦麸单独青贮。

5.确定适宜的时间

利用农作物秸秆青贮,要掌握好时机。玉米蜡熟时全株青贮效果最佳。

(四)青贮方法

青贮前彻底清扫窖,用硫黄或福尔马林加高锰酸钾熏蒸消毒。

首先将青贮原料切短,长度为 2～5 cm;然后装窖,每次填入窖内约 20 cm 厚,用人力或机械充分压紧踏实,以后每填一次压紧一遍,直至装到超过窖口0.5 m 以上,高出窖面,使之呈拱形,最后封顶,先盖一层切短的秸秆或软草(厚 20～30 cm)或铺盖塑料薄膜,再覆盖厚约 0.5 m 的泥土和石块或汽车轮胎。北方寒冷地区可覆盖 1 m,将顶做成半圆形,以利于排水。经一昼夜自然沉降后,可再加一次泥土。以后经常检查有无裂缝,随时加土覆盖,以防空气进入或雨水渗入。青贮时工作量大,一旦开始青贮,就必须连续不断地把工作做完,因此要安排好劳力,避开雨天(图 2-3-1)。

图 2-3-1　青贮饲料的制作过程

　　如果原料中含蛋白质并不高,装窖时向原料中均匀地撒上尿素或硫酸铵混合物 0.3%～0.5%,青贮后,每千克青贮料中可消化蛋白质增加 8～10 g。玉米青贮料加 0.2%～0.3%的硫酸铵,可使含硫氨基酸增加 2 倍;添加 0.5%～0.7%的尿素,亦可提高青贮料中粗蛋白质含量。这是由于添加物通过青贮微生物的利用形成菌体蛋白质所致。

　　整个过程的关键为铡细、压紧、封严,这样便可使窖内形成厌氧环境,促使乳酸菌生长,pH下降,最终达到抑制其他微生物生长,保存饲草各种养分的目的。

三、青贮饲料质量检验

1.气味

良好的青贮有酸香味,没有霉变,闻不到丁酸和氨的气味,也没有焦糖味和烟草味。

2.颜色

应为绿色或褐色,不应为深褐色或黑色;质地疏松,没有黏性,不呈污泥状。

3.pH

pH 在 4.2 以下;乳酸含量 1.5%～2.5%,乙酸为 0.5%～0.8%,丁酸不高于 0.1%。氨态氮不高于总氮的 6%。

四、青贮饲料饲喂方法

青贮料开始饲喂时,草食动物有不肯采食的现象,只要经过短期训饲,一般很快就能习惯。训练方法可在空腹时先喂青贮料,然后再喂草料,先少喂,逐渐增加;或将青贮料与精料混拌后先喂,然后再喂其他饲料;或将青贮料与草料混合饲喂。开窖时间以气温较低而又在缺草季节较为适宜。取用青贮料要遵循由外向内、由上而下层层取用的原则。一旦启用,不要中断,直至用完。每次取用后应尽快封盖好,尽量减少外部空气的进入,更不要让雨水流进窖内。从青贮设施中开始启用青贮料时,要尽量避开高温和高寒季节。高温季节,青贮料容易发生二次发酵,或干硬变质;高寒季节,青贮料容易结冰,须经融化后才能饲喂家畜。母畜采食结冰青贮料,还易流产。不管什么季节启用,都要按照青贮设施不同类型去取用。每天用多少取多少,不能一次取出大量青贮料堆放于畜舍。青贮料在空气中容易变质,一经取出就应尽快喂饲。食槽中牲畜没有吃完的青贮饲料要及时清除,以免腐败。因为青贮料只有在缺氧条件下,才不会变质,如果堆放在牛舍里,和空气接触,就会很快感染霉菌和杂菌,使青贮饲料迅速变质。霉烂了的青贮饲料有害于奶牛健康,应禁止使用。青贮饲料不能作为奶牛的唯一饲料,青贮饲料含水量高,喂量不能太多,不能完全满足奶牛的营养需要,必须与精料或其他饲料合理搭配饲用,如应与碳水化合物含量丰富的饲料搭配使用,以提高瘤胃微生物对氮素的利用率。

一般禾本科牧草青贮饲料,每 100 kg 体重喂 4 kg;豆科牧草青贮饲料,每 100 kg 体重喂 3 kg;高淀粉青贮(如带穗玉米)饲料,每 100 kg 体重喂 5 kg。青贮料有轻泻作用,用它饲喂妊娠母牛应当小心,用量不宜过大,以免引起流产,尤其在产前产后 20～30 d 不宜喂用。通常喂量,奶牛 20～30 kg,兼用牛 10～15 kg,种公牛、肉用牛 5～12 kg(图 2-3-2)。

图 2-3-2　饲喂青贮饲料

五、注意事项

(1)喂青贮饲料之前应检查质量——色、香、味和质地。优质青贮饲料应为:颜色黄绿、柔软多汁、气味酸香、适口性好。玉米秸秆青贮带有很浓的酸香味。

(2)饲喂时,青贮窖只能打开一头,要采取分段开窖,分段取用,取后要盖好,防止日晒、雨淋和二次发酵,避免养分流失、质量下降或发霉变质。发霉、发黏、发黑、结块的不能用。

(3)开始饲喂青贮饲料时,要由少到多,逐渐增加,停止饲喂时,也应由多到逐步减喂。使牛有一个适应过程,防止暴食和食欲突然下降。

（4）青贮饲料的用量，应视牛羊的品种、年龄、用途和青贮饲料的质量而定，除高产奶牛外，一般情况下可以作为唯一的粗饲料使用，最好与优质干草同时使用。但应注意，鲜嫩的青草、菜叶青贮后仍然含有大量的轻泻物质，喂量过大往往造成拉稀，影响消化吸收。

【技能训练】
技能训练2-2　青贮饲料的调制及品质鉴定

一、技能训练目标

通过实训要求掌握青贮设施的选址及建造、青贮原料的选择、青贮饲料的加工流程及青贮饲料的品质鉴定技能。

二、技能训练材料

青贮窖或水缸、厚度0.1 mm以上的农用聚乙烯塑料薄膜、青饲料、镰刀、切草机、粉碎机、混合指示剂、pH试纸、烧杯、蒸馏水、白瓷比色盘。

三、技能训练方法与步骤

1.窖址的选择

地势高燥、土质坚实、地下水位低、靠近畜舍、远离水源和粪坑。

2.原料的选择、切碎、装填和压实

在青贮前首先应对原料进行选择，以无霉变、无腐烂、无毒害为标准。原料含水量禾本科植物65%～70%，豆科植物60%～70%，一般将原料用手搓碎，用力攥，从指缝中有汁液流出，但不形成液滴为宜。

制作青贮料时应边切碎（长2～3 cm）、边装填、边压实。装填时底部先铺厚10～15 cm的垫草，再将切好的原料逐层装填逐层压实，每层厚度0.3 m左右。装填高度应为设施深度的110%，以防止原料自重下沉而造成塌陷。

压实时根据窖的大小，用拖拉机等设备或人工踩踏的方法反复压实，边角地方及四周勿留空隙，尽量减少原料间的空气存留。整个装填过程防止雨水进入。

3.封窖和管理

封窖时，在原料上盖厚15～20 cm的垫草，再盖上厚0.1 mm的塑料薄膜，并注意边缘密封。塑料薄膜上面加盖30～50 cm的细土，做成馒头形。

封窖后，在窖的四周1 m处挖排水沟，保持窖顶略高出窖口边缘以防雨水流入。应及时检查，如发现下陷或窖顶裂缝及时修补。6～7周即可发酵成熟。

4.开窖和感官鉴定

封窖后30～40 d便可开窖使用（根据气温高低确定开窖时间）。圆筒形窖应自上而下逐层取用，长方形窖从一端开口，上下垂直断面，一段一段切取。每取用一次后，随即盖严出料口。出料口应防日晒雨淋、防冻、防泥土进入。青贮饲料感官鉴定标准如表2-3-1所示。

表2-3-1　青贮饲料感官鉴定标准

等级	颜色	气味	酸味	质地
优良	绿色，黄绿色	芳香，曲香味	较浓	松散，柔软湿润，保持茎叶花原状
中	黄褐，暗绿色	芳香味淡，酒精或醋酸味	中等	柔软稍干或水分多，基本保持茎叶花原状
低劣	黑色，褐色	腐败与霉味	很淡	干燥松散或黏结成块，茎叶结构保存极差

四、技能考核标准

青贮饲料调制技能考核标准如表 2-3-2 所示。

表 2-3-2　青贮饲料调制技能考核标准

序号	操作环节与要求	考核标准	参考分值
1	原料的处理	对原料进行选择、切短是否适当	30
2	青贮原料的装填、压实、密封	根据装填、压实及密封是否正确	40
3	感官鉴定	通过颜色、气味、质地进行鉴定是否准确	30
合计			100

任务 2-4　块根、块茎及瓜类饲料的收获与饲喂方法

一、甘薯

1.收获及贮藏

饲用甘薯的收获,要兼顾藤叶产量和薯块产量。如果收获合理,则薯块的产量不会显著减少,还可获得大量新鲜的藤叶。一般在藤层高度为 45 cm 时进行第一次收割。在华南和华东,甘薯可割藤 3～5 次,而在华北一带则只割 2～3 次。在高温多雨季节,每 30 d 可割 1 次;在干旱季节,每 45 d 割 1 次;温度下降或干旱季节,刈割的间隔日数延长,甚至长达 72 d。到下霜以前,可以最后一次齐地刈割。

甘薯块根是无性营养体,没有明显的成熟期,只要气候条件适宜,就能继续生长。在适宜的生长条件下,生长期越长,产量越高。甘薯收获过早,缩短了薯块膨大的时间,使产量降低;收获过迟,因气温已下降到甘薯生长温度的低限,对提高产量作用不大,而且常常因低温冷害的影响,造成薯块品质下降,不耐贮藏。最好在地温 18℃时开始收获,到 12℃时收获完毕。另外,在此范围内还要注意先收春薯,后收夏薯;先收留种薯,后收食用薯。甘薯收获是一项技术性很强的工作,关系到贮藏工作的成败。因此,从收获开始至入窖结束,应始终做到轻刨、轻装、轻运、轻放,尽量减少搬运次数,严防破皮受伤,避免传染病害。

2.饲喂方法

甘薯(图 2-4-1)营养丰富,具有很高的饲用价值。甘薯中干物质含量约 30%,主要为淀粉和糖,营养价值较高。红色或黄色的甘薯含有大量胡萝卜素(每千克含 60～120 mg),缺乏磷和钙。甘薯味甜美,适口性好,容易消化。

甘薯块根及茎蔓都是优良饲料,块根中含有大量淀粉,维生素 C、B 族维生素、胡萝卜素等也较丰富,常作为草食动物的精料,可以鲜喂,也可以切片晒干利用。用甘薯块根喂泌乳奶牛,有促进消化、累

图 2-4-1　甘薯

积体脂肪和增加乳量的效果。鲜喂营养价值为玉米的25%~30%,因富含淀粉,其热能总值接近玉米。甘薯加工后的淀粉渣,富含粗蛋白质和碳水化合物,是奶牛的好饲料。禁用黑斑病甘薯喂牛,以防中毒。

甘薯藤蔓,其无氮浸出物含量虽较块根为低,但粗蛋白质含量显著高于块根,是高能量、高蛋白的优良青饲料,适口性好,牛、羊、兔、鱼均喜食。甘薯藤蔓鲜喂、打浆、青贮后喂饲,饲养效果均很好。可将甘薯藤蔓铡短直接饲喂,喂量根据粪便变化情况进行调整;也可调成青贮饲料,冬春季饲用。

二、木薯

1.收获

木薯(图2-4-2)不仅是杂粮作物,还是优良的饲料作物,块根富含淀粉,叶片可以养蚕。工业上利用木薯可造酒精、糨糊原料和药用淀粉。

木薯无明显的成熟期,一般在块根产量和淀粉含量均达到最高值的时期收获。根据早熟、中熟、迟熟不同品种的熟性,在植后7~10个月收获。由于木薯不耐低温,在早霜来临之前,气温下降至14℃时就应进行收获。我国热带地区,2

图2-4-2 木薯

月份之前应收获完毕。收获时,可先砍去嫩茎和分枝,然后锄松茎基表土,随即拔起。也可用畜力、机械犁松表土,用人力收拣。块根收获后,可切片晒干备用,或加工淀粉后,以薯渣作饲料。

2.饲喂方法

(1)营养价值 木薯块根的主要成分是淀粉,蛋白质和脂肪含量甚少,但维生素C的含量较为丰富。蛋白质中,赖氨酸含量较高。木薯块根含有钙、磷、钾等多种矿物质。木薯叶片含有丰富的蛋白质、胡萝卜素和维生素等,蛋白质含量比一些主要牧草高得多,除蛋氨酸低于临界水平以外,其他必需氨基酸较丰富。

(2)去毒 木薯植株的各部位均含有氰苷,味苦,易溶于水,对植物本身起保护作用。在常温下,氰苷经酶作用或加酸水解,便生成葡萄糖、丙酮和氢氰酸。分解氰苷的苦苷酶在72℃以上时被破坏。氢氰酸能影响动物呼吸机制,麻痹中枢神经。牛最容易中毒,每千克体重最低致死量为0.88 mg;羊为2.32 mg。木薯块根切片后在60℃温水中浸3~5 min,待分离出氢氰酸后干燥,90%的氢氰酸已挥发除去。或者把鲜木薯切片后在40℃气温下堆积24 h,再晒干,也有相同效果。

(3)饲喂 将干木薯块根作为奶牛、集约育肥牛和羔羊生长的主要能量来源,已取得令人满意的结果。木薯几乎可取代日粮中所有谷物,而不会使生产性能下降。补充蛋氨酸和含硫氨基酸能获得用谷物饲喂相似结果。木薯叶粉是奶牛的过瘤胃蛋白,对奶牛的营养价值与苜蓿相同。生长期3~4个月的木薯植株可以切碎青贮喂牛;整株成熟木薯青贮后,对反刍动物是相当平衡的饲料。木薯块根提取淀粉后的残渣,可添加在草食动物的日粮中。

三、胡萝卜

胡萝卜含有较多的糖分和大量的胡萝卜素(每千克含 100～200 mg),适口性强,具有调养作用,是维生素的最好来源,对生长和泌乳都具有良好的作用。

1. 收获

胡萝卜(图 2-4-3)肉质根的形成,主要在生长后期。越成熟,肉质根颜色越深,营养价值越高,所以胡萝卜宜在肉质根充分肥大时收获。7～8 月播种的晚熟品种,12 月可以收获,产量可达 30～60 t/hm²。北方寒冷地区应在霜冻来临前收获,以防受冻,不耐贮藏。每公顷肉质根产量为 37.5 t 左右,叶产量为 15 t。一般采用窖贮。上冻前选向阳避风,排水良好的地方挖窖。窖深、宽各 2～3 m,长度视贮量而定。入窖前晾晒 1 d,选无碰伤、无腐烂的肉质

图 2-4-3　胡萝卜

根,削去茎叶,层层摆好,摆至土壤结冻线以下为止。窖温控制在 1～4℃,相对湿度 85％～95％,每隔 30～50 d 倒一次窖,及时剔除烂根。

2. 饲喂方法

胡萝卜的营养丰富,是廉价、优质的食品和饲料。胡萝卜含有丰富的维生素和微量元素,如胡萝卜素、钾、磷和铁盐。一般颜色越深,胡萝卜素含量越高。胡萝卜素进入动物体内后即可转化为维生素 A 供畜体利用,所以胡萝卜不仅是幼畜和老弱病畜最好的滋养品,更是种畜不可缺少的饲料。

胡萝卜柔嫩多汁,适口性好,消化率高,尤其对幼畜的生长发育有利。在奶牛饲料中,如果加入一定的胡萝卜,牛奶产量和品质都有提高,黄油呈红黄色。另外,胡萝卜叶青绿多汁,粗蛋白质含量高,是牛、羊、马、兔的好饲料。胡萝卜必须洗净后再喂,以生喂为宜。煮熟时,胡萝卜素、维生素 C 和维生素 E 遭破坏,降低营养价值。

四、饲用甜菜

1. 收获

饲用甜菜(图 2-4-4)收获一般在 10 月中下旬进行。留种母根应选择重 1～1.5 kg,没有破损、根冠完好的块根进行窖藏,温度应保持在 3～5℃。饲用块根可鲜藏,也可青贮。

饲用甜菜是秋、冬、春三季很有价值的多汁饲料,有较高的营养水平。其粗纤维含量低,易消化,是奶牛的优良多汁饲料。

2. 饲喂方法

饲用甜菜叶柔嫩多汁,宜喂牛、羊等草食动物。可鲜饲,也可青贮。甜菜叶中含有大量草酸,不利于饲料中钙的消化吸收,所以需在每 100 kg 鲜叶中补加 125 g 磷酸钙,以中和草酸。

图 2-4-4　饲用甜菜

最好与其他饲草饲料混喂,以防腹泻。

肉质块根是马、牛、羊、兔等冬季的优质多汁饲料,有利于增进动物健康并提高产品率。切碎或粉碎,拌入糠麸饲喂,或煮熟后搭配精料饲喂。

北方冷冻贮藏的块根,快速清洗后粉碎,趁冻拌入精料,待化开再饲喂。

五、芜菁甘蓝

1.收获

芜菁甘蓝(图 2-4-5)的收获宜晚不宜早,要在最低温度降到 $-3 \sim -4 ℃$,寒冬到来之前收

获,此时虽叶的产量、质量不高,但主产品肉质根产量、质量达最佳。

芜菁甘蓝为营养价值很高的多汁饲料,消化性能好。据报道,各种养分的消化率为:粗蛋白质 72%,粗脂肪 54%,无氮浸出物 94%,粗纤维 83%。100 g 肉质根中含胡萝卜素 $31 \sim 47$ mg 及少量维生素 C 和维生素 B_1 等。

2.饲喂方法

图 2-4-5　芜菁甘蓝

芜菁甘蓝叶片宽厚,柔软多汁,是草食动物的优质饲料,但有辛辣味,宜与其他饲料搭配饲喂。切碎或打浆可喂牛、马、羊、家兔、鱼等。叶可吊挂阴干,或切碎晒干,作冬、春季饲料。

肉质根饲喂母畜有利于配种、产仔和泌乳,饲喂肉牛、肉羊可提高其瘦肉率并改善肉色。喂牛、羊一定要粉碎,不可整根饲喂,否则,易造成堵塞食道。芜菁甘蓝的叶和肉质根都可青贮,若与青刈玉米、秸秆等混贮效果更佳。

六、南瓜

1.收获

南瓜(图 2-4-6)的嫩瓜可在瓜已长到最大体形时采收,老瓜要在瓜藤开始枯黄,瓜皮硬化或出现蜡粉时采收,这时不仅瓜充分成熟,而且产量高,品质好,耐贮藏,但瓜藤产量低且品质劣。通常以大部分瓜已成熟,而藤叶尚为绿色时收获为好。此时收获嫩瓜可随即饲喂,老瓜供贮藏或加工调制,藤叶供青贮用。每公顷可产南瓜 $30 \sim 45$ t,高的可达 $105 \sim 120$ t,产种子 $1.05 \sim 1.20$ t,产瓜藤 $15 \sim 22.5$ t。

图 2-4-6　南瓜

2.饲喂方法

南瓜肉质致密,适口性好,产量高,营养好,便于贮藏和运输,是牛、羊、马的好饲料。其瓜和藤蔓不仅能量高,而且还有较多的蛋白质和矿物质,并富含维生素 A、维生素 C、葡萄糖和胡萝卜素。

南瓜不可切碎直接喂牛,必须粉碎喂给,以防噎着。喂奶牛可增加产奶量及牛奶中的脂肪

含量。南瓜藤多半调制成青贮饲料,可单贮,也可与其他牧草混贮,作为牛、羊、兔的饲料。

任务 2-5　矿物质饲料的添加与饲喂方法

一、钠与氯

1. 氯化钠

氯化钠(NaCl)又称食盐。精制食盐含氯化钠 99% 以上,粗盐含氯化钠 95% 以上。纯净的食盐含氯 60.3%,含钠 39.7%,一般食盐含有少量的钙、镁、硫等杂质。植物性饲料大多数含钾丰富,而含钠和氯较少。为了保持生理上的平衡,对以植物性饲料为主的反刍动物,应补饲食盐。食盐不仅具有维持体液渗透压和酸碱平衡的作用,还可刺激唾液分泌,提高饲料适口性,增强动物食欲,起到调味剂的作用。

食盐的供给量要根据动物的种类、体重、生产性能、季节和饲粮组成等综合考虑,一般在风干饲粮中的用量以 0.5% 左右为宜。

2. 碳酸氢钠

碳酸氢钠又名小苏打,为白色结晶状粉末,无毒、味咸、使用安全。略具潮解性,在潮湿空气中可缓慢分解。能溶于水,水溶液呈弱碱性。碳酸氢钠含钠 27% 以上,生物利用率高,是优质的钠源性矿物质饲料之一。不仅可以补充钠,更重要的是具有缓冲作用,能够调节饲粮电解质平衡和胃肠道 pH,添加量一般为 0.5%~1%。

二、钙

通常天然植物性饲料中的含钙量与各种动物的需要量相比均感不足,特别是幼龄动物更为明显。因此,动物饲粮中应注意钙的补充。常用的含钙饲料有石灰石粉、贝壳粉、蛋壳粉、石膏及碳酸钙类等。

1. 石灰石粉

石灰石粉又称石粉,为天然的碳酸钙(CaCO$_3$),一般含纯钙 35% 以上,是补充钙最廉价、最方便的矿物质原料。按干物质计,石灰石粉中灰分占 96.6%,钙 35.89%,氯 0.03%,铁 0.35%,锰 0.027%,镁 2.06%。

天然的石灰石中,只要铅、汞、砷、氟等元素的含量在卫生标准范围之内就能作为饲料使用。石粉的用量依据动物种类及生长阶段而定。

2. 贝壳粉

由各类贝壳类动物的外壳(牡蛎壳、蚌壳、蛤蜊壳等)经过消毒、清理、粉碎而制成的粉状或颗粒状产品,多呈灰白色、灰色、灰褐色。主要成分为碳酸钙,含钙量应不低于 33%。品质好的贝壳粉杂质少,含钙高,呈白色粉状或片状。不同的动物品种对贝壳粉的粒度要求不同。

贝壳粉内常掺杂砂石和泥土等杂质,使用时应注意检查。另外若贝肉未除尽,加之贮存不当,堆积日久易出现发霉、腐臭等情况,这会使其饲料价值显著降低,选购及应用时要特别注意。

三、磷

饲料中有效磷含量对动物钙磷吸收具有重要意义。富含磷的矿物质饲料有磷酸钙类、磷酸钠类及磷矿石等。它们消化利用率相对较高,且价格较适中。

磷酸钙类包括磷酸一钙、磷酸二钙和磷酸三钙等。磷酸一钙又称磷酸二氢钙或过磷酸钙,纯品为白色结晶粉末。市售产品中常含有少量碳酸钙或游离磷酸,吸湿性强,且呈酸性。本品含磷 22%,含钙 15% 左右,利用率比磷酸二钙或磷酸三钙好。使用磷酸一钙应注意脱氟处理,含氟量不得超过标准。

磷酸二钙也称磷酸氢钙,为白色或灰白色的粉末或粒状产品,分为无水盐和二水盐两种,后者的钙、磷利用率较高。磷酸二钙含磷 18% 以上,含钙 21% 以上。可补充饲料中磷和钙元素,传统常用的骨粉因为"疯牛病"而严禁在反刍动物中使用。饲料级磷酸氢钙应注意脱氟处理,含氟量不得超过标准。

四、其他矿物质饲料

1. 含镁饲料

饲料中含镁丰富,一般都在 0.1% 以上,故不必另外添加。多用氧化镁,还可选用碳酸镁和硫酸镁等。

2. 含硫饲料

动物所需的硫一般认为是有机硫,如蛋白质中的含硫氨基酸等,所以蛋白质饲料是动物的主要硫源。但近几年来认为无机硫对动物也具有一定的营养意义。硫的来源有蛋氨酸、胱氨酸、硫酸钠、硫酸钾、硫酸钙、硫酸镁等。

3. 天然矿物质饲料

沸石是一种天然矿石,属铝硅酸盐类,含有 25 种矿物元素,其物理结构独特,有许多空腔和孔道,表面积大,它具有较强的吸附作用。沸石经常用作添加剂的载体和稀释剂。日粮中使用沸石还可以降低动物舍的臭味,减少消化道的疾病。沸石用作饲料时,粒度一般为 0.216~1.21 mm。

麦饭石在我国中医上曾被作为一种"药石"。麦饭石的主要成分是氧化硅和氧化铝,它有多孔性,具有很强的吸附性,能吸附像氨气、硫化氢等有害、有臭味的气体和大肠杆菌、痢疾杆菌等肠道病原微生物。

膨润土是以蒙脱石为主要组分的黏土,具有阳离子交换、膨胀和吸附性。能吸附大量的水和有机质。膨润土含硅约 30%,还含磷、钾、锰、钴、钼、镍等动物所需要的元素。膨润土可用作微量元素的载体和稀释剂,也可用作颗粒饲料的黏合剂。

任务 2-6　非蛋白氮的添加与饲喂方法

牛、羊等反刍动物瘤胃中的微生物可利用非蛋白氮(NPN)中的氮素,合成大量优质菌体蛋白,成为其蛋白质营养的重要来源之一,因此,饲料中添加少量非蛋白氮,可大量节省蛋白质饲料,降低成本。非蛋白质含氮料一般指通过化学合成的尿素、缩二脲、凝胶淀粉尿素、铵盐等。按含氮量计,1 kg 含氮为 46% 的尿素相当于 6.8 kg 含粗蛋白质 42% 的大豆饼,故尿素是应用最广、最早的一种非蛋白氮饲料。

一、非蛋白氮源

1. 尿素

尿素理论上含氮 46.6%,一般产品仅含氮 45% 左右。产品呈白色结晶状,易溶于水,无臭而略有苦咸味。1 kg 尿素相当于 2.6~2.9 kg 蛋白质,相当于 6.5 kg 豆粕。如果合理应用,并辅以足量能源(如易溶性碳水化合物)等营养源,尿素氮源的平均利用率可达 80%。尿素如果包装密封不严,可吸潮结块,并放出氨味,因此贮藏时要密封并放在干燥阴凉处。

2. 尿素衍生物

尿素衍生物主要包括磷酸脲、缩二脲、亚异丁基二脲等。磷酸脲是一种有氨基结构的磷酸复合盐,易溶于水,水溶液呈酸性;缩二脲含氮量 34.7%,蛋白质当量 217%;亚异丁基二脲含氮量为 32.2%,每千克亚异丁基二脲相当于 1.73 kg 蛋白质或相当于 5 kg 豆饼。它们都具有释氨慢的优点,但相对于尿素来说价格高,用量也多。

3. 氨

氨是最简单的非蛋白氮,液氨和氨水由于包装、运输和使用不方便,一定程度上限制了应用范围。另外,氨的气味和易挥发特点造成环境污染,对人、畜健康不利,同时对非蛋白氮源也是一种浪费。饲料、饲草加入氨后,适口性降低,也是一个缺点。目前,液氨和氨水的使用仍限制在秸秆处理和青贮混加领域。

4. 铵盐

铵盐主要包括碳酸氢铵、磷酸铵、硫酸铵和氯化铵等。碳酸氢铵是合成氨工业的主要产品之一,纯品为白色粉状,含氮 17.7%,已用于反刍动物的饲料添加剂。磷酸铵盐主要是磷酸氢二铵或磷酸二氢铵两种,除作为氮源外,还能提供动物所需的无机磷,但价格较贵。其他无机铵盐如硫酸铵和氯化铵,因动物食后带入较大量的氯离子和硫酸根,有碍体液的酸碱平衡,故实践中较少使用。

二、尿素的使用方法

最常用的方法是将尿素与精饲料均匀混合后饲喂。此外还有做成砖舔剂、糊化淀粉尿素以及尿素青贮、尿素喷洒草场等方法。

1. 直接与精料混合

将尿素拌于精料中,搅拌均匀。按照体重计,每 100 kg 体重喂 20~30 g;按精料计算占 2%~3%;按日粮干物质计,则为 1%。生长肉牛的最大日喂量为 68 g,肥育肉牛的最大日喂量不超过 100 g。

2. 尿素砖

同饲料盐砖一样,用尿素做成砖块,让牛自由舔食,是放牧条件下补充蛋白质的一种简易方法。尿素盐砖的成分构成是:尿素 40%、食盐 47.5%、糖蜜 10%(提高适口性)、磷酸钠 2.5% 和少量的钴。牛在采食干草后往往立即舔食尿素盐砖,每日舔食量:2 岁牛约 200 g,1 岁牛约 120 g。在夏季青草放牧季节,喂舔剂的牛增重较快。为了使尿素水解速度不致过快,尿素盐砖最好放在离水源较远的地方。尿素盐砖应避免雨淋或变软,否则会使牛采食过多。

3. 糊化淀粉尿素

参阅任务 2-7。

三、添加尿素时应注意的问题

尿素含氮 46% 左右。尿素的溶解度很高,在瘤胃中很快转化为氨,过量饲喂尿素会引起致命性的中毒。为此,在实际生产中要注意以下几个方面:

(1)每天饲用的尿素总量要分多次饲喂,每次喂量不可过大,有利于稳定瘤胃氨的浓度,避免浪费或中毒。

(2)瘤胃微生物对尿素的利用有一个逐渐适应的过程,饲喂尿素的用量应逐渐增加,2～4 周为适应期。

(3)尿素不能单独饲喂或溶于水中饲喂,喂后 1 h 才能饮水,以避免尿素直接流入皱胃,引起中毒。应与其他精料搭配使用,如供给适当比例的提供碳架的淀粉含量多的精料,使其提供的碳架与尿素释放的氨结合,既保证瘤胃微生物合成菌体蛋白所需,又不至于出现氨的过量。也可调制成尿素溶液喷洒或浸泡粗饲料,或调制成尿素青贮料,或制成尿素颗粒料、尿素精料砖等。

(4)精料中添加尿素饲喂时,不可与生大豆或含脲酶高的大豆粕同时使用。因豆粕中脲酶在有水的情况下,加速尿素分解,造成损失。

(5)由于尿素适口性差,因此,最好将尿素加在混合精料内或青贮料饲喂,或者同淀粉类饲料、食盐等矿物质饲料制成尿素矿物质饲料砖,供牛、羊舔食,或制成含尿素 0.5% 左右的青贮玉米料饲喂。

(6)日粮配合应合理,已满足蛋白质需要的日粮添加尿素无效。日粮中能量水平高、蛋白质水平低(低于 12%)时添加非蛋白氮效果好,而当日粮中蛋白质水平超过 13% 时,添加后效果不明显。

(7)尿素安全用量不要超过日粮干物质的 1%,或每 100 kg 体重 20～30 g。500 kg 左右的成年牛的喂量,每天 150 g 左右,并且要混合均匀。

(8)尿素只能在瘤胃机能成熟后添加。犊牛不能饲喂非蛋白质含氮料,过早添加易引起尿素中毒。只能在 6 月龄以上的牛日粮中使用尿素。奶牛在产乳初期用量应受限制。

(9)日粮中加入尿素的同时,应补充硫、钴等的不足,氮硫比以(10～14)∶1 为宜。

(10)喂后应注意观察,防止氨中毒。当瘤胃氨的水平上升到 80 mg/mL,血氨浓度超过 5 mg/mL 就可出现中毒,一般表现为神经症状,肌肉震颤,呼吸困难,强直性痉挛,0.5～25 h 发生死亡。灌服食醋或冰醋酸中和氨或用冷水使瘤胃降温可以防止死亡。

近年来,为降低尿素在瘤胃的分解速度,改善尿素氮转化为微生物氮的效率,防止牛、羊尿素中毒,研制出了许多新型非蛋白氮饲料,如糊化淀粉尿素、异丁基二脲、磷酸脲、羟甲基尿素等。值得一提的是,尿素虽然是一种很好的蛋白质补充料,可以为牛提供氮素,但却不能提供其他营养。因此,利用尿素补充蛋白质时,必须同时补充能量、矿物质和维生素,才能收到应有的效果。

任务2-7　精饲料的调制加工技术

一、粉碎与压扁

　　质地坚硬或有皮壳的饲料,喂前需要磨碎或压扁,否则难以消化而由粪中排出,造成浪费。精饲料最常用的加工方法是粉碎,粗粉与细粉相比,粗粉可提高适口性,提高奶牛唾液分泌量,增加反刍,粉碎粒度不可过细,一般粉碎成直径2.5 mm左右即可。将谷物用蒸汽加热到120℃左右,再用压扁机压成1 mm厚的薄片,迅速干燥。由于压扁饲料中的淀粉经加热糊化,用于饲喂牛消化率明显提高。

二、浸泡

　　豆类、油饼类、谷物等饲料经浸泡,吸收水分,膨胀柔软,容易咀嚼,便于消化。如豆饼、棉籽饼等相当坚硬,不经浸泡很难嚼碎。

　　浸泡方法:用池子或缸等容器把饲料用水拌匀,一般料水比为1:(1～1.5)(每100 kg饲料加150 kg水浸泡),即手握指缝渗出水滴为准。有些饲料中含有单宁、棉酚等有毒物质,并带有异味,浸泡后毒素、异味均可减轻,从而提高适口性。浸泡的时间应根据季节和饲料种类的不同而异,以免引起饲料变质。

三、焙炒

　　焙炒可使饲料中的淀粉部分转化为糊精而产生香味,将其磨碎后撒在拌湿的青饲料上,能提高粗饲料的适口性,增进牛的食欲。

四、过瘤胃保护技术

　　饲喂过瘤胃保护蛋白质是弥补牛微生物蛋白不足的有效方法。补充过瘤胃淀粉和脂肪都能提高牛的生产性能。

　　1.热处理

　　加热可降低饲料蛋白质的降解率,但过度加热也会降低蛋白质的消化率,引起一些氨基酸、维生素的损失,应加热适度。一般认为,120～150℃加热处理饲料45～60 min较宜。膨化技术用于全脂大豆的处理,取得了理想效果。

　　2.化学处理

　　(1)甲醛处理　甲醛可与蛋白质分子的氨基、羟基、硫氢基发生烷基化反应而使其变性,免于瘤胃微生物降解。处理方法:饼粕经2.5 mg筛孔粉碎,然后每100 g粗蛋白质用0.6～0.7 g甲醛溶液(36%),用水稀释20倍后喷雾与饼粕混合均匀,然后用塑料薄膜密封24 h后打开薄膜,自然风干。

　　(2)锌处理　锌盐可以沉淀部分蛋白质,从而降低饲料蛋白质在瘤胃的降解。处理方法:硫酸锌溶解在水里,其质量比为豆粕:水:硫酸锌=1:2:0.03,拌匀后放置2～3 h,50～

60℃烘干。

（3）过瘤胃保护脂肪　许多研究表明,直接添加脂肪可干扰瘤胃中微生物的活动,降低纤维消化率,所以添加的脂肪应使用过瘤胃保护脂肪,最常见的是脂肪酸钙产品。

五、糊化淀粉尿素

因为糊化淀粉可以为瘤胃微生物合成菌体蛋白质提供必要的能量和碳架支持。所以淀粉能有效地帮助瘤胃微生物将氨转化为蛋白质,其中,熟淀粉比生淀粉效果更好。根据这一原理,研制成功了一种糊化淀粉尿素。制作方法是:将粉碎的高淀粉谷物饲料(玉米、高粱)70%~80%与尿素20%~25%混合后,通过糊化机,在一定的温度、湿度和压力下,使淀粉糊化,尿素则被融化,均匀地被淀粉分隔、包围,也可适当添加缓释剂。粗蛋白质含量60%~70%。每千克糊化淀粉尿素的蛋白质量相当于棉籽饼的2倍、豆饼的1.6倍。每日每头牛用量0.3~0.8 kg。

六、饼类脱毒处理

棉籽饼、菜籽饼(图2-7-1,图2-7-2)等饼类饲料含有毒素,喂前应脱毒处理。

棉籽饼脱毒的方法主要是硫酸亚铁水溶液浸泡法。将1.25 kg工业用硫酸亚铁溶于125 g水,浸泡50 kg粉碎的棉籽饼,搅拌数次,经24 h即可饲喂。

菜籽饼脱毒的方法主要是土埋法。在干燥地方挖3 m³的坑,铺草席,将粉碎的菜籽饼按1∶1加水浸泡后,填入坑内,用土覆盖,60 d后即可饲用。

图2-7-1　棉籽饼

图2-7-2　菜籽饼

七、饲料颗粒化

饲料颗粒化就是将饲料粉碎后,根据营养需要,按一定的配合比例搭配,并充分混合,用饲料压缩机加工成一定的颗粒形状。颗粒饲料属全价配合饲料的一种,可以直接喂牛。颗粒饲料一般为圆柱形,以直径4~5 mm、长10~15 mm为宜。

任务 2-8　天然草场的合理利用

一、我国草地资源概况

(一)草地面积与分布

中国地域广阔,地形、气候变化多样,形成复杂的自然景观。大体而言,东北自大兴安岭起,向西南经阴山山脉,再经秦陇山地,直至青藏高原的东麓,绵延的山脉将我国分为东南和西北两大部分。东南部以丘陵平原为主,气候比较湿润,原始植被主要为森林,后逐渐辟为农田和耕地,现已成为我国的主要农区,草地多为次生植被,零星分布。西北部以高原为主,干燥的内陆主要为草原和荒漠牧场,为我国重要的畜牧业基地。上述东北至西南连线的附近地区,为农牧交错地带。再自昆仑山,沿秦岭至淮阴山地,东西走向的山脉,将我国分为南北两部,成为南北气候的重要分界。中国草地资源分布如图 2-8-1 所示。

1 内蒙古牧畜地带
2 新疆牧畜地带
3 青海牧畜地带
4 西藏牧畜地带

南中国海诸岛

图 2-8-1　中国草地资源分布图

我国有天然草地 $3.93×10^8$ hm²,占国土面积的 41.41%,其中可利用草地面积占总草地面积的 84.26%。我国天然草地较集中分布于我国北方干旱区和青藏高原,内蒙古、新疆、西藏、甘肃、青海、四川、云南等 7 省(自治区)的草地面积达 $3.1×10^8$ hm²,占全国草地面积的 79%,而其他各省市只有 $0.83×10^8$ hm²。其中,西藏草地面积最大,全区有 $7.084×10^7$ hm²,海南、江苏、北京、天津、上海 5 省(直辖市)草地面积较小,均在 $1×10^6$ hm² 以下。我国的人工草地面积较小,全国累计种草保留面积 $1.547×10^7$ hm²,这其中包括人工种草、改良天然草地、飞机补播牧草 3 项。如果将后两项看作半人工草地,即我国人工和半人工草地面积之和也仅占全国天然草地面积的 4.68%。我国人工草地和半人工草地虽不多,但全国各省(自治区)都有,以内蒙古最大,有 $4.43×10^6$ hm²,达到 $1×10^6$ hm² 以上的依次有四川、新疆、青海和甘肃。各地人工种植和飞播的主要牧草有苜蓿、沙打旺、老芒麦、披碱草、草木樨、羊草、黑麦草、象草、鸡脚草、聚合草、无芒雀麦、苇状羊茅、白三叶、红三叶，以及小灌木柠条、木地肤、沙拐枣等。在粮草轮作中种植的饲草饲料作物有玉米、高粱、燕麦、大麦、蚕豆及饲用甜菜和南瓜等。由于人工草地的牧草品质较好，产草量比天然草地可提高 3～5 倍或更高，因而在保障家畜饲草供给和畜牧业生产稳定发展中起着重要的作用。

（二）天然草地类型

根据草地类型分布的地域差异，结合自然和经济因素，初步将我国草地分为下列草地区。

1. 东北草甸草原、草甸区

本区位于我国东北部，东、北、西三面分别与朝鲜、俄罗斯、蒙古接壤，是我国草地的东界，为大陆性气候与海洋性气候交错地区。草地类型多样，生长茂盛，主要有羊草草原、贝加尔针茅草原、线叶菊草原。羊草草原平均产干草 1 000～2 000 kg/hm²，其中可食草在 80% 以上。

2. 蒙宁甘草原、荒漠草原区

大兴安岭和阴山山脉连接而成的隆起带将本区分为南北两大部分，北部为内蒙古高原，南部为鄂尔多斯高原与黄土高原。从东向西可以划分为森林草原带、干草原带、荒漠草原带、草原化荒漠带和干荒漠带等 5 个地带，东部产草量高，割草场较丰富；西部产草量低，贮备冬草困难，限制了家畜的自然分布，丰年与歉年产草量变化很大，畜牧业生产不稳定。

3. 西北温带、暖温带干旱荒漠和山地草原区

本区位于我国西北部，东起阿拉善高原，沿黄土高原西北部，穿河西走廊，经柴达木盆地东南边缘，向西经阿尔金山直至昆仑山。本区气候属于干旱荒漠气候，是我国降水量最少的地区，由于地形、气候、土壤基质条件不同，形成了荒漠、山地草原植被。

4. 华北暖温带半湿润、半干旱暖性灌草丛区

本区位于长城以南，淮河以北，东临渤海与黄海，西至甘南中南部。本区地带性植被为落叶阔叶林，频繁而长期的砍伐和农业耕垦，使自然植被遭到严重破坏，森林破坏后形成次生的暖性灌草丛。灌木一般有荆条、酸枣、野皂荚等，多年生草本主要有白羊草、黄背草、蒿类和野古草等。

5. 东南亚热带、热带湿润热性灌草丛区

本区地处我国的东南部，东南临东海、南海和太平洋，北依淮河伏牛山、秦岭，西以大巴山、巫山、武陵山至云贵高原东缘一线为界。植被分布具有明显的地带性，由南向北依次为热带雨林、季雨林、常绿阔叶林和常绿针阔混交林。山地森林破坏之后形成热性草丛、灌草丛及干热稀树灌草丛，它们以中生、中旱生和旱生禾草为主，其间散生一定数量的灌木，构成了本区草地的主体。

6. 西南亚热带湿润热性灌草丛区

本区位于我国西南部，东以大巴山、巫山、武陵山、云贵高原一线为界，南面与缅甸、老挝、越南接壤。本区植被分别属于西部热带季雨林、雨林区和亚热带常绿阔叶林。在各地森林破坏之处分布有大量的热性草丛、灌草丛植被，西南亚高山分布有亚高山草甸，各地山地均分布有山地草甸，四川盆地等低地分布有低地草甸和沼泽，云南、四川的干热河谷有干热稀树灌草丛分布。这些次生植被和非地带性植被构成了本区草地植被的主体，草地产草量高，是本区良好的放牧和割草场。

7.青藏高原高寒草甸和高寒草原区

本区南至喜马拉雅山脉,东到横断山脉与云贵高原相接,北起昆仑山脉,西界帕米尔高原。各类草地中以高寒草甸类和高寒草原面积较大,其次是高寒草甸草原、高寒荒漠草原、高寒荒漠类和山地草甸类草地。高寒草甸类草地分布于青藏高原东部高原山地,植被成分比较简单,产草量低(年产干草 882.0 kg/hm²),青草期营养成分含量高,家畜容易抓膘。高寒草原类草地分布于青藏高原西北部和西南部,其草层低矮稀疏,成分简单,伴生有垫状植物,产草量低(年产干草 740.9 kg/hm²),耐牧性差。

(三)南方红壤丘陵草地资源开发

南方红壤地区历来是农业生产的重要基地,其传统的农业生产以稻谷和生猪为主体,对农业经济的稳定增长做出了十分积极的贡献。利用荒山荒坡种植牧草来发展草食畜牧业,已成为红壤地区农业结构调整、农村经济发展以及全面建设农村小康社会的重大战略举措。

南方红壤区有 6 667×10⁴ hm² 的荒山草坡、2 000×10⁴ hm² 的幼龄果(林)园和 2 000×10⁴ hm² 的冬闲稻田有待开发利用,同时,南方红壤地区有大量的农副产品可供养牛养羊利用。据调查仅江西省就有常规饲料 490×10⁴ t[其中饼粕类 90×10⁴ t,绝大多数为棉籽饼(粕)、菜籽饼(粕);籽实类 190×10⁴ t;糠麸类 200×10⁴ t],青粗饲料 1 950×10⁴ t(其中青绿多汁类占 2/3,秕秆干藤类占 1/3)。所有这些为草食畜禽的发展提供了良好的物质基础。据预测,南方 6 667×10⁴ hm² 荒山草坡的生产潜力(图 2-8-2),将超过 30 000×10⁴ hm² 的北方草地。这些土地的充分利用,可使全国家畜饲养量增加 1 倍。因此,在南方红壤地区大力发展种草养畜既有可能,也有必要。

应该从系统学的观点出发,把种草养畜作为一个有机整体,从草种选择、高产栽培、合理加工利用,适宜的补充精料及其饲喂技术和"草—畜—沼"生态系统中几种主要营养物质的转化效率等,对饲草周年均衡供应技术及草食动物高效饲养技术进行了系统的研究,将种植牧草、饲养草食动物和沼气发酵有机地联合起来,以达各种资源高效利用。

图 2-8-2　南方红壤丘陵山地人工栽培牧草

二、放牧地的合理利用

(一)放牧地合理利用的基本要求

1.适宜的载畜量

载畜量是指在一定的放牧时期内,一定的草地面积上,在不影响草地生产力及保证家畜正常生长发育时,所能容纳放牧家畜的数量。载畜量包括三项因素,即家畜数量、放牧时间和草地面积。这三项因素中如有二项不变,一项为变数,即可说明载畜量。因此,载畜量有以下三种表示法。

(1)时间单位法　时间单位法以"头日"表示,在一定面积的草地上,一头家畜可放牧的日数。

(2)家畜单位法　世界各国都采用牛单位,指一定面积的草地,在一年内能放牧饲养肉牛的头数。我国在生产中广泛采用绵羊单位,即在单位面积草地上,在一年内能放牧饲养带羔母羊只数。

(3)草地单位法　草地单位指在放牧期一头标准家畜所需草地的面积。

载畜量的测定方法有多种,根据草地牧草产量和家畜的日食量来确定载畜量较为科学。适宜的载畜量是指在放牧适当的情况下,每单位面积的草地上所能饲养的家畜头数和放牧时间。计算载畜量的公式如下:

$$载畜量(头/hm^2) = \frac{牧草产量(kg/hm^2) \times 利用率(\%)}{家畜日食量(kg/d) \times 放牧天数(d)}$$

2.合理的放牧强度

放牧草地表现出来的放牧轻重程度叫作放牧强度。放牧强度与放牧家畜的头数及放牧的时间有密切关系。家畜头数越多,放牧时间越长,放牧强度就越大。

(1)草地利用率　草地利用率是指在适度放牧情况下的采食量与产草量之比。在适度利用的情况下,一方面能维持家畜正常的生长和生产,另一方面放牧地既不表现放牧过重,也不表现放牧过轻,草地牧草和生草土能正常生长发育。草地利用率可用下列公式表示:

$$利用率 = \frac{规定应被采食的牧草重量}{牧草总产量} \times 100\%$$

草地利用率为草地适当放牧的百分数,可以作为草地合理利用的评定标准,也是观测和计算载畜量的一个理论标准。

确定草地适宜的利用率,需要经过长期的反复试验。在正常放牧季节里,划区轮牧的利用率为85%,自由放牧为65%～70%;在牧草的危机时期,如早春或晚秋、干旱、病虫害发生期等,应规定较低的利用率,一般为40%～50%。为保持水土,不同的坡度应有不同的利用率,坡度越大,利用率越小。每100 m内升高60 m牧草利用率为50%,升高30～60 m牧草剩余量为40%,升高10～30 m牧草剩余量为30%。

利用率的计算是以采食率为基础的,所谓采食率是指家畜实际采食量占牧草总产量的百分比,即:

$$采食率 = \frac{家畜实际采食量}{牧草总产量} \times 100\%$$

采食率的测定通常采用重量估测法,也叫双样法。该方法是在放牧地上选择几组样方,每组有两个样方,一个样方在放牧前刈割称重(A),另一个样方在放牧后再刈割称重(B),采食量即为$A-B$。这种方法方便,且较为准确,但要求对照组数目多,样方植被情况应相近似,并且放牧前后的操作技术应严格一致。

(2)草地的放牧强度　利用率确定以后,可根据家畜实际采食率来衡量和检查放牧强度。

68

放牧强度在理论上的表现是：

采食率≈利用率——→放牧适当

采食率＞利用率——→放牧过重

采食率＜利用率——→放牧过轻

3.正确的放牧时期

从适宜放牧开始到适宜放牧结束这段时间，称为放牧地的放牧时期或放牧季。放牧季是指草地适于放牧利用的时间，而不是针对家畜的需求说的。家畜在草地上实际放牧时期叫作放牧日期。放牧季与放牧日期是两个完全不同的概念。

（1）开始放牧的适宜时期　以禾本科牧草为主的放牧地，应在牧草开始抽茎时开始放牧；以豆科和杂草类为主的放牧地，应在腋芽（或侧枝）发生时开始放牧；以莎草科为主的放牧地，应在分蘖停止或叶片生长到成熟时开始放牧。从土壤情况看，一般在潮湿放牧地，人畜走过没有脚印时（含水量为 50%～60%）就可以放牧了。

（2）结束放牧的适宜时期　一般认为在牧草生长季结束前的 30 d 停止放牧较为适宜。如果停止放牧过早，将造成牧草的浪费；如果停止放牧过迟，则多年生牧草没有足够的贮藏营养物质的时间，不能满足牧草越冬和翌年春季返青的需要，因而会严重影响第二年牧草的产量。

4.畜群在草地上的均匀分布

放牧家畜对植物的选择和采食强度以及地形的影响，往往导致草地的利用参差不齐。草地上放牧家畜的集中地带常为水源庇荫处和有盐的地方，还有畜圈和宿营地附近。这些地方多次重复采食和践踏，致使放牧地过度利用。为避免家畜过分集中，需采取一定的措施，如增设饮水点，设置围栏、适当的喂盐及在家畜集中的地区播种适口性差的植物，以减少家畜过分集中在同一块放牧地点上。

5.牧草的留茬高度

从牧草的利用率来看，放牧后采食剩余的留茬高度越低，利用率越高，浪费越少。研究表明，牧草经采食后留茬高度为 4～5 cm 时，采食率达 90%～98%（高产时）或 50%～70%（低产时）；留茬高度为 7～8 cm 时，采食率分别降到 85%～90% 或 40%～65%。说明牧草留茬较低有利。

常见草地的适宜放牧留茬高度，森林草原、湿润草原与干旱草原以 4～5 cm 为宜，荒漠草原、半荒漠草原及高山草原以 2～3 cm 为宜，播种的多年生草地以 5～6 cm 为宜，翻耕前 2～3 年的人工草地以 1～2 cm 为宜。

放牧不同于刈割，各种家畜有各自的牧食习性，采食后的留茬高度因家畜种类而异。通常黄牛为 5～6 cm，马群为 2～3 cm，羊群与牦牛为 1～2 cm。

（二）放牧制度

放牧制度是草地用于放牧时的基本利用体系，将放牧家畜、草地、放牧时期、放牧技术的运用等的全盘安排。

1.自由放牧

自由放牧也叫无系统放牧或无计划放牧，在广大的放牧地上不做轮牧分区规划，畜群无一定的组织管理，牧工可以随意驱赶畜群，在较大的草地范围内任意放牧。

自由放牧有连续放牧、季节牧场（营地）放牧、抓膘放牧和就地宿营放牧等不同的放牧方式。

2.划区轮牧

划区轮牧是一种有计划的放牧制度,它是把草地先分成若干个季节放牧地,再在每个季节放牧地内分成若干个小区,按照一定顺序逐区采食,轮回利用的一种放牧制度。

划区轮牧与自由放牧相比,具有以下优点:①减少牧草浪费,节约草地面积。②可改进植被成分,提高牧草的产量和品质。③可增加畜产品。④有利于加强放牧地的管理。⑤可防止家畜寄生性蠕虫病的传播。

3.更换营盘的分段放牧

更换营盘分地段放牧的方法是在季节营地的基础上,根据天气、牧草、饮水等条件,不断更换营盘,在每个营盘周围将草场划分为地段,然后每天有顺序地按地段进行轮牧的方法。

(三)放牧草地管理

1.放牧地的轮换

每个轮牧单元中的各轮牧小区,每年的利用时间和利用方式,都按照一定的规律顺序变动,周期轮换,以保持和提高放牧草地的生产能力。牧场轮换包括以下几个基本环节:延迟放牧、较迟放牧、割草、休闲、轮换周期。

在牧地轮换时,首先应考虑轮牧周期和利用频率。轮牧周期指牧草放牧之后,其再生草长到下次可以放牧利用所需要的时间,即两次放牧间的时间间隔。

$$轮牧周期(d)=每一小区放牧时间(d)×小区数$$

一般认为,再生草达到 10~15 cm 时可以再次放牧。

轮牧频率是指各小区在一个放牧季节内可轮流放牧的次数,即牧草再生达到一定放牧高度的次数。各类型放牧草地适宜的放牧频率:森林草原为 3~5 次,干旱草原为 2~3 次,人工草地 4~5 次。

2.围栏与供水

草场围栏是实施和完成划区轮牧的必要条件,也是保护草地资源的一项有效措施。另外围栏中还要解决草食动物饮水问题,缩短饮水距离,以减轻对草地的践踏。

3.刈除残草

每次放牧之后,应迅速将残留在草地上的高草刈除,使其和其他牧草一起再生,这对草地改良和家畜营养有利。

4.施肥与灌水

在划区轮牧制度下,每次放牧利用后要结合灌水施用氮肥,以促进牧草的生长。

(四)牧草的饲用评价

牧草的经济价值,包括饲用价值和生产价值。饲用价值表现在化学成分、消化率、适口性、能量值、动物的饲养效果等方面。生产价值表现在草地上的出现率和丰富度、加工调制的特性和人工栽培的前途等,在评价牧草的经济价值时,必须综合地、全面地加以考虑。

1.根据饲用植物的化学成分评价

主要采用常规分析法测定牧草内的水分、粗蛋白质、粗脂肪、粗纤维、粗灰分、无氮浸出物、钙、磷等成分。但在具体测定时要特别注意牧草的化学成分是随植物种类、生长阶段、部位、环境因子等的不同而发生变化的。因此,按不同情况采样,进行多次化学分析才能全面地了解其化学成分动态。许多研究表明,植物化学成分含量具有一定的规律性。

2.根据饲用植物的消化率评价

牧草饲用价值的评定,不仅要依据牧草所含的化学成分,而且要依据牧草的可消化程度,因为各种牧草所含的营养物质能被草食动物利用的程度很不相同。可消化程度愈高,则对动物的营养价值愈大。

3.根据饲用植物的适口性评价

适口性指草食动物对某种植物的喜食程度。利用适口性来评价牧草,是直接在草地上进行牧草品质评价的简单而准确的方法。这种方法常常比牧草的化学成分和消化率更能反映牧草的实际营养价值。

牧草的适口性评价通常采用的是访问法和放牧观察法。访问法主要是向当地有经验的牧民进行实地访问;放牧观察法是在放牧或调制(干草、青贮)条件下,观察草食动物采食时选择的状态和程度。牧草适口性又受很多因素的影响,既有植物方面的,又有动物方面的。

如牛喜食柔软多汁的草类;马喜食含水分少的粗糙的牧草;骆驼则喜食干燥粗糙具有辛烈气味的多盐植物和半灌木;绵羊喜食的牧草种类多,对牧草要求不严,常喜食植物的一定部位,如顶部、幼嫩部分;山羊更耐粗饲,尤其喜食灌木的幼嫩枝叶。

4.根据草地上的出现率和丰富度评价

出现率指植物出现的频度,即一种草在草地上分布的广泛程度。丰富度指一种草在草群中产量的大小,可以用其产量占总产草量的百分数表示。

5.根据饲用植物的适应性和再生力评价

草地上生长的牧草对环境条件具有不同的适应能力。当环境条件改变后,有些草类能正常地生长、发育、开花结实,而有些草类却生长不良或不能生存。适应性较强的牧草,能迅速扩大生长范围,容易推广,具有强大的竞争力,在草群中占据优势,相对地具有较高的生产价值。

各种牧草被利用后恢复地上枝叶的能力各不相同,有的再生强,生长季节能多次利用,供草均匀,产量也较高,这种草具有较高的生产价值。而有的草再生力弱,生长缓慢,利用次数和产草量都较低,其经济价值也相对较低。

三、刈割草地的合理利用

(一)牧草的再生性

牧草被刈割或放牧后重新恢复绿色株丛的特性叫作牧草的再生性。而这种重新生长的能力叫作牧草的再生能力。再生能力包括再生速度、再生次数和再生强度。再生速度是指牧草被利用后恢复到可供再次利用所需要时间的长短,有时也用再生草在单位时间内生长的高度来表示。再生次数是指在生长期内牧草忍受刈割或放牧利用的次数。再生强度是指利用后,单位时间内牧草增长的干物质重量。可见,如果一种牧草再生速度快,再生次数多,再生草产量高,则可认为该草再生能力强,反之则认为较差。

牧草的再生方式有三种:一是低矮而生长点未受损伤的枝条继续生长;二是由于刈割和放牧的刺激作用促进了休眠芽的生长;三是由茎(节间)和叶未受损伤的生长带的继续生长。草类被利用后,依靠这些方式来恢复它的绿色株丛。

牧草的再生过程可分为两个阶段,第一阶段是依存再生期,第二阶段为独立再生期。依存再生期在气温 20℃ 的条件下,禾本科牧草一般为 5～10 d,此期依靠贮藏营养物质进行生长。独立再生期依靠同化作用制造的营养物质进行生长。牧草的再生性还有以下特点:

1.春性牧草和冬性牧草比较，以春性牧草再生性较强

如紫花苜蓿是一种春性多年生牧草，播种第 2 年起，在北方每年可刈割 2～4 次，在南方长江流域每年可刈割 5～6 次，均较其他冬性豆科牧草产量高。

2.牧草再生速度

一般平均每天再生 1～1.5 cm，高者每天生长达 4 cm[如芒属(*Miscanthus*)植物]。从时间来看，一般初次刈割再生快，以后减慢。从利用次数来看，一般第 1 次、第 2 次利用后牧草再生快，以后减慢。

3.一年内各次再生草的产量分布

第 1 次、第 2 次产量较高，以后各次产量逐渐下降。

(二)牧草刈割技术

刈割草地是指牧区草原、农区草山草坡以及栽培草地中能够进行割草的生产地段，它是草地的一个重要组成部分。从刈割草地上收获的牧草，其利用方式可分为青饲、半干贮、普通青贮、调制干草及干草粉等。

1.适宜的刈割时期

刈割时期是影响割草地单位面积产量和干草品质的一项重要因素。在确定牧草的适宜刈割时期时，应考虑下列两个条件。

(1)当年草地产量和干草营养物质含量　根据科学实验资料证明，草地牧草产量最高时期一般都在开花期。单位面积上饲料单位和可消化蛋白质的收获量也都在开花期为最高。

(2)刈割时期对下年草地产量的影响　一年一次利用的割草地，其适宜刈割期应选择在草群中主要牧草的开花期进行。在生产实践中经常按照地形地势来确定打草的顺序，先打低洼易涝地区，后打平坦地区，最后打岗坡地区。除考虑上述因素外，还应考虑当地气候条件、生产单位的劳动组织、畜力及机械化水平等具体条件，科学合理地安排生产。但最后草地刈割工作应在生长季停止前 1 个月结束，使牧草有一段积累营养物质以利越冬和来年再生的时间。

2.刈割次数和再生草的利用

为了充分而有效地挖掘刈割草地生产潜力，应当考虑利用刈割后的再生草进行第二次刈割或放牧。如果没有条件进行第二次刈割的草地，也要尽量考虑利用再生草地进行放牧。但再生草最后一次利用应在植物停止生长前的 1 个月左右结束。

3.刈割高度

刈割高度以留茬高度 5 cm 左右为宜。进行两次刈草的草地，第二次刈割留茬高度以 6～7 cm 为宜。具体来说，高大型禾本科牧草如桂牧 1 号、象草、矮象草和墨西哥玉米等刈割时留茬高度以 10 cm 左右为宜，而植株细小的禾本科牧草如黑麦草以及豆科牧草留茬 5 cm 左右。在高大杂草较多，而且很久未刈割的草地上，刈后留茬 6～7 cm，不可过低，以避免干草中混杂大量粗茎及枯枝，使品质降低。

4.刈割方法

我国目前采用的刈割方法主要有两种，即人工割草和机械割草。

(三)刈割草地的管理

1.刈割草地的轮刈制

和放牧地轮换一样，刈割草地轮刈也是将草地分成若干小区，按照一定顺序逐年变更其刈

割时期、刈割次数,并进行休闲及其他培育措施,使牧草积累贮藏足够的营养物质和形成种子,有利于草地的营养更新和种子繁殖。

2.刈割草地的施肥与灌溉

刈割草地施肥的目的,一是大幅度提高牧草产量,二是通过施肥控制草地植物成分,为禾本科和豆科牧草的生长发育创造条件。施肥要与灌溉结合,以利于增加肥效。

四、草地的培育与改良

天然草地是一种可更新的自然资源,能为畜牧业持续不断地提供各种牧草。草地退化在世界各国普遍存在,世界退化草地面积已达数亿公顷,美国 27% 的草地面积呈现退化,中亚荒漠区天然草地有 20% 左右的面积退化。我国沙化、退化的草地面积约占可利用草地面积的 1/3,年产鲜草量由原来的 $3\ 000\ kg/hm^2$,减少到现在的 $750 \sim 1\ 000\ kg/hm^2$。

(一)草地退化

1.草地退化概念

草地在自然、土壤、生物及社会等诸因素影响下,不断地变化发展。草地在外因和内因作用下发生自然演替或利用演替,这些演替有的是对生产有利的进展演替,有的则是对生产不利的逆性演替,也称草地退化。

退化草地的特征一般有:一是草群种类成分发生变化;二是草群中优良牧草的生长发育减弱;三是草地生境条件恶化;四是出现鼠虫害。

2.草地退化原因

引起草地退化的原因,大致有天然因素和人为因素两个方面。天然因素如气候的反常,特别是雨量的减少,将使草原发生旱灾。人为因素导致草地退化的情况更多,如开垦草原、过度放牧、砍挖灌木、搂草、挖药材等。过度放牧是造成草地退化的主要因素,其原因一是草地载畜量过高,二是不合理的放牧制度。

3.草地退化的防治措施

(1)落实草牧场使用权,实行草牧场有偿承包使用制度;

(2)实行划区轮牧,合理利用草地;

(3)控制草食动物发展头数,提高质量,加快周转速度;

(4)开展草原建设工作,培育退化草地;

(5)开发新能源,解决牧区燃料问题,减少在天然草地上砍、搂柴草现象。

(二)草地封育

1.草地封育的概念

一般情况下,草地生产力没有受到根本破坏时,采用草地封育的方法,可收到明显的效果,达到培育退化草地和提高生产力的目的。

草地封育又叫封滩育草、划管草地。所谓草地封育,就是把草地暂时封闭一段时期,在此期间不进行放牧或割草,使牧草有一个休养生息的机会,积累足够的贮藏营养物质,逐渐恢复草地生产力,并使牧草有进行结籽或营养繁殖的机会,促进草群自然更新。如内蒙古鄂尔多斯市(伊克昭盟),封育一块退化草地后,草群种类成分发生显著变化(表 2-8-1)。从表 2-8-1 可以看出,封育的草地禾本科和豆科草成分都有增加,毒草数量大大减少。而未封育的草地中禾本科草数量少,豆科牧草几乎没有,而毒草丛生。

表 2-8-1　封育和未封育草地草群结构变化比较

经济类群	主要代表植物	封育草地		未封育草地	
		干重/(g/m²)	占草群总重/%	干重/(g/m²)	占草群总重/%
禾本科牧草	芦苇	168.0	42.7	31.9	6.0
豆科牧草	细齿草木樨	136.2	34.6	—	—
杂类草	委陵菜	5.7	1.4	16.4	3.1
苔草	中亚苔草	72.8	18.5	33.3	6.3
毒草	醉马草	11.0	2.8	448.0	84.6

草地封育所以能取得这样明显的效果,其原因在于:一是退化草地经封育后大大加强了植物的生长发育;二是在过度利用草原的情况下,优良牧草生长发育受阻,甚至不能开花结实,或种子成熟不了,影响有性繁殖;三是封育改变了草地的环境条件。

2.草地封育的方法

(1)封育地段的选择　选择什么样的草地进行封育,这要根据利用目的、植被类型和草地的退化情况而定。一般来说,为了培育打草地,应选择地形平坦,土层厚,植被生长较好,而且以禾本科牧草为主的草地;若为培育退化草地,则应选择退化比较严重的草地进行封育;若为了固沙,则应选择半流动沙丘草地。

(2)封育时间的确定　草地封育时间的长短,应根据草地面积宽裕情况、草地退化程度和恢复情况而定。逐年逐块轮流封育,如全年封育,夏秋季封育,冬季利用;每年春季和秋季两段封育,留作夏季利用。严重退化的草地,封育时间应长些(1~2年);对轻度退化的草地可短期封育几个月。

(3)保护措施　为防止家畜进入封育的草地,应设置保护围栏,围栏应因地制宜,以简便易行、牢固耐用为原则。如采取水泥桩刺丝围栏、网围栏、生物围栏、石头墙、挖沟、电围栏等。

3.封育期内应采取的其他措施

若要全面恢复草地的生产力,最好在草地封育期内采用综合培育改良措施,如松耙、补播、施肥和灌溉等,以改善土壤的通气状况和水肥状况。

(三)草地改良

1.草地改良的概念

草地改良就是从草原原有的土壤和植被条件出发,在不彻底改变原来植被成分的情况下,通过清除有毒有害植物、灌溉、施肥、焚烧、补播、划破草皮及松耙等单项或综合措施,以达到建立半人工草地,以提高牧草产量和质量。改良的方法不包括彻底的翻耕播种,因此也把这种方法叫作表面改良或治标改良。

2.草地改良的目的

(1)通过调节和改善草地植物生存环境中水、肥、气、热等状况。创造有利的生活条件,促进草类的生长发育。

(2)应用先进的农业科学技术措施,使草群不仅表现在生产上有价值的特性,而且使草地产量和质量不断提高。

3.草地改良的方法

(1)延迟放牧　延迟放牧就是让家畜在晚于正常开始放牧时期进入放牧地。在干旱地区,经常是在牧草开花结实后才让家畜进入放牧地,使牧草有一个进行有性繁殖的机会,使草地得到天然复壮。延迟放牧应与减少放牧家畜的数量相结合。

(2)划破草皮　划破草皮是在不破坏天然草地植被的情况下,对草皮进行划缝的一种草地培育措施。划破草皮能使根茎型、根茎疏丛型优良牧草大量繁殖,生长旺盛;还有助于牧草的天然播种,有利于草地的自然复壮。

划破草皮应根据草地的具体条件来决定。划破草皮的深度,应根据草皮的厚度来决定,一般以 10~20 cm 为宜。划破的行距为 30~60 cm。划破的适宜时间,应视当地的自然条件而定,有的宜在早春或晚秋进行。

(3)草地松耙　草地松耙即对草地进行耙地,是改善草地表层土壤空气状况的常用措施之一。生产实践证明,松耙可以起到以下作用:

①清除草地上的枯枝残株,促进嫩枝和某些根茎型草类的生长;

②松耙表层土壤,有利于水分和空气的进入;

③减少土壤水分蒸气,起到保墒作用;

④消灭杂草和寄生植物;

⑤有利于草地植物的天然下种和人工补播。

松耙机具可采用钉齿耙、圆盘耙和松土补播机等。耙地最好与其他改良措施(如施肥、补播)配合进行,可获得更好的效果。

(4)草地补播　草地补播是在不破坏或少破坏原有植被的情况下,在草群中播种一些适应当地自然条件的、有价值的优良牧草,以增加草层的植物种类成分和草地的覆盖度,达到提高草地生产力和改善牧草品质的目的。

由于在春、秋季牧草生长较弱,所以一般在春、秋季补播。播种量的多少决定于牧草种子的大小、轻重、发芽率和纯净度,以及牧草的生物学特性和草地利用的目的。禾本科牧草(种子用价为 100%时)常用播量为 15~22.5 kg/hm²,豆科牧草为 7.5~15 kg/hm²。一般牧草的播种深度多为 3~4 cm,牧草种子播后最好进行镇压,使种子与土壤紧密接触,便于种子吸水萌发。补播当年必须禁牧,第二年以后可以进行秋季割草或冬季放牧。

4.草地改良的具体措施

(1)补播牧草种类的选择、播前种子处理、补播地段的地面处理、补播方法及补播技术;

(2)采取漫灌、喷灌等灌溉措施;

(3)施用有机肥料或无机肥料;

(4)草地浅耕翻松耙;

(5)采用生物清除法、人工消除法及化学除草法来清除有毒有害植物;

(6)进行草地烧荒。

(四)沙地草地培育措施

(1)防风固沙。

机械固沙:机械固沙是利用柴草、枝条、石块、沥青等各种障碍物或平铺埋压以固沙。

化学固沙:沥青固沙。

植物固沙:采用乔木、灌木、草本相结合,构成一完整的固沙林体系。

(2)灌溉与施肥。

(3)补播牧草与建立人工草地。

(五)盐碱草地的培育措施

盐碱草地的改良,一方面是把已积累的盐分加以排除,另一方面要防止盐分的进一步积累。要达到此目的,必须因地制宜,采取相应的措施,进行综合改良和治理。改良盐碱土的措施很多,有水利措施、农业措施、生物措施和化学措施。具体可以采取排水洗盐;耕作与施肥;种植绿肥植物和牧草;化学改良;设专用刈割草地、休闲草地,建立雨天和晴天专用牧地、固定牧道等盐碱草的合理利用措施。

(六)红壤丘陵区人工牧草品种筛选

红壤丘陵区的牧草生产有赖于选择适合本地区气候、土壤条件的草种以及完善的栽培管理措施。红壤丘陵区种草养畜首先必须解决缺乏当家牧草品种以及相关的栽培种植技术问题。

在红壤丘陵区,暖季型品种一般比冷季型品种表现更好一些,主要原因是水热资源有利于暖季型牧草的生长。夏季持续高温干旱对冷季型牧草品种的宿存和生长构成了巨大威胁。所以红壤丘陵区的当家牧草品种主要是暖季型品种,生长季节为4~11月。冷季型牧草在全年饲草供应体系中起重要作用,它们冬季、早春生产出的牧草,与暖季型品种从晚春到初冬所产生出的生物量一起,可以在全年内平衡地给草食动物提供饲料。

南方红壤丘陵区可以发展牧草的土地资源丰富,有大量的天然草地、荒山坡地、幼龄果(林)园和冬闲田,适宜在这些不同的土地类型种植的牧草品种不同。根据用地类型选择适宜牧草品种是充分地利用这些土地资源种植牧草、促进草食动物发展的关键。表2-8-2列出了一些表现良好的主要牧草品种。

表 2-8-2　南方红壤地区主要牧草品种及特性

种植地点	品种	科类	宿存性	生长季节	产量/(t/hm²)	主要特征
荒山坡地	葛藤	豆科	多年生	3~11月	10	产量高、高蛋白、适口性好、耐瘠耐旱、竞争力强、固氮
	桂牧1号	禾本科	多年生	3~11月	>18	产量高、耐肥抗旱、叶多、消化利用率较高、品质好、适口性佳
	矮象草				13	
	索兰德狗尾草				15	
	菊苣	菊科		全年	7	高蛋白、抗虫
幼龄果(林)园	罗顿豆	豆科	多年生	3~11月	5	品质佳、适合于果园种植、种子自繁、耐瘠耐旱、固氮
	圆叶决明		一年生	4~10月	7	
冬闲田	黑麦草	禾本科	一年生	9~5月	6	冬季生长、适口性极佳
	紫云英	豆科		10~4月	5	易管理、肥饲兼用
天然草地	银合欢	豆科灌木	多年生	4~11月	6	豆科灌木、建植后竞争能力强

荒山坡地是南方红壤丘陵区种植牧草的主要地点,选择品种时主要考虑产量高,品质好,适口性佳,种植后可利用多年。多年筛选结果表明:黑麦草、葛藤、桂牧1号、矮象草、索兰德狗尾草、菊苣等具有生长季节长、产量高、品质好、适口性佳以及宿存能力强的特点。葛藤具有产草量高,品质佳,适口性好,供草期长,自身固氮的特点;黑麦草产草量高,品质佳,适口性好,冬

季能供草;桂牧1号产量高;矮象草叶多,消化利用率高;索兰德狗尾草品质佳,适口性极好;菊苣蛋白质含量高,能全年生长,冬天和早春也有部分产量,在牧草周年供应模式中起着重要的作用。以上这些品种可作为南方红壤丘陵区荒山坡地种植的当家牧草。

南方红壤丘陵区有 $2\,000\times10^4$ hm² 的果(林)园,大部分是丘陵坡地,土壤瘠薄,地表裸露,易造成水土流失,因此选择牧草品种时要考虑覆盖地表的能力和改土培肥土壤的功能。豆科牧草品种有固氮能力,不与果(林)树争肥,因此果(林)园种植牧草首选豆科品种。罗顿豆是一个多年生豆科藤本牧草,耐阴耐瘠薄,生长季节长,地面覆盖好;圆叶决明是一年生(在广东、广西、海南等热带地区为多年生)豆科牧草,种子落地自繁,耐瘠抗旱,产量一般比其他豆科牧草高。这两个豆科牧草品种是适宜于幼龄果(林)园种植的当家牧草。

南方红壤丘陵区有 $2\,000\times10^4$ hm² 的冬闲稻田,每年10月下旬收完晚稻至翌年4月下旬插早稻有6个月的空闲时间。这些稻田土壤肥沃、水分充足,是理想的种植冬季牧草的地点。紫云英是传统的稻田绿肥,产量稳定、种植方便、管理容易、投入少,在缺少化肥的20世纪六七十年代曾经大量种植。紫云英也是一种优质牧草,适口性佳、品质好,利用地上部分饲养草食动物,过腹还田,地下部分固氮肥田,既提高了经济效益,又解决了整地困难、早稻早期返青慢、晚期贪青晚熟的问题。黑麦草是一个冬季牧草,品质好,适口性极佳,如管理好,可在12月份开始刈割,从而解决冬季青饲料缺乏的问题。因此紫云英和黑麦草是利用冬闲稻田种草养畜的首选品种。

南方红壤丘陵区有 $6\,667\times10^4$ hm² 草山草坡,这些天然草地牧草产量低、草质差,将其改成高产人工草地需要大量投入,且天然草地主要是白茅等顽固性杂草,很难清除,改成人工草地后如管理不善,这些杂草又会很快侵入,几年内就会退化还原。一个投资少,见效快的方法是等高种植竞争能力强、品质好的牧草品种改造这些草山草坡。葛藤是一个多年生豆科藤本植物,根系发达,竞争力强,且蛋白质含量高,适口性好;银合欢是一个多年生豆科灌木,株型高大,根系发达,竞争力强,且蛋白质含量很高;桂牧1号产量高、株型高大、根系发达,能与白茅等恶性杂草竞争;罗顿豆匍匐生长,耐阴耐瘠,扩展快速,品质佳。这4个品种是改造草山草坡的理想牧草品种。

(七)人工牧草品种搭配技术

要依据饲养牲畜的数量,按照长短结合、周年四季合理供应的原则选择牧草品种,并有计划地将多种牧草搭配种植,以确保全年各月牧草的总量供应能满足草食动物的需要。多种牧草搭配种植应根据不同季节和不同牧草品种进行合理搭配和混播,主要搭配方式有禾本科和豆科混播以及夏季牧草(热带牧草)和冬季牧草(温带牧草)搭配。

1.禾本科豆科搭配

人工草地采用禾本科和豆科牧草混播能充分利用豆科的固氮能力以及提高牧草品质。禾本科与豆科牧草的根系和叶片分布不同,吸收的养分也有差异,禾本科牧草还可利用豆科牧草根瘤菌提供的氮素,因此可显著提高牧草的产量。

豆科牧草罗顿豆由于其匍匐生长的特性,与其他牧草品种的共生能力非常强。罗顿豆与3个禾本科牧草的混播试验结果表明:罗顿豆与马唐、狗尾草、牛鞭草混种均能良好生长,罗顿豆与它们混播时的生物产量和粗蛋白质产量均明显高于禾本科牧草单播(表2-8-3、表2-8-4)。

在没有施肥的情况下,混播处理试验的禾本科牧草产量第二年均比第一年高,而禾本科单播时产量均低于第一年,这证明罗顿豆所固定的氮已经被禾本科牧草所利用,罗顿豆与禾本科牧草混种能促进禾本科的生长,维持草地生产力。

表 2-8-3　试验第一年各处理牧草产量　　　　　　　　　　　　　　　　kg/hm²

处理号	品种搭配	豆科	禾本科	总产量	粗蛋白质产量
1	罗顿豆	4 699b		4 699a	841ef
2	马唐		10 889d	10 889c	773def
3	狗尾草		5 559c	5 559ab	578ab
4	牛鞭草		6 052c	6 052ab	557a
5	撒播马唐与罗顿豆1∶1	2 214a	2 985a	5 199ab	608ab
6	撒播狗尾草与罗顿豆1∶1	3 319ab	2 685a	5 977ab	871f
7	撒播牛鞭草与罗顿豆1∶1	2 348a	2 875a	5 223ab	685bcd
8	马罗1∶2	2 572a	2 930a	5 502ab	668abcd
9	狗罗1∶2	2 802a	2 548a	5 350ab	767def
10	牛罗1∶2	2 680a	3 100ab	5 780ab	765def
11	马罗1∶1	2 077a	3 432ab	5 509ab	615abc
12	狗罗1∶1	2 758a	3 272ab	6 030ab	834ef
13	牛罗1∶1	2 353a	3 438ab	5 791ab	737cde
14	马罗2∶1	1 623a	10 216d	11 839c	1016g
15	狗罗2∶1	2 016a	5 058bc	7 074b	887f
16	牛罗2∶1	2 663a	3 187ab	5 850ab	770def

注:同一列数字后跟随同一小写字母表明 Duncan 多重比较,5%检验不显著。

表 2-8-4　试验第二年各处理牧草产量　　　　　　　　　　　　　　　　kg/hm²

处理号	品种搭配	豆科	禾本科	总产量	粗蛋白质产量
1	罗顿豆	7 391 h		7 391bc	1 323f
2	马唐		9 420g	9 420def	669b
3	狗尾草		5 543def	5 543a	576b
4	牛鞭草		4 498bcd	4 498a	414a
5	撒播马唐与罗顿豆1∶1	3 359bcd	6 230ef	9 589def	1 044cd
6	撒播狗尾草与罗顿豆1∶1	6 500gh	3 134ab	9 634def	1 489g
7	撒播牛鞭草与罗顿豆1∶1	4 998ef	3 071a	8 069bc	1 177def
8	马罗1∶2	3 314bc	6 924f	10 238f	1 085cde
9	狗罗1∶2	4 699ef	3 813abc	8 512bcd	1 238ef
10	牛罗1∶2	5 027ef	2 692a	7 219b	1 147de
11	马罗1∶1	2 628b	7 112f	9 740def	975c
12	狗罗1∶1	5 439fg	3 334ab	8 773cd	1 320f
13	牛罗1∶1	4 587cdef	2 819a	7 406bc	1 080cde
14	马罗2∶1	1 312a	11 333h	12 645g	1 039cd
15	狗罗2∶1	3 862bcde	4 178abcd	8 040bc	1 126cde
16	牛罗2∶1	4 666cdef	5 189cde	9 855def	1 313f

注:同一列数字后跟随同一小写字母表明 Duncan 多重比较,5%检验不显著。

禾本科和豆科牧草的竞争影响着混播草地的组成、生产力及持续性,一个丰产和持续的人工草地需要禾本科和豆科之间达到适宜的平衡。在 3 种禾本科牧草中,马唐分蘖能力强,扩展快,竞争能力最强,与罗顿豆混播时随着马唐比率的提高,罗顿豆的产量明显下降。从粗蛋白质产量结果来看,马唐与罗顿豆以 1:2 比率混播最好。牛鞭草茎多叶少,对罗顿豆生长的影响小,提高牛鞭草混种比率对罗顿豆产量的影响不大,牛鞭草与罗顿豆 2:1 混播时生物产量和粗蛋白质产量最高。狗尾草的叶片较大,但分蘖扩展能力比马唐差,竞争能力介于马唐和牛鞭草之间,试验结果表明,狗尾草与罗顿豆 1:1 比率混播(条播或撒播)时其生物产量及粗蛋白质产量最好。

2. 热带牧草与温带牧草搭配

由于夏天高温干旱、冬天低温以及土壤强酸瘠薄,温带牧草在南方的表现不如热带牧草,南方红壤丘陵区的当家牧草主要为热带牧草。热带牧草如桂牧 1 号生长季节为从 4 月到 11 月,但供草季节主要在 5～10 月,从 11 月至翌年 4 月牧草短缺。然而,南方红壤丘陵区大量的稻田冬天闲置,可以利用冬闲田种植一年生温带牧草如紫云英、黑麦草及小黑麦,这些牧草的供草季节为 2～5 月,可以部分地解决冬季饲料缺乏的问题。另外一些温带牧草如菊苣在肥水条件好的情况下可一年四季保持青绿,在冬天和早春也有一定的产量,可缓解冬季饲草缺乏的矛盾。因此,草食动物生产者在主要种植热带牧草的同时,还应种植一些温带牧草如菊苣、紫云英、黑麦草和小黑麦,以解决冬季饲草缺乏的问题。

【技能训练】

技能训练 2-3　牛场饲草料供应计划的编制

一、技能训练目标

饲料是草食动物生产的基础,编制饲料计划,是安排饲料生产、组织饲料采购的依据。通过实训操作,了解牛场饲草料供应计划编制的原则与方法,为更好地筹划牛场的饲料供应奠定基础。

二、技能训练材料

牛场简介、牛场的发展规模与牛群组成、牛群周转计划、饲料定额资料、计算器等。

三、技能训练方法与步骤

饲料供给计划表式样见表 2-8-5。

1. 粗饲料供应计划

青贮玉米:成年母牛采食量 25 kg/(头·d),育成牛采食量 15 kg/(头·d),犊牛采食量 5 kg/(头·d)。

青贮玉米月供应量＝(成年牛日采食量×成母牛头数＋育成牛日采食量×育成牛头数＋
犊牛日采食量×犊牛头数)×30 d

通过以上计算公式可得出月供应量,然后乘以 12 便可得出青贮玉米年供应量。

干草:成年母牛采食量 5 kg/(头·d),育成牛采食量 3 kg/(头·d),犊牛采食量 1.5 kg/(头·d)。干草年供应量计算方法同上。

2. 精饲料供应计划

混合精饲料月供应量＝[育成牛基础料量 3 kg×育成牛数量＋(成母牛基础料量 3 kg×
上年度奶牛头日产奶量/奶料系数比)×成年母牛数量]×30 d

表 2-8-5　饲料供给计划表

类别	平均饲养头数/头	年饲养头日数/d	精饲料/kg	粗饲料/kg	青贮料/kg	青绿多汁料/kg	矿物质/kg	牛奶/kg
成年公牛								
成年母牛								
青年公牛								
青年母牛								
犊公牛								
犊母牛								
总计								
计划量								

注:全年平均饲养头数(成年母牛、育成牛、犊牛)=全年饲养头日数/365;全年各类牛群的年饲养头日数=全年平均饲养头数×全年饲养日数;饲料需要量(计划量)是年需要量加上估计年损耗量,即为该年度实际需要计划的饲料量。一般损耗量为计算量的5%~10%。精饲料和矿物质饲料按照5%计算,粗饲料、青贮、青绿多汁饲料的损耗按照10%计算。

奶料系数比为3,即每产3 kg奶增加1 kg精料。计算结果乘以12可得出年供应量。

混合精料中的各种饲料供应量,可按混合精料配方中占有的比例计算。例如,成年母牛混合精料的配合比例为:玉米50%、豆饼或豆粕34%、麦麸12%、矿物质饲料3%、添加剂预混料1%,则混合精料中各种饲料供应量为:

玉米供应量=混合精料供应量×50%

豆饼供应量=混合精料供应量×34%

麦麸供应量=混合精料供应量×12%

添加剂预混料供应量=混合精料供应量×1%

矿物质饲料:一般按混合精料量的3%~5%供应。

3.饲草料的供需平衡

根据各类饲草料的供需情况,平衡牛场全年的饲草料供应。

各类牛的日粮参考定额见表2-8-6。

表 2-8-6　各类牛的日粮参考定额

群别	畜别	年龄	喂料日数/d	日粮组成及喂量				
				精饲料/kg	粗饲料/kg	青饲料/kg	矿物质/g	食盐/g
奶牛群	泌乳母牛	成年	305	5~5.5	8~10	30~40	60~90	30~40
	妊娠后期母牛	成年	60	2.5~3.0	8~10	30~40	60~100	30~40
	后备青年母牛	6~18月龄	365	2.5	6~7	15~20	50	30
	6月龄内犊牛	1~6月龄	180	0.75	2	5~10	30~40	10~25
役畜	役用黄牛	成年	365	2.5	8~10	10~25	50	30
	役用水牛	成年	365	2.5	11~13	25~30	50	40

四、技能考核标准

牛场饲草料供应计划编制考核标准如表 2-8-7 所示。

表 2-8-7　牛场饲草料供应计划编制技能考核标准

序号	考核项目	考核标准	参考分值
1	青饲料需要量的计算	根据计算的过程及准确性给分	20
2	粗饲料需要量的计算	根据计算的过程及准确性给分	20
3	精饲料需要量的计算	根据计算的过程及准确性给分	10
4	青粗饲供应计划的制订	根据供应计划编制的合理性及结果的准确性给分	40
5	平衡全年的饲草料供应	根据饲草料供需的平衡情况及合理性给分	10
合计			100

【自测训练】

1. 当地有哪些草食动物常用的青饲料？它们的种植产量是多少？
2. 草食动物饲喂青贮饲料应注意哪问题？
3. 不同饲料的加工工艺对草食动物的采食性有何影响？
4. 青贮饲料制作的关键点是什么？
5. 牛、羊饲料中添加尿素时应注意的事项有哪些？
6. 青贮料按其原料含水量高低，可划分为几种？
7. 秸秆饲料的物理处理方法主要包括哪些？
8. 氨化处理秸秆类粗饲料常用的氨化剂有哪些？
9. 草食动物常用的饲料有哪些？如何进行合理利用？
10. 简述秸秆饲料的碱化处理。
11. 简述青贮饲料的优越性及加工工艺。

单元 3　牛生产技术

【知识目标】

◆ 了解牛品种的经济类型、生产性能，了解牛常用饲料的种类及特点；

◆ 了解 TMR 饲喂技术和 DHI 测定体系；

◆ 熟悉奶牛生产性能评定的方法及影响奶牛产乳性能的因素；

◆ 掌握奶牛、肉牛各阶段的生理特点及各阶段的饲养管理工作要点；

◆ 了解牛皮的初加工要点，掌握乳品、肉品生产与检验流程和要点；

◆ 熟悉牛场生产定额管理，掌握生产管理计划编制的方法与步骤。

【能力目标】

◆ 能准确识别牛的品种，能独立开展牛的外貌评定工作；

◆ 能基本掌握挤奶方法与挤奶技术，能准确进行奶牛生产性能的评定；

◆ 能通过母牛的发情症状准确判断其发情阶段及最佳配种期；

◆ 能掌握奶牛、肉牛各阶段的饲养管理技术，胜任各种饲养管理工作任务；

◆ 能够针对奶牛生产的不同阶段设计奶牛日粮；

◆ 能熟练安排肉牛肥育生产及高档牛肉生产；

◆ 能熟练掌握牛奶、牛肉的品质评定技术；

◆ 能熟练进行牛场生产计划的编制。

任务 3-1　牛的品种识别及鉴定技术

一、乳用牛品种

(一)荷斯坦牛

荷斯坦牛原产于荷兰,被毛黑白相间,因此又称为黑白花牛(图 3-1-1)。

1.乳用型荷斯坦牛

该牛具有典型的乳用型牛外貌特征,成年母牛体型呈三角形,后躯发达;乳静脉粗大而多弯曲,乳房高度发达且结构良好;毛色特点为界限分明的黑白花片,额部多有白星,四肢下部、腹下和尾帚为白色。乳用型荷斯坦牛成年公牛体重为 900～1 200 kg,母牛为 650～750 kg;犊牛初生重平均 38～50 kg;公牛平均体高为 145 cm,平均体长为 190 cm;母牛体高为 135 cm,体长为 170 cm。一般母牛年产奶量为 7 000～8 000 kg,乳脂率为 3.6%～3.7%。

2.兼用型荷斯坦牛

兼用型荷斯坦牛体格较小,四肢较短,但体躯宽深,略呈矩形,尻部方正且发育好;毛色与乳用型荷斯坦牛相似。成年公牛体重为 900～1 100 kg,母牛为 550～700 kg;犊牛初生重为

35～45 kg。年产奶量一般为 4 500～6 000 kg,乳脂率为 3.9%～4.5%。肉用性能较好,经育肥的公牛,500 日龄平均活重为 556 kg,屠宰率为 62.8%。

3. 中国荷斯坦牛

该型牛毛色同乳用型(图 3-1-2)。由于各地开始杂交时的本地母牛体格大小不一,引入的荷斯坦种公牛来源不一致,培育条件各地亦有差异,致使该品种出现了大、中、小三种体格类型。

中国荷斯坦牛年平均产奶量为 7 663.5 kg,乳脂率为 3.72%。随着近年来饲养管理条件的不断改善,产奶量不断提高,年产乳量 10 000 kg 的个体也多有出现。

图 3-1-1　荷斯坦牛

图 3-1-2　中国荷斯坦牛

(二)娟姗牛

娟姗牛体型小,清秀,轮廓清晰。乳房发育匀称,乳静脉粗大而弯曲,后躯较前躯发达,体型呈楔形。娟姗牛被毛细短而有光泽,毛色为深浅不同的褐色,以浅褐色为最多。鼻镜及舌为黑色,嘴、眼周围有浅色毛环,尾帚为黑色(图 3-1-3)。成年公牛体重为 650～750 kg,成年母牛体重为 340～450 kg,犊牛初生重为 23～27 kg。年平均产奶量为 3 500～4 500 kg,乳脂率为 5.5%～6%。

图 3-1-3　娟姗牛

二、兼用牛品种

(一)西门塔尔牛

图 3-1-4　西门塔尔牛

被毛为黄白花或红白花,但头、胸、腹下和尾帚多为白色。头较长,前后躯发育好,四肢结实,大腿肌肉发达;乳房发育好(图 3-1-4)。成年公牛平均活重为 800～1 200 kg,母牛为 600～750 kg。该牛乳、肉性能均较好,欧洲诸国该牛平均泌乳量达 3 500～4 500 kg,乳脂率为3.64%～4.13%。该牛生长快,平均日增重 0.8～1.0 kg 及以上,公牛肥育后屠宰率 65% 左右,胴体瘦肉多、脂肪少且分布

均匀。

(二)三河牛

三河牛被毛为界限分明的红白花片,头白色或有白斑,腹下、尾尖及四肢下部为白色;有角,角向上前方弯曲(图 3-1-5)。体格较大,成年公牛体重平均为 1 050 kg,母牛为 547.9 kg。公犊平均初生重为 35.8 kg,母犊为 31.2 kg。

三河牛平均年产乳量 2 000 kg 左右,乳脂率为 4.10%~4.47%。该牛产肉性能良好,2~3 岁公牛屠宰率为 50%~55%。耐粗放管理,抗寒能力强。

(三)中国草原红牛

中国草原红牛被毛紫红或深红色,部分牛腹下、乳房部有白斑;体格中等大小(图 3-1-6);成年公牛平均活重为 700~800 kg,母牛为 450 kg;公、母牛平均体高分别为 137.3 cm 和 124.2 cm。公犊平均初生重为 31.3 kg,母犊为 29.6 kg。第一胎平均泌乳量为 1 127.4 kg,以后则为 1 500~2 500 kg。

图 3-1-5　三河牛

图 3-1-6　中国草原红牛

(四)新疆褐牛

新疆褐牛为被毛深浅不一的褐色,额顶、角基、口轮周围及背线为灰白色或黄白色。体躯健壮,肌肉丰满(图 3-1-7)。成年公牛平均活重为 950.8 kg,母牛为 430.7 kg。平均产乳量为 2 100~3 500 kg,乳脂率为 4.03%~4.08%。产肉性能良好。

三、肉用牛品种

(一)夏洛来牛

全身被毛白色或乳白色,皮肤常带有色斑;体躯呈圆桶状,肌肉丰满,后臀肌肉发达,并向后和侧面突出(图 3-1-8)。成年公牛平均活重为 1 100~1 200 kg,母牛为 700~800 kg。日增重可达 1.4 kg,12 月龄公犊可达 378.8 kg,母犊 321.8 kg。夏洛来牛是我国肉牛生产配套系和轮回杂交的常用父本。缺点为纯繁时难产率较高(13.7%),肌纤维粗,牛肉嫩度稍差。

图 3-1-7　新疆褐牛

（二）利木赞牛

被毛为红色或黄色,体躯较长,后躯肌肉丰满,四肢粗短(图 3-1-9)。成年公牛平均活重为 1 100 kg,母牛为 600 kg。10 月龄体重即达 408 kg,周岁时体重可达 480 kg 左右,哺乳期平均日增重为 0.86~1.0 kg。该牛 8 月龄小牛就可生产出具有大理石纹的牛肉。

图 3-1-8　夏洛来牛

图 3-1-9　利木赞牛

（三）安格斯牛

以被毛黑色和无角为其主要特征,故也称无角黑牛,也有被毛为红色的群体。全身肌肉丰满,具有现代肉牛的典型体型(图 3-1-10)。成年公牛平均活重为 700~900 kg,母牛为 500~600 kg,公、母牛平均体高分别为 130.8 cm 和 118.9 cm。哺乳期日增重 0.9~1.0 kg,育肥期(1.5 岁内)日增重平均为 0.7~0.9 kg。一般屠宰率为 60%~65%,肌肉大理石纹明显。

（四）皮埃蒙特牛

周身肌肉膨大,特别是前躯肌肉发达,肌肉块边缘和肌间沟明显。双肌牛皮下脂肪少,皮肤薄,瘦肉率高,优质肉块比例较大(图 3-1-11)。毛色为浅灰色或白色,鼻镜、眼圈、阴部、尾帚及蹄等部位为黑色,颈部颜色较重。成年公牛平均体重为 850 kg,母牛为 570 kg,犊牛初生重为 39~45 kg。周岁内日增重为 1.3~1.5 kg。公牛 15~18 月龄适宰体重为 550~600 kg。因含双肌基因,是目前肉牛终端杂交的理想父本。

图 3-1-10　安格斯牛

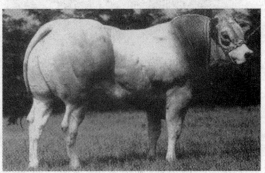

图 3-1-11　皮埃蒙特牛

四、中国黄牛品种

(一)秦川牛

体格高大,骨骼粗壮,肌肉丰满,体质强健,四肢粗壮结实(图3-1-12)。成年公牛平均体重为594 kg,母牛为381 kg。在中等饲养水平下,18月龄公、母、阉牛的平均日增重分别为700 g、550 g和590 g;肉质好,大理石纹明显。

(二)南阳牛

体格高大,肌肉发达,结构紧凑,体质结实(图3-1-13)。成年公牛体重为648 kg,母牛为412 kg。南阳牛泌乳期7~8个月,泌乳量为600~800 kg,平均含脂率为4.5%~6.5%。

图3-1-12 秦川牛   图3-1-13 南阳牛

(三)晋南牛

体躯高大,骨骼结实(图3-1-14)。毛色以枣红为主,鼻镜粉红色,蹄趾亦多呈粉红色。成年公牛平均体重为600 kg,母牛为340 kg,产肉性能良好。

图3-1-14 晋南牛

(四)鲁西牛

体躯结构匀称,细致紧凑,垂皮较发达(图3-1-15)。被毛从浅黄到棕红色,以黄色居多,一般前躯毛色较后躯深,公牛较母牛深,多数牛有完全或不完全的"三粉"特征(眼圈、口轮、腹下四肢为粉色),鼻镜与皮肤多为淡肉红色,部分鼻镜有黑点或黑斑,角色蜡黄或琥珀色。成年公牛平均体重为644 kg,母牛为365 kg。

图 3-1-15　鲁西牛

（五）延边牛

公牛头方额宽,角基粗大,多向外后方伸展呈"一"字形或倒"八"字角,颈厚而隆起,肌肉发达(图 3-1-16)。母牛头大小适中,角细而长,多为龙门角,乳房发育好。毛色多为呈深浅不同的黄色。鼻镜一般呈淡褐色,带有黑斑点。成年体重公牛为 465 kg,母牛为 365 kg。

（六）蒙古牛

毛色多样,但以黑色、黄色者居多;成年体重公牛为 350～450 kg,母牛为 206～370 kg,体高分别为 113.5～120.9 cm、108.5～112.8 cm(图 3-1-17)。屠宰率为 53.0%,净肉率为44.6%,眼肌面积为 56.0 cm²。

图 3-1-16　延边牛

图 3-1-17　蒙古牛

五、水牛与牦牛品种

（一）水牛

水牛按其外形、习性和用途常分成两种类型,即沼泽型水牛和河流型水牛。沼泽型水牛有泡水和滚泥的自然习性,这类水牛体型较小,生产性能偏低,适应性强,以役用为主;河流型水牛原产于江河流域地带,习性喜水,这类水牛体型大,以乳用为主,也可兼作其他用途。

1. 摩拉水牛

毛色通常为黑色,尾帚为白色,被毛稀疏。乳房发达,乳头大小适中,距离宽,乳静脉弯曲明显(图2-1-18)。成年公、母牛体重分别为 969.0 kg 和 648 kg。平均泌乳期为 251～398 d,泌乳期平均产奶量 1 955.3 kg。日增重平均为 0.41 kg;屠宰率为 53.7%。

图 3-1-18　摩拉水牛

2. 尼里-拉菲水牛

毛色为黑色,部分为棕色。特征性外貌为玉石眼(虹膜缺乏色素),前额、脸部、鼻端、四肢下部有白斑,尾帚为白色(图 3-1-19)。成年公、母牛体重分别为 800 kg 和 600 kg。平均泌乳期为 316.8 d,泌乳量为 2 262.1 kg,优秀个体可达 3 400～3 800 kg。平均日增重 0.43 kg;屠宰率、净肉率分别为 50.1%、39.3%

3. 中国水牛

全身被毛深灰色或浅灰色,且均随年龄增长而毛色加深为深灰色或暗灰色,被毛稀疏(图 3-1-20)。使役年限一般为 12 年。泌乳期 8～10 个月,泌乳量为 500～1 000 kg,乳脂率为 7.4%～11.6%。乳蛋白率为 4.5%～5.9%。肉用性能较差,屠宰率为 46%～50%,净肉率 35% 左右。

图 3-1-19　尼里-拉菲水牛

图 3-1-20　中国水牛

(二)牦牛

我国饲养牦牛历史悠久,已形成 10 个优秀的类群。分别是四川的麦洼牦牛、九龙牦牛,甘肃的天祝白牦牛,青海的环湖牦牛、高原牦牛,西藏的亚东牦牛、高山牦牛、斯布牦牛,新疆的巴州牦牛及云南中甸牦牛等。

牦牛胸部发达,体温、呼吸、脉搏等生理指标比普通牛高。因此,其能很好地适应高寒地区的环境条件,常被誉为"高原之舟"(图 3-1-21)。牦牛毛和尾毛是我国传统特产,以白牦牛毛最为珍贵。牦牛外貌粗野,体躯强壮,头小颈短,嘴较尖,胸宽深,鬐甲高,背线呈波浪形,四肢短而结实,蹄底部有坚硬的突起边缘,尾短而毛长如帚,全身披满粗长的被毛,尤其是腹侧丛生密而长的被毛,形似"围裙",粗毛中生长绒毛。有的牦牛有角,有的无角。毛色主要以黑色居多,约占 60%,其次为深褐色、黑白花、灰色及白色。公、母牦牛两性异相,公牦牛头短颈宽,颈粗长,肩峰发达。母牦牛头尖,颈长角细,尻部短而斜。成年公牦牛体重为 300～450 kg,母牦牛为 200～300 kg。

图 3-1-21 牦牛

成年牦牛的屠宰率为 55%,净肉率为 41.4%～46.8%,眼肌面积为 50～88 cm²。泌乳期 3.5～6 个月,产奶量为 240～600 kg,乳脂率为 5.65%～7.49%。剪毛量,公牛产毛 3.6 kg,绒 0.4～1.9 kg,母牛产毛 1.2～1.8 kg,绒 0.4～0.8 kg。负载 60～120 kg,日行走 15～30 km。

六、牛的外貌评定

体型外貌是体躯结构的外部表现,外部表现又以内部器官的发育程度为基础。不同用途的牛具有不同的体型外貌。

（一）牛的外貌特征

牛的体型外貌在一定程度上能反映出生产力水平的高低,为区别、记载牛的外貌特征,必须识别体表各部位名称,见图 3-1-22。

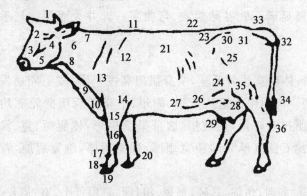

图 3-1-22 牛体各部位名称

1.枕骨嵴 2.额 3.鼻梁 4.颊 5.下颌 6.颈 7.后颈 8.喉 9.垂皮 10.胸部 11.鬐甲 12.肩
13.肩关节 14.肘 15.前臂 16.腕 17.管 18.系 19.蹄 20.悬蹄 21.肋 22.背 23.腰
24.后肋 25.股 26.乳静脉 27.乳井 28.乳房 29.乳头 30.腰角 31.荐骨
32.坐骨结节 33.尾根 34.尾帚 35.膝关节 36.飞节

1. 奶牛外貌特征

奶牛皮薄骨细,血管显露,被毛短而有光泽;肌肉不发达,皮下脂肪沉积少;胸腹宽深,后躯和乳房十分发达;骨骼舒展、外形清秀,属于细致紧凑体质类型。有“三宽,三大”的特征,即背腰宽,腹围大;腰角宽,骨盆大;后档宽,乳房大。从侧望、俯望、前望均趋向三角形或“楔形”,见图 3-1-23。

从局部看,奶牛头轻、狭长而清秀,额宽,鼻孔大,口大。颈细长而薄,颈侧多纵行皱纹,垂皮较小。胸部发育良好,肋长,适度扩张,肋骨斜向后方伸展。背腰平直,腹大而深,腹底

图 3-1-23　奶牛楔形模式图
1.侧望　2.俯望　3.前望

线从胸后沿浅弧形向后伸延,至肷部下方向上收缩。腹腔容积大,饱满、充实,不下垂。尾细,毛长,尾帚过飞节。四肢端正,结实。蹄质致密,两后肢距离较宽。尻长、平、宽,腰角显露。

乳房发达,呈浴盆状。乳房体积大,前乳房向腹下前方延伸,超过腰角垂线之前,后乳房充满于两股之间且突出于躯干的后方,附着点高,左右附着点距离宽,乳房有一定的深度,要求底部略高于从飞节向前作的水平线,且底部平坦,附着紧凑。4 个乳区发育匀称,乳头长度为 6.5~7 cm,直径为 2~3 cm,呈圆柱状,垂直于地面。乳头分布均匀,乳头间距宽,呈中央分布。乳镜显露。乳静脉粗大、弯曲多。乳井大而深。悬垂乳房和漏斗乳房都属畸形乳房。

2.肉牛外貌特征

肉用牛皮薄骨细,体躯宽深而低垂,全身肌肉高度丰满,皮下脂肪发达、疏松而匀称,属于细致疏松体质类型。肉用牛体躯从前望、侧望、上望和后望的轮廓均接近方砖形。前躯和后躯高度发达,中躯相对较短,四肢短,腹部呈圆桶形,体躯短、宽、深。我国劳动人民总结肉牛的外貌特征为"五宽五厚",即额宽颊厚,颈宽垂厚,胸宽肩厚,背宽肋厚,尻宽臀厚,见图 3-1-24。

从局部看,头宽短、多肉;角细,耳轻;颈短、粗、圆,鬐甲低平、宽,肩长、宽而倾斜;胸宽、深,胸骨突于两前肢前方;垂肉高度发育,肋长,向两侧扩张而弯曲大,肋骨的延伸趋于与地面垂直的方向,肋间肌肉充实;背腰宽、平、直,腰短肷小,腹部充实呈圆桶形;尻宽、长、平,腰角不显,肌肉丰满;后躯侧方由腰角经坐骨结节至胫骨上部形成大块的肉三角区,尾细,尾帚毛长;四肢上部深厚多肉,下部短而结实,肢间距大。

3.役用牛的外貌特征

役用牛皮厚骨粗,肌肉强大而结实,皮下脂肪不发达,属于粗糙紧凑体质类型。胸部宽深、肌肉发达,鬐甲高而结实,前躯发育充分,后躯相对较弱,前高后低。侧望呈"倒梯形",与乳牛的正常体型相反,见图 3-1-25。

从局部看,头大、粗重,额宽。颈部短而粗壮,垂皮发达。鬐甲高、长而丰圆。胸围大,腹部充实。尻长、宽并有不同程度的斜度。四肢骨骼强壮,肌肉和筋腱分明。蹄大而圆,蹄质致密、坚实。

图 3-1-24　肉牛体型模式图

图 3-1-25　役用牛体型模式图

(二)牛的体尺测量

体尺测量是测量鉴别的重要内容之一,也是进行活体估重的基础性工作,能准确反映牛只的发育情况,弥补肉眼鉴别的缺陷,还可根据体尺大小,估测牛的体重。

在测量前应了解牛的年龄、胎次、泌乳月等情况。要求被测牛端正站立在宽敞平坦的场地,四肢直立,头自然前伸,姿态自然。测量人员站在牛的左侧测量。体尺测量的项目及部位,常根据测量目的不同而确定。现将常用的体尺测量部位和方法介绍如下,见图 3-1-26。

1.体高

鬐甲最高点到地面的垂直距离。

2.胸围

肩胛骨后缘处体躯的垂直周径。

3.胸深

鬐甲上端到胸骨下缘的垂直距离。

4.十字部高

两腰角连线的中点到地面的垂直距离。

5.荐高

荐骨最高点到地面的垂直距离。

6.尻长

从腰角前缘到坐骨结节后缘的直线距离。

7.体斜长

肩端前缘至坐骨结节后缘之间的距离。可用测杖量取直线长度,用卷尺量取自然长度。估计体重时需用卷尺量取长度。

8.体直长

肩端前缘向下引的垂线与坐骨结节向下引的垂线间的水平距离。

9.管围

左前肢管骨上 1/3(最细)处的水平周径。

10.头长

从额顶(角间线)至鼻镜上缘的距离。

11. 额宽

两眼眶最远点的距离。

12. 坐骨宽

坐骨端处最大宽度。

13. 胸宽

两侧肩胛骨后缘最宽处的水平距离。

14. 腰角宽

两腰角外缘间的水平距离。

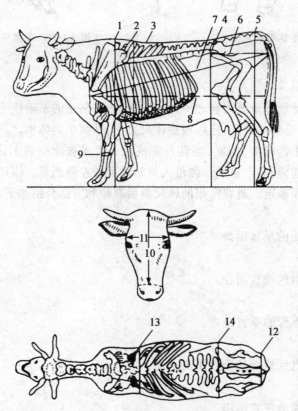

图 3-1-26 牛的体尺测量部位

1.体高 2.胸围 3.胸深 4.十字部高 5.荐高 6.尻长 7.体斜长 8.体直长

9.管围 10.头长 11.额宽 12.坐骨宽 13.胸宽 14.腰角宽

在缺乏直接称重条件时,可利用测量的体尺进行牛的体重估算,公式如下:

6～12 月龄奶牛体重(kg)＝〔胸围²(m)×体直长(m)〕×98.7

16～18 月龄奶牛体重(kg)＝〔胸围²(m)×体直长(m)〕×87.5

成年奶牛、乳肉兼用牛体重(kg)＝〔胸围²(m)×体直长(m)〕×90

成年肉牛、肉乳兼用牛体重(kg)＝〔胸围²(m)×体直长(m)〕×100

黄牛体重(kg)＝〔胸围²(cm)×体斜长(cm)〕÷11 420

水牛体重(kg)＝〔胸围²(m)×体斜长(m)〕×80＋50

（三）牛的年龄鉴定

年龄是评定牛经济价值和育种价值的重要指标。根据配种繁殖记录和育种卡片,可以准确掌握其年龄。在缺乏记录的情况下,可根据牙齿、角轮的情况,大致鉴别牛的年龄。

1. 牙齿鉴定法

根据牙齿出生的先后顺序,将其分为乳齿与永久齿。最先出生的是乳齿,随着年龄的增长,逐渐被永久齿代替,乳齿与永久齿的区别明显。乳门齿小而洁白,有明显的齿颈,齿间有空隙,表面平坦,齿薄而细致;永久齿的外形比较大而粗壮,齿冠长,几乎没有齿颈,排列整齐,齿间无空隙,齿根呈棕黄色,齿冠微黄。

成年牛有 32 个牙齿。上颌前缘无齿,下颌前缘生有 8 个切齿,也称门齿,其中,中间第一对称钳齿,钳齿两侧第二对称内中间齿,第三对称外中间齿,最外侧第四对称隔齿。上下颌的两边各有 6 个臼齿。前 3 个称为前臼齿,后 3 个称为后臼齿。

根据牙齿鉴别牛的年龄,通常是以牙齿在发生、更换和磨损过程中所呈现的规律性变化为依据。这些变化首先从钳齿开始,逐渐向两侧发展,最后到隔齿(图 3-1-27)。前臼齿虽也有更换,但由于观察臼齿比较困难,故判断年龄时,一般不参考臼齿的变化。

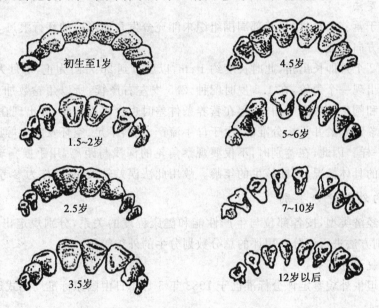

初生至1岁　　4.5岁

1.5~2岁　　5~6岁

2.5岁　　7~10岁

3.5岁　　12岁以后

图 3-1-27　牛不同年龄切齿变化情况

牙齿更换时间及磨损程度受品种、个体与所采食饲料的种类等很多因素的影响,因此,根据牙齿识别年龄仅供参考。但在一般情况下,可根据表 3-1-1 所列内容对照识别。

鉴定时,鉴定者先观察牛的外貌,对牛的年龄有一个大概的印象。然后从右侧前方慢慢接近牛,左手托住牛下颌,右手顺势抬起牛头,使其呈水平状态,随后迅速把左手四指并拢插入右侧嘴角,通过无齿区,将舌头抓住,顺手一扭,用拇指尖顶住牛的上额,其余 4 指握住舌头,并轻轻将舌头拉向右口角外侧,然后观察门齿更换及磨损情况,按标准判定年龄。

表 3-1-1　黄牛牙齿的变化与年龄之间的关系

年龄	牙齿的变化	年龄	牙齿的变化
出生	具有 1～3 对乳门齿	2.5～3 岁	永久钳齿生出
0.5～1 月龄	乳隅齿生出	3～4 岁	永久内中间齿生出
1～3 月龄	乳门齿磨损不明显	4～5 岁	永久外中间齿生出
3～4 月龄	乳钳齿与内中间齿前缘磨损	5～6 岁	永久隅齿生出
5～6 月龄	乳外中间齿前缘磨损	7 岁	门齿齿面齐平,中间齿出现齿线
7～9 月龄	乳隅齿前缘磨损	8 岁	全部门齿都出现齿线
10～12 月龄	乳门齿磨面扩大	9 岁	钳齿中部呈珠形圆点
13～18 月龄	乳钳齿与内中间齿齿冠磨平	10 岁	内中间齿中部呈珠形圆点
19～24 月龄	乳外中间齿齿冠磨平	11 岁	外中间齿中部呈珠形圆点
		12～13 岁	全部门齿中部呈珠形圆点

2. 角轮鉴定法

角轮是由于营养不足,牛角基部周围组织未能充分发育而形成的环行痕迹,从角的基部开始逐渐向角尖方向形成。

犊牛生后 2 个月即长出角,此时长度约 1 cm,以后直到 20 月龄为止,每月大约生长 1 cm。母牛每次怀孕出现一个角轮,在 1.5 岁时配种,2.5 岁左右产犊,所以角轮数加 1.5,就是牛的年龄。种公牛和阉牛一般没有角轮,但在营养条件差时也会出现角轮,多出现在冬季。

根据角轮鉴定年龄并不十分准确,由于母牛流产、饲料不足、空怀及疾病等原因,角轮的深浅、宽窄都不一样。因此,在鉴别时,不仅要观察角轮的深浅与距离,用手摸角轮的数目,而且还要根据角轮的具体情况,判断该牛的年龄。故用此法误差较大,只能作为参考。

(四)牛的外貌评分鉴别

根据牛的经济类型,按各部位与生产性能和健康程度的关系,分别规定出不同的评分标准,用肉眼鉴别方法进行评分。用评的总分数划分牛的外貌等级。

1. 奶牛外貌评分鉴别

中国荷斯坦牛外貌鉴定评分标准已于 1983 年 5 月 1 日由国家标准局正式颁布实施,见表 3-1-2 至表 3-1-4。

表 3-1-2　中国荷斯坦母牛外貌鉴别评分表

项　目	细目与给满分标准	标准分
一般外貌与乳用特征	1.头、颈、鬐甲、后大腿等部位棱角和轮廓明显	15
	2.皮肤薄而有弹性,毛细而有光泽	5
	3.体高大而结实,各部结构匀称,结合良好	5
	4.毛色黑白花,界限分明	5
	小　计	30

续表 3-1-2

项 目	细目与给满分标准	标准分
体躯	5.长、宽、深	5
	6.肋骨间距宽,长而开张	5
	7.背腰平直	5
	8.腹大而不下垂	5
	9.尻长、平、宽	5
	小　计	25
泌乳系统	10.乳房形状好,向前后延伸,附着紧凑	12
	11.乳房质地:腺发达,柔软而有弹性	6
	12.四乳区:前乳区中等大,四个乳区匀称,后乳区高、宽而圆,乳镜宽	6
	13.乳头:大小适中,垂直呈柱形,间距匀称	3
	14.乳静脉弯曲而明显,乳井大,乳房静脉明显	3
	小　计	30
肢蹄	15.前肢:结实,肢势良好,关节明显,质坚实,蹄底呈圆形	5
	16.后肢:结实,肢势良好,左右两肢间宽,系部有力,蹄形正,蹄质坚实,蹄底呈圆形	10
	小　计	15
总计		100

表 3-1-3　中国荷斯坦公牛外貌鉴别评分表

项 目	细目与给满分标准	标准分
一般外貌	1.毛色黑白花,体格高大	7
	2.有雄相,肩峰中等,前躯较发达	8
	3.各部位结合良好而匀称	7
	4.背腰:平直而结实,腰宽而平	5
	5.尾长而细,尾根与背线呈水平	3
	小　计	30
体躯	6.中躯:长、宽、深	10
	7.胸部:胸围大,宽而深	5
	8.腹部紧凑,大小适中	5
	9.后躯:尻部长、平、宽	10
	小　计	30
乳用特征	10.头、体型、后大腿的棱角明显,皮下脂肪少	6
	11.颈长适中,垂皮少,鬐甲呈楔形,肋骨扁长	4
	12.皮肤薄而有弹性,毛细而有光泽	3
	13.乳头呈柱形,排列距离大,呈方形	4
	14.睾丸:大而左右对称	3
	小　计	20
肢蹄	15.前肢:肢势良好,结实有力,左右两肢间宽;蹄形正,质坚实,系部有力	10
	16.后肢:肢势良好,结实有力,左右两肢间宽;飞节轮廓明显,系部有力,蹄形正,蹄质坚实	10
	小　计	20
总计		100

根据外貌评分结果,按表 3-1-4 评定等级。

表 3-1-4　外貌鉴别等级标准

性别	特级	一级	二级	三级
公	85	80	75	70
母	80	75	70	65

说明:①对公、母牛进行外貌鉴定时,若乳房、四肢和体躯中有一项有明显生理缺陷者,不能评为特级;两项时不能评为一级;三项时不能评为二级。

②中国荷斯坦母牛的鉴定时间为第一、第二和第五胎产后的第二个泌乳月各进行一次;公牛的鉴定时间为 12 月龄和 16 月龄各一次。

③对于乳用幼牛,由于泌乳系统尚未发育完全,泌乳系统可作次要部分,而把重点放在其他三部分上。

2.肉牛外貌评分鉴别

我国肉牛繁育协作组制定的纯种肉牛外貌鉴定评分标准见表 3-1-5、表 3-1-6,对纯种肉牛的改良牛,可参照此标准执行。

表 3-1-5　成年肉牛外貌鉴定评分表

部位	鉴定要求	评分 公	评分 母
整体结构	品种特征明显,结构匀称,体质结实,肉用牛体型明显。肌肉丰满,皮肤柔软有弹性	25	25
前躯	胸宽深,前胸突出,肩胛宽平,肌肉丰满	15	15
中躯	肋骨开张,背腰宽而平直,中躯呈圆桶形。公牛腹部不下垂	15	20
后躯	尻部长、平、宽,大腿肌肉突出延伸,母牛乳房发育良好	25	25
肢蹄	肢蹄端正,两肢间距宽,蹄形正,蹄质坚实,运步正常	20	15
合计		100	100

表 3-1-6　成年肉牛外貌评级标准

性别	等级 特级	一级	二级	三级
公牛	85 分以上	80～84	75～79	70～74
母牛	80 分以上	75～79	70～74	65～69

鉴定应在平坦、宽阔、光线充足处进行。鉴定人与牛保持约 3 倍于牛体长度的距离。其顺序:先从牛的前方观察,再走向牛的右侧,然后转向后方,最后到左侧鉴定。鉴定时主要观察牛的体型是否与选育方向相符,体质是否结实,各部位发育是否正常匀称,整体各部位是否协调,品种特征是否明显,肢蹄是否强健。全部观察后,令其走动,看其步态是否正常灵活。然后走近牛体对各部位进行详细的审查,最后评定优劣。

成年母牛在一胎、三胎产后两三个月进行外貌鉴定,成年公牛在 3 岁、4 岁、5 岁进行。

（五）奶牛的线性评定

奶牛体型线性评定是根据牛的生物学特性并系统分析研究各性状（部位）与生产性能的关系,确定各性状的线性评定标准,按此标准,将与产奶性能有关的外貌性状分为一般外貌、乳用特征、体躯容积和泌乳系统 4 个性状,对每个性状的评分不是依据其分数的高低确定其优劣,而是看该性状趋向于最大值或最小值的程度,具有数量化评分标准,评分明确,不会有模棱两可的情况。具体的评分方法,目前有两种,即 50 分制和 9 分制。

1. 体型线性评定要求

奶牛的体型线性评定对象一般是母牛,也可应用于公牛。母牛要求头胎开始逐年评定 4 次,通常在每胎产后 30～150 d 之间评定。在 4 次评分中,有些性状的成绩可能发生变化,以其中最高成绩代表个体成绩。当鉴定个体的乳房或四肢表现不一致时,如一侧健康另一侧伤残,则以健康一侧为准评分,蹄内外角度不一致时,以外侧角度为准。公牛可在 2～5 岁,每年评定一次。

2. 体型线性评定的性状识别和判断

需要进行线性评定的一级体型性状共 15 项,这类性状都是具有较高经济价值并作为选种依据的体型性状;次要性状共 14 项,其遗传及经济价值有待进一步确定。

（1）体高　指荐部到地面的垂直高度,见图 3-1-28。体高低于 130 cm 评 1～5 分,140 cm 者属中等,得 25 分,高于 150 cm 评 45～50 分,在此范围内每增减 1 cm,增减 2 个线性分。从定等给分看,极端高、极端低的奶牛均不是最佳体型,当代奶牛最佳体高为 145～150 cm。

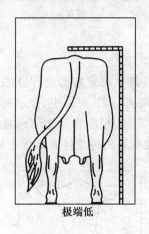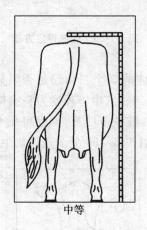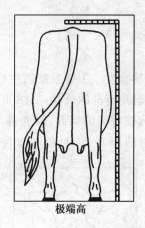

极端低　　　　　　　中等　　　　　　　极端高

图 3-1-28　体高评定方法

（2）胸宽（结实度）　胸宽反映了母牛保持高产水平和健康状态的能力,奶牛胸部宽度用前内裆宽表示,即两前肢内侧的胸底宽度,见图 3-1-29。前内裆宽低于 15 cm 评 1～5 分,为 25 cm 时属中等,评 25 分,大于 35 cm 评 45～50 分,在此范围内每增减 1 cm,增减 2 个线性分。当代奶牛适度的胸宽为最佳表现。

（3）体深　奶牛体躯最后一根肋骨处腹下缘的深度,见图 3-1-30。体深程度可表现个体是否具有采食大量粗饲料的体积,用胸深率表示,即胸深与体高之比。极端浅的评 1～5 分,当胸深率为 50% 时属中等,评 25 分,极端深的评 45～50 分,在此范围内增减 1%,增减 3 个线性分。此外,体深还须考虑肋骨开张度,最后两肋间距不足 3 cm 扣 1 分,超过 3 cm 加 1 分,评定

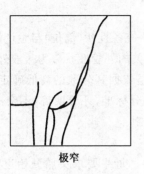
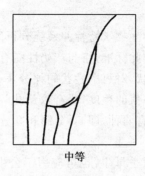
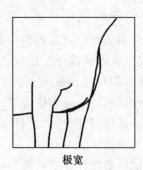

极窄　　　　　　　　　中等　　　　　　　　　极宽

图 3-1-29　胸宽评定方法

时以左侧为好。通常认为,适度体深的体型是当代奶牛的最佳体型结构。

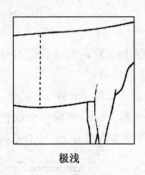
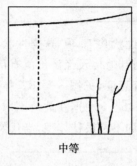
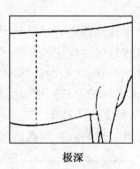

极浅　　　　　　　　　中等　　　　　　　　　极深

图 3-1-30　体深评定方法

(4)棱角性　主要观察奶牛整体的 3 个三角形是否明显,鬐甲棘突高出肩胛骨的清晰程度,它是乳用特征的反映,见图 3-1-31。其中等程度为头狭长清秀,颈长短适中,能透过皮肤隐约看到胸椎棘突的突起,大腿薄,四肢关节明显,侧面可见有 2～3 根肋骨评 25 分,极不清秀(极粗重)的评 1～5 分,极端清秀的评 45～50 分。当代奶牛较明显的棱角性为最佳表现。

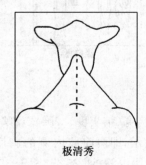

极粗重　　　　　　　　清秀　　　　　　　　　极清秀

图 3-1-31　棱角性评定方法

(5)尻角度　主要依据腰角到坐骨结节连线与水平线夹角大小进行线性评分,见图 3-1-32。腰角高于坐骨结节时,其连线与水平线形成的角度为正角度,反之为负角度。尻角度为 2°评 25 分,大于 10°评 45～50 分,小于－6°评 1～5 分,在中间范围内,每增减 1°,增减 2.5 个线性分。通常认为两极端者均不理想,当代奶牛的最佳尻角度是腰角略高于坐骨结节,且两者连线与水平线夹角达 5°时最好。

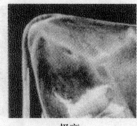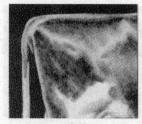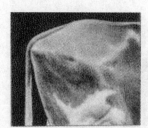

极高　　　　　　　　　　中等　　　　　　　　　　极低

图 3-1-32　尻角度评定方法

(6)尻宽　主要依据髋宽、腰角宽和坐骨宽进行线性评分,见图 3-1-33。评定尻宽时,髋宽最为重要。髋宽为 48 cm 评 25 分,38 cm 以下评 1～5 分,58 cm 以上评 45～50 分。在 38～58 cm 之间,每增减 1 cm,增减 2 个线性分。极宽尻的体型是当代奶牛的最佳体型结构。

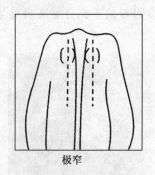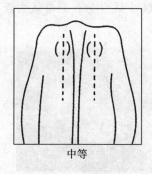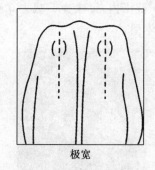

极窄　　　　　　　　　　中等　　　　　　　　　　极宽

图 3-1-33　尻宽评定方法

(7)后肢侧望　主要从侧面看后肢的肢势,依据飞节处的弯曲程度进行线性评分,见图 3-1-34。飞节角度为 145°时评 25 分,大于 155°评 1～5 分,小于 135°评 45～50 分,在此中间范围内,每增减 1°,增减 2 个线性分。飞节适当弯曲(145°)的体型是奶牛的最佳体型结构。

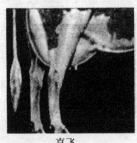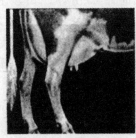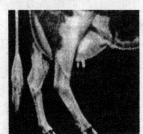

直飞　　　　　　　　　　中等　　　　　　　　　　曲飞

图 3-1-34　后肢侧望评定方法

(8)蹄角度　主要依据蹄侧壁与蹄底的夹角进行评定,见图 3-1-35。蹄角度为 45°时评 25 分,小于 25°评 1～5 分,大于 65°评 45～50 分,在此中间范围内,每增减 1°,增减 1 个线性分。

通常认为,两极端的奶牛均不是最佳蹄角度,只有适度的蹄角度(55°)才是当代奶牛的最佳体型结构。

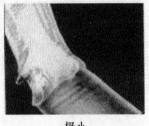
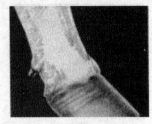
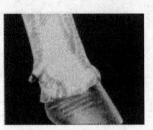

图 3-1-35 蹄角度评定方法

(9)前乳房附着 主要依据侧望乳房前缘韧带与腹壁连接附着的角度来看结实程度进行线性评分,见图 3-1-36。角度越大,附着越坚实。角度为 90°时属中等附着,评 25 分,小于 45°评 1~5 分,大于 120°评 45~50 分。在 90°~120°范围内,每增加 1°增加 0.67 个线性分;在 45°~90°范围内,每减少 1°减去 0.44 个线性分。通常认为连接附着偏于充分紧凑者为当代奶牛最佳体型。

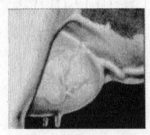
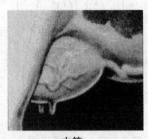
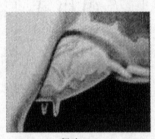

图 3-1-36 前乳房附着评定方法

(10)后乳房高 是反映乳房容积大小的因素之一,根据乳腺组织上缘到阴门基部的距离评分,见图 3-1-37。此距离为 24 cm 时评 25 分,31 cm 以上评 1~5 分,20 cm 以下评 45~50 分。在 24~31 cm 范围内,每增加 1 cm,减 3 个线性分;在 24~20 cm 范围内,每减少 1 cm,加 5 个线性分。通常认为,乳腺组织的顶部极高的体型是当代奶牛最佳的体型结构。

(11)后乳房宽 是反映乳房容积大小的另一个因素,根据乳腺组织上缘的宽度评分,见图 3-1-38。宽度为 14 cm 时评 25 分,24 cm 以上评 45~50 分,7 cm 以下评 1~5 分,在此范围内每增加 1 cm,加 2 个线性分,减少 1 cm,减 3 个线性分,通常认为后乳房极宽者是当代奶牛最佳的体型结构。同时还要考虑乳房皱褶数,每出现一条乳房皱褶可加 1 分,当乳房皱褶超过 3 条时,可按 3 条计。

(12)乳房悬韧带 悬韧带强弱直接决定了乳房的悬垂状况,其强弱根据后乳房基部至中央悬韧带处的深度评分,即左、右乳房之间的深度,见图 3-1-39。中等深度为 3 cm,评 25 分,6 cm 以上为极深,评 45~50 分,深度极弱为 0 cm 时评 1~5 分,每增减 1 cm,增减 6.67 个线性分。通常认为强度高的悬韧带是当代奶牛的最佳体型。

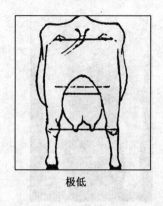
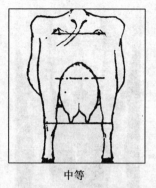
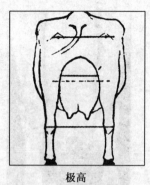

极低　　　　　　　　中等　　　　　　　　极高

图 3-1-37　后乳房高评定方法

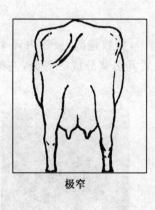
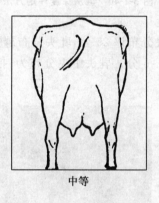
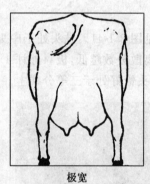

极窄　　　　　　　　中等　　　　　　　　极宽

图 3-1-38　后乳房宽评定方法

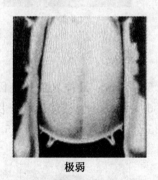
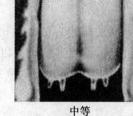
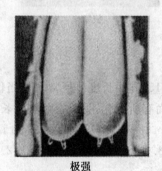

极弱　　　　　　　　中等　　　　　　　　极强

图 3-1-39　乳房悬韧带评定方法

(13)乳房深度　乳房深度关系到乳房容积大小,深度适宜时乳房容积大而不下垂,过深时易引起损伤,是下垂的表现。乳房深度根据乳房底部与飞节的相对位置评分,高于飞节 5 cm 评为 25 分,高于飞节 15 cm 以上评 45~50 分,低于飞节 5 cm 以下评 1~5 分,每变化 1 cm,变化 2 个线性分。通常认为过深和过浅的乳房均不是当代奶牛的最佳体型结构,见图 3-1-40。

(14)乳头位置　反映乳头分布的均匀程度,关系到挤奶操作的难易和乳头是否容易发生

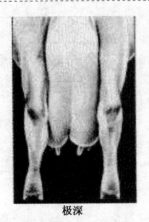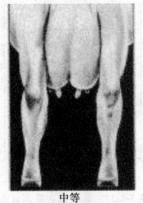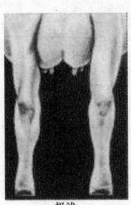

| 极深 | 中等 | 极浅 |

图 3-1-40　乳房深度评定方法

损伤,见图 3-1-41。乳头处于中央分布评 25 分,乳头分布越集中,分数越高,极靠内评 45~50 分,越离散分数越低,极靠外评 1~5 分。乳头中央分布为:把后乳房宽分成三等分,左侧和右侧的乳头恰好处于三等分线上。

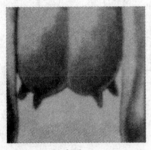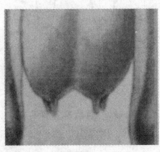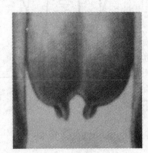

| 极宽 | 中等 | 极窄 |

图 3-1-41　乳头位置评定方法

　　(15)乳头长度　通常认为当代奶牛的最佳乳头长度为 6.5~7 cm。最佳乳头长度因挤奶方式而有所变化,手工挤奶乳头长度可偏短,而机器挤奶则以 6.5~7 cm 为最佳长度。长度为 9.0 cm 评 45 分,长度为 7.5 cm 评 35 分,长度为 6.0 cm 评 25 分,长度为 4.5 cm 评 15 分,长度为 3.0 cm 评 5 分,见图 3-1-42。

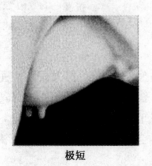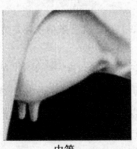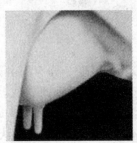

| 极短 | 中等 | 极长 |

图 3-1-42　乳头长度评定方法

3.线性分转换为功能分

单个体型性状的线性分须转换为功能分,才可用来计算特征性状的评分和整体评分。单个体型性状的线性分与功能分的转换关系见表 3-1-7。

表 3-1-7　15 个性状线性分与功能分的转换关系

线性分	功能分														
	体高	胸宽	体深	棱角性	尻角度	尻宽	后肢侧望	蹄角度	前乳房附着	后乳房高度	后乳房宽度	乳房悬韧带	乳房深度	乳头位置	乳头长度
1	51	51	51	51	51	51	51	51	51	51	51	51	51	51	51
2	52	52	52	52	52	52	52	52	52	52	52	52	52	52	52
3	54	54	54	53	54	54	53	53	53	54	53	53	53	53	53
4	55	55	55	54	55	55	54	55	54	56	54	54	54	54	54
5	57	57	57	55	57	57	55	56	55	58	55	55	55	55	55
6	58	58	58	56	58	58	56	58	56	59	56	56	56	56	56
7	60	60	60	57	60	60	57	59	57	61	57	57	57	57	57
8	61	61	61	58	61	61	58	61	58	63	58	58	58	58	58
9	63	63	63	59	63	63	59	62	59	64	59	59	59	59	59
10	64	64	64	60	64	64	60	64	60	65	60	60	60	60	60
11	66	65	65	61	65	65	61	65	61	66	61	61	61	61	61
12	67	66	66	62	66	66	62	66	62	66	62	62	62	62	62
13	68	67	67	63	67	67	63	67	63	67	63	63	63	63	63
14	69	68	68	64	68	68	64	67	64	67	64	64	64	64	64
15	70	69	69	65	70	69	65	68	65	68	65	65	65	65	65
16	71	70	70	66	72	70	67	68	66	68	66	66	66	67	66
17	72	72	71	67	74	71	69	69	67	69	67	67	67	69	67
18	73	72	72	68	76	72	71	69	68	69	68	68	68	71	68
19	74	72	72	69	78	73	73	70	69	70	69	69	69	73	69
20	75	73	73	70	80	74	75	71	70	70	70	70	70	75	70
21	76	73	73	72	82	75	78	72	72	71	71	71	71	76	72
22	77	74	74	73	84	76	81	73	73	72	72	72	72	77	74
23	78	74	74	74	86	76	84	74	74	74	73	73	73	78	76
24	79	75	75	76	88	77	87	75	75	75	74	74	74	79	78
25	80	75	75	76	90	78	90	76	76	75	75	75	75	80	80
26	81	76	76	76	88	78	87	76	76	76	76	76	76	81	83
27	82	77	77	77	86	79	84	79	77	76	77	77	77	81	85
28	83	78	78	84	80	81	81	81	77	77	78	78	79	82	88
29	84	79	79	79	82	80	78	83	79	77	79	79	82	82	90

续表 3-1-7

线性分	功能分														
	体高	胸宽	体深	棱角性	尻角度	尻宽	后肢侧望	蹄角度	前乳房附着	后乳房高度	后乳房宽度	乳房悬韧带	乳房深度	乳头位置	乳头长度
30	85	80	80	80	80	81	75	85	80	78	80	80	85	83	90
31	86	82	81	81	79	82	74	87	81	78	81	81	87	83	89
32	87	84	82	82	78	82	73	89	82	79	82	82	89	84	88
33	88	86	83	83	77	83	72	91	83	80	83	83	90	84	87
34	89	88	84	84	76	84	71	93	84	80	84	84	91	85	86
35	90	90	85	85	75	85	70	95	85	81	85	85	92	85	85
36	91	92	86	87	74	86	68	94	86	81	86	86	91	86	84
37	92	94	87	89	73	87	66	93	87	82	87	87	90	86	83
38	93	91	88	91	72	88	64	92	88	83	88	88	89	87	82
39	94	88	89	93	71	89	62	91	90	84	89	89	87	87	81
40	95	85	90	95	70	90	61	90	92	85	90	90	85	88	80
41	96	82	89	93	69	91	60	89	94	86	90	91	82	88	79
42	97	79	88	91	68	93	59	88	95	87	91	92	79	89	78
43	95	78	87	89	67	95	58	87	94	88	91	93	77	89	77
44	93	78	86	87	66	97	57	86	92	89	92	94	76	90	76
45	90	77	85	85	65	95	56	85	90	90	92	95	75	90	75
46	88	77	82	82	62	93	55	84	88	91	93	92	74	87	74
47	86	76	79	79	59	91	54	83	86	92	94	89	73	84	73
48	84	76	77	77	56	89	53	82	84	94	95	86	72	81	72
49	82	75	76	76	53	89	52	81	82	96	96	83	71	78	71
50	80	75	75	75	51	89	51	80	80	97	97	80	70	75	70

4.特征性状的综合评定

在主要线性性状评分的基础上,可进一步综合出特征性状的评分。母牛应综合出一般外貌、乳用特征、体躯容积、泌乳器官等四项特征性状。公牛可直接综合出一般外貌、乳用特征、体躯容积三项特征性状。然后在四项或三项特征性状评分的基础上,再进一步综合成整体的体型总分。

(1)一般外貌 主要依据整体匀称平衡情况确定一般外貌的评分,见表 3-1-8。

(2)乳用特征 主要依据棱角清秀程度和尻部情况确定乳用特征的评分,见表 3-1-9。

(3)体躯容积 主要依据个体的高度、深度和尻部的情况确定体躯容积的评分,见表 3-1-10。

(4)泌乳器官 主要依据个体的乳房和乳头的综合表现情况确定泌乳器官的评分,见表 3-1-11。

表 3-1-8 一般外貌评分的合成

项目	体型性状							合计
	体高	胸宽	体深	尻角度	尻宽	后肢侧望	蹄角度	
权重	0.15	0.10	0.10	0.15	0.10	0.20	0.20	1.00
功能分								—
加权后分值								

表 3-1-9 乳用特征评分的合成

项目	体型性状					合计
	棱角性	尻宽	后肢侧望	蹄角度	尻角度	
权重	0.60	0.10	0.10	0.10	0.10	1.00
功能分						—
加权后分值						

表 3-1-10 体躯容积评分的合成

项目	体型性状				合计
	体高	胸宽	体深	尻宽	
权重	0.20	0.30	0.30	0.20	1.00
功能分					—
加权后分值					

表 3-1-11 泌乳器官评分的合成

项目	体型性状							合计
	前乳房附着	后乳房高度	后乳房宽度	乳房悬韧带	乳房深度	乳头位置	乳头长度	
权重	0.20	0.15	0.10	0.15	0.25	0.075	0.075	1.00
功能分								—
加权后分值								

在特征性状评分的基础上,可综合出整体评分。母牛整体评分是直接用四项特征性状评分后以不同的权重合成。公牛则根据三项特征性状评分后以不同的权重合成,也可用女儿四项评分的平均成绩按母牛方式间接合成。特征性状评分合成整体评分的权重比例见表 3-1-12。

公牛可按一般外貌 45%、乳用特征 30% 和体躯容积 25% 的权重进行整体评分合成。得出整体评分成绩后,可以参照表 3-1-13 进行等级评定。

表 3-1-12 整体评分的合成

体型性状	一般外貌	乳用特征	体躯容积	泌乳器官	合计	等级
权重	0.30	0.15	0.15	0.40	1.00	
评分					—	
加权后分值						

表 3-1-13　等级类别和给分区段

等级	类别	给分区段
优(excellent)	(E)	90～100
良(very good)	(V)	85～89
佳(good plus)	(十)	80～84
好(good)	(G)	75～79
中(fair)	(F)	65～74
差(poor)	(P)	50～64

七、牛的选择与杂交改良

(一)牛的选择

1.种公牛的选择

选择种公牛主要依据外貌、系谱、旁系和后裔等几个方面的材料进行选择。

(1)外貌选择　选择时主要看其体型结构是否匀称,外形及毛色是否符合品种要求,雄性特征是否突出,有无明显的外貌缺陷(四肢不够健壮结实、肢势不正、背线不平、颈浅薄、狭胸、垂腹、尖尻等),凡是体型结构局部外貌有明显缺陷的,或生殖器官畸形(单睾、隐睾、疝气等)的,一律不能作种用。种公牛的外貌鉴定等级不得低于一级,种子公牛要求特级,具体等级评定方法见公牛的鉴定。

(2)系谱选择　系谱选择是根据系谱记载的祖先资料,如生产性能、生长发育、鉴定等级以及其他有关资料,进行分析评定。在审查公牛系谱时,应注意,虽然祖先的代数愈远,对个体的影响愈小,但是不能忽略远祖中的某一个成员可能携带隐性有害基因。同时,还要逐代比较看其祖先的生产力是否一代超过一代,着重分析其亲代与祖代。种公牛的父母必须是良种登记牛。至少有 3 代以上记录详细、清楚完整的系谱。

凡是在系谱中母亲的生产力大大超过全群的平均数,父亲又经过后裔鉴定证明是优良的,或者父亲的姐妹是高产的,这样系谱应予以高度注意,选择这种系谱的牛作种牛,对后代的影响是可靠的。

系谱选择时还应考虑饲养管理水平对生产性能的影响。因此,研究祖先的生产性能时,最好能结合当时的饲养管理条件进行分析,一般来讲祖先的饲养水平都赶不上后代。

(3)旁系选择　在选择后备公牛时,除审查本身的外貌和系谱外,可分析其半同胞的泌乳性能,肉用种公牛可以分析其同胞或半同胞的产肉性能,以判断从父母接受优良基因的情况。旁系亲属愈近,它们的各种表型资料对选择的参考价值愈大;旁系亲属数量愈多,资料愈可靠。

(4)后裔测定　根据后代的性能来确定种公牛的种用价值是最可靠的选择方法。后代品质的好坏,是亲本遗传性能及种用价值最好的见证。一头公牛,如果不能将本身优良的性状传给后代,是没有任何种用价值的。特别是在生产冷冻精液、推广人工授精技术时,种用公牛须经后裔测定后方能投入使用。

在后裔测前,必须对待测定公牛进行以上选择。认为合格者,当年龄达到 10～14 个月时开始采精,争取在 1～3 个月内随机配种一定数量的母牛(200 头)。当公牛的女儿产犊后,30～50 d 内对其女儿进行外貌鉴定和体尺测量,再将女儿第一个泌乳期产乳性能、发育等表现进行比较鉴定。对评定出的优秀公牛可以继续大量生产冷冻精液,推广应用。

后裔测定的方法很多,有母女比较法、公牛指数法和同期同龄女儿比较法。同期同龄女儿比较法是将被测定公牛有计划地和几个不同牛场若干头青年母牛配种,产生的后代和同场其他公牛后代的生产性能进行对比,以女儿成绩高的公牛为好。

2.母牛的选择

(1)种子母牛的选择 种子母牛是从育种群中选出最优秀母牛,通过它来创造、培育良种公牛。这是育种工作中一项重要的基本建设,对不断提高种公牛质量、加速牛群改良有极为重要的作用。必须符合以下标准:

①系谱:父母应为良种登记牛,三代血统清楚。系谱中包括血统、本身外貌、生产性能,女儿外貌以及历史上是否出现过怪胎、难产等。

②外貌特级,乳房、四肢等重要部位无明显缺陷者。

③第一、二、三胎各产乳 7 000 kg、8 000 kg 及 9 000 kg 以上,各胎总平均在 8 000 kg 以上。

④乳脂率在 3.4% 或 3.6% 以上。

⑤产犊间隔不超过 380 d。

从理论上讲,种子母牛的选择要比种公牛的选择还严格,单纯从本身个性的生产性能表型值来考虑是不够的。因此,有必要在上述五条标准的基础上,提出一个更为合理、更为完善的选择办法。

(2)生产母牛的选择 生产母牛主要根据其本身表现进行选择。母牛的本身表现包括:体质外貌、体重与体型大小、产乳性能、繁殖力、早熟性及长寿性等性状。而最主要的是根据产乳性能进行评定,选优去劣。

产乳性能包括以下各项:

①产乳量:按母牛产乳量高低次序进行排队,将产乳量高的母牛选留,将产乳量低的母牛淘汰。

②乳的品质:除乳脂率外,乳中蛋白质含量和非脂固体物含量也是很重要的性状指标。乳脂率的遗传力为 0.5～0.6,乳蛋白的遗传力为 0.45～0.55,非脂固体物的遗传力为 0.45～0.55。由此可见,这些性状的遗传力较高,通过选择易见效果。而且乳脂率与乳蛋白含量之间呈 0.5～0.6 的中等正相关,与非脂固体物含量之间也呈 0.5 的中等正相关。这表明,在选择高乳脂率的同时,也相应地提高了乳蛋白及非脂固体物的含量。但要考虑到乳脂率与产乳量呈负相关,二者要同时进行,不能顾此失彼。

③饲料报酬:饲料报酬较高的乳牛,每生产 1 kg 4% 标准乳所需的饲料干物质较少。

④排乳速度:排乳速度与整个泌乳期的总产乳量之间呈中等正相关(0.571)。排乳速度快的牛,其泌乳期的总产乳量高。同时,排乳速度快的牛,有利于在挤乳厅集中挤乳,可提高劳动生产率。

⑤泌乳均匀性:产乳量高的母牛,在整个泌乳期中泌乳稳定、均匀,下降幅度不大,产乳量能维持在很高的水平。选择泌乳性能稳定、均匀的母牛所生的公牛作种用。在育种上具有重要意义。

(3)母犊及育成母牛的选择

①母犊选择:根据育种标准要求,母犊应具有一定初生重(中国荷斯坦牛要求在 38 kg 以上),皮毛光亮,外貌良好,生长发育在一般水平以上,健康无病,同时参考祖代及姐妹的初生情况决定选留。

②育成母牛选择:在初生母犊选择的基础上,进一步考虑对育成母牛的选择。严格地说,对育成母牛应 3 次选择,即 6 月龄、12 月龄、18 月龄的选择。育成母牛应根据体重、体型发育决定选留。育成母牛正处于生长发育阶段,乳房发育和腹部容积均随年龄增长而增大,选择育成母牛时,虽不能过分强调乳房的大小和腹部容积,但要求乳房皮肤松软而多皱褶,乳头大小适中、分布均匀,腹部要求有一定容积。同时,要求胸部肋骨开张,尻部及背部平直。

现将我国原南方和北方荷斯坦牛母犊及育成母牛的选留标准列表 3-1-14 和表 3-1-15。

表 3-1-14　南方荷斯坦牛母犊及育成母牛选留标准

年龄	体高/cm	体斜长/cm	胸围/cm	体重/kg
初生	—	—	—	35 以上
6 月龄	98 以上	105 以上	120 以上	165 以上
18 月龄	118 以上	138 以上	170 以上	350 以上

表 3-1-15　北方荷斯坦牛母犊及育成母牛选留标准

等级	外貌发育	初生/kg	6 月龄/kg	12 月龄/kg	18 月龄/kg
一等	发育良好,肢蹄正常,体型发育良好	38	180	295	400
二等	发育正常,体型外貌无明显缺陷	36	170	275	370
三等	发育一般,体型外貌无严重缺陷	34	160	260	340

说明:母犊及育成母牛由于正处在发育阶段,故不能评为特等,体重和外貌其中一项未达指标者,应按低一等评定。

(二)牛的杂交改良

杂交改良的方法有经济杂交、轮回杂交、级进杂交、引入杂交、育成杂交和种间杂交等。由于条件和目的的不同,只能因牛制宜地采用。

1. 经济杂交

经济杂交是以生产性能较低的母牛与培育品种的公牛进行杂交。其目的是为了利用杂交一代的杂种优势,提高其经济利用的价值。这种方式多用于肉牛生产,小公牛全部去势后肥育。杂交一代小母牛下一步可应用级进杂交或轮回杂交来继续改良。

2. 轮回杂交

轮回杂交是两个或两个以上品种逐代地进行轮流交配,杂种母牛继续繁殖,杂种公牛作肥育利用。其目的是逐代都能保持一定的杂种优势,获得较高而稳定的生产性能。因此,在肉牛生产中常被采用。

(1)两品种轮回杂交　用两个品种逐代地进行轮回交配。如用海福特公牛与蒙古牛轮回杂交,杂交一代母牛留作种用,公牛进行肥育。然后选择蒙古牛的优秀公牛与杂种一代母牛进行杂交,杂种牛二代母牛留作种用,公牛进行肥育。杂种二代母牛再用海福特公牛杂交,如此反复进行下去。

（2）三品种轮回杂交　用 3 个品种逐代地进行轮流交配。如用海福特公牛与延边母牛杂交，杂交一代母牛再用利木赞公牛杂交，杂交二代母牛换用海福特公牛杂交，杂交三代母牛再换用延边公牛杂交，如此反复进行下去，各代杂种公牛作肥育利用。

3. 级进杂交

用培育的优良品种公牛与生产性能低的本地品种母牛杂交，并经过逐代的级进过程，以达到彻底改造本品种的目的。一般级进到 3～4 代为好，当级进到 5～6 代时，其理论纯度达 96％以上，表现已与纯种无异。

4. 引入杂交

为纠正品种某些个别的缺点，需要引入另一品种的血液，使品种特性更加完善。

5. 育成杂交

把两个或两个以上牛的品种所具有的优良特性结合到一起，并使其固定下来，从而创造出一个较原来杂交亲本品种更为优异的新品种称为育成杂交。

【案例分析】

据某县畜牧局官员介绍，2012 年以来，许多养殖户去外地购买奶牛，张某投资买了 87 头妊娠奶牛，饲养一段时间后，发现这批牛产奶量极低，最多的一天产奶 3～4 kg。经有关部门检测及专家鉴定，这批牛属于黄牛改良奶牛，产奶性能低下，存在严重质量问题，张某上百万元的投资血本无归。

案例解答：

一、案例背景

频出的假奶牛事件，使各地的养牛户对在国内选购奶牛望而却步。那么假奶牛是怎么制造的呢？据业内人士透露，制造假奶牛主要有两个手段：一是制假者利用人们美发用的油膏，把黄牛或黄白花牛被毛染成黑白花，同时通过手术使乳房变大，以此冒充荷斯坦牛；二是采用荷斯坦种公牛冻精给黄牛输精，把所产后代中黑白花母牛当作荷斯坦牛出售，这种黑白花牛属血统不纯，产奶量不高，购买者很容易上当。更恶劣的是，有人竟用塑料软管往奶牛的子宫里注水，冒充妊娠三四个月的奶牛。

二、案例专业分析

要想买到好的中国荷斯坦奶牛，应注意以下几个方面的问题：

（一）高产奶牛（整体）外表体态

优质中国荷斯坦奶牛的基本特征是：全身为黑白花，花片界限明显。皮薄骨细，血管显露，肌肉不发达，皮下脂肪沉积少。头长清秀，颈长胸窄，胸腹宽深，后躯和乳房十分发达。头颈、后大腿等部位棱角轮廓明显。从侧望、前望、俯望均呈楔形。

1. 侧望

将背线向前延长，再将乳房与腹线连接起来，延长到牛前方，与背线的延长线相交，构成一个楔形。这样可以看出奶牛的体躯是前躯浅，后躯深，说明消化系统，生殖器官和泌乳系统发育良好，产奶量高。

2. 前望

由头顶点,分别向左右两肩下方作直线延长,与胸下的直线相交,又构成一个楔形。这楔形表示肩胛部肌肉不多,胸部宽阔,肺活量大。

3. 俯望

由头部分别向左右腰角引两条直线,与两腰角的连线相交,也构成一个楔形。这个楔形表示后躯宽大,发育良好。

(二)高产奶牛(局部)外貌鉴别要点

1. 尻部和乳房

乳房发达,呈盆形或碗形,底面平整,附着良好,乳头大,4 个乳区匀称,后乳区高而宽。乳头垂直呈柱形,间距匀称。乳腺弯曲多,乳房毛稀少,皮肤弹性好。奶牛的尻部要宽、长而平,即腰角间及坐骨端间距离要宽,而且要在一个水平线上。髋、腰角与坐骨间的距离,看起来好像一个等腰三角形。

2. 口腔

看口腔的目的就是要判断所购奶牛的健康状况,并大致确定其年龄。首先,观察奶牛采食状况。患病期间的奶牛没有食欲或食欲不好,健康奶牛则食欲旺盛,见草料就吃,但有的健康奶牛比较挑食,这类奶牛也不宜购买。其次,要通过察看牙齿来大致确定牛的年龄。

3. 眼睛

一是通过眼睛看其精神状态。奶牛双眼大而明亮,灵活有神,表示其健康、温驯。若目光无神、行为呆滞、举动迟缓、凹腰塌背、毛乱无光、鼻镜干燥(正常牛上嘴唇无毛部位经常布满均匀小水珠)的牛则要做进一步的健康检查。二是看其眼睛是否有毛病。"睁眼瞎"的奶牛通常可用手指慢慢指向牛眼,观察其有无反应即可检查出来。

4. 四肢

奶牛要四肢端正,无不良肢势,蹄壳圆亮方正,蹄叉清洁,内外蹄紧密对称,质地坚实,非畸形蹄,走路姿势正常,稳健有力,无跛行。

5. 皮毛

通常情况下中国荷斯坦奶牛是黑白花色,花片分明,被毛细短致密,有自然光泽,皮肤柔软,富有弹性。可用"拔毛看根"作为辨别"焗油牛"的辅助方法,也可用手摩擦牛的皮肤,通过观察沾在手上油腻颜色的差别来判断,奶牛身上的自然油腻颜色呈灰黑色,焗油部位油腻呈墨黑或亮白。

6. 角轮

母牛每产一次牛犊形成一个角轮,故可通过观察角轮数目判断母牛的胎次和年龄。一般母牛在 2.5 岁左右产犊,一年一胎,所以推算母牛年龄时以角轮增加 2.5 即可得出该牛的大致年龄。但同时要注意角轮的间距和轮环的清晰度,部分母牛可能由于空怀、流产、疾病、营养不良等原因而使角轮生成不规则,从而导致判断出现误差。购牛者还需提防"修角牛",造假者有意将牛角截短,并磨去一两个角轮,使购牛者判断失误。

(三)牛谱记录

在购买奶牛时,最好选择饲养管理规范、系谱记录健全的大型奶牛场,并索要查看奶牛系谱记录等,这样可以通过系谱记录了解其亲代母牛的产奶情况,从而进一步了解所购奶牛的产奶水平,同时也可以有计划地进行人工授精,避免出现近交。

【技能训练】

技能训练 3-1　牛的品种识别

一、技能训练目标

能够识别常见奶牛品种、肉牛品种、兼用牛品种及中国五大黄牛品种。

二、技能训练材料

不同牛品种电子图片,品种视频,多媒体播放设备。

三、技能训练方法与步骤

先观看牛品种电子图片,并在实训报告上记录该品种编号,并在实训报告上填写该品种的名称、原产地、经济类型和主要特征等信息。根据实训报告上记录的该品种名称、原产地、经济类型和主要特征等信息,让学生对照,进行各项分值统计,汇总最终得分,评价牛品种掌握情况(表 3-1-16)。

表 3-1-16　牛品种比较评分

编号	品种名称 (2分)	原产地 (2分)	经济类型 (2分)	主要特征 (4分)	评分
1					
2					

四、技能考核标准

牛品种识别技能考核标准见表 3-1-17。

表 3-1-17　牛品种识别技能考核标准

序号	考核项目	考核内容	考核标准	参考分值
1	过程 考核	操作态度	精力集中,积极主动,服从安排	10
2		团队协作	合作精神,积极与小组成员配合,共同完成任务	20
3		测定内容和方法	测定内容全面,方法正确	30
4		实施方案	方案具有可行性,可操作性强	10
5	结果 考核	鉴定结果	准确	10
		工作记录和总结报告	记录完整,字迹工整;总结报告结果正确,上交及时	20
合计				100

技能训练 3-2　牛的体尺测量与年龄鉴定

一、技能训练目标

要求学生熟练掌握牛的主要体尺测量部位和测量方法;能按照牛门齿的变化与年龄之间规律,熟练掌握牛的年龄鉴定方法。

二、技能训练材料

不同年龄牛只若干头;测杖、圆形触测器、卷尺、体尺测量统计表;牛门齿标本;牛的年龄鉴别报告表。

三、技能训练内容

1.牛的体尺测量

测杖、圆形触测器的正确使用;主要体尺测量部位识别;主要体尺测量;结果分析与判断。

2.牛的年龄鉴定

正确接近牛只、抓牛看牙;准确区别乳齿与永久齿;门齿磨面形状的观察与判断;珠点(齿星)识别;根据牛门齿的情况判断年龄,角轮识别,角轮与年龄的关系。

四、技能训练方法与步骤

1.牛的体尺测量

熟悉测杖、圆形触测器的结构、读数及使用方法。

进行测量时,对被测牛只要求端正站立于宽敞平坦的场地上,四肢直立,头自然前伸,姿势正常。

按各主要部位的指标分别进行测量,每项测量2次,测量应准确,操作宜迅速。用测杖测量体高、荐高、十字部高、体直长、体斜长;用圆形触测器测量胸宽、胸深、腰角宽、坐骨宽、髋宽、尻长;用卷尺测量胸围、管围、腹围、腿围。

测量部位的选择依测量的目的而不同。奶牛可测量体高、体斜长、胸围、荐高和管围;肉牛测量体高、体直长、胸围、腿围和管围;役牛测量体高、体斜长、胸围和管围。

2.牛的年龄鉴定

观察牛门齿标本,区别乳齿和永久齿,判断门齿磨面形状,认识齿星;根据牛门齿的情况判断年龄。

观察牛的外貌,结合体型、被毛、精神状况等大致判断牛的年龄。

观察牛只两角长度、质地及角轮变化,根据角轮数与年龄的关系(母牛的年龄=角轮数+2.5或3)判断牛的年龄。

根据牙齿鉴定牛的年龄。鉴定人员从牛右侧前方慢慢接近牛只,左手托住牛的下颌,右手迅速捏住牛鼻中隔最薄处,并顺势抢起牛头,使其呈水平状态,然后左手四指并拢并略向里倾斜,通过无齿区插入牛的右侧口角、压住牛舌,待牛舌伸到适当位置时,将牛舌抓住,顺手一扭,用拇指尖顶住牛的上额(或轻轻将牛舌拉向口角外边),然后观察牛门齿更换及磨损情况,按标准判定牛的年龄。

将结果填入表3-1-18,表3-1-19中,并分析根据角轮和牙齿鉴定年龄出现误差的原因。

表3-1-18　牛体尺测量统计表

牛号	品种	年龄	性别	体高	荐高	十字部高	体斜长	体直长	胸深	胸宽	腰角宽	髋宽	胸围	腹围	腿围	管围	坐骨宽	尻长

表 3-1-19　牛的年龄鉴别报告表

鉴定人：

品种	性别	牛号	门齿更换及磨浊情况	角轮情况	鉴别年龄	实际年龄	误差原因

五、技能考核标准

牛的体尺测量与年龄鉴定技能考核标准见表 3-1-20。

表 3-1-20　牛的体尺测量与年龄鉴定技能考核标准

序号	考核项目	考核内容	考核标准	参考分值
1	牛的体尺测量	测杖、圆形触测器的使用	使用之前校准，正确操作	10
		体尺测量	部位准确，测量方法正确	30
2	牛的年龄鉴定	接近牛只方法	方法安全正确	5
		抓牛开口方法	方法安全正确	5
		区别乳齿与永久齿	正确	10
		根据牛门齿的情况判断年龄	准确	10
		角轮识别	准确	10
3	过程考核	态度	认真按照安全操作规程，服从管理	10
		小组配合	组长组织有序，成员配合	5
		记录	记录准确、完整	5
合计				100

任务 3-2　犊牛的饲养管理技术

犊牛一般是指从出生到 6 月龄的牛，7 日龄以内的叫新生犊牛。

一、犊牛生长发育特点

1. 犊牛的生理特性

犊牛初生时，抗体（大分子蛋白质）经过消化道可以通过小肠壁进入血液，对抗体的吸收率平均为 20%，抗体的吸收率在出生后 2～3 h 急剧下降，初生 24 h 后小牛就无法吸收完整的抗体（肠封闭）。初生犊牛皮肤保护机能较差，神经系统不健全，易受外界影响发生疾病，甚至死亡。

2. 犊牛消化系统的生长发育特点

新生犊牛真胃相对容积较大，约占 4 个胃总容积的 70%，瘤胃、网胃和瓣胃的容积都很小，仅占 30%，并且它们的机能也不发达。初生的犊牛，吮奶时反射性引起食管沟闭合，形成管状结构,避免牛奶流入瘤胃,牛奶经过食管沟和瓣瘤管直接进入皱胃被消化,能很好地消化牛奶中的乳糖,但乳糖酶的活力却随着年龄的增长而逐渐降低,很容易消化利用乳脂及代乳品脂肪,总之,犊牛出生后3周龄以内主要靠皱胃进行消化,主要以奶及乳制品为日粮,20日龄后,犊牛学会吃料草,前胃迅速发育,消化功能完善,采食饲料日渐增多,瘤胃内微生物区系逐步形成。3周龄以后的犊牛,瘤胃发育迅速,比出生时增长3~4倍,3~6月龄又增长1~2倍,6~12月龄又增长1倍。

3. 犊牛体重和体型变化特点

新生犊牛和成年牛相比,显得头大、体高、四肢长,尤其后肢更长。据测定,新出生的犊牛体高为成牛的56%,后高为57%,腿长为63%。母牛妊娠期饲养不佳,胎儿发育受阻,初生犊牛体高普遍矮小;出生后犊牛体长、体深发育较快,如发现成年牛体躯浅、短、窄和腿长者,则表示哺乳期、育成牛发育受阻。所以犊牛和育成牛的体躯宽度是检验其健康和生长发育是否正常的重要指标。在正常饲养条件下,6月龄以内荷斯坦犊牛平均日增重为500~800 g。如营养不足,母犊牛在4~6月龄会影响卵巢发育,6~7月龄后则子宫生长受阻,性成熟延缓,第二性征发育缓慢。

二、犊牛培育要求和饲养方式

(一)犊牛培育要求

保证犊牛正常生长发育,尤其保证瘤胃及骨骼的正常发育;日增重大于800 g;在60日龄时,体重达到出生重的2倍;犊牛年死淘率控制在<2%;0~2月龄犊牛的发病率<10%;13.5~15月龄的后备牛尽早达到初配体重(350~370 kg)和体高(127 cm);母牛初次产犊月龄提前(23~24月龄);第一产奶周期增加产奶量700 kg以上。

(二)犊牛饲养方式

1. 群饲

犊牛初乳期后,与其他犊牛混群在同一圈舍内(图3-2-1),同一饲槽上饲喂。

图 3-2-1　犊牛群饲

2. 单圈饲养

从出生到断奶始终单独在一个圈舍内饲养。目前普遍使用可移动犊牛栏或犊牛岛（图3-2-2）。可移动犊牛栏由室内牛床和室外运动场两部分组成，围栏上分设有料（奶）桶和草架。

图 3-2-2　可移动犊牛栏或犊牛岛

三、新生犊牛的护理

（一）清除黏液

犊牛自母体产出后应用干净的毛巾立即清除其口腔及鼻孔内的黏液。

（二）脐带消毒

在距离犊牛腹部 8～10 cm 处，两手卡紧脐带，往复揉搓 2～3 min，然后在揉搓处的远端用消毒剪刀将脐带剪断，挤出脐带中黏液，并将脐带的残部放入 5% 的碘酒中浸泡 1～2 min。

（三）擦干被毛及去软蹄

用干布尽快擦干犊牛身上的被毛，然后给犊牛去掉软蹄，然后转入犊牛栏。

（四）及时哺喂初乳

初乳是指母牛产后 1 h 内所分泌的乳。

1. 初乳的特点

初乳呈深黄色，较黏稠，并有特殊的气味。初乳含有的干物质是全乳的 2 倍，矿物质是全乳的 3 倍，蛋白质是全乳的 5 倍，在能量和维生素方面也比常乳高。含有比常乳高得多的免疫球蛋白，这些抗体是犊牛自身免疫系统发育完全前为犊牛提供免疫力的主要来源，乳糖含量相对较低，有助于减少腹泻的发生。

2. 初乳的饲喂时间

第一次初乳应在犊牛出生后约 30 min 内喂给，最迟不宜超过 1 h。

3. 初乳的饲喂量及饲喂方法

现代饲喂技术要求，出生 1 h 内饲喂 3.0 L 初乳，12 h 饲喂 2.0 L 初乳（不能剩余）；出生 1 h 内饲喂 4.0 L 初乳，12 h 饲喂 2.0 L 初乳（可以剩余）。有奶瓶饲喂和食道导管强饲法（图3-2-3，图3-2-4），用导管强饲的情况下，一般一次性灌服 4.0 L 初乳，是目前很好的方法。

图 3-2-3 哺喂初乳

图 3-2-4 犊牛自动哺乳器

四、常乳期犊牛的饲养管理

初乳期结束到断奶称为常乳期。

（一）犊牛的哺乳

1. 饲养方案及哺乳量

一般为 2～3 个月，哺乳量为 250～300 kg。饲养方案见表 3-2-1。

表 3-2-1 犊牛 2～3 月龄断奶的饲养方案　　　　　　　　　　　　　　　　kg

日龄或月龄	全奶		精料	干草	青贮
	日喂量	全期喂量			
0～5 日龄	初乳(4.0)	20			
6～15 日龄	5.0	50	训食	训食	
16～25 日龄	7.0	70	自由采食	自由采食	
26～35 日龄	6.5	65	0.5	0.2	
36～45 日龄	6.0	60	1.0	0.4	
46～60 日龄	5.0	75	1.5	0.8	训食
2～3 月龄	2.0	60	2.0	1.0	自由采食

现在比较先进的奶牛场哺乳期为 45～60 d，哺乳量为 200～250 kg。现以哺乳期为 45 d，哺乳量为 210 kg 的情况为例，其哺乳方案如表 3-2-2 所示。

表 3-2-2 犊牛哺乳方案　　　　　　　　　　　　　　　　kg

犊牛日龄	日喂奶量	阶段奶量
0～5(初乳)	6.0	30.0
6～20(常奶)	6.0	90.0
21～30(常奶)	4.5	45.0
31～45（常奶）	3.0	45.0
0～45(合计)		210.0

2.哺乳方法

犊牛出生后,第 6 天开始哺喂常乳,用奶桶喂,每日 3 次,与母牛挤奶时间安排基本一致。目前,有很多企业采用每日 2 次喂奶,效果也很好。无论是 2 次还是 3 次饲喂,一经采用不要随意改变。为了确保犊牛食管沟反射正常,消化良好,食欲旺盛,应坚持做到定质、定量、定温、定时饲喂。

3.代乳粉和开食料的使用

(1)代乳粉 代乳粉也称人工乳,是一种以乳业副产品(如脱脂乳、乳清粉等)为主,添加高比例的油脂等多种原料组成的粉末状商品饲料,其商品名叫犊牛奶粉。

代乳品的蛋白质含量要求达 20% 以上,脂肪 10%～12%,一般商业代乳品脂肪含量达 18%～20%,代乳品的蛋白质原料主要为乳蛋白,油脂进行均质化,并且添加卵磷脂或甘油一酸酯进行乳化,植物油脂由于含有大量游离脂肪酸,犊牛的消化率比较低。代乳品中的粗纤维含量应低于 0.25%,添加一定量的矿物质和维生素,以及抗生素如土霉素、新霉素以促进犊牛的生长,提高饲料转化效率,一般每吨代乳品可添加 200 g 土霉素和 400 g 新霉素,喂用 14 d 后再换成抗球虫药。代乳品应按产品说明进行使用,同时注意不同代乳品其所使用的蛋白质原料以及能量含量均有较大差异。表 3-2-3 为几种商品代乳品的原料配方。

表 3-2-3 几种商品代乳品的原料配方 %

原料	商品名					
	基普	晶石	拉台罗	登科维蒂	费列包莫克	纽包比
脱脂奶粉	72.5	78.37	79.6	75.4	71.5	72.6
动物性脂肪	13.0	19.98	12.5	10.4	20.0	19.4
植物油	2.2	0.02	6.5	5.5	—	—
大豆卵磷脂	1.8	1.0	1.0	0.3	1.0	1.0
葡萄糖	—	—	—	2.5	1.5	4.84
乳糖	—	—	—	—	—	—
谷类产品	—	0.23	—	5.4	5.86	2.0
维生素、矿物质	1.5	0.4	0.4	0.5	0.14	0.16

(2)开食料 犊牛开食料是根据犊牛消化道及其酶类的发育规律所配制的,能够满足犊牛营养需要,适用于犊牛早期断奶所使用的一种特殊饲料。其特点是营养全价,易消化,适口性好,它的作用是促使犊牛由以吃奶或代乳品为主向完全采食植物性饲料过渡,开食料富含维生素及微量元素矿物质等(表 3-2-4)。此外,开食料一般也含有抗生素如金霉素或新霉素,驱虫药如拉沙里菌素、癸氧喹啉以及益生菌等。通常,开食料中的谷物成分是经过碾压粗加工形成的粗糙颗粒,以利于促进瘤胃蠕动,可在开食料中加入 5% 左右的糖蜜,以改善适口性。

表 3-2-4 犊牛开食料配方 %

日龄	玉米	麸皮	豆饼	棉籽饼	菜籽饼	饲用酵母粉	磷酸氢钙	食盐	预混料
7～19	50	16	26	0	0	5	1	1	1
20～断奶	48	15	20	5	5	4	1	1	1

（二）犊牛的补饲

1. 补饲精料

在犊牛 10～15 日龄时补饲精料，喂完奶后用少量精料涂抹在其鼻镜和嘴唇上，或撒少许于奶桶上任其舔食，促其犊牛形成采食精料的习惯，1 月龄时日采食犊牛料 250～300 g，2 月龄时 500～600 g。

2. 饲喂干草

从 1 周龄开始，在牛栏的草架内添入优质干草（如豆科青干草），训练犊牛自由采食，以促进瘤网胃发育，并防止舔食异物。

3. 饲喂青绿多汁饲料

青绿多汁饲料如胡萝卜、甜菜等，犊牛在 20 日龄时开始补喂，以促进消化器官的发育。每天先喂 20 g，到 2 月龄时可增加到 1～1.5 kg，3 月龄为 2～3 kg。青贮料可在 2 月龄开始饲喂，每天 100～150 g，3 月龄时 1.5～2.0 kg，4～6 月龄时 4～5 kg。

（三）断奶

根据目前我国奶牛生产的水平，采用 2 个月哺乳期，总喂奶量为 255～293 kg 的方法较为现实，其具体方法可参照表 3-2-5。青贮、块根饲料、优质干草可任意采食。

表 3-2-5　早期断奶实施方案

日龄	喂奶量			喂料量	
	日喂量/kg	日喂次数	总量/kg	日喂量/kg	总量/kg
1～7	4～6	3	28	0	0
8～15	5～6	3	40～48	0.2～0.3	1.42～2.1
16～30	6～5	3	90～75	0.4～0.6	3.2～4.0
31～45	5～4	2	75～60	0.7～1.0	9～12
46～60	4～2	1	60～30	1.0～1.5	13.5～15
合计			293～355		27.1～33.1

当犊牛连续 3 d 采食 1.0～1.5 kg 开食料即可断奶。在此之前要适当控制干草的喂量，以免影响开食料的采食量，但要保证日粮中所含的中性洗涤纤维不低于 25%。

五、断奶至 6 月龄犊牛的饲养

犊牛断奶后，继续喂开食料到 4 月龄，日喂精料应在 1.5～2.0 kg，以减少断奶应激。4 月龄后方可换成育成牛或青年牛精料，以确保其正常的生长发育。日粮一般可按 1.8～2.2 kg 优质干草，1.8～2.0 kg 混合精料进行配制。6 月龄前的犊牛，其日粮中粗饲料主要功能仅仅是促使瘤胃发育。4～6 月龄犊牛对粗饲料干物质的消化率远低于谷物，其粗饲料的适口性和品质就显得尤为重要。饲养时可选用商用犊牛生长料加优质豆科干草或豆科禾本科干草混合物，自由饮水；饲料中添加抗球虫病药，并保持适当的通风条件。

六、犊牛的管理

(一)称重和编号

犊牛的称重一般在初生、6月龄、周岁、第一次配种前应予以称重。在犊牛称重的同时,还应进行登记和编号,即填写犊牛卡片,内容包括其父母的名号、本身的名号、出生日期、性别、初生重、毛色及其特征等,并给新生犊牛打上永久的标记。

1.牛号编制

牛号犹如牛的名字,既要保证一定时期牛号的连续性,又要保证一定范围内的唯一性。根据中国奶业协会(1998)制定的中国荷斯坦牛编号方法,由10位数码、分四部分组成。第一部分两位数,是省(自治区、直辖市)编号;第二部分三位数,是牛场编号;第三部分两位数,是出生年份;第四部分三位数是年度出生顺序号。即(省、自治区、直辖市)(乳牛场)(年度)(牛序号)。

2.标记

目前广泛使用的标记方法主要有:画花片法、打耳标法(图3-2-5)、戴项链法、电子标记法。生产上应用比较广泛的是耳标法——耳标有金属的和塑料的,先在金属耳标或塑料耳标上打上号码或用不褪色的色笔写上号码,然后固定在牛的耳朵上。

图 3-2-5 打耳标

(1)打耳标法 是指用耳标钳在犊牛左耳上永久戴上印有相应牛号的一凹一凸的塑料组件(即耳标)。用耳标对奶牛进行标识目前非常流行,其上的数字号码无论前后观察,都一目了然。

(2)电子标记法 是近几年发展起来的一种标记新方法。它是将一种体积很小的携带有个体编号信息的电子装置,如电子脉冲转发器,固定在牛身体上的某个部位,它发出的信息可用特殊的仪器识别和读出。

(二)去角

犊牛在14～30日龄应去角(图3-2-6),这时去角犊牛不易发生休克,食欲和生长也很少受到影响。常用的去角方法有以下2种。

1.苛性钠法

先剪去角基周围的被毛,在角基周围涂上一圈凡士林,然后手持苛性钠棒(一端用纸包裹)

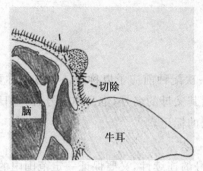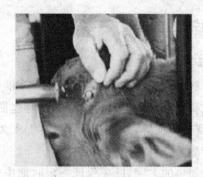

切除

脑

牛耳

图 3-2-6 去角

在角根上轻轻地摩擦,面积要包被角基,一般为 1.5～1.8 cm²,直至皮肤发滑及有微量血丝渗出为止。约半个月后该处便结痂不再长角。利用苛性钠去角,原料来源容易,易于操作,但在操作时要防止操作者被烧伤。此外,还要防止苛性钠流到犊牛眼睛和面部。应注意的是,正在哺乳的犊牛,施行手术后 4～5 h 才能饲喂母乳,吃母牛奶的犊牛最好与母牛隔离一段时间,以防犊牛吃奶时苛性钠腐蚀母牛乳房及皮肤,手术的当日防止雨淋。

2.电热去角

一般在 21 d 左右。先将电动去角器通电升温至 480～540℃,然后用充分加热的去角器处理角基,每个角基根部处理 5～10 s,直到其下部组织烧的光亮为止,但不宜太深太久,以免烧伤下层组织。去角过程中应注意检查,要将角基的生长点完全烫死,如果在处理过程中用力不均,时间不当可能导致部分生长点遗留,将起不到去角的作用。去角后应注意经常检查,在夏季由于蚊蝇多,有化脓的可能。如有化脓,在初期可用 3‰过氧化氢(双氧水)冲洗,再涂以碘酊。

(三)饮水

哺乳期要供给充足的饮水。最初可在牛乳中加 1/2～1/3 的热水,同时在运动场内设水槽,任其自由饮水。

(四)运动

除阴冷天气外,生后 10 d 即可让犊牛户外自由活动,几周后还应适当进行驱赶运动(每日 1 h 左右),以增强体质。

(五)做到"三勤"、"三净"

"三勤"即勤打扫圈舍,勤换垫草,勤观察犊牛的食欲、精神和粪便情况。"三净"即饲料净、畜体净和工具净。犊牛饲料不能含有铁丝、铁钉、牛毛、粪便等杂质。坚持每天 1～2 次刷拭牛体,促进牛体健康和皮肤发育,减少体内外寄生虫病。刷拭时可用软毛刷,必要时辅以硬质刷子。每次用完的奶具、补料槽、饮水槽等一定要洗刷干净,保持清洁。

(六)分群管理

按月龄、断奶情况分群管理。可分为哺乳犊牛群(0～3 月龄)、断奶犊牛群(3～4 月龄)、断奶后犊牛群(4～6 月龄)。每月称体重 1 次。满 6 月龄时称体重、测体尺,转入育成牛群饲养。

(七)做好定期消毒

冬季每月至少进行 1 次,夏季 10 d 1 次,用苛性钠、石灰水或来苏儿对地面、墙壁、栏杆、饲槽、草架全面彻底消毒。如发生传染病或有死畜现象,必须对其所接触的环境及用具作临时性突击消毒。

(八)剪除副乳头

乳房上若有副乳头,应在出生或半个月时剪除,这有利于成年后清洗乳房和预防乳房炎。多余乳头一般长在 4 个正常乳头的后边,切除时先固定小牛,识别出多余乳头,对乳房进行清洗、消毒,然后抓住多余乳头,慢慢拉离乳房,用阉割钳夹住根部,再用消毒后的手术剪刀剪掉,伤口用消毒药和抗菌剂处理。

【技能训练】

技能训练 3-3　犊牛去角、剪去副乳头

一、技能训练目标

掌握犊牛去角、剪副乳头的目的、原理和方法。

二、技能训练条件

出生后 7～30 d 的犊牛及出生后 2～6 周龄具有副乳头的母犊若干头、犊牛去角器(或烙铁)、棒状苛性钠、凡士林、剪刀、碘酒及消炎药。

三、技能训练方法步骤

(一)犊牛去角

1. 加热法

适于 30 日龄左右的犊牛,其原理是通过高温杀死角基细胞,使其失去继续生长能力。

(1)首先保定犊牛。将犊牛四肢束牢,一位助手按住四肢及躯干,另一位助手按住牛头部。

(2)术者用烧红的烙铁或加热到 480℃的特质电去角器处理犊牛的角基,使整个角基充分接触烙铁或去角器 10 s 左右,烙出一个凹坑。

(3)术后不用做任何处理,1 个月左右便可自愈。

2. 药物法

适于 7～10 日龄的犊牛。

(1)首先保定犊牛。将犊牛四肢束牢,一位助手按住四肢及躯干,另一位助手按住牛头部。

(2)先将角基周围的毛剪掉,用凡士林围绕牛角生长区涂一圈。

(3)手持药棒(苛性钠或苛性钾),蘸水后在角根周围轻轻摩擦,或用直径 1.5 cm 软木棍蘸苛性钠饱和溶液,在牛角生长点的皮肤上摩擦,直至出血为止。

(4)1～2 周后该处形成的结痂便会脱落,不再长角。

(5)注意事项:药棒的手持端一滴定要用布或纸包好,操作时手不要接触药品;涂抹凡士林时,一定要保证涂遍牛角四周,避免烧碱液流入牛眼睛而致失明,或灼伤犊牛的其他部位;药棒摩擦时,要保证处理到整个角基周围,如果涂抹不全,角仍会长出;术后牛要在室内拴系 3～5 d,单独饲养,以防其他犊牛舔去药品,同时避免水接触到角周围。

(二)犊牛去副乳头

(1)先清洗、消毒牛乳房周围部位。

(2)轻轻下拉副乳头。

(3)用锐利的剪刀沿着基部剪掉副乳头。

（4）伤口用2%碘酒消毒或涂抹少许消炎药,有蚊蝇的季节可涂抹少许驱蝇剂。

四、技能训练报告

写出犊牛去角及去副乳头的过程及体会。

五、技能考核标准

犊牛去角、剪去副乳头技能考核标准见表3-2-6。

表3-2-6 犊牛去角、剪去副乳头技能考核标准

序号	考核项目	考核标准	参考分值
1	犊牛去角	根据学生实际操作情况,并结合口述,按实习态度(20%)、操作能力(30%)、实训结果(30%)、实训报告(20%)分项给分,加权合计为最后成绩	50
2	犊牛去副乳头		50
合计			100

技能训练3-4 犊牛断奶方案制订

一、技能训练目的

掌握犊牛断奶时间、哺乳量、哺喂植物性饲料的方案的制订。

二、技能训练条件

规模化奶牛饲养场。

三、技能训练方法步骤

（1）了解和掌握犊牛的日龄、体况。

（2）确定犊牛断奶日龄。精料条件差的地区,哺乳期一般为3~4个月;精料条件好的地区,哺乳期可缩短到2~3个月。

（3）制订常乳的哺喂计划。犊牛从生后第二周开始喂常乳,生后15 d内最好喂母乳,以后可随意。哺乳量300~500 kg。

（4）确定开食料的饲喂计划。

（5）确定青绿多汁饲料的饲喂计划。

四、技能训练报告

将犊牛断奶方案填于表3-2-7。

表3-2-7 犊牛断奶方案

项目	日龄						
	10以内	11~30	31~45	46~60	61~75	76~90	合计
初乳							
常乳							
开食料							
干草							
青绿多汁饲料							

五、技能考核标准

制订犊牛断奶方案技能考核标准见表3-2-8。

表 3-2-8　制订犊牛断奶方案技能考核标准

序号	考核项目	考核标准	参考分值
1	常乳哺喂计划	根据学生实际操作情况,并结合口述,按实习态度(20%)、操作能力(30%)、实训结果(30%)、实训报告(20%)分项给分,加权合计为最后成绩	30
2	开食料饲喂计划		30
3	粗饲料饲喂计划		40
合计			100

任务 3-3　育成牛的饲养管理与发情配种

育成牛是指从 7 月龄至配种前(一般为 14~16 月龄)的牛。

一、育成牛的生长发育特点

犊牛满 6 月龄到产犊以前的小母牛,作为种用公牛以前的小公牛称为育成牛。

(一)生长发育速度快

牛的头、腿、骨骼、肌肉等,在育成阶段迅速生长,体型发生巨大变化。但因年龄不同,其生长发育程度也有差异。6 月龄时,体高比初生时增长 36.4%,体长增长 51%,胸围增长 63%,腹围增长 92%,体重增长 4.3 倍。12 月龄时,体高比初生时增长 55.4%,体长增长 79%,胸围增长 100%,腹围增长 130%,体重增长 7.7 倍。18 月龄时,体高比初生时增长 70%,体长增长 98.6%,胸围增长 125%,腹围增长 155%,体重增长 10.7 倍。

(二)瘤胃的生长发育变化大

犊牛断奶后,前胃开始快速发育,其实在采食植物性饲料的刺激下,瘤胃的容积和功能得到快速发育,12 月龄时,瘤胃容积占胃总容积的 75.5%,接近成年牛的容积比。

(三)生殖器官的变化

6~9 月龄时,牛的卵巢上出现成熟的卵泡,开始发情排卵。15~16 月龄时接近体成熟。16 月龄后体重增加很快,有的已达到 360~400 kg,可开始配种。育成母牛妊娠后,生殖系统发生急剧变化,乳腺组织生长迅速,乳腺导管数量增加。到妊娠后期,乳房结构达到活动乳腺的标准状态。

二、育成牛的饲养

(一)7~12 月龄阶段的饲养

此期饲喂的粗饲料应选用优质干草和青贮饲料,加工过的作物秸秆等可作为辅助粗饲料少量添加,同时必须适当补充一些精饲料(表 3-3-1)。一般而言,日粮中干物质的 75% 应来源于青、粗料,25% 来源于精饲料,此时期育成牛生长速度快,需要大量的钙、磷沉积于骨骼,最好选用育成牛专用饲料。在放牧状况下,如果牧草状况良好,日粮中的粗饲料、多汁饲料和大约 1/2 的精饲料可被牧草代替;在牧草生长较差的情况下,则必须补饲青饲料。青饲料的日采食量:7~9 月龄母牛为 18~22 kg,10~12 月龄母牛为 22~26 kg(同龄育成公牛则在此基础上加 3~6 kg)。

表 3-3-1　精饲料参考配方　　　　　　　　　　　　　　　　　　　%

成分	含量	成分	含量
玉米	48	食盐	1
豆粕(饼)	25	磷酸氢钙	1
棉粕(饼)	10	石粉	1
麸皮	10	添加剂	2
饲用酵母	2		

(二)13 月龄至初产的饲养

此阶段育成牛的消化器官容积增大,消化能力增强,生长强度在 18 月龄后逐渐进入递减阶段,但日增重在良好的饲养水平条件下仍保持较高的水平。一般情况下,利用好的干草、青贮饲料、加适量精料就能满足牛的营养需要(表 3-3-2),使日增重达到 600~800 g。但在优质干草、多汁饲料不足和计划较高日增重的情况下,则必须每头每天加喂精料 2~3 kg,并要注重钙、磷的添加。在放牧条件下,如果牧场生产力不足,也必须给牛补饲青饲料,青饲料日喂总量(包括放牧采食量)为:13~15 月龄育成母牛 26~35 kg;16~18 月龄育成母牛 30~35 kg;18~24 月龄育成母牛 35~40 kg(同龄育成公牛则在此基础上加 5~8 kg)。

表 3-3-2　12 月龄至初次配种的精饲料参考配方　　　　　　　　　　　%

成分	含量	成分	含量
玉米	48	食盐	1
豆粕(饼)	15	磷酸氢钙	1
棉粕(饼)	5	石粉	1
麸皮	22	添加剂	2
饲用酵母	5		

三、育成牛的管理

管理的目标是使育成母牛在 16 月龄体高达 127 cm,体重达 350~380 kg 时进行配种(一般南方为 360 kg,北方为 380 kg)。

1.分群

按月龄、体重组群,每 40~50 头为一群,每群牛的月龄差异不超过 1.5~2.0 个月,体重差异不超过 25~30 kg。舍饲时,平均每头牛占用运动场面积应达 10~15 m²,可使牛充分运动,以利于健康发育。散放饲养时,可自由采食粗饲料,补料时拴系,保证每头牛采食均匀,从而保证其采食量和生长发育的均匀性。

对于大型奶牛场,群内的月龄不宜相差 3 个月以上,体重相差不应超过 50 kg;对于小型奶牛场,月龄相差不宜超过 5 个月,体重相差不宜超过 70~100 kg;对于体弱、生长受阻的个体,要分开另养。

2.称重和体尺测量

育成母牛应每月称重,并测量 12 月龄、16 月龄的体尺,详细记入档案,作为评判育成母牛生长发育状况的依据。

育成母牛的性成熟与体重关系极大,一般育成牛体重达到成年母牛体重的 40%~50% 时进入性成熟期,体重达成年母牛体重的 $60\%\sim70\%$ 时可进行配种。当育成牛生长缓慢时(日增重不足 350 g),性成熟会延迟至 $18\sim20$ 月龄,影响投产时间,造成不必要的经济损失。

3. 修蹄

育成母牛生长速度快,蹄质较软,易磨损。因此,从 10 月龄开始,每年春、秋季节应各修蹄一次,以保证牛蹄的健康。

4. 按摩乳房

性成熟后,尤其在妊娠期乳腺组织的发育最旺盛,由于乳腺的发育受神经和内分泌系统活动的调节,故如对乳房外感受器按摩刺激,乳房发育就会更加充分,从而提高产奶性能。

5. 发情和配种

在正常情况下,育成牛到 $15\sim16$ 月龄,体重达成年体重的 70% 或 $350\sim380$ kg 时,开始初配。育成牛的初情期基本上出现在 $8\sim12$ 月龄以前。对初情期的掌握很重要,要在计划配种前 3 个月注意观察其发情规律,做好记录,以便及时配种。

6. 妊娠后的管理

育成牛妊娠后除运动、刷拭、按摩外,还要让牛少打架、少爬跨及不滑倒,以防流产。另外,育成牛确需修蹄,应在妊娠后 7 个月前进行。

四、育成牛的发情配种

(一)母牛的繁殖规律

母牛达到一定年龄时,由于卵巢上的卵泡发育,在生理状态、行为和生殖器官等方面都发生较大的变化,并表现出一定现象,这种现象称为发情。

母牛自第一次发情后,如果没有配种或配种没有受胎,则每隔一定时间便开始下一次发情,如此周而复始地进行,直到性功能停止活动的年龄为止,这种周期性的活动称为发情周期。不同品种母牛发情周期的有关参数见表 3-3-3。

表 3-3-3　不同品种母牛发情周期的有关参数

发情周期参数	黄牛	奶牛	水牛
初情期	$6\sim8$ 月	$8\sim12$ 月	$10\sim15$ 月
性成熟	$12\sim14$ 月	$12\sim14$ 月	$15\sim20$ 月
产后发情	产后 30 d($10\sim110$ d)	产后 30 d($10\sim110$ d)	产后 75 d($35\sim180$ d)
发情持续期	18 h($12\sim30$ h)	18 h($12\sim30$ h)	21 h($17\sim24$ h)
排卵时间	发情开始后 28 h($26\sim32$ h)	发情开始后 28 h($26\sim32$ h)	发情开始后 32 h($18\sim45$ h)
发情周期	21 d($18\sim24$ d)	2l d($18\sim24$ d)	21 d($18\sim24$ d)
发情季节	常年	常年	常年

(二)母牛的发情鉴定

对母牛的发情进行准确鉴定是确定适宜的输精时间和提高受胎率的重要保证。

1. 外部观察法

主要观察母牛的精神状态、采食情况、外阴部变化以及黏液的数量和黏稠度等,来判断其是否发情。当母牛兴奋不安,食欲减退,时常哞叫,产奶量下降,拱腰举尾,频频排尿,外阴部潮红肿胀,并有黏液流出,愿接近公牛,互相爬跨,即可确定母牛正处于发情状态(图3-3-1)。

图 3-3-1　母牛的发情表现

2.阴道检查法

将开膣器插入母牛阴道,借助一定光源,观察阴道黏膜的色泽、充血程度,子宫颈松软状态,子宫颈外口的颜色、充血肿胀程度和分泌物的颜色、黏稠度及量的多少,来判断母牛发情程度的方法。外部观察结合阴道检查有助于更准确地鉴别发情母牛。

3.直肠检查法

直肠检查法是术者将手伸进母牛的直肠内,隔着直肠壁触摸检查卵巢上卵泡发育的情况(图3-3-2)。检查前将被检母牛牵入保定架内保定,把尾巴拉向一侧。术者先将手指甲剪短磨光,以免损伤肠壁,然后穿上工作服,洗净、消毒手臂后涂上滑润剂。

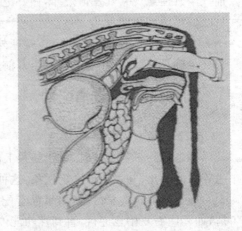

图 3-3-2　直肠检查

检查时,先排出母牛直肠宿粪。术者五指并拢呈锥状,慢慢插入母牛肛门并伸至直肠,先掏出直肠内的宿粪,然后根据母牛卵巢在体内的解剖部位寻找卵巢,触摸卵泡的变化情况。找到卵巢后,可用食指和中指夹住卵巢系膜,然后用拇指触摸卵巢的大小、形状、质地和其表面卵泡的发育情况,判断发情的时期及输精时间。

(三)母牛的配种技术

1.配种时间的选择

(1)发情期中配种的适宜时机　一般在母牛发情开始后9~24 h配种,受胎率可达60%~70%,发情母牛一般都进行两次输精,即在性欲结束时进行第一次输精,间隔8~12 h进行第二次输精。

(2)产后第一次配种的适宜时机　产后第一次配种的理想间隔时间,奶牛为60~90 d;肉牛60~90 d或90~120 d。

2.配种方法

牛的配种方法有两种,即自然交配和人工授精。

(1)自然交配

①本交:按牛群中公母比例1:20放入公牛,采用本交的方式,在放牧牛群中常能见到。

②人工辅助交配：将发情母牛固定在配种架里，再牵公牛交配。一头成年公牛的年配种量为 60～80 头，每天只允许配 1～2 次，连续使用 4～5 d 应让公牛休息 1～2 d；青年公牛的年配种量减半，每周配 2～3 d 即可。

（2）人工授精

①母牛的准备。将准备输精的母牛牵入输精架内保定，并把尾巴拉向一侧。用温清水洗净母牛外阴部，再用 1％新洁尔灭或 0.1％高锰酸钾溶液进行消毒，然后用消毒毛巾（或纱布）由里向外擦干。

②输精器械和输精人员的准备。输精所用器械，必须严格消毒。输精人员应穿好工作服，并将指甲剪短磨光，然后洗净手臂，擦干后用 75％酒精或 2％来苏儿消毒。戴上长臂乳胶手套。

③精液的准备。新鲜精液需镜检后，活率不低于 0.7 方可输精；对于低温保存的精液，必须首先升温至 35℃左右，镜检活率不低于 0.5，方可用于输精。应用冷冻精液时，必须先解冻，然后进行镜检，活率不低于 0.3 时，方可用于输精。

④输精技术。母牛的输精方法有两种：

阴道开膛器输精法：用阴道开膛器将阴道打开，借助一定光源（如手电、额灯等）找到子宫颈外口，将输精枪插入子宫颈 1～2 cm 处，注入精液，随后取出输精枪和开张器（图 3-3-3）。

直肠把握输精法（图 3-3-4）：先将母牛的外阴部用高锰酸钾溶液消毒清洗、擦干。右手将阴门撑开，左手将吸有精液的输精器，从阴门先倾斜向上插入阴道 5～10 cm，再向前水平插入抵子宫颈外口，右手从肛门插入直肠，隔着直肠壁寻找子宫颈，将子宫颈半握在手中并注意握住子宫颈后端，不要把握过前，以免造成子宫颈口角度下垂，导致输精器不易插入。正确操作时，两手协同配合，就能顺利地将输精器插入子宫颈内 5～8 cm，随即注入精液，如果在注精液时感到有阻力，可将输精器稍退后，即可输出，然后退出输精器。

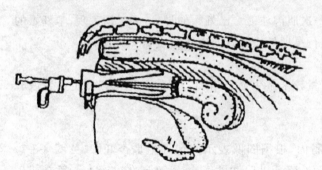

图 3-3-3　母牛阴道开膛器输精

图 3-3-4　牛直肠把握输精法

五、母牛的妊娠与分娩

（一）妊娠征候

牛配种后，如已妊娠，表现不再发情，行动谨慎，食欲增加，被毛光亮，膘情逐渐转好。经产牛妊娠 5 个月后腹围增大，泌乳量显著下降，脉搏、呼吸频率增加。妊娠 6～7 个月时，用听诊器可听到胎儿的心跳，一般母牛的心跳为 75～85 次，而胎儿的心跳为 112～150 次。初产母牛到妊娠 4～5 个月后，乳房、乳头逐渐增大，7～8 个月后膨大更加明显。

（二）妊娠诊断

早期妊娠诊断是指配种后 20～30 d 进行妊娠检查,常用的方法有以下几种:

1.阴道检查法

母牛配种后 30 d 检查已妊娠的母牛(图 3-3-5),用开膣器插入阴道时阻力明显;打开阴道可见阴道黏膜干燥、苍白无光泽,子宫颈口偏向一侧,呈闭锁状态,有子宫颈塞。

2.直肠检查法

这是妊娠诊断最为准确可靠的方法,通过直肠壁触摸卵巢、子宫及胎泡的大小和变化,被广泛用于生产实践中(图 3-3-6)。

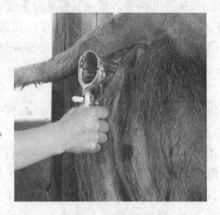

图 3-3-5　牛阴道检查

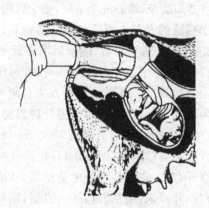

图 3-3-6　牛直肠检查

3.激素诊断法

母牛配种 20 d,用已烯雌酚 10 mg,一次肌肉注射。已妊娠的母牛,无发情表现;未妊娠的母牛,第二天表现明显的发情。用此法进行早期妊娠检查的准确性达 90%以上。

4.孕酮水平测定法

母牛配种妊娠后,血液或乳中孕酮含量较未孕牛显著增加。用放射免疫法测定血浆或乳中的孕酮含量,以判定母牛是否妊娠。

5.超声波诊断法

将超声波探测仪的探头插入母牛直肠内,根据图像表示判定母牛是否妊娠,见图 3-3-7。使用 B 超来进行妊娠检查,一般在奶牛怀孕 25 d 以后就可确诊,不过现在生产上一般在奶牛

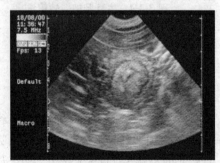

未孕母牛子宫角

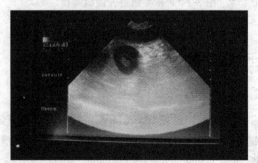

妊娠30 d母牛子宫角

图 3-3-7　母牛超声波妊娠诊断图像

配种后 30 d 使用 B 超来进行首次检查,60 d 进行复检。

（三）妊娠期与预产期推算

从母牛配种受胎至胎儿产出的这段时间称为妊娠期。黄牛妊娠期一般为 275～285 d,水牛为 300～328 d。

推算母牛的预产期的方法:黄牛将配种月减 3,配种日加 6。如果配种月份在 1、2、3 三个月,需借一年(加 12 个月)再减。若配种日期加 6 的天数超过 1 个月,则减去本月天数,余数移到下月计算。

（四）母牛的分娩与接产

1.分娩征状

(1)乳房膨大　产前半个月左右,乳房开始膨大,到产前 2～3 d,乳房明显膨大,可从前两个乳头挤出淡黄色黏稠的液体,当能挤出乳白色的初乳时,分娩可在 1～2 d 内发生,见图 3-3-8。

　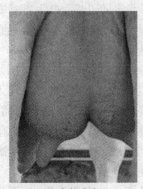

正常乳房　　　　　　　　膨大的乳房

图 3-3-8　母牛产前乳房变化

(2)外阴部肿胀　约在分娩前 1 周开始,阴唇逐渐肿胀、柔软、皱褶展平。由于封闭子宫颈口的黏液溶化,在分娩前 1～2 d 呈透明的索状物从阴道流出,垂于阴门外。

(3)骨盆韧带松弛　在分娩前 1～2 d,骨盆韧带已完全软化,尾根两侧肌肉明显塌陷,使骨盆腔在分娩时增大。

(4)体温变化　母牛产前 1 周比正常体温高 0.5～1℃,但到分娩前 12 h 左右,体温又下降 0.4～1.2℃。

(5)行为变化　临产前子宫颈开始扩张,腹部发生阵痛,引起母牛行为发生改变。当母牛表现不安,时起时卧,频频排尿,头向腹部回顾,表明母牛即将分娩。

2.母牛分娩过程

(1)开口期　子宫肌开始出现阵缩,将胎儿和胎水推入子宫颈,迫使子宫颈口完全开张,与阴道之间的界限完全消失,这一时期为开口期。本期只有阵缩而无努责。开口期平均为 6(1～12)h。

(2)胎儿产出期　是指由子宫颈口充分开张至胎儿全部排出为止的时期(图 3-3-9)。在这一时期,母体的阵缩和努责共同发生作用,其中努责是排出胎儿的主要力量。产出期一般为 1～4 h,产双胎时,两胎间隔 1～2 h。

图 3-3-9　牛的胎儿产出期

（3）胎衣排出期　胎儿产出后,母牛暂时安静下来,间歇片刻,子宫肌又重新开始收缩,收缩的间歇期较长,力量减弱,同时伴有努责,直到胎衣完全排出为止。此期为 4～6 h,最多不超过 12 h,否则可视为胎衣不下。

3.接产

母牛出现分娩征状后,首先,应将母牛转入产房,产房地面铺上清洁、干燥的垫草,并保持安静的环境。其次,要准备好接产用具和药品,如脸盆、提水桶、纱布、药棉、剪子、助产绳以及碘酒、酒精、1％煤酚皂液或 0.1％～0.2％的高锰酸钾等消毒剂。第三,接产人员对分娩母牛后躯用1％煤酚皂液或 0.1％～0.2％的高锰酸钾溶液清洗消毒,并争取母牛左侧躺卧在产房适当位置,以避免胎儿受到瘤胃的压迫。

母牛正产时,胎儿两前肢夹着头先出,倒生时,两后肢先出,这时应及早拉出胎儿,防止胎儿腹部进入产道后,脐带可能被压在骨盆底下,造成胎儿窒息死亡。

若母牛阵缩、努责微弱,应进行助产,用消毒过的助产绳缚住胎儿两腿系部,并用手指擒住胎儿下颌,随着母牛阵缩和努责时一起用力拉,当胎儿头部经过阴门时,一人用双手捂住阴唇及会阴部,避免撑破。胎儿头部拉出后,再拉的动作要缓慢,以免发生子宫翻转脱出。当胎儿腹部通过阴门时,将手伸到胎儿腹下,握住脐带根部和胎儿一起向外拉。

总之,助产时切不可强拉胎儿,以防止子宫翻转脱出,并注意避免脐带断在脐孔内。

（五）母牛产后护理

母牛产后十分疲劳,身体虚弱,异常口渴,除让其很好休息外,可喂给温热麸皮盐水汤,即由麸皮 1.5～2 kg,盐 100～150 g,用温热水调成。喂给温热麸皮盐水汤,可以补充母牛分娩时体内水分的损耗,帮助维持体内酸碱平衡,增加腹压和帮助恢复体力,冬天还可暖腹、充饥。

接产人员还须注意胎衣排出,及时清除,防止母牛吃下胎衣,引起消化不良。胎衣不下应找兽医进行手术剥离,同时将污草清除,换上干净垫草,让母牛休息。

产后母牛还要排出恶露,这是正常的生理现象,从观察恶露排出的情况可帮助了解子宫恢复的程度,产后第一天排出的恶露呈血样,以后逐渐变成淡黄色,最后变成无色透明黏液,直至停止排出。母牛恶露一般在产后 15～17 d 排完。如果恶露呈灰褐色,气味恶臭,排出的天数拖延至 21 d 以上时,就应进行直肠检查或阴道检查,便于尽早治疗。

注意选择易于消化又富于营养的草料饲喂产后母牛,每次喂量不宜太多,以免引起消化障碍,经 5～6 d 可恢复到正常饲养水平。

【技能训练】

技能训练 3-5   母牛的输精技术

一、技能训练目标

掌握母牛输精操作方法与步骤。

二、技能训练材料

输精器、保定架、一次性长臂塑料手套；0.3％高锰酸钾、消毒纸巾、记录簿等。

三、技能训练方法与步骤

（一）准备

1. 器械

输精器、保定架、一次性长臂塑料手套。

2. 物品

0.3％高锰酸钾、消毒纸巾、输精记录簿等。

3. 操作人员

操作前要将指甲剪短磨平，手臂上不可带有伤口。戴上长臂手套，用肥皂液润滑手臂。

4. 配种母牛

根据母牛的发情阶段，确定配种时机。

5. 精液的准备

鲜精采集后经精液品质检查符合要求、稀释后即可直接输精；低温保存时，需在输精前将精液经 10 min 左右升温至 30～35℃再进行输精；颗粒冷冻精液和细管冷冻精液需要解冻后才能进行输精。

（1）颗粒冷冻精液的解冻

①解冻所需器材和溶液：恒温水浴锅（可用烧杯或保温杯结合温度计代替）、1 000 μL 移液器、5 mL 小试管、镊子、2.9％柠檬酸钠（枸橼酸钠）溶液。

②解冻方法：将水浴锅温度设定在 38～40℃，在 5 mL 小试管中加入 1 mL 2.9％二水柠檬酸钠溶液，预温 2 min 以上。

用镊子从液氮罐中夹取 1 个颗粒冻精投入小试管中，在提取冻精时，注意冻精在液氮罐颈部停留不应超过 10 s，冻精停留部位应在距罐口 8 cm 以下处。从液氮罐取出冻到投入小试管的时间尽量控制在 3 s 以内。

轻轻摇晃小试管，使冻精融化并与解冻液充分混匀。将解冻了的精液吸到输精器中，准备输精。

（2）细管冷冻精液的解冻

①解冻所需器材：恒温水浴锅（可用烧杯或保温杯结合温度计代替）、镊子、细管剪、输精器及外套管。

②解冻方法：用镊子从液氮罐中取出细管冷冻精液，提取细管冻精时，注意细管冻精在液氮罐颈部停留不应超过 10 s，提筒停留的部位应在距罐口 8 cm 以下处。从液氮罐取出细管冻精到投入水浴锅或保温杯的时间尽量控制在 3 s 以内。

直接将细管投入到 30℃水浴锅或盛有 37℃温水的保温杯中，轻轻摇晃使细管中的冷冻精液完全融化。也可将细管冷冻精液投入 40℃水浴环境中解冻 3 s 左右，待有一半精液融化以后取出使其在室温下完全融化。

将解冻好的细管冷冻精液装入输精器中,封口端朝外,再用细管剪将露出输精器外的部分剪断,套上外套管,准备输精。

(二)输精操作

牛的输精主要采用直肠把握法。

奶牛输精通常不采用专门的保定措施,在牛舍简单保定后可直接输精。体格相对较小的黄牛和肉牛则必须采用六柱栏保定。在野外放养的牛只,如条件不足,也可采用单侧栏保定。

将母牛外阴部先用清水洗净,再用卫生纸擦净,不能沾有粪便等污物。

输精人员左手大拇指置于手心,五指并拢伸入直肠。如果直肠中的粪便影响操作时,可先掏出粪便。若母牛努责强烈,可采用喂给饲草、捏腰、拍打眼睛、按摩阴蒂等方法使之缓解。若母牛直肠呈坛状时,可用手臂在直肠中前后抽动以促使其松弛。

左手通过直肠把握住牛的子宫颈,右手持输精器准备进入子宫颈。输精器头先朝斜上方进入阴道,注意防止输精器误入尿道;输精器再转平向前,直到抵达子宫颈口,也可先用左手辅助将输精器头深入阴道,再把握子宫颈,以减少输精器头部的污染机会。当输精器头抵达子宫颈口时,左手调整子宫颈口方向,让输精器头进入子宫。

当输精器头进入子宫颈口后,助手将输精器最外层的外套膜向外拉,同时输精人员在助手配合下使输精器头穿破外套膜。当确认输精器头进入子宫体时,应将输精器向后抽退一点,以免子宫壁堵塞输精器头,缓慢地将精液注入,然后轻轻地抽出输精器。

抽出输精器后,输精人员的左手继续按摩子宫体 1 min,以防止精液倒流。此时,整个输精过程即告完成。

四、技能考核标准

母牛的输精技术技能考核标准详见表 3-3-4。

表 3-3-4　母牛的输精技术技能考核标准

序号	考核项目	考核内容	考核标准	参考分值
1	精液解冻	器械准备	解冻和输精物品选择正确、无遗漏	10
		人员准备	指甲、卫生状况符合标准	10
		母牛	查看繁育记录做好登记	10
		精液提取	方法正确,动作熟练	10
		解冻	方法正确	10
		装枪	方法正确	10
2	输精操作	母牛外阴部清洗	方法正确,清洗符合标准	10
		输精方法	程序正确,方法正确,成功输精	10
		输精后处置	按摩,卫生清理	10
3	实训表现	态度、团队合作	小组配合,积极参与,服从教师管理	10
合计				100

任务 3-4　奶牛泌乳期的饲养管理

一、奶牛生产性能及其评定

（一）奶牛产奶性能测定

1. 个体产乳量

每头牛各泌乳期的挤乳量是乳量统计计算的基础。准确的方法是逐头牛记录汇总逐日逐次挤乳量，然后统计各月和全泌乳期的总乳量。实践中，用这种方法工作量很大。根据试验，中国奶牛协会建议每月记录 3 次，每次之间相距 9～11 d，将每次（日挤乳量）所得数乘以相隔天数，然后累加，可得出每月及全泌乳期的总乳量。其计算公式是：

$$月产奶量（kg）= M_1 \times D_1 + M_2 \times D_2 + M_3 \times D_3$$

式中：M_1、M_2、M_3 为月内三次测定日全天乳量，而 D_1、D_2、D_3 为本次测定与上次测定间的相隔日数。实践证明，用这种方法计算的产乳量，同每日实测所得的周期产乳量差异很小。用这种方法先计算出各月泌乳量；然后按全泌乳期月份，总和为全泌乳期乳量。

（1）305 d 产乳量　当实际挤乳天数不足 305 d 时，以实际乳量作为 305 d 乳量，而超过 305 d，则从 305 d 后的乳量不计在内。

（2）305 d 校正产乳量　中国奶牛协会制订了统一的校正系数表，见表 3-4-1 和表 3-4-2，使用 240～370 d 产乳量记录的奶牛可统一乘以相应系数，获得理论的 305 d 产乳量。表中天数以 5 舍 6 进方法，如某牛产乳 275 d，用 270 d 校正系数；产乳 276 d 的用 280 d 校正系数。

表 3-4-1　泌乳不足 305 d 的校正系数

胎次	泌乳天数							
	240	250	260	270	280	290	300	305
1	1.182	1.148	1.116	1.036	1.055	1.031	1.011	1.000
2～5	1.165	1.133	1.103	1.077	1.052	1.031	1.011	1.000
6 以上	1.155	1.123	1.094	1.070	1.047	1.025	1.099	1.000

表 3-4-2　泌乳超过 305 d 的校正系数

胎次	泌乳天数							
	305	310	320	330	340	350	360	370
1	1.000	0.987	0.965	0.947	0.924	0.911	0.895	0.881
2～5	1.000	0.988	0.970	0.952	0.936	0.925	0.911	0.904
6 以上	1.000	0.988	0.970	0.956	0.900	0.928	0.916	0.993

（3）全泌乳期产乳量　统计从产犊后到干乳期为止的全部产乳量。

（4）终生产乳量　一头奶牛从开始产犊到最后淘汰时的各年（胎次）总和的实际产乳数量。

2. 群体平均产乳量

(1) 成年母牛全年平均产乳量

$$成年母牛全年平均产奶量(kg/头) = \frac{全群全年总产奶量(kg)}{全年平均每天饲养的成年母牛头数(头)}$$

式中:分子部分是全年中每头产奶牛在该年度内各月实际产乳量的总和;分母部分则是全部在群成年母牛在群天数总和(d·头),除以 365 d(1 年)所得的值,故分母部分也允许有小数点值。成年母牛包括泌奶牛、干奶牛以及其他 2.5 岁以上的在群母牛及买进卖出的母牛。

(2) 泌奶牛平均年产乳量 计算公式如下:

$$泌乳牛平均产奶量(kg/头) = \frac{全群年产奶总量(kg)}{全年平均每天饲养的泌乳牛头数(头)}$$

式中:分母是每头泌奶牛在该年度内在群天数的记录总和,为全群泌奶牛在群天数总和,然后除以 365 所得值(头)。

3. 4% 乳脂标准乳

4% 乳脂标准乳也称作 4% 乳脂校正乳。由于乳中固形物(干物质)变化较大,而且乳脂含热能大约占全乳热能值的 1/2,由热能值而导出的不同乳脂率(F)和乳量(M)相当于含脂 4% 的等热量乳量(FCM)。这在比较不同乳脂率乳量的母牛生产性能方面很有参考价值,多年来为各国所采用。FCM 计算公式如下:

$$FCM = M \times (0.4 + 15F)$$

式中:M 为泌乳期产乳量,F 为该期所测得的平均乳脂率,FCM 为乳脂校正乳量(相当于 4% 乳脂率的乳量)。

4. 饲料转化率

饲料转化率的计算有下列两种方法:

(1) 每千克饲料干物质生产牛乳量 将母牛全泌乳期总产乳量除以全泌乳期实际饲喂各种饲料的干物质总量,即:

$$饲料转化率 = \frac{全泌乳期总产奶量(kg)}{全泌乳期饲喂饲料干物质(或仅计精料干物质)总量(kg)}$$

(2) 生产每千克牛乳消耗饲料干物质量 将全泌乳期实际饲喂各种饲料的干物质量(kg),除以同期的总乳量(kg),即:

$$饲料转化率 = \frac{全泌乳期实际饲喂各种饲料的平均干物质总量(kg)}{全泌乳期总产奶量(kg)}$$

5. 产乳指数(MPI)

产乳指数(MPI)指成年母牛(5 岁以上)1 年(1 个泌乳期)平均产乳量(kg)与其平均活重之比(表 3-4-3),这是判断牛产乳能力高低的一个有价值的指标。

表 3-4-3　不同经济类型牛(品种)产乳指数(MPI)

经济类型	产乳指数(MPI)范围
(专门化)乳用牛	>7.9
乳肉兼用牛	5.2~7.9
肉乳兼用牛	2.4~5.1
肉(或役)用牛	<2.4

(二)奶牛生产性能测定体系——DHI

DHI 为英文 dairy herd improvement(意为奶牛场牛群改良计划)的缩写,也称牛奶记录体系。具体操作就是购置乳成分测定仪、体细胞测定仪、电脑等仪器设备建立一个中心实验室。按规范的采样办法对每月固定时间采来的奶样进行测试分析,测试后形成书面的产奶记录报告。报告内容多达 20 多项,主要有产奶量记录,奶成分含量,每毫升体细胞数量等内容。

测试对象为具有一定规模(20 头以上成母牛)愿意运用这一先进科技来管理牛群并提高效益的牧场,国内所有奶牛场均可参加。采样对象是所有泌乳牛(不含 15 d 之内新产牛,但包括手工挤奶的患乳房炎牛),测试间隔 1 个月 1 次(21~35 d 1 次),参加测试后不应间断,否则影响数据准确性。

二、奶牛日粮配合

(一)奶牛的饲养标准

经过大量反复实验和实践总结制定的一头牛每天应给予主要营养物质的数量及用多少饲料可满足这些营养需要量,称为牛的饲养标准。它反映了牛生存和生产对饲料及营养物质的客观要求,它是牛生产计划中组织全年饲料供给,设计饲料配方、生产平衡饲粮和对牛进行标准化饲养的科学依据。牛的饲养标准包括两个主要部分:一是营养需要量或供给量或推荐量;二是常用饲料营养价值表,营养供给量或推荐量,一般是指最低营养需要量再加上安全系数计算而来。

(二)奶牛日粮配合

1. 日粮配合的原则

(1)满足营养需要。必须准确计算牛的营养需要和各种饲料的营养价值。在有条件的情况下,最好能够实测各种饲料原料的主要养分含量。

(2)日粮组成尽量多样化,以便发挥不同饲料在营养成分、适口性以及成本之间的互补性。在粗饲料方面,尽量做到豆科与禾本科互补;在草料方面,尽量做到高水分与低水分互补;在蛋白质饲料方面,尽量做到降解与非降解饲料互补。

(3)追求粗料比例最大化。在确保满足牛营养需要的前提下,要追求粗料比例最大化。这样,可以降低饲料成本,促进牛的健康。因此,在可供选择的范围内,要选择适口性好、养分浓度高的粗料。在粗饲料质量有限或牛生产水平高的情况下,要尽可能不让精料比例超过 60%。

(4)配合日粮时必须因地制宜。充分利用本地的饲料资源,以降低饲养成本,提高生产经营效益。

(5)先配粗饲料,后配精饲料,最后补充矿物质。

2.日粮配合的方法

(1)计算机法 目前,最先进、最准确的方法是用专门的配方软件,通过计算机配合日粮。市场上有多种配方软件,其基本工作原理都是一样的,差别主要在于数据库的完备性和操作的便捷性等方面。

(2)手工计算法 手工计算法首先应了解牛的生产水平或生长阶段,掌握牛的干物质采食量,计算或查出每天的养分需要量;随后选择饲料,配合日粮。

计算奶牛营养需要。根据奶牛饲养标准和饲料营养成分,列出必要的营养需要(表3-4-4)。奶牛营养需要包括维持需要、生长需要、产奶需要和妊娠需要四部分,成年奶牛生长需要为0,妊娠需要根据实际情况确定一般为0。

表3-4-4 成年母牛体重550 kg、日产奶30 kg、乳脂率3.5%的营养需要量

项目	日粮干物质/kg	奶牛能量单位(NND)	可消化粗蛋白质/g	钙/g	磷/g
维持需要	7.04	12.88	341	33	25
产奶需要	11.70	27.90	1 560	126	84
合计	18.74	40.78	1 901	159	109

三、奶牛的生产周期和泌乳规律

(一)奶牛的生产周期

奶牛生产包括繁殖和泌乳。根据理想设计,母牛年产1胎,干乳期60 d,实际挤乳305 d,综合效益最好。365 d内产一胎,一个305 d标准的泌乳周期,2个月的干乳期,分娩后80 d配种受孕,妊娠期285 d。

(二)奶牛的泌乳规律

同一个体,不同胎次泌乳期的产乳量和乳质有所区别,一般情况下第2胎比第1胎上升10%～12%;第3胎比第2胎上升8%～10%;第4胎比第5胎高5%～8%;第5胎比第6胎高3%～5%;第6胎以后乳量逐渐下降。同一个胎次的泌乳期内的产乳量并不是保持一个水平不变,而是有一定的规律性,根据泌乳生理的规律性变化和生产实际情况,把一个泌乳期分为4个泌乳阶段,即泌乳初期、泌乳盛期、泌乳中期和泌乳后期。

四、干奶期母牛饲养管理

干奶母牛是指在妊娠最后2个月停止泌乳的母牛,干奶这段饲养期称为干奶期。

(一)干奶的意义与方法

在母牛妊娠的最后2个月采用人为的方法使母牛停止泌乳,称为干奶。

1.干奶的意义

母牛妊娠后期,胎儿生长速度加快,胎儿大于1/2的体重是在妊娠最后2个月增长的,需

要大量营养;母牛经过 10 个月的泌乳期,各器官系统一直处于代谢的紧张状态,需要休息;母牛在泌乳早期会发生代谢负平衡,体重下降,需要恢复,并为下一泌乳期进行一定的储备;在 10 个月的泌乳期后,母牛的乳腺细胞需要一定时间进行修补与更新,并利用干奶期预防和治疗乳房炎。

2.干奶期的天数

实践证明,干奶期以 50～70 d 为宜,平均为 60 d。

3.干奶方法

目前主要采用一次干奶法。即在奶牛干奶日突然停止挤奶,乳房内存留的乳汁经 4～10 d 可以吸收完全。一次干奶法是目前较简单的干奶方法。根据预产期确定干奶日期后,在正常挤奶之后,充分按摩乳房,将奶挤净,在各乳头口注入干奶软膏 5 g,停止挤奶。少数日产奶量仍很高的牛,在停挤 2～3 d 后再挤净奶,乳头中注入干奶软膏。在停奶当天开始减喂糟渣、根茎类饲料和精饲料,4～5 d 减到干奶期的喂量。

然后用 1% 的碘伏浸泡乳头进行消毒,再往每个乳头内分别注入干奶药或其他干奶针。注完药后再用 1% 碘伏浸泡乳头,防止细菌由此侵入乳房引起乳房炎。

(二)干奶牛的饲养管理

干奶期饲养管理的目标:使母牛利用较短的时间安全停止泌乳;使胎儿得到充分发育,正常分娩;母牛身体健康,并有适当增重,储备一定量的营养物质以供产犊后泌乳之用;使母牛保持一定的食欲和消化能力,为产犊后大量采食做准备;使母牛乳房得到休息和恢复,为产后泌乳做好准备。根据干奶牛的生理特点和干奶期饲养目标,干奶期的饲养分为两个阶段,即干奶前期的饲养和干奶后期的饲养。干奶牛宜从泌乳牛群分出,单独饲养,日粮以青粗饲料为主。

1.干奶前期的饲养(干奶至产前 21 d)

此期的饲养目标是尽早使母牛停止泌乳活动,乳房恢复正常,饲养原则为在满足母牛营养需要的前提下不用青绿;多汁饲料和副料(啤酒糟、豆腐渣等),而以粗饲料为主,搭配一定精料。日粮以中等质量粗饲料为主,干物质采食量 11～13 kg,粗蛋白水平 12%～13%,奶牛能量单位 1.84,钙 0.6%,磷 0.26%,产奶净能 5.77 MJ/kg,中性洗涤纤维 40%,酸性洗涤纤维 30%。精粗比 30:70 为宜。混合精料每头每天 2.5～3.0 kg。

2.干奶后期的饲养(产犊前 21 d 至分娩)

此期是完成干奶期饲养目标的主要阶段。饲养原则为母牛应有适当增重,使其在分娩前体况达到中等程度。日粮:仍以粗饲料为主,搭配一定精料。精料给量视母牛体况而定,分娩前体况达到 3.0～3.5 分。日粮仍以粗饲料为主,干物质采食量 10～11 kg,粗蛋白水平 14%,奶牛能量单位 2.01,钙 0.45%,磷 0.3%,产奶净能 6.28 MJ/kg,中性洗涤纤维 35%,酸性洗涤纤维 24%。可适当增加阴离子盐产品,促进泌乳后日粮钙吸收和代谢,要控制多汁饲料和食盐的饲喂量,防止奶牛发生乳房水肿。

五、围产期母牛饲养管理

围产期是指奶牛临产前 2 d 到产后 15 d 这段时期,也可适当提前或延长 1 周。按传统的划分方法,临产前 15(21)d 属于干奶后期,产后 15(21)d 属于泌乳早期。

(一)围产前期的饲养管理

重点做好保健工作,预防生殖道和乳腺的感染,减少代谢疾病的发生。奶牛在产前 7～

10 d 应转入产房、进行产前检查后，由专人进行护理，随时注意观察奶牛的变化。母牛后躯及四肢用 2%～3%来苏儿溶液洗刷消毒后，方可转入产房，并办理好转群记录登记和移交工作。天气晴朗时，要驱牛出产房做逍遥运动。奶牛到达预产期前 1～2 d，应密切观察临产征候的出现，并提前做好接产和助产准备。奶牛分娩后应尽早驱赶使其站立，以免因腹压过大而造成子宫或阴道翻转脱出。

（二）围产后期的饲养管理

重点是促进母牛体质尽快恢复，为泌乳盛期的到来打下良好的基础。

六、泌乳期母牛饲养管理

（一）泌乳初期的饲养管理

1. 生理特点

产后体质虚弱，处于代谢负平衡，体重下降，导致母牛体重骤减。如果此时动用体脂过多，在糖不足和糖代谢障碍的情况下，脂肪氧化不完全，极易暴发酮病，结果使奶牛食欲减退、产奶量猛降，如不及时治疗对牛体损害极大。

2. 饲养目标

尽快使母牛恢复消化机能和食欲，千方百计提高其采食量，缩小采食营养物质与牛奶中分泌营养物质之间的差距。在提高母牛产奶量的同时，力争使母牛减重达到最小，避免由于过度减重所引发的酮病。

产后第一次饲喂，麸皮盐钙汤 10～20 kg（麸皮 0.5～1.0 kg，食盐 50～100 g，碳酸钙 50 g，水 10～20 kg）。

1 周内饲喂适口性好的优质粗饲料。根据奶牛食欲、产乳量和消化情况逐渐增加精料和青贮的喂量。干物质采食量为 17～19 kg，粗蛋白水平 18%，奶牛能量单位为 2.27，钙 1%，磷 0.4%，产奶净能 7.11 MJ/kg，中性洗涤纤维 30%，酸性洗涤纤维 21%。密切观察母牛健康状况，每天监测采食量、直肠温度、尿酮水平和产奶量变化情况。

3. 管理要点

（1）卫生防护　产后 4～5 d 内，每天坚持消毒后躯一次，重点是臀部、尾根和外阴部，要将恶露彻底洗净。

（2）挤奶量控制　产后最初几天挤奶切忌挤净，应保持乳房内有一定的余乳。一般程序为：第一天只要挤出够小牛吃的即可，2～2.5 kg；第二天每次挤奶约为产奶量的 1/3；第三天约为 1/2；第四天约为 3/4；从第五天开始，可将奶全部挤净。

（3）乳房护理　分娩后，乳房水肿严重，在每次挤奶时都应加强热效和按摩，并适当增加挤奶次数。如果乳房消肿较慢，可用 40%的硫酸镁温水洗涤，并按摩乳房，可以加快水肿的消失。

（4）分娩记录　奶牛在分娩过程中是否发生难产、助产的情况、胎衣排出时间、恶露排出情况以及分娩时奶牛的体况等，均应详细记录。

（5）饮水要求　产后 1 周内的奶牛，不宜饮用冷水，以免引起胃肠炎，一般最初水温宜控制在 37～38℃，1 周后方可逐渐降至常温。

(二)泌乳盛期的饲养管理

泌乳盛期又称泌乳高峰期,一般是指母牛分娩后 16 d 到泌乳高峰期结束之间的一段时间(产后 16~100 d)。奶牛产后产奶量迅速上升,一般 5~8 周即可达到产奶高峰。

1. 生理特点

此期母牛乳房水肿消失,代谢强度逐渐提高,产奶量由低到高迅速上升,并达到高峰,是整个泌乳期中产奶量最高的阶段,此期饲养效果的好坏直接关系到整个泌乳期产奶量的高低。处于代谢负平衡,体重下降。泌乳盛期是饲养难度最大的阶段,因为母牛的消化能力和食欲处于恢复时期,采食量由低到高逐渐上升,但是上升的速度赶不上产奶量的上升速度,牛奶中分泌的营养物质高于采食的营养物质,母牛须动员体贮进行泌乳,另外,正常母牛在产犊大约 2 个月之后开始发情,第 3 个月时再次配种,此时如果营养负平衡问题严重,将会导致体重下降过快,代谢失常,从而会使配种延迟,繁殖率下降。把母牛减重控制在 0.5~0.6 kg/d,全期减重不超过 35~40 kg。产乳高峰一般出现在产后 5~8 周,最大干物质进食量出现在产后 10~14 周(图 3-4-1)。

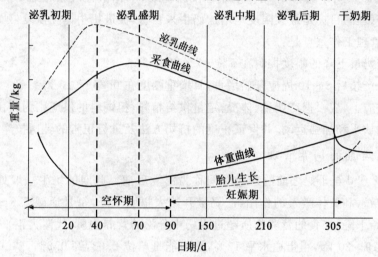

图 3-4-1　泌乳期奶牛产奶量、采食量、体重变化、胎儿生长曲线图

2. 泌乳盛期的饲养方法

干物质采食量 20~23 kg,粗蛋白水平 16%~18%,奶牛能量单位为 2.38,钙 1.0%,磷 0.46%,产奶净能 7.45 MJ/kg,中性洗涤纤维 28%,酸性洗涤纤维 19%。应多喂优质干草,对体重降低严重的牛适当补充脂肪类饲料(如全棉籽、膨化大豆等),并多补充维生素 A、维生素 D、维生素 E 和微量元素,饲喂小苏打等缓冲剂以保持瘤胃内环境平衡。运动场采食槽可补充舔砖。

3. 泌乳盛期的管理措施

泌乳盛期为尽快安全地达到产奶高峰,减少体内能量的负平衡,泌乳盛期应采取如下管理措施:

(1)多喂优质干草,最好在运动场中自由采食。青贮水分不要过高,否则应限量。干草采食不足可导致瘤胃中毒和乳脂率下降。

（2）提高饲料能量浓度，必要时可在精料中加入过瘤胃脂肪，在日粮配合中增加非降解蛋白的比例，日粮精粗比例可达（60：40）～（65：35）；为防止高精料日粮可能造成的瘤胃 pH 下降，可在日粮中加入适量的碳酸氢钠和氧化镁；增加饲喂次数，由一般的每日 3 次增加到每日 5～6 次。

（3）及时配种，一般奶牛产后 1 个月左右，其生殖道基本康复、净化，随之开始发情。此时应详细做好记录，在随后的 1～2 个情期可抓紧配种。对产后 45～60 d 尚未出现发情征候的奶牛，应及时进行健康、营养和生殖道系统的检查，发现问题，尽早解决。

（三）泌乳中期的饲养管理

泌乳中期又称泌乳平稳期，是指产后 101～200 d，该期是奶牛泌乳量逐渐下降，体况逐渐恢复的重要时期。此期日粮的精粗比为 40：60，其他营养标准为：日粮干物质应占体重的 3.0%～3.2%，干物质采食量 20～22 kg，奶牛能量单位为 2.2，粗蛋白含量为 13%～14%，钙 0.75%，磷 0.4%，产奶净能 7.2 MJ/kg，中性洗涤纤维 30%，酸性洗涤纤维 21%。

本期饲养管理的目标是最大限度地增加奶牛采食量，促进奶牛体况恢复，延缓泌乳量下降速度。其饲养管理工作重点是：

（1）每月产奶量下降的幅度控制在 5%～7% 以内；

（2）奶牛自产犊后 8～10 周应开始增重，日增重幅度在 0.25～0.5 kg；

（3）饲料供应上，应根据产奶量、体况，定量供给精料，粗饲料的供应则为自由采食；

（4）充足的饮水和加强运动，并保证正确的挤奶方法及进行正常的乳房按摩。

（四）泌乳后期的饲养管理

奶牛产后 201 d 至干奶之前的这段时间称为泌乳后期。此期的奶牛一般处于妊娠期，奶牛由于受胎盘激素和黄体激素的作用，产奶量开始大幅度下降，每月递减 8%～12%，采食量达到高峰后开始下降，采食的营养物质超过牛奶中分泌的营养物质，代谢为正平衡，体重增加。干物质采食量 19～20 kg，粗蛋白水平 12%，奶牛能量单位 2.03，钙 0.6%，磷 0.35%，产奶净能 6.35 MJ/kg，中性洗涤纤维 32%，酸性洗涤纤维 24%。

七、高产奶牛饲养管理

（一）高产奶牛的生理特点

高产奶牛产奶量高，代谢强度大，饲料转化率高，对饲料及外界环境反应敏感。高产奶牛产奶量多，因而需要的营养物质也多，因此，采食和反刍的时间均比低产奶牛明显延长，每天需 80～100 kg 饲料。高产奶牛由于采食量大，消化食物所需要的水大量增加，而且维持泌乳所需的水分也增加。高产奶牛基础代谢率高，心跳、呼吸等生理指标均比中低产奶牛显著增快。

（二）高产奶牛的饲养管理

饲养重点是尽量降低营养负平衡，保证瘤胃机能的正常，维护奶牛健康，获得稳定高产。

1.加强干乳期的饲养

为了充分补偿前一泌乳期的营养消耗，贮备充分营养以供奶牛产后产乳量迅速增加的需要，使瘤胃微生物区系在产犊前得以调整以适应高精料日粮，干乳后期要增加精饲料喂量。

2. 提高干物质的营养浓度

通常泌乳初期到高峰期是高产奶牛饲养管理的关键时期。母牛产乳后,产乳量急剧上升,对于物质和能量等营养物质的需要也相应增加。在泌乳初期及高峰期,受采食量、营养浓度及消化率等方面的限制,不得不动用体内的营养物质以满足产乳需要。一般高产奶牛在泌乳盛期过后,体重要降低 35～45 kg,甚至更多。母牛体重下降是体蛋白质、脂肪和矿物质消耗的结果。

3. 保持日粮中适当的能量与蛋白比

高产奶牛产犊后,产乳量逐渐提高,此时常因片面强调蛋白质饲料供应量,忽视蛋白质与能量间的适当比例。奶牛产后产乳量迅速增加,需要很多能量,如日粮中作为能源的碳水化合物不足,蛋白质就得脱氨氧化供能,其含氮部分则由尿排出。在这种情况下,蛋白质不但没有发挥其自身特有的营养功能,并且,从能量的利用率考虑也不经济。

4. 使高产牛保持旺盛的食欲

高产奶牛泌乳量上升速度比采食量上升速度早 6～8 周。牛采食量大,饲料通过消化道较快,降低了营养物质的消化率,日粮的营养浓度越高,消化利用的部分越少。因此,要保持母牛旺盛的食欲,注意提高其消化能力。粗饲料可让奶牛自由采食,精饲料日喂 3 次,产犊后精饲料增加不宜过快,否则容易影响食欲,每天以增加 0.5～1.0 kg 为宜,精饲料给量一般每天不超过 15 kg。

5. 合理搭配高产奶牛的日粮

高产奶牛的日粮要求容易消化,容易发酵,并从每单位日粮中得到更多的营养物质。即日粮组成不仅要考虑到营养需要,还应注意满足瘤胃微生物的需要,促进饲料更快地消化和发酵,生产更多的挥发性脂肪酸。乳中有 40%～60% 的能量来自挥发性脂肪酸。精饲料供给量中,玉米或高粱比例要适当,可加大大麦、麸皮的供给量,豆科青贮饲料比禾本科饲料易消化和发酵,含蛋白质也高。带穗玉米青贮,既是青饲料,又具精饲料性质,较易消化。但是贮存过程中大部分蛋白质被降解为非蛋白质含氮物,喂饲后经微生物合成蛋白质才被利用,故高产奶牛日粮中不宜过多喂青贮饲料。

八、挤奶技术

挤奶是奶牛场技术性较强的工作,且占整个劳动量的 60% 以上。目前挤奶的方式有两种:手工挤奶和机器挤奶。

(一) 手工挤奶

这是一种传统而效果较好的挤奶方式。即使将来全面实现机器挤奶,在特殊情况下,也会短期施行手工挤奶(如奶牛患乳腺炎期间或产犊最初的 5～7 d 内)。

1. 挤奶前准备

(1) 保持卫生清洁　挤奶员准备好清洗乳房用的温水(45～50℃),清除牛体污垢,备齐挤奶用具,如奶桶、盛奶罐、过滤纱布、洗乳房水桶、毛巾等,穿好工作服(围裙),洗净双手。

(2) 用温水清洗按摩乳房　用毛巾蘸热水,先洗乳头孔及乳头,再洗乳房的底部中沟、右侧乳区、左侧乳区,最后洗涤后部。这个过程需 45 s 至 1 min。

2.挤奶方法

手工挤奶通常采用拳握法(图 3-4-2),即用拇指和食指紧握乳头基部,然后再用其余各指依次按压乳头,左、右手交替,有节奏地一紧一松连续进行。一般要求每分钟挤压 80～120 次,挤奶过程是中间快,两头慢,一气挤完,不得中途停顿。挤奶的顺序一般是先挤两后乳头,再挤两前乳头。也可以采用对角线挤法。但一经确定必须严格按照顺序进行,以使奶牛形成良好的条件反射。有的初产母牛因乳头太小,不便于握拳挤压,可改用滑下法,即用拇指和食指夹紧乳头基部,而后向下滑动,这样反复进行。

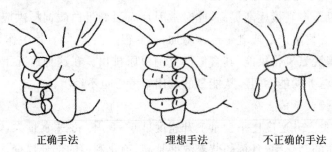

正确手法　　　理想手法　　　不正确的手法

图 3-4-2　拳握法挤奶示意图

3.乳头药浴

挤完奶后立即用浴液浸泡乳头,以降低乳房炎的发病率。因为挤完奶后,乳头需要 10～20 min 才能完全闭合,此时环境病原微生物极易侵入,导致奶牛感染。常用浴液有碘甘油(3％甘油加入 0.3％～0.5％碘)、2％～3％的次氯酸钠或 0.3％新洁尔灭。

4.清洗用具

挤完奶后,应及时将所有用具洗净、消毒,置于干燥清洁处保存,以备下次使用。

(二)机械挤奶

1.挤奶机的类型

挤奶机械主要有管道式、提桶式和移动式三种(图 3-4-3 至图 3-4-5)。挤奶厅(台)也属于管道式中的一种。挤奶厅的建筑形式有坑道式、平面式和转盘式等数种。挤奶厅的挤奶装置主要有:挤奶台、固定位置的挤奶器、牛奶计量器、牛奶真空输送管道、洗涤系统、乳房自动清洗设备、自动脱落装置、奶牛出入启闭装置等。挤奶台根据奶牛在挤奶台上的排列形式,又可分为并列式、鱼骨式、串联式、转盘式(图 3-4-6)等。

图 3-4-3　管道式挤奶机　　　图 3-4-4　提桶式挤奶机　　　图 3-4-5　移动式挤奶机

图 3-4-6　转盘式挤奶台

上述各种类型挤奶机各有其适用的条件,在选购时要根据牛群的规模和当地实际情况而定。如仅 10～30 头泌乳牛,或中、小型奶牛场的产房,则宜选用移动式挤奶机;30～200 头泌乳牛可选用管道式;200 头以上,最好采用挤奶厅挤奶。

2.机械挤奶操作程序

准备工作→挤奶前检查→乳房擦洗和按摩→乳头药浴→套奶杯→挤奶→卸奶杯→乳头药浴→清洗器具。

(1)做好挤奶前的卫生准备工作,包括牛只、牛床及挤奶员的卫生,其准备工作与手工挤奶相似。

(2)调整挤奶设备及检查奶牛乳房健康。高位管道式挤奶器的真空读数调整为 48～50 kPa,低位管道的管道式挤奶器的真空读数调整为 42 kPa。将脉动器频率调到 40～69 次/min。检查奶牛乳房外表是否有红、肿、热、病症状或创伤,如果有乳房炎或创伤应进行手工挤奶。患乳房炎的牛奶另作处理。

(3)擦洗和按摩乳房。挤奶前,用消毒过的毛巾(最好专用)擦洗和按摩乳房,并用一次性干净纸巾擦干。淋洗面积不可太大,以免脏物随水流下增加乳头污染机会。这一过程要快,最好在 15～25 s 内完成。

(4)对各乳头进行药浴。检验头两把奶无异常时,应立即药浴。常用药液有碘甘油(0.3%～0.5%碘加 3%甘油)、0.3%新洁尔灭或 2%～3%次氯酸钠。等待 30 s 后用纸巾擦干。

(5)套奶杯。套奶杯时开动气阀,接通真空,一手握住集乳器上的 4 根管和输奶管,另一只手用拇指和中指拿着乳杯,用食指接触乳头,依次把乳杯迅速套入 4 个乳头上,这一过程应在 45 s 内完成。

(6)挤奶。充分利用奶牛排乳的生理特性进行挤奶,大多数奶牛在 5～7 min 内完成排乳。

(7)卸杯。关闭真空导管上的开关 2～3 s 后,让空气进入乳头和挤奶杯内套之间,再卸下奶杯。

(8)乳头药浴。挤奶结束后必须马上用药液浸乳头,因为在挤奶后 10～20 min 乳头括约肌才能完全闭合,阻止细菌的侵入。

(9)清洗器具。每次挤完奶后清洗厅内卫生,做到挤奶台上、台下清洁干净;凡接触牛乳的器具和部件先用温水预洗,然后浸泡在 0.5%纯碱水中进行刷洗。乳杯、集乳器、橡胶管道都应拆卸刷洗,然后用清水冲洗,用1‰漂白液浸泡10~15 min,晾干后再用。

【技能训练】

技能训练3-6　泌乳奶牛群 TMR 饲喂技术

一、技能训练目标

能够根据牛群生产阶段合理设计日粮配方;独立操作或指挥 TMR 饲喂车。

二、技能训练材料

饲料配方软件、奶牛全混合日粮车及配套设备、现代化奶牛场。

三、技能训练方法与步骤

1. TMR 的日粮配合与投料

各群(栏)奶牛根据营养需要的量再增加10％配合日粮,确定不同饲料的日用量,依据投放次数确定每次投入到混合机的各种饲料量,投(进)料的程序是先粗后精,一般按干草(秸秆)类→青贮类→槽渣类、青绿类、块根类→籽实饼粕类、添加剂(或混合精料)。在 TMR 搅拌机的作用下,料中粗纤维揉切成长2~3 cm 为度;生产中可另给予一些长纤维干草(苜蓿)或秸秆自由采食。

2. TMR 的日粮混合时间和混合料含水率

采用边加料边混合,饲料全部填充后再混合3~6 min,全部饲料混合均匀后其含水率在40％~50％,可以加水或精料泡水后加入,有条件的牛场可以用烘箱(烤箱)检测饲料的水分。

3. 奶牛料槽管理

在 TMR 分发料后,根据气候等因素对日粮湿度、保鲜状况和混合态势的影响,尽可能地延长在槽时间,以适应不同牛只的采食行为,每日饲喂2~3次。如每日饲喂2次,有益于采食均匀和采食量的提高;在饲料容易变质的情况下,可日喂3次。记录每天每次每槽的采食情况、奶牛食欲、剩料量等,以便于及时发现问题,防患于未然;每次饲喂前应保证有3％~5％的剩料量,还要注意 TMR 日粮在料槽中的一致性(采食前与采食后)和每天保持饲料新鲜。

四、技能考核标准

泌乳奶牛群 TMR 饲喂技术技能考核标准见表3-4-5。

表3-4-5　泌乳奶牛群 TMR 饲喂技术技能考核标准

序号	考核项目	考核内容	考核标准	参考分值
1	TMR基本饲喂技术	日粮配方设计	能根据奶牛泌乳阶段合理设计日粮配方	20
2		日粮配合	取料、混合均匀	20
3		投料	投料均匀	10
4		料槽管理	延长在槽时间	10
5		TMR 饲喂效果分析	记录每天每次每槽的采食情况、奶牛食欲、剩料量等	15
6	基本素质	知识	口述 TMR 重要性、操作规程	15
7		态度	认真、服从管理、安全生产	10
合计				100

技能训练 3-7　奶牛泌乳曲线的绘制与分析

一、技能训练目标

通过累计各泌乳月份的产乳量及绘制泌乳曲线图,学习乳牛生产力水平的分析方法。

二、技能训练材料

两头泌乳母牛各一个泌乳期的产乳原始记录。

(1)2011 号奶牛第二个泌乳期的产乳量统计表(表 3-4-6)。

表 3-4-6　2011 号牛(中国荷斯坦牛)第二个泌乳期日产乳量统计表　　　　kg

日	月									
	3	4	5	6	7	8	9	10	11	12
1		29	18	22.5	15	10	7	5.5	4	1.5
2		28.5	22	22	15	10	7	5.5	4	1.5
3	18	28	21	21	15	10	7	5.5	4	1.5
4	18	28	21.5	21	14	10	7	5.5	4	1
5	20	28	23	21	14	10	7	5.5	4	1
6	20	28.5	24	21	14	9	6.5	5.5	3.5	1
7	19	28.5	24	20.5	13.5	9	6.5	5.5	3.5	1
8	21	28	24	20.5	13.5	9	6.5	5	3.5	1
9	22	28	25	20.5	13.5	9	6.5	5	3.5	1
10	22	27	25	20.5	13.5	8	6.5	5	3	
11	22	26.5	25.5	20.5	13.5	8	6.5	5	3	
12	23	23	26	20	13	8	6.5	5	3	
13	23.5	22	26.5	20	13	8	6.5	5	3	
14	24	22	27.5	19	13	8	6	5	3	
15	25	22	26	19.5	13	8	6	5	3	
16	25	14	26	19	13	8	6	4.5	3	
17	25	14.5	25.5	19	13	8	6	5	2.5	
18	25	14	25	19	13	8	6	5	2.5	
19	25	12	25	19	12	7.5	6	4.5	2.5	
20	25	12	25	19	12	7.5	6	4.5	2.5	
21	26	12	24.5	18	12	7.5	6	4.5	2.5	
22	25.5	13	24.5	18	10.5	7.5	6	4.5	2.5	
23	26.5	12	24	18	10.5	7.5	6	4.5	2.5	
24	26.5	14	24	18	11	7.5	5.5	4.5	2.5	
25	27	14	24	18.5	12	7.5	5.5	4	2	
26	27.5	15	24	18.5	10.5	7	5.5	4	2	
27	28	16	23.5	18	10	7	5.5	4	2	
28	28	16.5	23	16	10	7	5.5	4	1.5	
29	28	16	23	16	10	7	5.5	4	1.5	
30	28	15.5	23	15	10	7	5.5	4	1.5	
31	28.5		23		10		5.5	4	1.5	

（2）2015 号奶牛第五个泌乳期的产乳量统计表（表 3-4-7）。

（3）计算器。

表 3-4-7 　 2015 号牛（中国荷斯坦牛）第二个泌乳期日产乳量统计表 　 　 　 kg

日	月									
	3	4	5	6	7	8	9	10	11	12
1		29	24	22.5	17	14.5	12	9.5	7.5	5
2		29	24	22.5	17	14.5	12	9.5	7.5	5
3		29	24	22.5	17	14.5	12	9.5	7.5	5
4		29	24	22.5	17	14.5	12	9.5	7.5	4.5
5		29	24	22.5	17	14.5	12	9.5	7.5	4.5
6		29	24	22.5	17	14.5	12	9.5	7.5	4
7		30	24	22	17	14.5	12	9.5	7.5	4
8		30	24	22	17	14.5	11.5	9.5	7	4
9		30	25	22	17	14	11.5	9.5	7	3.5
10		30	25	22	17	14	11.5	9.5	7	3.5
11		30	23.5	22	17	14	11.5	9	7	3.5
12	13	28	23.5	22	16.5	14	11.5	9	7	2.5
13	15	27	23.5	21	16.5	14	11.5	9	7	2.5
14	15	28	23.5	21	16.5	14	9	9	6.5	2.5
15	16	26	23.5	21	16.5	14	11.5	9	6.5	2
16	17	25	23.5	21	16.5	14	11.5	9	6.5	1.5
17	17	25	23.5	21	16.5	14	11	9	6.5	
18	18	25	23.5	21	16.5	13.5	11	9	6.5	
19	20	25	23.5	21	16.5	13.5	11	9	6.5	
20	23	25	23.5	21	16.5	13.5	11	8.5	6.5	
21	23	25	23.5	21	15	13.5	11	8.5	6	
22	25.5	25	23	21	15	13.5	10.5	8.5	6	
23	25.5	25	23	21	15	13.5	10.5	8.5	6	
24	25.5	24	23	19	15	13.5	10.5	8.5	6	
25	26	24	23	18.5	15.5	13.5	10.5	8.5	6	
26	26	24	23	18.5	15.5	13.5	10.5	8.5	6	
27	27	24	23	18.5	15.5	13	10.5	8.5	6	
28	27	24	23	18.5	15.5	13	10.5	8.5	1.5	
29	27	24	23	18.5	15	13	10	8	5.5	
30	28	24	22	18.5	15	13	10	8	5.5	
31	28		22		15		10	8	5.5	

三、技能训练方法与步骤

（1）根据表 3-4-6、表 3-4-7 日产乳量统计表计算出全期实际产乳天数、实际产乳量、全期平均产乳量，并查出全期最高日产乳量，填入乳牛泌乳性能分析表（表 3-4-8）。

表 3-4-8 乳牛泌乳性能分析表

场别		品种		牛号		年龄	岁
产次	第 产	产犊日期	年 月 日	干乳日期		年 月 日	
全期实际产乳天数				全期实际产乳量			
全期平均日产乳量				全期最高日产乳量			

（2）累计各泌乳月的产乳量（自产犊日起，每 30 天为一个泌乳月份）。

（3）计算出各泌乳月份的日平均产乳量（最后一个泌乳月不足 30 d 时，按实际天数计算其平均值）。填入各泌乳月产乳量累计表（表 3-4-9）。

表 3-4-9 各泌乳月产乳量累计   kg

泌乳月份	1	2	3	4	5	6
日平均产乳量						
泌乳月份	7	8	9	10	11	12
日平均产乳量						

（4）用曲线绘制成图（图 3-4-7）。

（5）对比两头牛的泌乳曲线和有关数据，分析其不同特点及具体的优缺点，以确定其生产力水平的高低。

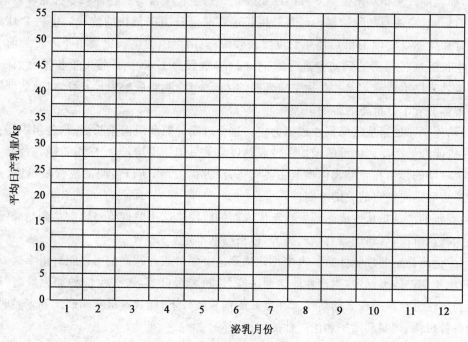

图 3-4-7 泌乳曲线

四、作业

根据表 3-4-6、表 3-4-7 数据绘制泌乳曲线及分析泌乳性能报告。

五、技能考核标准

奶牛泌乳曲线的绘制与分析技能考核标准见表 3-4-10。

表 3-4-10　奶牛泌乳曲线的绘制与分析技能考核标准

序号	考核项目	考核标准	参考分值
1	泌乳性能分析	根据学生实际操作情况,并结合口述,按实习态度	40
2	各泌乳月产乳量计算	(20%)、操作能力(30%)、实训结果(30%)、实训	30
3	泌乳曲线绘制	报告(20%)分项给分,加权合计为最后成绩	30
合计			100

任务 3-5　肉牛生产技术

一、肉牛生长发育的规律

(一)肉牛的生长发育特点

1. 生长发育的阶段性

肉牛生长发育过程通常划分为哺乳期、幼年期、青年期和成年期。

(1)哺乳期　是指从出生到 6 月龄断奶为止。初生犊牛自身的各种调节机能较差,易受外界环境的影响,应注意加强护理。可是其生长速度又是一生中最快的阶段。生后 2 月龄内主要长头骨和体躯高度,2 月龄后体躯长度增长较快;肌肉组织的生长也集中在 8 月龄前。哺乳期瘤胃生长迅速,6 月龄达到初生重时的 31.62 倍,皱胃为 2.85 倍。犊牛生长发育如此迅速,主要靠母乳来供给营养。母乳对犊牛哺乳期的生长发育、断奶后的生长发育,以及达到肥育体重的年龄都有着十分重要的影响。

(2)幼年期　是指从断奶到性成熟为止。这个时期骨骼和肌肉生长强烈,各组织器官相应增大,性机能开始活动。体重的增加在性成熟以前是呈加速度增长,绝对增重随月龄增大而增加。这个时期的犊牛在骨骼和体型上主要向宽、深方面发展,所以后躯的发育最迅速,是控制肉用生产力和定向培育的关键时期。

(3)青年期　是指从性成熟到发育至体成熟的阶段。这个时期绝对增重达到高峰,但增重速度进入减速阶段,各组织器官渐趋完善,体格已基本定型,直到牛达到稳定的成年体重。肉牛往往达到这个年龄或在这之前可以肥育屠宰。

(4)成年期　体型已定,生产性能达到高峰,性机能最旺盛,种公牛配种能力最高,母牛亦能生产初生重大且品质较高的后代。在良好的饲养条件下,能快速沉积脂肪。到老龄时,新陈代谢及各种机能、饲料利用率和生产性能均已下降。

2.生长发育的不平衡性

牛体组织生长规律如图3-5-1所示。

（1）体重增长不平衡性 在良好营养水平条件下，肉用犊牛表现生长发育快的特点，1岁以前日增重很快，直到性成熟时达到最高峰。

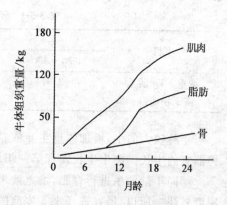

图3-5-1 牛体组织生长规律

肉牛生长发育有一个重要特性叫补偿生长。即在生长发育的某个阶段，若因营养不足，管理不当造成生长发育受阻，当一旦恢复良好的营养、管理水平时，其增重速度比一般牛要快，经过一段时间后，能恢复到正常体重。通常受阻时间愈晚，持续时间愈短，补偿效果愈好。如果犊牛从出生到3月龄时生长发育受阻，影响最大的是体轴骨的生长，同时也影响生殖系统的发育，即使恢复了营养水平，也很难得到完全补偿。

不同品种类型，其体重增长速度也不一样。在同样饲料条件下，饲养到胴体等级合格时（体脂肪达30％），小型早熟种较中型种、大型晚熟种所需时间短，出栏时间早。

（2）外形和骨骼生长的不平衡性 从生长波的转移现象看，胚胎期首先是头部生长迅速，继而颈部超过头部；出生后向背腰转移，最后移到尻部。从体躯各部分生长变化看，胚胎期生长最旺盛的首先是体积，其次是长度，继而才是高度；出生后先是长度，最后才是宽度和深度。骨骼的生长，初生时骨骼占胴体重的30％，而当体重达400 kg时，骨骼只占胴体的13％。骨骼的发育，在胚胎期四肢骨生长强度最大，体轴骨（脊柱、胸骨、肋骨、肩胛骨等）生长较慢，所以初生犊牛显得四肢高、体躯浅、腰身短；出生后，体轴骨的生长强度增大，四肢骨的生长减慢，犊牛向长度方向发展；性成熟后，扁平骨生长强度最高，牛向深度与宽度发展。

（3）组织器官生长的不平衡性 肌肉组织的生长主要集中于8月龄前，初生至8月龄肌肉组织的生长系数为5.3,8～12月龄为1.7，到1.5岁时降为1.2。

脂肪的比例在初生时占胴体的9％，1岁以内仍增加不多，以后逐渐增加，到了体重达到500 kg以上时，脂肪占胴体重的30％。以后肌肉间、皮下脂肪增加较快，并穿透于肌纤维之间，形成牛肉的大理石纹状，使肉质变嫩。

犊牛初生时是单胃-肠消化型，皱胃是瘤胃的1.5倍。瘤胃的迅速发育是从2～6周龄开始的，随着年龄与饲养条件的变化，并一直持续到6月龄，此时瘤胃达到初生时的31.62倍，皱胃为2.85倍。至成年时，瘤胃占整个胃容积的80％，皱胃仅占7％。

（二）影响肉牛产肉性能的因素

肉牛的生产力受品种与类型、年龄、营养水平、环境和饲养方式及杂交等因素的影响。

1.品种

不同品种类型，生产力水平有明显差异。肉用品种牛比乳用牛、乳肉兼用牛、役用牛品种能较快地结束生长期，能早期进行肥育，提早出栏，节约饲料，并能获得较高的屠宰率、净肉率，肉的质量也较好，大理石纹明显，且肉味鲜美。通常肉牛肥育后屠宰率平均为60％～65％，兼用牛55％～60％，秦川牛和鲁西牛18月龄分别为58.28％和58.33％，水牛为53％。

2.年龄

肉牛的增重速度、胴体质量和饲料消耗与年龄有十分密切的关系。年龄越大，每千克增重消耗的饲料也越多，以干物质计算见表3-5-1。故一般年龄不超过2岁。

表 3-5-1 不同年龄牛增重 1 kg 的饲料消耗

项目	日龄/d			
	30～360	360～720	720～1 080	1 080～1 440
增重 1 kg 活重需干物质/kg	2.31	5.11	7.73	10.65

年龄较大的牛,增加体重主要依靠贮积脂肪;而年龄较小的牛,则主要依靠肌肉、骨骼和各种器官的生长。肉牛生长发育第一年增重最快,第二年仅为第一年的 70%。

不同年龄的牛进行育肥,增重效果差异较大(表 3-5-2),一般年龄较小的和育肥初期增重速度较快。所以,最好选择 1.5 岁前的育成牛进行肥育。

表 3-5-2 不同年龄牛肥育增重效果比较

年龄	头数	平均日龄	平均活重/kg	初生后平均日增重/kg	全期增重/kg	
					总增重	日增重
犊牛	30	297	354	1.19	354	1.19
1 岁牛	152	602	606	0.99	252	0.799
2 岁牛	145	943	744	0.79	138	0.422
3 岁牛	133	1 283	880	0.69	136	0.395

3. 营养水平

营养水平的高低直接影响增重水平。不同营养水平杂公犊牛的增重情况如表 3-5-3 所示。

表 3-5-3 不同营养水平公犊牛的增重情况 kg

饲养方法	补饲标准	营养水平	头数	100 d 平均增重	平均日增重
放牧补饲	精料 1.0,干草 5.0	低	10	20.3	0.208
放牧补饲	精料 2.5,干草 7.5	中	18	75.6	0.756
放牧补饲	精料 2.5,干草自由采食	高	20	95	0.95
强度肥育	精料 4.5～5.5,干草 15.0	极高	20	117.8(80 d)	1.478

肉牛肥育阶段,营养水平高低对不同体重阶段的肌肉、脂肪、骨骼的发育有明显影响(表 3-5-4)。肉用犊牛的营养水平如果按高(断奶前)-高(断奶后)型饲养,则体重增长最快;如果按中-高型和高-中型饲养,则最为经济;而中-高型又比高-中型的肥育效果好。

表 3-5-4 营养水平对胴体组织的影响

胴体组织	前后期的营养水平				差异
	高-高	高-中	中-高	中-中	
胴体重/kg	347.3	329.2	308.7	338.7	
肌肉组织/%	55.2	59.2	56.2	58.7	$P<0.05$
脂肪组织/%	30.6	25.5	29.0	26.2	$P<0.05$
骨/%	11.8	12.8	12.3	12.7	
肌肉/骨	4.7	4.6	4.6	4.6	

日粮高营养水平时,脂肪占的比例较高,肌肉的比例较低;低营养水平时,肌肉的比例较高,骨骼占的比例最高。肉牛育肥阶段,前期粗饲料要高,后期精饲料要高。一般前期粗饲料与混合精料之比为(55～65)∶(45～35);中期为 45∶55;后期为(15～25)∶(85～75)。犊牛和育肥前期要求蛋白质含量高,成年牛和育肥后期要求能量含量高。

4. 环境

适宜的温度有利于生长发育。在正常情况下,以冬季产的犊牛初生重最大,夏季产的次之,秋季最小;但出生后的体重增长以秋季产的最快,夏季次之,冬季最小。寒冷对于肉牛体重增长不利,一般要求 5～21℃为最适宜。

光照促使牛神经兴奋,提高代谢水平,有助于钙磷吸收利用,保证骨骼正常发育。不过肉牛催肥阶段需光线较暗的环境,以利安静休息,加速增重。

5. 性别

牛的性别能影响肉的产量和质量。一般说,母牛的肉质较好,肌纤维细,结缔组织较少,容易肥育。育成公牛比阉牛有较高的生长率和饲料转化率。公牛比阉牛有较多的瘦肉、较高的屠宰率和较大的眼肌面积,而阉牛则有较多的脂肪和"五花肉"。

据试验,生长牛的增重速度以公牛最快,阉牛次之,母牛最慢。肌肉的增重速度也是公牛最快,但脂肪的沉积速度则以阉牛为最快。故目前有些国家主张公牛不去势,于 12～15 月龄屠宰,可降低生产成本,也不会影响肉的味道。

6. 饲养方式

放牧肥育在牧草生长旺盛的夏季效果好,最经济。枯草来临前使肥育牛出栏。半舍饲能充分利用草场和粗饲料,结合补饲部分精料,肥育效果更好。舍饲肥育的好处是少受自然条件影响,可以进行一年四季的牛肉生产,但投资规模较前两种方式大,技术水平要求相对较高,育肥效果犊牛比成年牛好。

7. 经济杂交

经济杂交是提高肉牛产肉量的重要途径,品种间杂交其后代生长快,屠宰率和胴体产肉率高,比原品种多产牛肉 10%～15%,甚至可提高 15%～20%。

二、肉牛育肥技术

(一)育肥牛选择

1. 杂交牛

最好选择杂交牛。如利木赞、夏洛来、西门塔尔与蒙古牛杂交一代 6 月龄公母犊平均体重比同龄蒙古牛增加 40.6 kg、66.35 kg 和 43.71 kg,分别提高 35.11%、57.37%和 38.0%,由此可见杂交优势十分显著。

2. 奶公牛

主要指奶公犊进行育肥。这种育肥牛的优势为:

(1)生产潜力大　因荷斯坦牛初生重大,成年体重也更大,可达 650～700 kg,高于一般肉牛品种,因此日增重潜力很大。

(2)经济效益高　荷斯坦牛从 136 kg 直线育肥到 450 kg,饲料利用效率最高,肌肉大理石纹最理想,皮下脂肪最少,牛肉等级最高。

(3)利用粗饲料的能力强　即使利用粗饲料育肥,也可以获得很高的效益。方法是先用粗饲料饲养到 350 kg,然后增加精饲料喂到 500 kg。

3.淘汰牛

除了用上述优良品种牛育肥之外,广大养殖者在目前牛源紧缺的情况下遇到体况不佳的肉牛,就是那些老、弱、病、残的淘汰牛也不能轻易放弃。

(二)肉牛育肥方法

1.青年牛育肥

青年牛育肥又称育成牛持续育肥技术,利用牛早期生长发育快的特点,在犊牛 5～6 月龄断奶后直接进入育肥阶段,提供高水平营养,进行强度育肥,在 13～24 月龄出栏时体重达到360～550 kg。育成牛持续育肥可分为舍饲强度育肥和放牧补饲强度育肥两种。

(1)舍饲强度育肥技术　舍饲强度育肥指在育肥的全过程中采用舍饲,不进行放牧,保持始终一致的较高营养水平,一直到肉牛出栏。舍饲强度育肥饲养管理的主要措施:

①合理饮水与给食:第一次饮水量应限制在 10～20 kg,切忌暴饮。如果每头牛同时供给人工盐 100 g,则效果更好。第二次给水时间应在第一次饮水 3～4 h 后,此时可自由饮水,水中如能掺些麸皮则更好。当牛饮水充足后,便可饲喂优质干草。第一次应限量饲喂,按每头牛4～5 kg 供给;第 2～3 天逐渐增加喂量;5～6 d 后才能让其自由充分采食。青贮料从第 2～3天饲喂。精料从第 4 天开始供给,也应逐渐增加,而不要一开始就大量饲喂。开始时按牛体重的 0.5％供给精料,5 d 后按 1％～1.2％供给,10 d 后按 1.6％供给,过渡到每日将育肥喂量全部添加。经过 15～20 d 适应期后,采用自由采食法饲喂。

②隔离观察:从市场购回断奶犊牛,应对入场牛隔离观察饲养。注意牛的精神状态、采食及粪尿情况,如发现异常现象,要及时诊治。

③分群:隔离观察临结束时,按牛年龄、品种、体重分群,目的是使育肥达到更好效果。一般 10～15 头牛分为一栏。

④驱虫:驱虫可从牛入场的第 5～6 天进行。驱虫 3 d 后,每头牛口服"健胃散"350～400 g健胃。驱虫可每隔 2～3 个月进行一次。

⑤合理去势:舍饲强度育肥时可不对公牛去势。试验研究表明,公牛在 2 岁前不去势育肥比去势后育肥不仅生长速度快,而且胴体品质好,瘦肉率高,饲料报酬高。2 岁以上公牛以去势后育肥较好。

⑥运动:肉牛既要有一定的活动量,又要让它的活动受到一定的限制。前者的目的是为了增强牛的体质,提高其消化吸收能力,并使其保持旺盛的食欲;而限制牛的过量活动,则主要是为了减少能量消耗,以利于育肥。因此,如果采用自由活动法,育肥牛可散养在围栏内,每头牛占地 4～5 m²。

⑦刷拭:每日在喂牛后对牛刷拭 2 次,可促进牛体血液循环,增加牛的采食量。刷拭必须彻底,先从头到尾,再从尾到头,反复刷拭。

⑧保持牛舍卫生:在育肥牛入舍前,应对育肥牛舍地面、墙壁用 2％火碱溶液喷洒消毒,器具消毒用新洁尔灭或 0.1％高锰酸钾溶液。进舍后,每天应对牛舍清扫 2 次,上午和下午各1 次,清除污物和粪便。每隔 15 d 或 1 个月应对用具、地面消毒 1 次。

(2)放牧补饲强度育肥技术　这是在有放牧条件的地区,犊牛断奶后,以放牧为主,根据草场情况,适当补充精料或干草的强度育肥方式。要实现在 18 月龄体重达到 400 kg 这一目标,要求犊牛哺乳阶段,平均日增重达到 0.9～1 kg,冬季日增重保持 0.4～0.6 kg,第二个夏季日增重在 0.9 kg。在枯草季节每天每头喂精料 1～2 kg。技术要点如下：

①以草定畜：放牧时，实行轮牧，防治过牧。牛群可根据草原、草地大小而定，一般 50 头左右一群为好。120～150 kg 活重的牛，每头牛应占有 1.3～2 hm² 草场。300～400 kg 活重的牛，每头牛应占有 2.7～4 hm² 草场。

②合理放牧：北方牧场在每年的 5～10 月份、南方草地 4～11 月份为放牧育肥期，牧草结实期是放牧育肥的最好季节。每天的放牧时间不能少于 12 h。最好设有饮水设备，并备有食盐砖块，任其舔食。当天气炎热时，应早出晚归，中午多休息。

③合理补饲：不宜在出牧前或收牧后立即补料，应在回舍后过几小时补饲，每天每头补喂精料 1～2 kg，否则会减少放牧时牛的采食量。

2. 架子牛育肥

一般将 12 月龄左右，骨骼得到相当程度发育的牛称为架子牛。

(1)育肥架子牛的选择　应选择身体健康、被毛光亮、精神状态良好的牛用于育肥。牛的年龄应在 1.5 岁左右，1 岁以下育肥需要的时间较长，而超过 2.5 岁生长速度缓慢。一般杂种牛在一定的年龄阶段其体重范围大致为：6 月龄体重为 120～180 kg，12 月龄体重为 180～250 kg，18 月龄体重为 220～310 kg，24 月龄体重为 280～380 kg。

要注意选择杂种牛，利用杂种优势。首先要选良种肉牛或肉乳兼用牛及其与本地牛的杂种，其次选荷斯坦公牛及其与本地牛的杂交后代。2 岁前不去势的公牛，生长速度和饲料转化率均明显高于阉牛，且胴体瘦肉多，脂肪少。

要选择双肌牛与普通牛的杂交后代。双肌牛生长快，胴体脂肪少而肌肉多。

(2)减少应激反应　架子牛在运输过程中，以及刚进入育肥场新环境条件，会产生应激现象。牛受应激反应越大，养牛的损失也越大。为减少牛应激的损失，可采用如下措施：

①口服或注射维生素 A。运输前 2～3 d 开始，每头牛每日口服或注射维生素 A 2.5×10⁵～1.0×10⁶ IU。

②装运前合理饲喂。具有轻泄性的饲料（如青贮饲料、麸皮、新鲜青草），在装运前 3～4 h 就应停止饲喂，否则容易引起腹泻，排尿过多，污染车厢和牛体。装运前 2～3 h，架子牛亦不宜过量饮水。

③装运过程中，切忌任何粗暴行为或鞭打牛只，否则可导致应激反应加重。

④合理装载。用汽车装载时，每头牛按体重大小应占有的面积是：300 kg 以下为 0.7～0.8 m²；300～350 kg 为 1.0～1.1 m²，400 kg 为 1.2 m²、500 kg 为 1.3～1.5 m²。

(3)新购进架子牛的饲养管理　新到架子牛应在干净、干燥的地方休息，应先提供清洁饮水。首次饮水量限制为 15～20 L，并每头牛补人工盐 100 g；第二次饮水应在第一次饮水后 3～4 h，切忌暴饮，水中掺些麸皮效果更好；随后可采取自由饮水。对新到架子牛，最好的粗饲料是长干草，其次是玉米青贮和高粱青贮。不能饲喂优质苜蓿干草或苜蓿青贮，否则容易引起运输应激反应。用青贮料时最好添加缓冲剂（碳酸氢钠），以中和酸性。每天每头可喂 2 kg 左右的精饲料，加喂 350 mg 抗菌类药物和 350 mg 磺胺类药物，以消除运输应激反应。不要喂尿素。补充无机盐，用 2 份磷酸氢钙加 1 份盐让牛自由采食。补充 5 000 IU 维生素 A 和 100 IU 维生素 E。架子牛入栏后立即进行驱虫。驱虫后，架子牛应隔离饲养 15 d，其粪便消毒后进行无害化处理。

(4)分阶段饲养 架子牛在应激时期结束后,应进入快速育肥阶段,并采用阶段饲养。如架子牛快速育肥需要 120 d 左右,可以分为 3 个育肥阶段:过渡驱虫期(约 15 d)、第 16～60 天和第 61～120 天。

①过渡驱虫期:此期约 15 d。对刚从草原买进的架子牛,一定要驱虫,包括驱除内外寄生虫。实施过渡阶段饲养,即首先让刚进场的牛自由采食粗饲料。粗饲料不要铡得太短,长约 5 cm。上槽后仍以粗饲料为主,可铡成 1 cm 左右。每天每头牛控制喂 0.5 kg 精料,与粗饲料拌匀后饲喂。精料量逐渐增加到 2 kg,尽快完成过渡期。

②第 16～60 天:这时架子牛的干物质采食量要逐步达到 8 kg,日粮粗蛋白质水平为 11%,精粗比为 6:4,日增重 1.3 kg 左右。

③第 61～120 天:此期干物质采食量达到 10 kg,日粮粗蛋白质水平为 10%,精粗比为 7:3,日增重 1.5 kg 左右。

(5)架子牛育肥的管理 育肥架子牛可采用短缰拴系,限制活动。每天刷拭两次,有利于皮肤健康,促进血液循环,以改善肉质。及早出栏,达到市场要求体重则出栏,一般活牛出栏体重为 450 kg,高档牛肉则为 550～650 kg。要定期了解牛群的增重情况,随时淘汰处理病牛等不增重或增重慢的牛。

3.成年牛育肥

成年牛一般指 30 月龄以上牛,其大多来源于肉用母牛、淘汰的成年乳用母牛及老弱黄牛。这种牛骨架已长成,只是膘情差,采用 3～5 个月的短期肥育,以增加膘情,出栏重达 500 kg 以上。经过育肥,使肌肉之间和肌纤维之间脂肪增加,肉的味道改善,并由于迅速增重,肌纤维、肌肉束迅速膨大,使已形成的结缔组织网状交联松开,肉质变嫩,经济价值提高。

育肥前对牛进行健康检查,病牛应治愈后育肥;过老、采食困难的牛不要育肥;公牛应在育肥前 10 d 去势。成年牛育肥期以 2～3 个月为宜,不宜过长,因其体内沉积脂肪能力有限,满膘时就不会增重,应根据牛膘情灵活掌握育肥期长短。有草地的地方可先行放牧育肥 1～2 个月,再舍饲育肥 1 个月。

成年牛育肥应充分利用秸秆和糟渣类资源(表 3-5-5)。我国农区秸秆资源丰富,特别是玉米秸,其产量高,营养价值也较高,粗蛋白含量可达 5.7% 左右,比麦秸和稻草等秸秆的粗蛋白含量高;易消化的糖、半纤维素和纤维素含量也比麦秸和稻草高,玉米秸的干物质消化率可达 50%。

青贮饲料的用量根据肉牛活重而定,每 100 kg 活重喂 6～8 kg,其他粗饲料 0.8～1.0 kg。同时,需要补充精饲料 0.6～1.0 kg(根据年龄及膘情确定)。随着精料喂量逐渐增加,青贮玉米秸的采食量逐渐下降,日增重提高,而成本也会增加。玉米青贮按干物质的 2% 添加尿素饲喂能获得较好的效果。这时给牛喂缓冲剂碳酸氢钠能防止酸中毒,提高肉牛的牛长速度。碳酸氢钠用量占日粮总量的 0.6%～1.0%,每天每头牛 50～150 g。用 1/5 氨化秸秆和青贮饲料搭配喂肉牛,也可中和瘤胃酸性,提高进食量。精料的一般比例为玉米 65%、麸皮 12%～15%、油饼 15%～20%、矿物质类 4%。

以酒糟为主要饲料育肥肉牛,一般为期 3～4 个月。开始阶段,大量喂给干草和其他粗饲料,只给少量酒糟,以训练其采食能力。经过 15～20 d,逐渐增加酒糟饲喂量,减少干草饲喂量。到育肥中期,酒糟量可以大幅度增加。在日粮组成中,宜合理搭配少量精料和适口性强的其他饲料,特别注意添加维生素制剂和微量元素,以保证牛旺盛的食欲。

表 3-5-5　成年牛育肥日粮参考配方　　　　　　　　　　　　　　　kg

饲料	前期 20 d			中期 50 d			后期 50 d		
	1	2	3	1	2	3	1	2	3
氨化或微贮秸秆	7.0	10.0	5.0	8.0	12.0	6.0	5.0	9.0	2.0
白酒糟	15.0	10.0	0	20.0	10.0	0	25.0	10.0	0
玉米青贮	0	0	25.0	0	0	25.0	0	0	25.0
混合精料	2.0	12.0	2.0	2.5	3.0	3.0	3.0	3.0	5.0
尿素			0.08			0.08			0.08

注：混合精料成分为玉米 59%、棉籽饼 37%、食盐 1.5%、饲料添加剂 1.0%。饲料添加剂每千克内含有：瘤胃素 4.0 g，$CuSO_4 \cdot 5H_2O$ 4.1 g，$ZnSO_4 \cdot 7H_2O$ 27 g，$FeSO_4 \cdot 7H_2O$ 51 g，$MnSO_4 \cdot 5H_2O$ 35 g，KI 0.13 g，$CoCl_2 \cdot 6H_2O$ 0.08 g，$NaSeO_3 \cdot 5H_2O$ 0.134 g。

三、高档牛肉生产技术

(一)高档牛肉的概念

牛肉在嫩度上不及猪、禽肉，但若利用世界上专门化的肉牛良种或优良地方品种的杂交后代，采用高水平饲养、育肥达到一定体重后屠宰，并按规定的程序进行后熟、分割、加工、处理，其中几个指定部位的肉块经专门设计的工艺处理，这样生产的牛肉，不仅色泽、新鲜度上达到优质肉产品的标准，而且具有和优质猪肉相近的嫩度，即称为高档牛肉。因此，高档牛肉就是牛肉中特别优质的、肌肉纤维细嫩和脂肪含量较高的牛肉，所做食品既不油腻，也不干燥，鲜嫩可口。

高档牛肉品质档次的划分，主要依据牛肉本身的品质和消费者的主观需求，因此有多种标准，但一般的高档肉块主要指牛柳、西冷和眼肉 3 块分割肉，且要求达到一定的重量标准和质量标准，有时也包括嫩肩肉、胸肉两块分割肉。高档牛肉占牛胴体的比例最高可达 6%～12%。高档牛肉售价高，是具有较高的附加值、可以获得高额利润的产品。

(二)高档牛肉生产技术要点

1. 品种选择

生产高档牛肉应选择国外优良的肉牛品种，如安格斯牛、利木赞牛、皮埃蒙特牛、西门塔尔牛等，或它们与国内优良地方品种(如秦川牛、晋南牛、鲁西牛、南阳牛)的杂种牛，这样的牛生产性能好，易于达到育肥标准。

2. 年龄选择

因为牛的脂肪沉积与年龄呈正相关，即年龄越大，沉积脂肪的可能性越大，而肌纤维间脂肪是较晚沉积的。但年龄与嫩度、肌肉、脂肪颜色有关，一般随年龄增大肉质变硬，颜色变深变暗，脂肪逐渐变黄。生产高档牛肉，牛的屠宰年龄一般为 18～22 月龄，屠宰体重达到 500 kg以上，这样才能保证屠宰胴体分割的高档优质肉块有符合标准的剪切值、理想的胴体脂肪覆盖和肉汁风味。因此，对于育肥架子牛，要求育肥前 12～14 月龄体重达到 300 kg，经 6～8 个月育肥期，活重能达到 500 kg 以上。

3. 性别选择

一般母牛沉积脂肪最快，阉牛次之，公牛沉积最迟而慢；肌肉颜色则公牛深，母牛浅，阉牛居中；饲料转化效率以公牛最好，母牛最差。年龄较轻时，公牛不必去势；年龄偏大时，公牛去势(育肥期开始之前 10 d 进行)。母牛则年龄稍大亦可,因母牛肉一般较嫩,年龄大些可改善肌肉颜色浅的缺陷。综合各方面因素,用于生产高档优质牛肉的牛一般要求是阉牛。因为阉牛的胴体等级高于公牛,生长速度又比母牛快。因此,在生产高档牛肉时,应对育肥牛去势。去势时间应选择在 3～4 月龄以内进行较好,可以改善牛肉的品质。

4. 营养水平

生产高档牛肉,要对饲料进行优化搭配,饲料应多样化,尽量提高日粮能量水平,但蛋白质、矿物质和微量元素的供给量应该足够。不同时期的营养水平如下:

(1)断奶至 6 月龄　CP(粗蛋白质)为 16％～19％,TDN(总的可消化养分)为 70％,配合饲料占体重的 2.0％～2.5％,粗饲料占 1.0％～1.2％。

(2)7～12 月龄　CP 为 14％～16％,TDN 为 68％～70％,配合饲料占体重的 1.2％～1.5％,粗饲料占 1.2％～1.5％。

(3)育肥前期(13～18 月龄,300～450 kg)　CP 为 11％～12％,TDN 为 71％～72％,配合饲料占体重的 1.7％～1.8％,粗饲料占 1.0％～1.2％。

(4)育肥后期(19～24 月龄,450～650 kg)　CP 为 10％～11％,TDN 为 72％～73％,配合饲料占体重的 1.8％～2.0％,粗饲料占 0.5％～0.8％。

5. 适时出栏

为了提高牛肉的品质(大理石花纹的形成、肌肉嫩度、多汁性、风味等),应该适当延长育肥期,增加出栏重。中国黄牛体重达到 500～550 kg,月龄为 25～30 月龄时出栏较好。此时出栏,体重在 450 kg 的屠宰率可达到 60.0％,眼肌面积达到 83.2 cm²,大理石花纹 1.4 级;体重在 550 kg 的屠宰率可达到 60.6％;体重在 600 kg 的屠宰率可达到 62.3％,眼肌面积达到 92.9 cm²,大理石花纹 2.9 级。

6. 严格的生产加工工艺

高档牛肉只占牛肉总重的 10％左右,但其经济价值却占整个牛的近 50％。要获得比较好的经济效益,必须按照高档牛肉的生产加工工艺进行生产,其屠宰工艺流程为:检疫—称重—淋浴—击昏—倒吊—刺杀放血(电刺激)—剥皮(去头、蹄和尾巴)—去内脏—劈半—冲洗—修整—转挂—称重—冷却—排酸成熟—剔骨分割、修整—包装。

(三)高档牛肉生产技术体系

1. 选择合适的育肥季节

育肥季节最好选在气温低于 30℃ 的时期。气温较低时,有利于增加饲料采食量和提高饲料消化率,同时减少蚊蝇以及体外寄生虫的危害,使牛有一个安静适宜的环境。春秋季节气候温和,牛的采食量大,生长快,育肥效果最好,其次为冬季。夏季炎热,不利于牛的增重。如果必须在夏季育肥,则应严格执行防暑措施,如利用电风扇通风、在牛身上喷洒冷水等。冬季育肥气温过低时,可考虑采用暖棚防寒。

不同的季节对育肥经济收益有影响。在牛肉生产不能均衡供应之时,不同季节的牛肉销售价格存在较大的差异,尤其是在南方地区特别明显,冬季的牛肉价格要比夏季高许多,因此秋冬季节育肥经济收益最好。

2. 合理搭配饲料

优质粗饲料是肉牛饲养的主要饲料,粗饲料对于保持牛的消化机能是必不可少的。因此,配合肉牛日粮应该首先考虑利用粗饲料。不少肉牛场常以麦秸、氨化麦秸、青贮玉米秸或青干草作为主要饲料,让牛自由采食,为牛提供大部分营养物质。但从粗蛋白质含量和饲料的可消化性上看,常用粗饲料中青干草、豆秸、玉米秸质量较好,而麦秸、稻草和谷草质量相对较差。如果仅用麦秸饲喂肉牛,肉牛体重几乎不增加或稍减轻;只饲喂氨化麦秸,肉牛每天增重只有 200 g 左右;随着饲喂精料量的增加,肉牛的日增重增加。因此,肥育牛必须饲喂一定量的精料。

3.糟渣等副产品的利用

我国啤酒糟、淀粉渣、豆腐渣、糖渣和酱油渣的产量每年约 3×10^7 t,它们是肉牛育肥很好的饲料资源。这些饲料的缺点是营养不平衡,单独饲喂时效果不好,牛易生病。如果合理使用添加剂,糟渣类副产品能够代替日粮的 90% 精饲料,日增重仍可达到 1.5 kg 左右。用法和参考用量如下。

啤酒渣:每天每头牛喂 15～20 kg,加 150 g 小苏打、100 g 尿素和 50 g 肉牛添加剂。

酒糟:每天每头牛喂 10～15 kg,加 150 g 小苏打、100 g 尿素和 50 g 肉牛添加剂。

淀粉渣、豆腐渣、糖渣、酱油渣:每天每头牛喂 10～15 kg,加 150 g 小苏打、100 g 尿素和 50 g 肉牛添加剂。

4.饲料添加剂的使用

(1)饲草料调味剂　按每 100 kg 秸秆喷入 2～3 kg 含有糖精 1～2 g(注意不要过量)、食盐 100～200 g 的水溶液,在饲喂前喷洒,所产生的鲜草香味,可提高牛的采食量,从而提高日增重。

(2)碳酸氢钠　牛瘤胃的酸性环境对微生物的活动有重要影响,尤其是当变换饲料类型而精料增加时,可使瘤胃的 pH 显著下降,影响瘤胃内微生物的活动,进而影响饲料的转化。在肉牛饲料中添加 0.7% 碳酸氢钠后,能使瘤胃的 pH 保持在 6.2～6.8 的范围内,符合瘤胃微生物增殖的需要,瘤胃具有最佳的消化机能,采食量提高 9%,日增重提高 10% 以上。按碳酸氢钠 66.7%、磷酸二氢钾 33.3% 组成缓冲剂,育肥第一期添加量占牛日粮干物质的 1%,第二期添加 0.8% 日增重可提高 15.4%,精料消耗减少 13.8%,并使消化系统疾病的发病率大为减少。

(3)益生素　这是一种有取代或平衡胃肠道内微生态系统中一种或多种菌系作用的微生物制剂,如乳酸杆菌剂、双歧杆菌剂、枯草杆菌剂等,可激发自身菌种的增殖,抑制别种菌系的生长;产生酶、合成 B 族维生素,提高机体免疫功能,促进食欲,减少胃肠道疾病的发病率,具有催肥作用。添加量一般为牛日粮的 0.02%～0.2%。

(4)非蛋白氮　用得最多最普遍的非蛋白氮是尿素。每 1 kg 尿素的营养价值相当于 5 kg 大豆饼或 5 kg 亚麻子饼的蛋白质营养价值。

(5)矿物质添加剂　根据当地矿物质含量情况,针对性地选用矿物质添加剂。如果是舍饲,可以将矿物质添加剂均匀拌入精料中;如果是放牧,则可购买矿物舔砖补充。

(6)维生素添加剂　肉牛育肥日粮中应补充维生素。一般瘤胃可合成水溶性维生素,而缺乏脂溶性维生素,尤其饲喂秸秆为主要日粮的肉牛更易缺乏脂溶性维生素。饲喂酒糟多的牛必须补充维生素,尤其是维生素 A,可采用粉剂拌入饲料中饲喂。

【技能训练】

技能训练3-8　肉牛的育肥技术

一、技能训练目标

掌握肉牛饲养的工作程序及要领,能独立完成肉牛的育肥工作。

二、技能训练材料

选择一个育肥牛场及牛群。

三、技能训练方法与步骤

1.检查牛群健康状况

将年老、病牛剔除。

2.驱虫

在肥育开始前进行一次驱虫。

3.分组、编号

按体重、年龄、性别、品种及营养状况分群。

4.去势

成年公牛在肥育前15～20 d去势。幼龄公牛宜早期去势。去势的时间要根据出生季节而定,春夏季所产的犊牛可在45～75日龄去势,秋冬季产的犊牛在3～5月龄去势。如果在1～2岁屠宰,也可以不去势,但要远离母牛。

5.青年牛强度育肥

犊牛断奶后直接转入育肥阶段,在整个育肥期内使日增重保持在1.0～1.2 kg及以上,1～1.5岁屠宰体重可达450～550 kg。

青年牛多采取舍饲育肥,每天饲喂3次,定量喂给精料和主要辅助料,精料按每100 kg体重1.5～2.0 kg喂给,粗料不限量;自由饮水,冬饮温水,夏饮凉水;限制活动,短缰拴系(缰绳长50～60 cm)。

6.架子牛肥育

架子牛的催肥期以3～5个月为宜。肥育前期每天饲喂2次,饮水3次,后期日喂3～4次,饮水4次。每天上、下午各刷拭一次牛体。要经常观察粪便、精神状况,发现问题及时处理。实行短缰拴系,限制活动。肥育的主要饲料应以青粗饲料或加工副产品(如酒糟、甜菜渣等)为主,适当补充精饲料。精料喂量随着肥育期的延长或体重的增加而增多。精粗饲料比例按日粮干物质1:(1.2～1.5)为宜,日采食干物质为牛活重的2.5%～3.0%。青粗饲料应做氨化或青贮等处理,以提高肥育效果。

四、技能考核标准

肉牛的育肥技术技能考核标准参见表3-5-6。

表3-5-6 肉牛的育肥技术技能考核标准

序号	考核项目	考核标准	参考分值
1	检查牛群健康状况	各项按实习态度(20%)、操作能力(30%)、实训结果(30%)、实训报告(20%)分别考核给分,加权合计为最后成绩	10
2	驱虫		10
3	分组与编号		10
4	去势		10
5	青年牛强度育肥		30
6	架子牛育肥		30
合计			100

任务 3-6 牛产品加工及其检验

一、乳品生产与检验

（一）牛乳的营养价值及成分

牛乳是多种成分的混合物,有很大的多变性和易变性。这种易变性和多变性不仅受乳牛品种、遗传等因素的影响,而且同一品种的乳牛产的奶也受饲料、饲养条件、季节、泌乳期以及乳牛年龄和健康条件等的影响。各种家畜鲜乳的成分见表 3-6-1。

表 3-6-1 各种家畜鲜乳成分 %

成分	畜 种						
	牛	山羊	绵羊	水牛	牦牛	骆驼	马
水分	87.5	86.4	81.6	81.3	82.0	85.0	89.0
干物质	12.5	13.6	18.4	18.7	18.0	15.0	11.0
脂肪	3.8	4.3	7.2	8.7	6.5	5.4	1.5
总蛋白质	3.3	4.0	5.7	4.3	5.0	3.8	2.0
酪蛋白	2.7	3.0	4.5	3.5	3.8	2.9	1.3
乳清蛋白	0.6	1.0	1.2	0.8	1.2	0.9	0.7
乳糖	4.7	4.5	4.6	4.9	5.6	5.1	7.2
灰分	0.7	0.8	0.9	0.8	0.9	0.7	0.3
能量/(J/L)	3 054	3 264	4 686	5 355	4 393	3 849	2 301

（二）牛乳的物理性质

牛乳的物理性质是鉴定原料乳质量的重要依据。

1. 色泽、外观与气味

正常的乳是白色或微黄色、均匀一致的液体。由于乳中含有一定量的挥发性脂肪酸,故新鲜牛奶具有清香味,在加热时,气味更为显著。静置时乳脂浮于表面,使外观上颜色显得稍黄。

2. 密度

乳的密度是乳与同体积的水的重量之比。当前乳品检验中常用的比重计是以 20℃ 的乳与同体积 4℃ 的水质量之比而制造的。牛常乳的密度一般为 1.028～1.032,平均 1.030。

刚挤出的牛乳所测出的密度不准确,因为乳中尚含有一定气泡,脂肪的容积也有变化,因此密度常低于正常乳约低 0.001。乳的密度与温度有关,同样的乳温度越高,密度越低。

3. 酸度

牛乳品生产中经常需要测定乳的酸度。乳的酸度有多种表示形式。乳品生产中常用的酸度,是指以标准碱溶液用滴定法测定的"滴定酸度"。滴定酸度有多种测定方法及其表示形式,我国滴定酸度用吉尔涅尔度表示,简称"°T",即以酚酞为指示剂,中和 100 mL 牛乳所消耗

0.1 mol/L 氢氧化钠溶液的体积(mL),新鲜乳的酸度为 16~18°T。存放过程中由于微生物活动,乳酸度会增高。

4. 冰点与沸点

牛乳的冰点一般为-0.525~-0.565℃,平均为-0.540℃。可用冰点仪测定乳是否掺假。作为溶质的乳糖与盐类是冰点下降的主要因素,由于它们的含量较稳定,所以正常新鲜牛乳的冰点是物理性质中较稳定的一项。如果在牛乳中掺水,可导致冰点回升,掺水 10%,冰点约上升 0.054℃。

乳的沸点在 101.325 kPa(1 个大气压)下一般为 100.55℃左右,乳在浓缩过程中沸点继续上升,浓缩到原容积的 1/2 时,沸点约上升到 101.05℃。

(三)原料乳的初步处理

1. 牛乳的过滤与净化

牛场的鲜奶过滤一般不需要什么设备,主要用纱布进行过滤,要求所用纱布清洁,折成 3~4 层。过滤筛的结构多为漏斗形,筛的底部为两层金属网,使用时在金属网之间夹入多层纱布,可以初步滤出较大的杂物。过滤筛见图 3-6-1 和图 3-6-2。机器挤奶的牛场可在鲜奶处理站进行过滤,多用牛奶过滤筛。

过滤后的牛乳仍有很多极微小的机械杂质和细菌、细胞等,为了除去这些杂质,达到较高的纯净度,必须用离心式净乳机净化,见图 3-6-3。

图 3-6-1 普通筛　　　　　　　图 3-6-2 卸筛　　　　　　图 3-6-3 净乳机

2. 牛乳的冷却

刚挤下的牛乳温度接近体温,应迅速将乳冷却,抑制乳中微生物的繁殖。验收合格乳应迅速冷却至 4~6℃,贮存期间不得超过 10℃。冷却后的乳可保存较长时间,见表 3-6-2。

表 3-6-2　乳温与抗菌特性作用时间的关系

乳温/℃	抗菌特性作用时间/h	乳温/℃	抗菌特性作用时间/h
37	2	5	36
30	3	0	48
25	6	-10	240
16	12	-25	720
10	24		

从表 3-6-2 可以看出,乳在保存过程中,开始数小时内因其存在抗菌特性,细菌增加缓慢。但如不能及时冷却,特别是在夏季,乳则很快变酸。因此,在规模奶牛场,一般要求挤完乳后要立即过滤,在 2 h 内送往乳品加工厂。

牛乳冷却的方式有水池冷却、浸没式冷却器冷却和板式热交换器冷却等。

3. 牛乳的保存和运输

冷却后的乳应尽可能保持低温,以防止温度升高保存性降低。因此,储存原料乳的设备,要有良好的绝热保温措施,并配有适当的搅拌机构,定时搅拌乳液以防止乳脂肪上浮而造成分布不均匀。贮乳设备一般采用不锈钢材料制成,多为不同容量的贮乳罐,见图 3-6-4。

图 3-6-4　贮乳罐

乳的运输是乳品生产上重要的一环,运输不妥,往往造成很大的损失。在乳源分散的地方,多采用乳桶运输,乳源集中的地方,采用乳槽车运输。

(四)原料乳的验收

1. 感官检查

感官检查是乳验收的第一步。一般异常的乳在颜色、气味等方面会发生一些变化,有经验的人员会及时发现异常,查明可能存在的问题。乳房炎乳的成分变化很大,免疫球蛋白、血清球蛋白、氯及钠含量增高,可通过"杯碟试验"进行判断。

2. 酸度测定

预先在一支试管内注入 0.1 mol/L 氢氧化钠溶液 2 mL(要求界限酸度 18°T 时,可加 1.8 mL),酚酞指示剂 1 滴。检查时只需向试管中注入 1 mL 待检乳,充分混合后为红色者,说明酸度在 20°T 以下(18°T 以下),为酸度合格乳;混合后若为白色,则是超过 20°T 的不合格乳。

3. 密度测定

牛奶的密度一般为 1.028~1.032,平均为 1.030。牛奶的密度测定采用专用牛奶密度计,将待测乳充分搅拌均匀,取乳样 150~200 mL,将乳沿量筒壁徐徐倒入量筒内,避免产生气泡,然后将比重计(D20℃/4℃ 或 D15℃/15℃)轻轻地插入量筒乳的中心,使其徐徐上浮,切勿使其与筒壁相撞,待静置后读数。以乳液面月牙形上部尖端部为准。同时测定乳试样的温度,如果乳的温度不是比重计的标准温度时,需进行换算。

4. 乳脂率测定

向乳脂计先加入 10 mL 硫酸,再沿管壁小心准确加入 11 mL 样品,使样品与硫酸不要混合,然后加 1 mL 异戊醇,塞上橡皮塞,使管口向下,同时用布包裹以防冲出硫酸液发生溅蚀事故,用力振摇使呈均匀棕色液体,静置 10 min(管口向下),置 65~70℃ 水中,注意水浴水面应高于乳脂计脂肪层,20 min 后取出,立即读数,即为脂肪的百分数。

5.抗生素检测

取 150 mL 奶样于 250 mL 三角瓶中,在电炉上加热煮沸后,冷却至 42℃,加入 15 mL 经接种后的乳酸菌菌种,然后置于 42℃的培养箱中发酵,1 h 后观察。如果奶样已发酵,证明无抗生素;反之则为异常乳。

二、肉品生产与检验

(一)牛肉的化学组成及其营养价值

牛肉主要由水分、蛋白质、脂肪与灰分所组成。不同肥度及不同年龄其成分有很大差异。一般幼牛肉的水分含量较大而脂肪含量较低。经肥育的牛,水分含量降低而脂肪含量提高,相对蛋白质含量也有所降低。此外,由于部位不同,肉的组成也不一样。

1.蛋白质

牛肉中的蛋白质主要为胶原蛋白及弹性蛋白。胶原蛋白在水中加热到 70～100℃,一部分分解而变成胶质。弹性蛋白比胶原蛋白更为强韧,即使加热也不溶解。牛肉蛋白质中含有人类必需的氨基酸,而且量较多,因此营养价值很高。

2.脂肪

牛肉的脂肪主要由棕榈酸、硬脂酸、油酸等组成。此外还有亚油酸、挥发酸、不皂化物、甘油和微量的脂溶性维生素。牛脂肪组成的硬脂酸占 41.7%,油酸占 33%,棕榈酸占 18.5%,亚油酸占 2%,甘油占 4.5%,不皂化物 0.1%。

3.碳水化合物及有机酸

牛肉中含有少量无氮有机化合物,主要为碳水化合物及有机酸,还存在微量的肌醇。乳酸在肌肉中含 0.04%～0.07%,肌肉中的乳酸呈右旋性,称之为肉乳酸。当牛疲劳时,乳酸含量增加。屠宰刚结束时肌肉的 pH 约为 7(6.8～6.9),由于乳酸增加,pH 下降到 5.5 左右,然后又因蛋白质分解,pH 继续上升。如果 pH 升为 6 以上时,则无疑是陈旧的肉。

4.矿物质元素

牛肉中含有人体所需的矿物质元素,如钾、钠、钙、磷、铁、镁、铜等,总量为 1%～2%,其中铁含量是猪肉中的 2 倍,是鸡肉中的 3 倍,大部分的钙含于骨中。

5.维生素

牛肉中含有各种维生素,但含量很低,并且也不固定。

(二)肉牛的屠宰与胴体分割

1.肉牛的屠宰

(1)宰前准备

①检验:屠宰的肉牛需具备牛只产地防疫监督机构开具的检疫合格证明。宰前必须进行健康观察,凡发现口、鼻、眼有过多的分泌物,呼吸困难,行为异常等,一般暂不能作为生产商品牛肉的屠宰;另外,注射炭疽芽孢菌苗的牛,在 14 d 内也不得屠宰产肉出售。只有经过临床检查健康的牛,才能屠宰,并生产商品牛肉。

②待宰淋浴:肉牛送宰前断食 12～24 h,充分饮水至宰前 3 h。用温水将牛体表面的污物冲洗干净。

③赶牛:赶牛人员及时把待屠宰的牛驱赶进屠宰车间,在驱赶过程中,严禁用棍棒驱赶、乱打,以免出现瘀血或损伤,避免使牛只受到强烈的刺激,造成牛只的过度紧张,影响放血,造成产品的质量下降。

(2)击晕　活牛称重,然后用机械法在眼睛与对侧牛角两条线的交叉点处将牛电麻或击晕。

(3)吊挂屠宰放血　宰牛人员把牛用缰绳及时准确系挂在牵牛机下端链轨挂钩上,启动牵牛机将屠牛送至放血轨道上,放血时间 8~12 min,保证放血充分。

(4)去四蹄　在掌骨和腕骨间去除前蹄,掌骨和跗骨间去掉后蹄,在枕骨和寰骨之间将头去除。

(5)预剥皮、机械扯皮　将牛腿上的皮预剥开,再从肛门沿腹中线剥开牛皮向两侧扩展,直到将四条腿与胸腹部剥通、割下乳腺或取下雄性生殖器官,分别投入专用的小推车内。将两后腿上的皮用剥皮机上的链条捆住,剥皮机开始工作,将皮剥下。

(6)开胸、去头　用开胸电锯从胸骨柄开始沿胸骨正中锯开胸骨,用消毒刀具从脖颈连接处下刀,割掉牛头,使甲状腺和喉后外侧淋巴结尽可能地留在头上,将牛头拿到洗牛头柜里冲洗,然后,在舌的两侧及软腭处各切一刀,使舌由下颌间隙游离出来,暴露出舌根及两侧咽后内侧淋巴结,最后将牛鼻上残余的皮割下。

(7)取白脏(胃肠)　沿腹部正中线划开腹腔,再用刀尖向下、向上划开腹腔内膜,不要划破肠胃。先用刀割开直肠两侧肠系膜组织,再拉出直肠,用刀将其连同系膜组织割到肾脏附近。再将膀胱连同尿根割下,然后在靠近肾脏处下刀,将肠系膜组织连同肠胃、食道割断,然后放在白脏同步检验轨道线上,食道要留 3~4 cm 在胃上。白脏通过专用通道进入白脏处理室进行整理。

(8)取红脏(心肝肺)　割断肝筋和膈肌,割断气管和食道,取下心、肝、肺挂在红脏同步检验轨道线上。在剖腹取内脏,操作中必须注意,刀不要刺破肠胃,胆囊等,以避免肉尸污染。如果发生割破肠胃、胆囊的现象,应立即冲洗和对刀具、手等进行清洗,消毒后方能继续操作。红脏通过专用通道进入红脏处理室进行整理。

(9)胴体劈半　用往复式电锯沿背脊柱正中从上到下将胴体锯开。不要锯偏,锯片应垂直于肉尸,锯面要整齐。

(10)宰后检验　按《牛羊屠宰产品品质检验规程》进行检验处理,并做好检验记录。

(11)修整冲洗　修掉肾脏、板油、腺体、膈肌,修去局部病变组织,自上而下将胴体上毛、血污、粪便、胃溶物、胆汁等冲洗干净。

2.肉牛的胴体分割

牛胴体分割是牛肉处理和加工的重要环节,也是提高牛肉商品价值的重要手段。

(1)中国肉牛胴体的分割方法　中国牛胴体的分割方法是将标准的牛胴体二分体首先分割成后腿肉、臀部肉、腰部肉、胸部肉、肋部肉、肩颈肉、前腿肉、腹部肉共 8 个部分,见图 3-6-5。在此基础上再进一步分割成牛柳、西冷、眼肉、上脑、嫩肩肉、胸肉、腱子肉、腰肉、臀肉、膝圆、大米龙、小米龙、腹肉 13 块不同的肉块,见图 3-6-6。

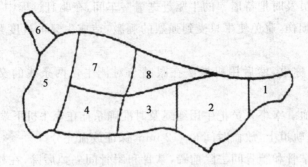

图 3-6-5　我国牛胴体的分割方法
1.后腿肉　2.臀部肉　3.腰部肉　4.肋部肉　5.颈肩肉　6.前腿肉　7.胸部肉　8.腹部肉

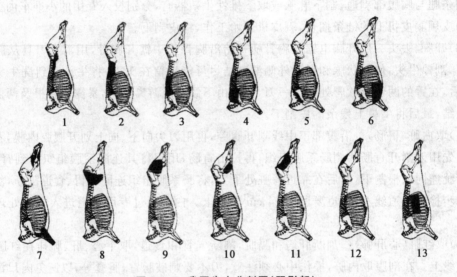

图 3-6-6　我国牛肉分割图(阴影部)
1.牛柳　2.西冷　3.眼肉　4.上脑　5.嫩肩肉　6.胸肉　7.腱子肉
8.腰肉　9.臀肉　10.膝圆　11.大米龙　12.小米龙　13.腹肉

(2)美国牛胴体的分割方法　美国牛胴体的分割方法是将胴体分成前腿肉、胸部肉、胸腹肉、腹部肉、肩颈肉、肋部肉、前腰肉、后腰肉、臀部肉、后腿肉等部位,见图 3-6-7。

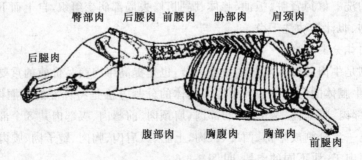

臀部肉　后腰肉　前腰肉　　肋部肉　　肩颈肉

后腿肉

腹部肉　　　胸腹肉　　　胸部肉　　前腿肉

图 3-6-7　美国牛胴体部位分割图

（三）牛肉的贮藏

牛肉的贮藏方法很多，有干燥法、盐藏法、低温贮存法、烟熏法、放射线处理法等。

1. 干燥法

利用风干、烘烤等方法降低牛肉中的水分含量，从而保证牛肉的质量。牛肉干、牛肉脯就是这类保存产品。

2. 盐藏法

在牛肉中添加食盐，由于食盐的吸水性很强，牛肉中的水分很快被食盐渗透，附着在肉表面的微生物体内水分也被盐渗透而使细菌失去活性，从而达到保存牛肉的目的。

3. 低温贮存法

牛肉在低温保存时，可以抑制微生物的生长和繁殖，延缓成分间的化学反应，控制酶活力，从而保证牛肉的质量。

（1）冷却保存　通常使牛肉深部的温度降至 0～1℃，可以达到冷藏的目的。也可使牛肉深部温度降至 −6℃ 左右，延长冷却肉的保存期。贮藏过程中微生物的变化，取决于牛肉最初的污染程度、冷却条件及加工前的质量等。

（2）冷冻保存　将牛肉进行深度冷冻，使牛肉中大部分汁液冻结成冰，阻碍微生物的生长和发育。为了保证冷冻肉的质量，最好在 −23℃ 以下的温度冻结，并在 −18℃ 左右保存。

（四）牛肉的品质评定

1. 牛胴体评定指标及评定方法

胴体冷却后，在充足的光线下，在 12～13 胸肋间眼肌切面处对下列指标进行评定。

（1）大理石花纹　对照大理石纹图片确定眼肌横切面处的大理石花纹等级。共有四个标准图片，分为极丰富（1 级）、丰富（2 级）、少量（3 级）和几乎没有（4 级），见图 3-6-8。在两级之间设半级，如介于 2 级和 3 级之间为 2.5 级。

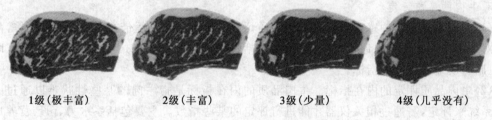

| 1级（极丰富） | 2级（丰富） | 3级（少量） | 4级（几乎没有） |

图 3-6-8　牛眼肌大理石花纹图片

（2）生理成熟度　根据脊椎骨末端软骨的骨化程度判断，骨质化程度越高，牛的年龄越大。骨质化程度分为 A、B、C、D、E 五个等级，A 级最年轻，E 级在 72 月龄以上。

（3）颜色　对照肉色等级图片判断眼肌切面处颜色的等级。分为 6 级，1 级最浅，6 级最深，其中 3 级和 4 级为最佳肉色。

（4）眼肌面积　在 12～13 胸肋间的眼肌切面处，用方格网直接测出眼肌的面积。

（5）背膘厚度的测定　在 12～13 胸肋间的眼肌切面处，从靠近脊柱一侧算起，在眼肌长度的 3/4 处垂直于外表面测量背膘的厚度。

2. 牛胴体等级标准

（1）质量等级标准　主要由大理石纹和生理成熟度决定，并参考肉的颜色进行调整。原则上是大理石纹愈丰富、生理成熟度愈低,即年龄愈小,级别愈高。否则反之。本标准牛胴体质量等级与大理石花纹和生理成熟度关系见表3-6-3。

(2)产量等级标准 初步选定由胴体重、眼肌面积和背膘厚度测算出肉率,出肉率越高等级越高。眼肌面积与出肉率成正比,眼肌面积越大,出肉率越高;而背膘厚度与出肉率成反比。

表3-6-3 我国牛胴体质量等级与大理石纹、生理成熟度的关系

大理石花纹等级	生理成熟度及门齿变化				
	A (24月龄以内) 无或出现第一对永久门齿	B (24~36月龄) 出现第二对永久门齿	C (36~48月龄) 出现第三对永久门齿	D (48~72月龄) 出现第四对永久门齿	E (72月龄以上) 永久门齿磨损较重
1级(极丰富)	特级				
1.5级(1、2级之间)					
2级(丰富)	优一级				
2.5级(2、3级之间)				优二级	
3级(少量)					
3.5级(3、4级之间)			普通级		
4级(几乎没有)					

3.牛肉的品质评定

(1)牛肉品质评定的感官指标 牛肉品质评定的感官指标是凭借视觉、味觉和触觉等感觉器官对牛肉外在品质做出评价的依据,主要包括色泽、大理石花纹、嫩度、风味和多汁性、眼肌面积、脂肪质地和色泽等指标。

(2)牛肉品质评定的内在指标 牛肉品质的内在指标是指牛肉的某些性状难以通过人的感官系统来评定,需通过相关仪器才能进行评定的某些指数。主要包括系水力、pH、营养成分含量、微生物含量和脂肪氧化程度等。牛肉内在指标与牛肉的适口性、营养价值和人的身体健康有着极其重要的关系。

三、牛皮的初加工

(一)鲜牛皮的预处理

用钝刀刮掉牛皮上的肉屑、脂肪、凝血、粪便和杂质等,去掉口唇、耳朵及有碍皮形整齐的皮角边等。

(二)牛皮的防腐

牛皮的防腐原则是低温、低水分和利用防腐剂抑制细菌和酶的活动,常用的防腐方法有干燥法、盐渍干腌法和盐干法。

1.干燥法

将牛皮的肉面向上,平摊在木板或席子上,或将肉面向风吊起,采用自然通风干燥使牛皮的水分降低到 15％以下,注意不能在阳光下暴晒或遭雨淋。

2.干腌法

将牛皮的毛面向下,平铺在中心较高的垫板上,整个肉面均匀撒满食盐,然后将另一张皮铺上撒盐处理;生皮堆高 1～1.5 m,腌制 6 d,用盐量为皮重的 25％。

3.盐干法

盐腌后的生皮再进行干燥处理。

【技能训练】

技能训练 3-9　原料乳成分分析

一、技能训练目标

(1)熟悉牛乳的营养价值和化学组成;

(2)掌握乳成分分析方法。

二、技能训练材料

正常鲜乳 500 mL、乳成分分析仪、测样杯、蒸馏水、洗瓶、大烧杯、吸水纸等。

三、技能训练方法与步骤

1.仪器的准备

将乳成分分析仪放置在水平台面,避免震动。开启电源,开始仪器预热,此时乳成分分析仪液晶屏显示"正在预热",5～8 min 仪器准备就绪。

2.清洗检测室

将被检奶样(25℃左右)倒入测样杯中,置于进样管下,按功能键一次,显示"检测原料奶",用搜索键▲找到"自动清洗",按确认键一次,出现"循环次数 01",表示清洗一个流程(5 次)。再按确认键一次,此时样品开始被反复吸入吐出 5 次。清洗完毕,显示"清洗仪器完毕"字样。

清洗的目的是用被测奶样将检测室里可能残留的其他液体(如蒸馏水、其他奶样等)带出,以保证检测的准确度。

3.检测

将被检奶样(25℃左右)倒入测样杯中,置于进样管下,按功能键返回到"检测原料奶"状态,按确认键一次,输入样品编号和样品重量,按确认键,仪器显示"正在检测",检测开始。仪器在 45～180 s 后完成检测,并显示检测结果,按▲键,打印检测结果。

四、技能训练作业

按实训操作方法,每个学生做 2 个牛奶样品的测定,并将检查结果填入表 3-6-4 内。

表 3-6-4　原料乳成分分析结果

编号	脂肪	非脂乳固体	蛋白质	乳糖	灰分	密度	冰点
1							
2							

五、技能考核标准

原料乳成分分析技能考核标准参见表 3-6-5。

表 3-6-5　原料乳成分分析技能考核标准

序号	考核项目	考核内容	考核标准	参考分值
1	学习态度 学习方法	操作态度 合作意识 思考意识	积极主动,服从安排;善于合作,积极与小组成员配合;积极思考,解决实训过程中碰到的困难	30
2	实训操作	乳成分分析	操作规范、结果正确、描述准确	60
3	实训小结	实训小结	实训小结撰写认真,上交及时	10
合计				100

技能训练 3-10　牛肉的质量评定

一、技能训练目标

通过测定牛肉样的嫩度、系水力、大理石评分等牛肉质量指标,使学生掌握牛的胴体分级、肉质评定的基本方法和相关仪器设备的使用方法。

二、技能训练材料

新鲜牛肉若干、直径 2.52 cm 和 1.27 cm 直径圆形取样器、匀浆机、离心机、pH 仪、扭力天平、切刀、膨胀压缩仪、硫酸纸、求积仪、大理石评分图板、比色板、100 mL 烧杯、铅笔。

三、技能训练方法与步骤

1. 系水力的测定

取第 1～2 腰椎背最长肌,切成 1.0 cm 厚的薄片,再用直径为 2.52 cm 圆形取样器(面积 5 cm²)取样,称重并记录,上下各垫 18 层滤纸,然后用允许膨胀压缩仪加压 35 kg,持续 3 min,撤除压力后称取肉样重、并记录。计算肌肉失水率,再根据肌肉含水量的实测值计算系水力,即:

$$系水力 = \frac{肌肉含水量 - 肉样被压出水量}{肌肉含水量} \times 100\%$$

或

$$系水力 = \frac{压前肉样重 - 压后肉样重}{压后肉样重} \times 100\%$$

2. 嫩度的测定

将测试样品按与肌纤维平行的方向用 1.27 cm 直径的圆形取样器顺肌纤维方向横切肉样块,做 10 个重复。按嫩度测定仪使用说明操作。测定时切刀与肉样垂直,打开电源开关,切断肉块,直接从表盘读取最大用力值即剪切值。记录 10 个肉块的剪切力值,计算算术平均数。单位用牛顿(N)或千克(kg)表示。

3. 大理石花纹评分测定

使用国际标准的大理石花纹评分图板,对照眼肌横截面的肌肉间脂肪的含量及分布情况进行主观打分。

4. pH 测定

取牛肉 5～10 g,放入 100 mL 烧杯中,加入蒸馏水 5～10 mL,在匀浆机中打碎,放离心机中离心后取上清液用 pH 仪测定。

四、技能训练作业

将所测定结果填入表 3-6-6 内,对所测肉质做简要的评价。

表 3-6-6　牛肉质量评定结果

肉号	pH	系水率	嫩度	大理石花纹	评价	肉号	pH
1							
2							

五、技能考核标准

参见表 3-6-7。

表 3-6-7　牛肉质量评定技能考核标准

序号	考核项目	考核内容	考核标准	参考分值
1	学习态度 学习方法	操作态度 合作意识 思考意识	积极主动,服从安排;善于合作,积极与小组成员配合;积极思考,解决实训过程中碰到的困难	30
2	实训操作	系水力测定 嫩度测定 大理石花纹评分 pH 测定 综合判断	操作规范、结果正确、描述准确	60
3	实训小结	实训小结	实训小结撰写认真,上交及时	10
合计				100

任务 3-7　牛场经营管理

一、牛场生产管理

(一)配种产犊计划的编制

配种和产犊是奶牛生产的重要环节,奶牛没有产犊也就没有产奶。配种产犊计划是奶牛场年度生产计划的重要组成部分。是完成奶牛场繁殖、育种和产奶任务的重要措施和基本保证。同时,配种产犊计划又是制定牛群周转计划、牛群产奶计划和饲料供应计划的重要依据。

1. 编制计划的必备资料

(1)上年度经产、初产、初配母牛最后一次实际配种日期和产后未配种的经产、初产母牛的产犊日期。查出各月份配种妊娠牛的头数。即上年度母牛分娩、配种记录。

(2)上年度的育成母牛出生日期、月龄及发育等情况。即前年和上年度所生的育成母牛的出生日期记录。

(3)本牛场配种产犊类型及历年的牛群配种繁殖成绩。

(4)计划年度内预计淘汰的成母牛和育成母牛的头数和时间。

(5)上年度繁殖母牛的年龄、胎次、营养、健康、繁殖性能等情况。

(6)当地气候特点、饲料供应、鲜奶销售情况及本场牛舍建筑设备情况,特别是产房与犊牛培育设施等方面的条件。

2.编制计划的依据与原则

(1)经产、初产母牛产犊后的配种时期。

(2)育成母牛的初配年龄和其他有关规定。

(3)牛只淘汰原则和标准。(如凡年龄超过10产,305 d产奶量低于4 500 kg,患有严重乳房疾病、生殖疾病而又屡治无效者均加以淘汰)

(4)牛群的情期受胎率、配种受胎率、情期发情率、流产死胎率与犊牛成活率等。

3.编制计划的方法与步骤

假设该场各类牛的情期发情率为100%,流产死胎率为0,并且本年度没有淘汰母牛。其编制方法及步骤如下:

(1)将2016年各月受胎的成母牛和初孕牛头数分别填入"上年度受胎母牛数"栏相应项目中(表3-7-1)。

表 3-7-1　某奶牛场 2017 年度配种产犊计划表　　　　　　　头

项目		月 份											
		1	2	3	4	5	6	7	8	9	10	11	12
上年度受胎母牛数	成母牛	25	29	24	30	26	29	23	22	23	25	24	29
	初孕牛	5	3	2	0	3	1	5	6	0	2	3	2
	合 计	30	32	26	30	29	30	28	28	23	27	27	31
本年度计划产犊母牛数	成母牛	30	26	29	23	22	23	25	24	29	29	28	31
	初产牛	0	3	1	5	6	0	2	3	2	2	4	5
	合 计	30	29	30	28	28	23	27	27	31	31	32	36
本年度配种母牛数	成母牛	29	24	30	26	24	23	22	23	25	24	29	29
	初产牛	5	3	2	0	3	1	5	6	0	2	3	2
	初配牛	4	7	9	8	10	13	6	5	3	2	0	1
	复配牛	20	27	29	34	35	34	27	23	23	22	22	26
	合 计	58	61	70	68	77	71	60	57	51	50	54	58
本年度估计情期受胎率/%		53	52	50	49	55	62	62	60	59	57	52	45
本年度妊娠母牛数	成母牛	29	28	31	29	37	36	33	31	28	27	28	26
	初孕牛	2	4	5	4	6	8	4	3	2	1	0	1
	合 计	31	32	36	33	43	44	37	34	30	28	28	26

（2）根据受胎月份减 3 为分娩月份，则 2016 年 4～12 月份受胎的成母年和初孕牛将分别在本年度 1～9 月份产犊，则分别填入"本年度产犊母牛数"栏相应项目中。

（3）2016 年 11、12 月份分娩的成母牛及 10、11、12 月份分娩的初产牛，应分别在本年度 1、2 月份及 1、2、3 月份配种，并分别填入"本年度配种母牛数"栏的相应项目内。

（4）2015 年 8 月至 2016 年 7 月份所生的育成母牛，到 2017 年 1～12 月份年龄陆续达到 16 月龄，须进行配种，分别填入"本年度配种母牛数"栏的相应项目中。

（5）2016 年底配种未受胎的 20 头母牛，安排在本年度 1 月份配种，填入"本年度配种母牛数"栏"复配牛"项目内。

（6）将资料中提供的 2017 年度各月估计情期受胎率的数值分别填入"本年度估计情期受胎率"栏的相应项目中。

（7）累加本年度 1 月份配种母牛总头数（即"成母牛＋初产牛＋初配牛＋复配牛"之和），填入该月"合计"中，则 1 月份的估计情期受胎率乘以该月"成母牛＋初产牛＋复配牛"之和，即 $53\% \times (29+5+20) = 28.62 \approx 29$ 头，即为该月这三类牛配种受胎头数。同法，$53\% \times 4 = 2.12 \approx 2$ 头，计算出该月初配牛的配种受胎头数为 2，分别填入"本年度妊娠母牛数"栏 1 月份项目内和"本年度计划产犊母牛数"栏 10 月份项目内。

（8）本年度 1～10 月份产犊的成母牛和本年度 1～9 月份产犊的初孕牛，将分别在本年度 3～12 月和 4～12 月份配种，则分别填入"本年度配种母牛数"栏相应项目中。

（9）本年度 1 月份配种总头数减去该月受胎总头数得数 27，即 $58 \times (1-53\%) = 27$，填入 2 月份"复配牛"栏内。

（10）按上述第 8 和第 9 步骤，计算出本年度 11、12 月份产犊的母牛头数及本年度 2～12 月复配母牛头数，分别填入相应栏内。本年度 1～3 月份的妊娠母牛数，即为本年度 10～12 月份的计划产犊母牛数。

（11）编制出成母牛和初孕牛 1～12 月份的妊娠头数，分别填入各月相应的栏目中。即完成了 2017 年全群配种产犊计划编制工作。

资料计算的方法：

某奶牛场 2016 年 1～12 月份受胎的成母牛和初孕牛头数分别为 25、29、24、30、26、29、23、22、23、25、24、29 和 5、3、2、0、3、1、5、6、0、2、3、2；2016 年 11、12 月份分娩的成母牛头数为 29、24；10、11、12 月份分娩的初产牛头数为 5、3、2；2015 年 8 月至 2016 年 7 月份各月所生育成母牛的头数分别为 4、7、9、8、10、13、6、5、3、2、0、1；2016 年底配种未孕母牛 20 头。该牛场为常年配种产犊，规定经产母牛分娩 2 个月后配种（如 1 月份分娩，3 月份配种），初产牛分娩 3 个月后配种，育成牛满 16 月龄配种；2017 年 1～12 月份估计情期受胎率分别为 53%、52%、50%、49%、55%、62%、62%、60%、59%、57%、52% 和 45%（一般是以本场近几年各月份情期受胎率的平均值来确定计划年度相应月份情期受胎率的估计值）。

（二）牛群周转计划的编制

牛群在一年中，由于犊牛的出生、后备牛的生长发育和转群、各类牛的淘汰和死亡，以及牛只的买进、卖出等，致使牛群结构不断发生变化。在一定时期内，牛群结构的这种增减变化称为牛群周转。牛群周转计划是牛场的再生产计划，是指导全场生产、编制饲料供应计划、牛群产奶计划、劳动力需要计划和各项基本建设计划的重要依据。

1.编制计划必备的资料

(1)上年度年末各类奶牛的实有头数、年龄、胎次、生产性能及健康状况。

(2)计划年度内牛群配种产犊计划。

(3)计划年度淘汰、出售或购进的牛只数量及计划年度末各类牛要达到的头数和生产水平;

(4)历年本场牛群繁殖成绩,犊牛、育成牛的成活率,成母牛死亡率及淘汰标准。

(5)明确牛场的生产方向、经营方针和生产任务。

(6)了解牛场的基建及设备条件、劳动力配备及饲料供应情况。

2.编制计划的依据与原则

一般来说,母牛可供繁殖使用10年左右。成年母牛的正常淘汰率为10%,外加低产牛、疾病牛淘汰率5%,年淘汰率在15%左右。所以,一般奶牛场的牛群组成比例为:成年牛58%~65%,18月龄以上青年母牛16%~18%,12~18月龄育成母牛6%~7%,6~12月龄育成牛7%~8%,犊牛8%~9%。牛群结构是通过严格合理选留后备牛和淘汰劣等牛达到的,一般后备牛经6月龄、12月龄、配种前、18月龄等多次选择,每次按一定的淘汰率如10%选留,有计划培育和创造优良牛群。

成年母牛群的内部结构,一般为一、二产母牛占成年母牛群的35%~40%,三至五产母牛占40%~45%,六产以上母牛占15%~20%,牛群平均胎次为3.5~4.0胎(年末成母牛总胎数与年末成母牛总头数之比)。常年均衡供应鲜奶的奶牛场,成牛母牛群中产奶牛和干奶牛也有一定的比例关系,通常全年保持80%左右处于产乳,20%左右处于干乳。

3.编制计划的方法与步骤

以某奶牛场为例:某奶牛场计划经常拥有各类奶牛1 000头,其牛群结构比例为:成母牛占63%,育成牛24%,犊牛13%。已知计划年初有犊牛130头,育成牛310头,成母牛500头,另知上年7~12月份各月所生犊牛头数及本年度配种产犊计划,试编制本年度牛群周转计划。详见表3-7-2。

其中,表3-7-2说明如下:

①将年初各类牛的头数分别填入表3-7-2"期初"栏中。计算各类牛年末应达到的比例头数,分别填入12月份"期末"栏内。

②按本年度配种产犊计划,把各月将要出生的母犊头数(计划产犊头数×50%×成活率%)相应填入犊牛栏的"繁殖"项目中。

③年满6月龄的母犊应转入育成牛群中,则查出上年7~12月份各月所生母犊头数,分别填入母犊"转出"栏的1~6月份项目中(一般这6个月母犊头数之和,等于期初母犊的头数)。而本年度1~6月份所生母犊头数对应地填入育成牛"转出"栏7~12月份项目中。

④将各月转出的母牛犊数对应地填入育成牛"转入"栏中。

⑤根据本年度配种产犊计划,查处各月份分娩的育成牛数,对应地填入育成牛"转出"及成母牛"转入"栏中。

⑥合计母犊"繁殖"与"转出"总数。要想使年末牛只数达128头,期初头数与"增加"头数之和等于"减少"头数与期末头数之和。则通过计算:(130+220)−(220+128)=22,表明本年度母犊可出售或淘汰22头。为此,可根据母犊生长育情况及该场饲养管理条件等,适当安排出售和淘汰时间。最后汇总各月份期初与期末头数,"母犊"一栏的周转计划即编制完成。

表 3-7-2 某奶牛场牛群周转计划

单位：头

月份	犊牛 期初	犊牛 增加 繁殖	犊牛 增加 购入	犊牛 减少 转出	犊牛 减少 出售	犊牛 减少 淘汰	犊牛 减少 死亡	犊牛 期末	育成牛 期初	育成牛 增加 购入	育成牛 增加 转入	育成牛 减少 转出	育成牛 减少 出售	育成牛 减少 淘汰	育成牛 减少 死亡	育成牛 期末	成牛 期初	成牛 增加 购入	成牛 增加 转入	成牛 减少 出售	成牛 减少 淘汰	成牛 减少 死亡	成牛 期末
1	130	20		20				130	310		20	15				315	500		15			5	510
2	130	20		20				130	315		20	15	2			318	510		15				525
3	130	20		15				135	318		15	10	10	5		308	525		10				535
4	135	20		15	2			138	308		15	10	15	5		293	535		10	10			535
5	138	15		10				143	293		10	20	5		2	286	535		20	10			545
6	143	15		10			3	145	286		10	20	5			271	545		20				565
7	145	20		20		2	2	141	271		20	10		3	2	278	565		10				575
8	141	20		20		5	2	134	278		20	10	5	2		284	575		10				585
9	134	20		20		3	2	129	284		20	15	5	2	2	287	585		15				600
10	129	20		20				128	287		20	15	15	5		281	600		15				615
11	128	15		15				128	281		15	15	15	5		261	615		15		5		625
12	128	15		15				128	261		15	15	15	3	1	242	625		15	5	5		630
合计		220		200	2	10	10				200	170	72	30	6				170	25	10	5	

⑦同法，合计育成母牛"转入"与"转出"栏总头数，根据年末要求达到的头数，确定全年应出售和淘汰的头数。则通过计算：(310＋200)－(242＋170)＝98，表明本年度育成母牛可出售或淘汰98头。在确定出售、淘汰月份分布时，应根据市场对鲜奶和种牛的需要及本场饲养管理条件等情况确定。汇总各月期初及期末头数，即完成该场本年度牛群周转计划。

(三)产奶计划的编制

产奶计划是制订牛奶供应计划、饲料计划、联产计酬以及进行财务管理的主要依据。奶牛场每年都要根据市场需求和本场情况，制定每头牛和全群牛的产奶计划。

编制牛群产奶计划，必须具备下列资料：

(1)计划年初泌乳母牛的头数和去年母牛产犊时间；

(2)计划年成母牛和育成牛分娩的头数和时间；

(3)每头母牛的泌乳曲线；

(4)奶牛胎次产奶规律。

由于影响奶牛产量的因素较多，牛群产奶量的高低，不仅取决于泌乳母牛的头数，而且决定于各个体的品种、遗传基础、年龄和饲养管理条件，同时与母牛的产犊时间、泌乳月份也有关系。因此，制定产奶计划时，应考虑以下情况：

(1)泌乳月：母牛现处于第几泌乳月，前几个月及本月的平均日产奶量。在正常饲养管理条件下，大多数母牛分娩后的奶量迅速上升，到第2～3个月达最高，以后逐渐下降，每月约降5％～7％，到泌乳末期逐月大约下降10％～20％。但有的母牛在分娩后2个月内泌乳量迅速上升，以后便迅速下降，而有的母牛在整个泌乳期内能保持均衡的泌乳。因此，编制产奶计划时，必须考虑每头母牛的个体特性。

(2)年龄和胎次：荷斯坦牛通常第二胎次产奶量比第一胎高10％～12％；第三胎又比第二胎高8％～10％；第四胎比第三胎高5％～8％；第五胎比第四胎高3％～5％；第六胎以后奶量逐渐下降。即荷斯坦牛1～6胎的产奶系数分别为：0.77、0.87、0.94、0.98、1.0、1.0。

$$预计本胎次产乳量＝\frac{上胎产乳量×本胎产奶系数}{上胎产奶系数}$$

(3)干奶期饲养管理情况以及预产期。

(4)母牛体重、体况以及健康状况。

(5)产犊季节，尤其南方夏季高温高湿对奶牛产奶量的影响。

(6)考虑本年度饲料情况和饲养管理上有哪些改进措施。

例如：9903号母牛上胎次(3胎)产奶量为7 000 kg，其1～10泌乳月的产奶比率分别为：14.4％、14.8％、13.8％、12.6％、11.4％、10.1％、8.3％、6.2％、5.1％及3.3％。则该牛在计划年度产奶量估计为：7 000 kg×0.98(第四胎产奶系数)/0.94(第三胎产奶系数)＝7 298 kg，第一泌乳月产奶量为7 298 kg×14.4％＝1 051 kg，第二泌乳月产奶量为7 298 kg×14.8％＝1 080 kg，其余各月依次为1 007 kg、920 kg、832 kg、737 kg、606 kg、452 kg、372 kg、241 kg。若该牛在计划年的3月份以前产犊，泌乳期产奶量在计划年度内完成；如若其于上年度11月份初产犊，则在计划年度1月份为其第三泌乳月的产奶量，其余类推。如若母牛不在月初或月末产犊，则需计算月平均日产奶量，然后乘以当月产奶天数。将全场计划年度所有泌奶牛的产奶量汇总，即为年产奶计划。

若本奶牛场无统计数字或泌奶牛曲线资料,在拟定个体牛各月产奶计划时,可参考表 3-7-3 和母牛的健康、产奶性能、产奶季节、计划年度饲料供应等情况拟订计划日产奶量,据此拟订各月、全年、全群产奶计划(表 3-7-4)。

表 3-7-3　计划产奶与各泌乳月日平均产奶量分布　　　　kg

305 d 产奶量	泌 乳 月									
	1	2	3	4	5	6	7	8	9	10
4 200	17	19	17	16	15	14	13	11	10	9
4 500	18	20	19	17	16	15	14	12	10	9
4 800	19	21	20	19	17	16	14	13	11	10
5 100	20	23	21	20	18	17	15	14	12	10
5 400	21	24	22	21	19	18	16	15	13	11
5 700	22	25	24	22	20	19	17	15	14	12
6 000	24	27	25	23	21	20	18	16	14	12
6 600	27	29	27	25	23	22	20	18	16	14
6 900	28	30	28	26	24	23	21	19	17	16
7 200	29	31	29	27	25	24	22	20	18	16
7 500	30	32	30	28	26	25	23	21	19	17
7 800	31	33	31	29	27	26	24	22	20	18
8 100	32	34	32	30	28	27	25	23	21	19
8 400	33	35	33	31	29	28	26	24	22	20
8 700	34	36	34	32	30	29	27	25	23	21
9 000	35	37	35	33	31	30	28	26	24	22
9 300	36	38	36	34	32	31	29	27	24	23
9 600	37	39	37	35	33	32	30	28	25	24

表 3-7-4　年度产奶计划表　　　　kg

奶牛号	计划年各月份产奶量												全年总计
总计													

（四）奶牛场饲料供应计划的编制

饲料是养牛生产的基础，编制饲料计划，是安排饲料生产、组织饲料采购的依据。规模较大的牛场，除年度计划外，应分别按季节或按月份制定饲料计划，以保证饲料的均衡供应。饲料计划主要包括饲料需要量计划和饲料供需平衡计划两部分。先计算出饲料需要量，然后与饲料供应量进行平衡。

1.饲料供给计划的编制依据

（1）饲料需要量计划与牛群发展计划相适应。

（2）根据日粮科学配合的要求，按饲料的种类，分别计划各种饲料的需要量。

（3）牛场周围的自然资源，安排廉价丰富的饲料种植，建立饲料基地。

（4）根据市场可供应饲料量，安排饲料采购渠道和数量。

（5）饲料供应计划应根据牛群周转计划（明确每个时期各类牛的饲养头数）和各类牛群饲料定额等计划，制订饲料计划，安排种植计划和饲料储备计划。

2.饲料供应计划的编制

详见技能训练 2-3"牛场饲草料供应计划的编制"。

二、牛场技术管理

（一）牛场人力资源管理

养殖场成功的关键是要有忠诚的、有资质的、有能力的、有团结精神的人才队伍。

1.健全的管理制度

制订一套较完整的管理制度，且管理制度切实可行，紧密结合自身牛场实际，人人遵守制度，按制度办事，尤其牛场经营者和管理者，对遵守规章制度好的人要充分肯定，表扬先进，对违章、违纪的人要批评，把执行规章制度和员工利益结合起来。

2.生产管理的人力设置

牛场一般实行场长负责制，主要行使决策、指挥、监督等职能，及时把握市场行情，确保购、销渠道畅通。根据牛场规模的大小，还要相应设立其他管理人员，如牛舍（车间）管理人员、班组长等。

3.实行生产责任制

建立生产责任制，对牛场的各个工种按性质不同，确定需要配备的人数和每个人员的生产任务，做到分工责任明了，奖惩兑现，合理利用劳力，不断提高劳动生产率的目的。

（1）牛场场长责任制度　认真贯彻执行《中华人民共和国动物防疫法》和国家出入境检验检疫局发布的《供港澳活牛检验检疫管理办法》的各项规定。每日检查场里的各项工作完成情况，检查兽医、饲养员、饲料员的工作，发现问题及时解决。对采购各种饲料要详细记录来源产地、数量和主要成分。把好进出栏牛只的质量关，确保牛只优质、无病。做好员工思想政治工作、关心员工的疾苦，使员工情绪饱满地投入工作。提高警惕，做好防盗、防火工作。

（2）牛场兽医制度　负责牛场的日常卫生防疫工作，每天对进出场的人员、车辆进行消毒检查，监督并做好每周一次的牛场大消毒工作。对购进、销售活牛进行监卸监装，负责隔离观察进出场牛的健康状况、驱虫及编辑耳牌号，填写活牛健康卡，建立牛只档案。按规定做好活牛的传染病免疫接种，并做好记录，包括免疫接种日期、疫苗种类、免疫方式、剂量，负责接种人姓名等工作。遵守国家的有关规定,不得使用任何明文规定禁用药品。将使用的药品名称、种类、使用时间、剂量,给药方式等填入监管手册。负责出场活牛前7～10 d向启运地检验检疫机构报检,提供供港澳活牛的耳牌号和活牛所处育肥场的隔离检疫栏舍号。发现疫情立即报告有关人员,做好紧急防范工作。

(3)牛场饲养员责任制度 遵守牛场的各项规章制度,对所饲养的牛只每天必须全面、细致地观察,发现问题及时向场长报告并积极配合处理解决。每日定时对牛只进行饲喂、饮水、刷试、清扫牛舍、运动场。定期用认可兽医配制的消毒液消毒牛舍、牛槽及运动场。饲喂前对所用的饲料严格认真检查,剔除饲料异物,对变质的饲料坚决不用。

(4)牛场押运员条例 押运员需由经检验检疫机构培训考核合格,持押运员证书方可押运活牛。负责做好活牛途中的饲养管理和防疫消毒工作,不得串车,不得沿途出售或随意抛弃病、残、死牛及饲料粪便、垫料等物品,并做好运输记录。活牛抵达后押运员须向检验检疫机构提交押运记录,押运途中所带物品和用具须在检验检疫机构监督下进行熏蒸消毒处理。清理好车内的粪便、杂物,洗刷车厢、配合检验检疫机构实施消毒处理并加施消毒合格标志。途中发现异常情况及时报告主管部门,做好事故处理工作。

(二)牛场的生产技术管理

技术管理是通过科学管理养牛的技术过程,提高养牛场经济效益。

1.建立牛场生产技术管理数据库

牛场应不断地应用现代养牛的先进技术,从饲养工艺与方法的改进、防疫体系的建立、技术规程管理等方面,确保各项目标的实现,不断提高生产水平和经济效益。

(1)原始记录 在牛场的一切生产活动中,每天的各种生产记录和定额完成情况等都要做生产报表和进行数据统计。因此,要建立健全各项原始记录制度,要有专人登记填写各种原始记录表格,要求准确无误、完整。根据肉牛场的规模和具体情况,所做的原始记录主要是牛群情况,包括各龄牛的数量变动和生产情况、饲料消耗情况、育肥牛的育肥情况,经济活动等。对各种原始记录按日、月、年进行统计分析、存档。

(2)建立档案 ①成母牛档案,记载其谱系、配种产犊情况等;②犊牛档案,记载其谱系、出生日期、体尺、体重情况等;③育成牛档案,记载其谱系、各月龄体尺与体重、发情配种情况。

2.制订牛场基本生产管理制度

在日常技术管理工作中,制订基本管理制度,并严格执行是维持肉牛正常生产的关键。

(1)饲养管理制度 根据不同牛的生理特点和生长发育规律制订相应的饲养管理制定。抓住配种、妊娠、哺乳、泌乳、育幼、育肥等环节,制订具体的饲养管理制度,进行合理的饲养,科学地管理,充分发挥其生产潜力,以带来最大的经济效益和社会效益。

(2)冷冻精液人工授精制度 人工授精技术是影响母牛受孕的重要环节之一,操作时必须严格按技术要领进行。要经常检查冷冻精液是否确实浸泡于液氮中。冷冻精液解冻、发情母牛输精的操作规范,输精器械消毒的方法·母牛外阴消毒后,用直肠把握法将精液输到子宫的适当部位。做好记录,注意受孕情况。

(3)疫病防治管理制度 贯彻"防重于治,防治结合"的方针,建立起严格的防疫措施和消毒制度,建立疫病报告制度,传染病的日常预防措施等。

三、牛场财务管理

(一)成本管理

1.成本核算的条件

奶牛业实行各龄牛群组饲养日成本核算,它不仅与产量、产值、消耗资金和利润等指标有密切关系,而且与牛群变动、饲养头日数和饲料品种、价格、供应等也有关。因此,开展日成本核算,首先要做好有关组织技术工作和各项基础工作。

(1)组织准备　要向牛场职工宣传开展成本核算的意义,严格考核从事成本核算的人员,要把财务、畜牧兽医和各龄牛群、乳品处理、饲料供应运送等生产管理部门有机地结合起来。

(2)数据准备　搞好饲养日成本核算,主要依靠数据计算和考核。要有各项定额数据,如日产奶量、日饲料消耗等原始记录;掌握牛群的年度,月份和每天的总产奶量计划、总产值计划、总成本计划、总利润计划、饲养成本计划和牛奶单位成本计划的数据;掌握各种精粗饲料计算价格以及每天应摊入的兽药费、配种费、水电费、维修费、物品费的数据;掌握工资福利费、燃料和动力费、产畜摊销、固定资产折旧费、固定资产维修费、共同生产费、企业管理费等。

(3)核算表格　进行饲养日成本核算的表格有 3 种。

①日饲料和其他生产费用计算表:包括成母牛组、产房组、青年母牛组、犊牛组 4 种计算表格,内容基本相同。每月每个饲养组一张,按日计算。包括的内容有:混合料、干草、青贮、块根块茎、糟粕料、兽药、水电、维修、物品、固定开支(产畜摊销、共同生产、管理费等)等费用项目。

②日成本核算表:同样包括成母牛组、产房组、青年母牛组、犊牛组 4 种核算表。其成本项目包括产奶量、总产值、总成本、日成本、千克成本、总利润、利润盈亏等。青年母牛组和犊牛组无牛产品,只计算总成本、日成本和节余核算表。日成本核算表每月一张,按日核算。

③成本核算报告表:内容与各饲养组的日成本核算表相同,每日填报一次。

2.奶牛场成本核算的方法

(1)核算步骤

①准备表格:核算员于每月 1 日以前要准备好各饲养组的费用计算表和日成本核算表,并将本月的计划总产奶量、总产值、总成本、日成本,千克成本、总利润等数字分别填入日成本核算表,同时将固定开支和配种费、水电费、物品费等填入费用计算表上。

②收集数据并填写表格:核算员每天上班后持准备好的日成本核算表和费用计算表,分别到饲养组了解牛群变动、各种饲料的消耗量数据,并经资料员核对后填入表中;再到乳品处理室了解各组牛产奶量情况,并填入相关表中。

③计算:根据各种数据资料,先计算出日费用合计,再根据成本核算表中的项目逐项计算,最后计算出各群组饲养日成本和牛乳的单位成本。

④复核:对已核算出的日成本核算表,认真进行复核后,填写日成本核算报告表。

(2)计算方法

①牛群饲养日成本和主产品单位成本。其计算公式为

$$牛群饲养成本 = \frac{该牛群饲养费用}{该牛群饲养头日数}$$

$$主产品单位成本 = \frac{该牛群饲养费用 - 副产品价值}{该牛群产品总产量}$$

②按各龄母牛群组分别计算方法。

第一,成母牛组:

$$总产值=总产奶量×牛奶收购价$$

$$计划总成本=计划总产奶量×计划牛奶单位产量成本$$

$$实际总成本=固定开支+各种饲料费用+其他相关费用$$

$$产房转入的费用=分娩母牛在产房产犊期间消耗的费用$$

$$计划日成本=根据计划总饲养费用和当年的生产条件计算确定$$

$$实际日成本=\frac{实际总成本}{饲养日}$$

$$单位产奶量实际成本=\frac{实际总成本(减去副产品价值)}{实际总产奶量}$$

$$计划总利润=(牛奶收购价-计划牛奶单位产量成本)×计划总产奶量$$

$$计划总利润=计划总产值-计划总成本$$

$$实际总利润=完成总产值-实际总成本$$

$$固定开支=计划总产奶量×单位牛奶产量分摊费(工资+福利+燃料和动力+$$
$$维修+共同生产+管理费)$$

$$饲料费=饲料消耗量×饲料价格$$

$$兽药费=当日实际消耗的药物费$$

配种费、水电费和物品费,因每月末结算一次,采取将上月实际费用平均摊入当月各天中。

第二,产房组:产房组只核算分娩母牛饲养日成本完成情况,产奶量、产值、利润等均由所在饲养组核算。

第三,青年母牛组:

$$计划总成本=饲养日×计划日成本$$

$$固定开支=饲养日×(平均分摊给青年母牛的工资和福利费、燃料和动力费、$$
$$固定资产折旧费、固定资产修理费、共同生产费和企业管理费)$$

第四,犊牛组:

$$计划总成本=饲养日×计划日成本$$

$$固定开支=饲养日×(平均分摊给犊牛组的工资和福利、燃料和动力费、$$
$$固定资产折旧费、固定资产修理费、共同生产费和企业管理费)$$

(二)资金核算

1.畜牧企业的资金分类

畜牧企业资金按其来源不同,可分为自有资金和借入资金两类;按其用途和周转方式不同,可分为固定资金和流动资金两类。在养牛生产中有些东西,既可为劳动手段,又可为劳动对象,并可以相互转化,如犊牛在培育过程中是产品,应为劳动对象,是流动资产;产犊后则转化为劳动手段,是固定资产;在淘汰前进行催肥后出售则转化为产品,又成了流动资金。在生产中,为了简化手续,常把各类牛只作为流动资产。

2.固定资金的核算及管理

(1)固定资金的标准　固定资金是固定资产的货币表现。它包括房屋、建筑物、林木、机械、设备以及文化卫生、生活设施等。我国牧场固定资产的标准是使用年限 1 年以上,单项价值在人民币 500 元以上。凡不同时具备这两个特点的,为简化手续,视为低值易耗品,其购置费由流动资金解决。

(2)固定资金核算 固定资金核算包括固定资金利用情况和固定资产折旧核算两方面内容。

①固定资金利用情况核算:固定资金利用情况,可做单项核算,也可做综合核算。单项核算是对某项主要的固定资产利用率的核算,通常用每年使用的天数来表示。综合核算是对企业全部的固定资产利用情况进行核算。

②固定资产折旧核算:折旧核算是为了保证固定资产在生产过程中逐渐磨损消耗,并已转移到产品中的那一部分价值及时地得到补偿。所谓折旧费,就是指这一部分应补偿价值的货币表现。固定资产折旧分为两种:为固定资产更新而提取的折旧称为基本折旧;为支付大修理费用而提取的折旧称为大修理折旧。计算固定资产折旧,一般采用"使用年限法"和"工作量法"两种方法。

$$每年基本折旧额 = \frac{固定资产原值 - 残值 + 清理费}{使用年限}$$

$$每年大修理折旧额 = \frac{使用年限内大修理次数 \times 每次大修理费用}{使用年限}$$

在实际工作中,也可事先规定折旧率,然后根据固定资产原值计算折旧额。计算公式为

$$某项固定资产折旧率 = \frac{该固定资产年折旧额}{该固定资产原值} \times 100\%$$

$$某项固定资产年折旧额 = 该固定资产原值 \times 该固定资产折旧率$$

3. 流动资金的核算及管理

流动资金是企业垫支在生产过程和流通过程中使用的周转金。它的特点是只参加一次生产过程就被消耗,在生产过程中,完全改变了它原来的物质形态。一般把流动资金的全部价值一次转入新的产品成本中去。

(1)流动资金的表现形态 流动资金在畜牧企业经营过程中是周转不息的,随着生产的不断进行,流动资金依次经过供应、生产、销售 3 个阶段,表现为 3 种不同的存在形式。

①生产储备资金它的实物形式主要包括饲料、燃料、药品等。这种流动资金准备投入生产,是处在生产准备阶段的资金形式。

②在产品它的实物形式主要是犊牛、育成牛、成母牛等。在产品就是流动资金投入生产之后和取得完整形态产品之前的资金形式,称为生产过程的资金。

③产成品一个生产过程结束后,得到了最后产品,从而脱离生产过程,进入销售阶段,称为销售过程资金。

(2)流动资金的周转速度评价方法 畜牧企业销售产品后取得货币,再购买各种生产资料,或直接将自己生产的一部分产品作为原料,准备投入下一个生产过程,开始又一次周转。这样,周而复始周转不息,便是资金循环。流动资金周转一次所需的时间,称周转期。流动资金周转速度愈快,利用率愈高,愈节省。流动资金的周转速度,是评价流动资金利用程度的重要指标,一般采用以下 3 种指标表示。

①1年内流动资金的周转次数表示其计算公式为

$$年周转次数 = \frac{年销售收入}{年流动资金平均占用额}$$

流动资金平均占用额是指在1年内平均占用流动资金的数额,一般按四个季度会计账上的流动资金平均计算。

②以流动资金周转1次所需天数表示其计算公式为

$$周转1次所需天数 = \frac{360}{年周转次数}$$

③以一定时间内实现每百元收入所占用的流动资金额表示其计算公式为

$$每百元收入的流动资金额 = \frac{年流动资金平均占用额}{年销售收入总额} \times 100$$

一般来说,牛生产周期长,有很大一部分资金长期处于在产品的状态;有一部分产品是自产自用,经常占用大量资金;流动资金陆续投入生产过程,产品一次出售,全年占用很不平衡。

【技能训练】

技能训练 3-11　奶牛场生产计划的编制

一、技能训练目标

能够通过学习给定资料和自主获取的资料完成奶牛场生产计划的编制相关知识的准备;能够科学制订配种产犊计划、牛群周转计划、产奶计划和饲料供应计划。

二、技能训练材料

奶牛场、牛场资料档案、计算机。

三、技能训练方法与步骤

研讨奶牛场生产计划的编制方案,按照修订后的方案进行奶牛场生产计划的编制。

四、技能考核标准

奶牛场生产计划的编制技能考核标准参见表 3-7-5。

表 3-7-5　奶牛场生产计划的编制技能考核标准

序号	考核项目	考核内容	考核标准	参考分值
1		配种产犊计划	符合牛场实际,具有可操作性	10
2		牛群周转计划	符合牛场实际,具有可操作性	10
3	基本技能	产奶计划	符合牛场实际,具有可操作性	10
4		饲料供应计划	符合牛场实际,具有可操作性	10
5		奶牛生产管理软件	会使用软件编制计划	20
6	基本素质	知识	口述生产计划种类、编制方法	20
7		态度	认真、服从管理	20
合计				100

【自测训练】

一、名词解释

犊牛、初乳、代乳品、开食料、发情周期、性成熟、人工授精、分娩预兆、TMR、DHI、FCM、4%标准乳、305 d产奶量、干奶、干奶牛、围产期、高产奶牛、预混料、浓缩饲料、精料补充料、预付饲养法、引导饲养法、MPI、牛群周转、奶料系数比、牛群平均胎次

二、单项选择题

1.世界上产奶量最高、数量最多、分布最广的奶牛品种是(　　)。

A.荷斯坦牛　　　　B.娟姗牛　　　　C.安格勒牛　　　　D.西门塔尔牛

2.乳脂率最高的奶牛品种是(　　)。

A.西门塔尔　　　　B.中国草原红牛　　　C.娟姗牛　　　　D.荷斯坦牛

3.曾引进夏洛来牛杂交而含"双肌"基因的肉牛品种是(　　)。

A.西门塔尔牛　　　　B.夏洛来牛　　　　C.安格斯牛　　　　D.皮埃蒙特牛

4.世界上体型最大的肉牛品种是(　　)。

A.契安尼娜牛　　　　B.秦川牛　　　　C.新疆褐牛　　　　D.利木赞牛

5.我国培育的第一个专门化肉牛品种是(　　)。

A.南阳牛　　　　B.秦川牛　　　　C.新疆褐牛　　　　D.夏南牛

三、简答题

1.犊牛的特点有哪些?新生犊牛的护理要点有哪些?

2.犊牛出生后如其母亲死亡或母牛患乳房炎,使犊牛无法吃到其母亲的初乳,应该如何处置?

3.哺乳期犊牛的管理要点有哪些?

4.育成牛饲养和管理的要点有哪些?

5.奶牛的一般饲喂原则有哪些?

6.奶牛的健康评分技术有哪些?

7.缓解热应激的措施有哪些?

8.怎样对泌乳中、后期奶牛进行饲养管理?

9.什么叫奶牛全混合日粮饲养技术?需要哪些条件?

10.奶牛挤奶技术有哪些方法?这些技术各自的优、缺点是什么?

11.简述奶牛干奶的意义与方法及干奶牛饲养管理注意问题。

12.简述奶牛围产期的饲养管理要点。

13.奶牛泌乳早期的生理特点及饲养目标是什么?

14.有两头奶牛,9998号牛的全泌乳期实际产乳量为7 500 kg,乳脂3.8%;9996号牛的全泌乳期实际产乳量为7 200 kg,乳脂4.1%。试比较两头牛产乳水平的高低?

15.优良的肉牛在体型外貌上应该怎样要求?

16.评定肉牛生产性能的主要指标是什么?

17.影响肉牛产肉量和肉质的主要因素有哪些?

18.育肥肉牛的方法有哪些?

19.肉牛催肥时管理上要注意什么问题?

20.影响养肉牛经济效益的主要因素有哪些？怎样提高养肉牛的经济效益？

21.肉用母牛怎样饲养管理？

22.肉用犊牛在哺乳期饲养管理上要注意什么问题？

23.规模化养牛场的组织机构一般如何设置？其各自工作岗位的主要职责有哪些？

24.规模为1 000头的奶牛场，其中成年母牛600头，拴系式饲养，管道式机械挤奶，平均单产牛奶7 000 kg。请问该牛场各个工作岗位的人员应如何配备？

25.如何制订牛场饲料筹备计划？

26.调研一个中型的奶牛场，详细了解该场的有关生产和繁殖数据并为其编制下年度生产计划。

27.规模化奶牛场主要生产计划有哪些？各计划之间有什么联系？

单元 4　羊生产技术

【知识目标】

◆ 了解优良品种羊的外貌特征和生产性能；

◆ 掌握不同阶段羊的饲养管理技术；

◆ 掌握四季放牧技术，能结合当地条件选择适宜的饲养方式；

◆ 了解奶山羊泌乳规律、干奶方法；

◆ 掌握奶山羊泌乳期、干奶期的饲养及挤奶、干奶等管理技术；

◆ 熟悉羊场经营管理模式，掌握羊场生产计划的编制和经济效益的分析。

【能力目标】

◆ 掌握常见羊品种的识别技术；

◆ 能在生产中开展肉羊育肥工作，对肉羊生产性能进行准确评定；

◆ 掌握羊毛纤维的检测方法，能够完成绵羊的剪毛、药浴和梳绒；

◆ 能应用正确的方法屠宰肉羊，合理分割胴体，并能进行羊肉品质检验；

◆ 会鉴定、验收羊的产品，能正确剥取羊皮、选购羊皮；

◆ 能根据羊场实际生产情况，制订羊场生产计划，进行成本核算。

任务 4-1　羊的品种识别与鉴定技术

一、绵羊品种

(一)我国地方绵羊品种

1. 小尾寒羊

小尾寒羊体质结实，身高腿长，鼻梁隆起，耳大下垂，公羊有螺旋形大角，母羊有小角。公羊前胸较深，背腰平直，短脂尾，尾长在飞节以上(图 4-1-1)。毛色多为白色，少数在头、四肢部有黑褐斑。生长发育较快，3 月龄断奶公、母羔平均体重可达 20.45 kg、18.99 kg，6 月龄公、母羊体重为 34.44 kg、32.32 kg，成年公、母羊为 94 kg、48.7 kg。

2. 大尾寒羊

大尾寒羊体质结实，头中等大，公羊有螺旋大角，母羊大多有角，四肢较高，肢势端正，脂尾硕大、长垂及地(图 4-1-2)。成年公羊脂尾重 15～20 kg，母羊脂尾重 4～6 kg。成年公羊、母羊体重分别为 74.43 kg、51.84 kg，周岁公、母羊为 53.95 kg、44.70 kg。

图 4-1-1　小尾寒羊

图 4-1-2　大尾寒羊

3. 湖羊

湖羊头形狭长，公、母羊均无角，颈细长，胸部狭窄，背平直，躯干和四肢细长，体质纤细（图 4-1-3）。初生羔羊平均体重 3.3 kg，3 月龄、6 月龄羔羊平均体重为 21.99 kg、33.76 kg。成年公、母羊平均体重分别为 52.0 kg、39.0 kg。

羔羊生后 1～2 d 内屠宰取羔皮称为"小湖羊皮"，皮板轻薄，毛色洁白光亮如丝，有波浪形美丽图案，为传统出口商品。湖羊繁殖力强，母性好。

图 4-1-3　湖羊

（二）引进主要绵羊品种

1. 萨福克羊

萨福克羊体格大，胸宽深，背腰和臀部宽平，肌肉丰满，四肢粗壮。脸部和四肢均无被毛覆盖，呈黑色，又称黑头萨福克羊（图 4-1-4）。成年羊身躯被毛呈白色，混生杂色纤维。羔羊体躯部被毛为灰色，外表美观。成年公羊体重 113～159 kg，成年母羊 81～113 kg。屠宰率 50% 以上。

2. 白头萨福克羊

白头萨福克羊外貌特征类似于黑头萨福克羊，体格

图 4-1-4　黑头萨福克羊

大，肉用体型好，生长快，瘦肉率高，但全身均呈白色，被毛品质较黑头萨福克羊（图 4-1-5）。据观察，初生羔羊、3 月龄及 6 月龄重可达 4.90 kg、31.35 kg、49.47 kg。

3. 夏洛莱羊

夏洛莱羊体型大，公母羊均无角，体形呈圆筒状，被毛细短，脸部呈粉红色或灰色，头粗短，耳平伸，颈部粗壮，体躯肌肉丰满，瘦肉多，肉质好（图 4-1-6）。成年公羊体重 110～140 kg，成年母羊 80～100 kg。

图 4-1-5　白头萨福克公羊

图 4-1-6　夏洛莱羊

4.特克赛尔羊

特克赛尔羊体格大,肉用体型好,头短宽,白脸黑鼻,耳短平,头部和四肢无毛,背腰宽平,肌肉丰满,四肢坚实,蹄呈黑色(图 4-1-7)。成年公羊体重 90～140 kg,成年母羊体重 65～90 kg。肌肉发育良好,瘦肉率高,胴体品质好,屠宰率 54%～60%。

5.杜泊羊

杜泊羊体型呈圆筒状,公母羊无角,耳长略垂(图 4-1-8)。颈部中等长,肌肉丰满。臀部长宽,肌肉发达。四肢粗壮,蹄质坚实。体躯被毛均为白色。成年公羊 93～118 kg,成年母羊体重 70～95 kg。

图 4-1-7　特克赛尔母羊

图 4-1-8　杜泊羊

二、山羊品种

(一)我国山羊地方品种

1.南江黄羊

南江黄羊被毛黄色,公、母羊均有角,耳半垂,鼻梁两侧有对称性黄白色条纹,从头顶至尾根有黑色毛带,体质结实,四肢粗壮,蹄质坚实(图 4-1-9)。公、母羔羊初生重分别为 2.28 kg、2.28 kg,2 月龄断奶重分别为 11.5 kg、10.7 kg。成年公羊体重为 60.56 kg,成年母羊41.2 kg,屠宰率为 47.67%。

2.马头山羊

马头山羊体格较大,体质结实,结构匀称,体躯呈长方形。公、母羊均无角,颌下有髯(图 4-1-10)。被毛白色,短而粗。公、母羔羊初生重分别为 2.14 kg、2.04 kg,断奶体重分别为12.49 kg、12.80 kg;成年公羊体重为 43.81 kg,成年母羊 33.7 kg。

图 4-1-9 南江黄羊

图 4-1-10 马头山羊

3. 成都麻羊

成都麻羊公羊有较大的倒八字形角,母羊有直形小角(图 4-1-11)。体格中等,结构匀称,体型呈长方形,前、后躯肌肉丰满,背腰平直。被毛短,呈棕黄色。公、母羔羊初生重分别为 1.78 kg、1.83 kg,断奶体重分别为 9.96 kg、10.07 kg;成年公羊体重为 43.02 kg,母羊 32.60 kg,屠宰率为 52.3%。

4. 雷州山羊

雷州山羊被毛多为全黑色,部分羊面部、腹部及四肢后部有白色条纹或斑点,鼻型平直,竖耳,公、母羊角形均为倒八字,体质结实,乳房发育良好(图 4-1-12)。公、母羊初生重分别为 2.3 kg、2.1 kg,断奶重分别是 12.5 kg、11.6 kg,公羊成年体重 50.8 kg,母羊 47.7 kg。

图 4-1-11 成都麻羊

5. 内蒙古白绒山羊

内蒙古白绒山羊体质结实,结构匀称,体躯近似方形。公、母羊均有角,角向上向后向外弯曲伸展,呈倒八字形(图 4-1-13)。公羊角粗大,母羊角细小。被毛白色,由外层的粗毛和内层的绒毛组成异质毛被。内蒙古绒山羊成年公羊体重 45~52 kg,抓绒量为 385 g,剪毛量为 570 g。成年母羊体重 30~45 kg,抓绒量为 305 g,剪毛量为 257 g。

图 4-1-12 雷州山羊

图 4-1-13 内蒙古白绒山羊

6. 济宁青山羊

济宁青山羊体格小，俗称为"狗羊"。公、母羊均有角，两耳向前外方伸展，有髯，额部有卷毛，被毛由黑、白两色毛混生，特征是"四青一黑"，即被毛、嘴唇、角和蹄皆为青色，两前膝为黑色，毛色随年龄的增长而变深（图 4-1-14）。由于黑白毛比例不同，分为正青（黑色 30%～50%）、粉青（黑毛 30%以下）、铁青（黑毛 50%以上）。成年公羊体重 30 kg，成年母羊 26 kg。主要产品为"青猾子皮"。

图 4-1-14　济宁青山羊

7. 中卫山羊

中卫山羊又名"沙毛山羊"，体质结实，体型短深近似方形。公羊有向上、向后、向外伸展的捻曲状大角，母羊有镰刀状细角（图 4-1-15）。被毛多为白色，少数呈现纯黑色或杂色，光泽悦目，形成美丽的花案。成年公羊体重 54.25 kg，成年母羊体重 37 kg。代表性产品为中卫二毛皮，因用手捻摸有发沙的感觉，故又称"沙毛二毛皮"。

图 4-1-15　中卫山羊

8. 湘东黑山羊

湘东黑山羊被毛全身乌黑光亮（图 4-1-16）。公羊毛粗长而较疏，母羊毛细短而致密。公母羊均有须有角，公羊的角粗大而向后侧弯伸，呈倒八字形。母羊颈部细长，肩胸结合良好，胸部较窄，后躯较前躯发达，体躯稍呈楔形，十字部高于鬐甲部。成年公羊体重 37 kg，成年母羊 32 kg 左右。

图 4-1-16　湘东黑山羊

（二）引进主要山羊品种

1. 波尔山羊

波尔山羊体格大，公母羊均有角，耳大下垂，头颈强健，体躯长、宽、深，前胸及前肢肌肉比较发达，肋部发育良好且完全张开，背部厚实，后臀腿部肌肉丰满，四肢结实有力（图4-1-17，图4-1-18）。体躯被毛为白色，头、耳、颈部毛色为深红至褐红色。

羔羊初生重为3～4 kg。在集约饲养条件下，公羊3月龄、12月龄、18月龄、25月龄重分别可达36.0 kg、100 kg、116 kg、140 kg，母羊3月龄、12月龄、18月龄、24月龄重分别可达28 kg、63 kg、74 kg、99 kg。舍饲羊日增重在140～170 g，可超过200 g，最高达400 g。

图 4-1-17　波尔山羊

图 4-1-18　放牧中的波尔山羊

2. 努比亚山羊

努比亚山羊外表清秀，体格较大，公、母羊无须无角，鼻骨隆起，为典型的"罗马鼻"（图4-1-19）。耳长宽，紧贴头部下垂。颈部较长，前胸肌肉较丰满。体躯较短，呈圆筒状，尻部较短，四肢较长。毛短细，色较杂，以带白斑的黑色、红色和暗红居多，也有纯白者。在公羊背部和股部常见短粗毛。成年公羊平均体重79.38 kg，成年母羊61.23 kg。

3. 萨能奶山羊

萨能奶山羊具有乳用家畜特有的楔形体型，体躯深宽，背长而直，四肢坚实，后躯发达（图4-1-20）。母羊乳房发达。被毛白色或淡黄色，有四长的外形特点，即头长、颈长、躯干长、四肢长。公、母羊均有须，大多无角，耳长直立，部分个体颈下靠咽喉处有一对肉垂。成年公羊体重75～100 kg，母羊体重50～65 kg。

图 4-1-19　努比亚山羊

图 4-1-20　萨能奶山羊

三、羊的外形评定

(一)羊的外貌识别

羊的体型外貌在一定程度上能反映出生产力水平的高低,为区别、记载每个羊的外貌特征,就必须识别羊的外貌部位名称(图4-1-21、图4-1-22)。

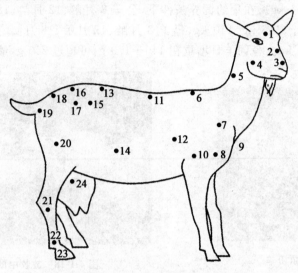

图4-1-21 山羊体表各部位名称

1.头　2.鼻梁　3.鼻　4.颊　5.颈　6.鬐甲　7.肩部　8.肩端　9.前胸　10.肘　11.背部

12.胸部　13.腰部　14.腹部　15.欣部　16.十字部　17.腰角　18.尻

19.坐骨端　20.大腿　21.飞节　22.系　23.蹄　24.乳房

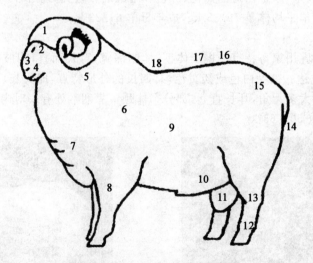

图4-1-22 绵羊体表各部位名称

1.头　2.眼　3.鼻　4.嘴　5.颈　6.肩　7.胸　8.前肢　9.体侧　10.腹　11.阴囊

12.后肢　13.飞节　14.尾　15.臀　16.腰　17.背　18.鬐甲

（二）羊的体尺测量

羊只一般在 3 月龄、6 月龄、12 月龄和成年四个阶段进行体尺测量（图 4-1-23），通过体尺测量可以了解羊的生长发育情况。

体高：由鬐甲最高点至地面的垂直距离。

体长：即体斜长，由肩端最前缘至坐骨结节后缘的距离。

胸围：在肩胛骨后缘绕胸一周的长度。

管围：左前肢管骨最细处的水平周径。

十字部高：由十字部至地面的垂直距离。

腰角宽：两侧腰角外缘间距离。

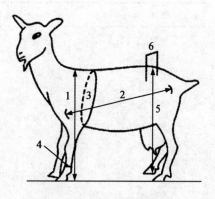

图 4-1-23　羊体尺测量示意图
1.体高　2.体长　3.胸围　4.管围
5.十字部高　6.腰角宽

（三）羊的年龄鉴定

羊的年龄可根据牙齿的更换、磨损变化鉴别。羔羊牙齿称乳齿，成年羊牙齿为永久齿，共 32 颗。羊下腭有 4 对门齿，由内向外分别称为切齿、内中间齿、外中间齿和隅齿。

1.乳齿和永久齿的数目

幼年羊乳齿共 20 枚，乳齿较小，颜色较白，长到一定时间后开始脱落，之后再长出的牙齿叫永久齿，共 32 枚。永久齿较乳齿大，颜色略发黄。

2.牙齿更换、磨损与年龄变化

羊没有上门齿，有下门齿 8 枚，臼齿 24 枚，分别长在上下两边牙床上，中间的一对门齿叫切齿，从两切齿外侧依次向外形成内中间齿、外中间齿和隅齿。买种羊时，若无确切的记录，可根据羊的门齿来大致估计羊的年龄（图 4-1-24）。

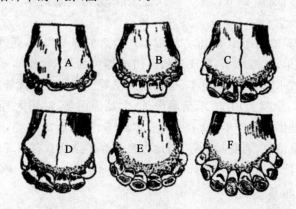

图 4-1-24　羊的齿龄鉴定
A.1 岁　B.1 岁至 1 岁 4 个月　C.2 岁　D.2 岁 3 个月至 2 岁 9 个月　E.3～4 岁　F.5～6 岁

虽然羊牙齿的变化随品种、饲料条件等的不同而略有差异，但在一般情况下，可根据表 4-1-1 所列内容对照判断。

表 4-1-1　绵、山羊年龄判断

绵、山羊年龄/岁	乳门齿的更换及永久齿的磨损	习惯叫法
1.0~1.5	乳钳齿更换	对牙
1.5~2.0	乳内中间齿更换	四齿
2.5~3.0	乳外中间齿更换	六齿
3.5~4.0	乳隔齿更换	新满口
5	钳齿齿面磨平	老满口
6	钳齿齿面呈方形	漏水
7	内外中间齿齿面磨平	
8	开始有牙齿脱落	破口
9~10	牙齿基本脱落	光口

四、羊种选择与品质鉴定

(一)羊的引种

1. 引种要求

应从符合 GB 16567《种畜禽调运检疫技术规范》、NY/T 473《绿色食品动物卫生准则》、NY/T 1892《绿色食品畜禽饲养防疫准则》规定的绿色畜禽养殖条件的种羊场引进种羊。要按 GB 16549 规定预先进行产地检疫,获得动物检疫合格证明和无特定动物疫病证明。在引种前至少 3 个月内应无口蹄疫等传染病,装运前至少 30 d 内没有发生过动物防疫法规定的一、二、三类病。运输羊的车辆及笼具要彻底消毒,并有运输工具消毒证明。对新引进的羊,应在独立的隔离区内隔离观察 15 d 以上。确认健康后,方可进场饲养。

2. 品种选择

南方多数地区宜养殖肉用山羊,北方应以生产力高的绵羊为主,兼顾山羊。在中原肉羊优势区域,小尾寒羊、湖羊、黄淮山羊、长江三角洲山羊等可为母本,公羊可选杜泊、萨福克、德国或南非肉用美利奴、波尔山羊、马头山羊、努比亚山羊等。西南肉羊优势区内盛产繁殖力强、肉用性能良好的黑山羊,金堂黑山羊、乐至黑山羊、大足黑山羊、简阳大耳羊、成都麻羊、南江黄羊、贵州白山羊等都是优良的母本,公羊可选波尔山羊、努比亚山羊等。在中东部农牧交错带肉羊优势区域,应选夏洛莱、道赛特羊等,与地方良种绵羊杂交。在西北肉羊优势区域,宜饲养道赛特、萨福克、白头萨福克等肉种羊,改良本地低产绵羊。

(二)羊的个体品质鉴定

1. 肉用羊的个体品质鉴定

肉用羊的个体品质鉴定包括体型外貌、生长发育和生产性能的评定。下面以南江黄羊为例介绍其鉴定标准。

(1)体型外貌　南江黄羊外貌鉴定评分标准见表 4-1-2。南江黄羊的外貌评分等级标准见表 4-1-3。

表 4-1-2　南江黄羊外貌鉴定评分标准

项目		评 定 标 准	评分 公	评分 母
外貌	毛色	被毛黄褐色,富有光泽,有明显或不明显的黑色背线	14	14
	外形	体躯近似圆桶形,公羊雄壮,母羊清秀	6	6
	头	头大小适中,额宽平或平直,鼻微拱,耳长大或微垂,眼大有神,有角或无色	12	12
体躯各部	颈	公羊粗短,母羊中等,与肩结合良好	6	6
	前躯	胸部深广,肋骨开张,鬐甲高平	6	6
	中躯	背腰平直,腹部发育良好,且较紧凑	6	6
	后躯	荐宽、尻丰满、倾斜适度,母羊乳房梨形,发育良好	12	12
	四肢	粗直端正,蹄质坚实,圆形	18	18
发育情况	外生殖器	发育良好,公羊双睾对称,母羊外阴正常	6	4
	羊体发育	肌肉充实,膘情偏中上	6	6
	整体结构	各部位结构匀称、紧凑、体质较结实	8	10
总　计			100	100

表 4-1-3　南江黄羊外貌评分等级标准

性别	特级	一级	二级	三级
公羊	95	85	80	75
母羊	95	85	70	60

(2)生长发育评定　分别在 2 月龄、6 月龄、12 月龄和成年四个阶段进行。

特级:2、6、12 月龄公羊体重占成年公羊体重的 20%、40%、60% 以上,母羊体重占 30%、50%、70% 以上,而且公、母羊体重均高于一级 15% 以上;公、母羊体尺分别占成年羊的 65%、75%、85%,并且公羊高于一级 8%,母羊高于 5% 以上。

(3)生产性能评定　南江黄羊母羊繁殖性能评分标准见表 4-1-4。

表 4-1-4　南江黄羊母羊繁殖性能评分标准

项目	特级	一级	二级	三级
年产胎数	2.0	1.8	1.5	1.2 以上
胎产羔数	2.5	2.0	1.5	1.2 以上

公羊连续两个繁殖季节配种 30 只经产可繁母羊。后备公、母羊的繁殖性能由系谱审查,参考同胞旁系资料评定。

2.毛用羊的个体品质鉴定

毛用羊鉴定共分四次进行,即初生羔羊鉴定、断奶羔羊鉴定、1~1.5 岁育成羊鉴定和 2.5 岁成年羊鉴定。成年羊鉴定成绩为终生鉴定成绩。

(1)初生鉴定　羔羊出生后第一次哺乳前测量体重,按体重、外形、被毛品质分为优、中、劣三级。体重标准可按不同品种类型自行拟定。

(2)断奶鉴定　凡初生鉴定为优、中级者,满 4 月龄时断奶,按体重、毛长、羊毛细度、体质和外形结构等进行鉴定。

凡体质健壮,发育良好,外形符合品种要求者,对体重、毛长、羊毛细度进行实际测量。同时观察毛丛结构、弯曲形态、被毛匀度,逐项进行鉴定记录。凡体质瘦弱,发育不良,外形有缺陷,体重、毛长、羊毛细度不符合要求,或毛丛结构松散,有异质毛或有色纤维等缺陷的,均不宜继续留作种用。符合标准的选入育成羊群进行培育。

(3)育成鉴定　断奶鉴定后被选留培育的均应进行实际测量,不能测量的用肉眼观察比较。鉴定项目主要包括头毛和皱褶类型,羊毛的长度、密度、细度、油汗、匀度、腹毛着生等品质,外形与体格大小,体重和剪毛量四个方面。最后结合羊只的健康状态观察、生殖器官检查、繁育成绩评定,完成总评项目,并依据品种鉴定分级标准,给羊定出等级。

(4)成年鉴定　成年羊鉴定的项目与育成羊鉴定的项目相同,其中体重、毛长、剪毛量按各品种鉴定分级标准执行。本次鉴定又叫复查鉴定,主要强调鉴定结果的可靠程度。

鉴定时首先看羊只整体结构是否匀称,外形有无缺陷,被毛中有无花斑或染色毛,行为是否正常等。再观察头部、鬐甲、背腰、体侧、四肢姿势、臀部发育状况,查看公羊的睾丸及母羊乳房发育情况,以确定有无进行个体鉴定的价值。如有鉴定的必要则再进一步查看耳标、年龄,观察口齿、头部发育状况及面部、颔部有无缺点等,根据国家标准(GB 2426—1981)细毛羊鉴定项目,逐一对羊毛密度、长度、细度、弯曲、油汗等进行详细鉴定,并根据标准规定的符号由记录员做好记录,填入绵羊鉴定记录表,根据鉴定成绩,对照相应标准评定出等级。绵羊鉴定记录见表 4-1-5。

表 4-1-5　绵羊鉴定记录　　　　　　　年　月　日

序号	品种	羊号	性别	年龄	鉴定成绩										毛量	体重	等级
					头毛	类型	毛长	毛密	弯曲	细度	匀度	油汗	体格	外形	腹毛	总评		

3.乳用山羊的个体品质鉴定

乳用山羊主要通过体型外貌、生长发育、生产力三个方面进行评定。

(1)体型外貌评定　奶山羊的外貌应具备典型乳用特征,即清秀的体型,鲜明的轮廓,结实的体质。不同的品种虽有不同的特殊特征,但评定的项目对各个品种都是相同的。

外貌鉴定主要按体躯各部分的特征和重要性,规定一个满分标准,不够标准的适当扣分,最后将各项评分相加,计算总分并依据外貌评分等级标准,定出等级,以区别优势。

(2)生长发育评定　通常用一定年龄时个体的体重、体尺作为评定标准。先定出一个选择的最低标准,不符合这个标准的就要淘汰。生长发育评定一般要经过四个阶段,即初生、断奶(4～8 月龄)、周岁和成年,各阶段的体重、体尺标准视不同品种而异。

(3)生产力评定　评定奶山羊生产力的主要指标为产奶量和乳脂率。一般第一个泌乳期为预选,到第三个泌乳期再进行复查。

【技能训练】

技能训练 4-1　羊品种类型观察

一、技能训练目标

（1）了解常见羊品种的类型。

（2）熟悉常见羊品种的体型外貌特点。

二、技能训练材料

羊品种挂图、录像、视频，多媒体播放设备，部分羊品种。

三、技能训练方法与步骤

（1）通过看图片、录像等手段，结合学生课前、课后查阅的相关文献资料，识别羊品种类型。

（2）参观羊场认识羊品种类型。

（3）在实训报告上记录该品种编号，并在实训报告上填写该品种的名称、原产地、经济类型和主要特征等信息（表 4-1-6）。根据实训报告上记录的该品种名称、原产地、经济类型和主要特征等信息，让学生对照，进行各项分值统计，汇总最终得分，评价品种掌握情况。

表 4-1-6　羊品种的类型

编号	品种名称 （2分）	原产地 （2分）	经济类型 （2分）	主要特征 （4分）	评分
1					
2					
合计					

四、技能考核标准

羊品种类型观察技能考核标准见表 4-1-7。

表 4-1-7　羊品种类型观察技能考核标准

序号	考核项目	考核标准	参考分值
1	羊品种类型的实施准备	准备充分，细致周到	10
2	羊品种类型的计划实施步骤	实施步骤合理，有利于提高评价质量	10
3	实施前测量工具的准备	鉴定所需工具准备齐全，不影响实施进度	10
4	羊品种类型设计的可行性	设计合理，具有实施可行性	15
5	教学过程中的课堂纪律	听课认真，遵守纪律，不迟到不早退	5
6	实施过程中的工作态度	在工作过程中乐于参与	10
7	上课出勤状况	出勤不迟到不早退	5
8	安全意识	无安全事故发生	5
9	卫生防疫意识	选址符合兽医卫生和环境卫生的要求	5
10	合作精神	能够相互协作，相互帮助，不自以为是	5
11	实施计划时的创新意识	确定实施方案时不随波逐流，有合理的独到见解	10
12	实施结束后的任务完成情况	过程合理，鉴定准确，与组内成员合作融洽，语言表述清楚	10
合计			100

任务 4-2　接羔育幼

一、产羔前的准备及接羔技术

接羔是养羊的收获季节,是一个关键的生产环节,要认真进行组织领导,配备一定的技术力量和劳动力,准备好羊舍,安排保护好产羔草场,储备足够的饲草饲料,做好羔羊产后的护理疾病防治和培育,才能提高羔羊的繁殖成活率。

(一)产羔前的准备

1.接羔圈舍及物资准备

产羔棚舍入冬前完成维修(具备保暖、空气好,阳光充足,无贼风、不漏雨)。产羔前 20～30 d 内将舍内羊粪堆积运到太阳下晒干,然后再运回羊舍堆起来,在开始产羔时铺在羊舍内,分娩栏内应用生石灰或来苏儿消毒,待产母羊全部圈在运动场里,让羊舍自然风干。产羔前,将羊舍分隔成大小 2 个,以便于三段管理。另外,要准备一些母子栏也叫分娩栏,每个面积 1.5～2.0 m²,可以用土块砌成,也可用木板或钢筋制成活动折叠式母子栏。母子栏的数量,初产母羊占母羊数的 10%～15%,经产母羊群只占 7%～10% 就够用了。每群母羊应设置 6～8 个补饲草料的两用饲槽,羊群便于分别补饲草料、食盐。还要准备羔羊护腹带 60 条左右,接羔袋 3～4 个,羔羊初生鉴定用品、羔羊耳号、打号颜色,必要的药品及医疗器械,电筒、灯油、料桶、肥皂、毛巾、剪毛剪、水桶、火炉、脸盆等,以及产羔人员的生活用品,都要事先准备充足,还要认真检查。

羔羊在初生时对低温环境特别敏感,一般在出生后 1 h 内直肠温度要降低 2～3℃,所以接羔棚舍的温度要求达到 10℃ 左右,避免羔羊出生时感到寒冷,而且接羔棚舍要保持地面干燥、通风良好、光线充足、挡风御寒(图 4-2-1)。在接羔棚附近,应安排一暖室,为初生弱羔和急救羔羊之用。

图 4-2-1　母羊与羔羊及圈舍

此外,在产羔前 1 周左右,必须对接羔棚舍、饲料架、饲槽、分娩栏等进行修理和清扫,地面和墙壁要用 3%～5% 的碱水或 10%～20% 的石灰乳溶液进行彻底的消毒。喷洒地面或涂抹墙壁,要仔细彻底,并在产羔期间再消毒 2～3 次。

2.饲草饲料的准备

一般在怀孕后期纯种及改良母羊每天补喂混合精料 0.25 kg 左右,饲草(干草或青刈燕麦草)0.5～1.0 kg,放在草料架上喂给。草料条件不充足的地方可优先照顾保证重点的原则下合理安排补饲,怀孕后期,为防止流产或早产,要严禁喂发霉、变质、冰冻及其他异常饲料,禁忌空腹饮冰渣水,在日常放牧管理中禁忌惊吓、急跑、跳沟、追逐等剧烈动作,特别在出入圈门及补饲时,要防互相挤压。产前 1 周可适当减少精料补饲,停喂青刈饲料,产羔后 1~2 d 内停喂难消化的精料和青刈饲料。1 周后随着羔羊的成长,需求奶量的增加,其补饲标准应从怀孕后期就适当增加。因此,需要做好以下工作:

(1)为冬季产羔的母羊提供充足的饲草、饲料　冬季产羔在哺乳后期正值枯草季节,如缺乏良好的冬季牧草或充足的饲草、饲料,母羊易缺奶,影响羔羊发育,所以应该为产冬羔的母羊准备充足的青干草、质地优良的农作物秸秆、多汁饲料和适当的精料等。

(2)为春季产羔的母羊提供饲草、饲料　春季产羔时有的地区牧草还没有返青,所以也应该为产羔母羊准备至少 15 d 左右所需要的饲草、饲料。在牧区,在产羔棚舍附近,从牧草返青时开始,在背风、向阳、接近水源的地方可围一块草地供产羔母羊放牧。

(3)产羔草场的准备　在牧区,在接羔棚舍附近,从牧草返青时开始,在避风、向阳、靠近水源的地方用土墙、草坯或铁丝网围起来,作为产羔草场(图 4-2-2),其面积大小可根据产草量、牧草的植物学组成以及羊群的大小、羊群品质等因素决定,但至少够产羔母羊 45 d 的放牧用为宜。

图 4-2-2　产羔草场

产羔草场是产羔的物质基础,特别在牧区,产羔草场的保护和合理利用显得更为重要,产羔草场在整个冬春草场中应选择离羊舍近,向阳,避风平坦,牧草生长茂盛离水源近的草场,其面积根据具体条件,每只羊应拥有预备草场 3 亩,产羔草场 2 亩,在母羊怀孕后期即产前 2 个月进入预备草场,产前 5 d 进入产羔草场。产春羔的地方,产羔草场利用应不少于 50 d。每年5 月中下旬,青草生长好时应及时转移牧场,把产羔草场保护起来。近年来,随着草原建设的发展,各地都围建了草库伦,平时禁止任何牲畜进入该草场,严格加以保护。并施行补播草籽、灌溉、灭害等内部建设,不断提高产草量,为养羊业提供更加丰裕的物质基础。

3.药品器械的准备

消毒药品如来苏儿、酒精、碘酒、高锰酸钾、消毒纱布、脱脂棉以及必需药品如强心剂、镇静剂、垂体后叶素,还有注射器、针头、温度计、剪刀、编号用具和打号液、秤、记录表格(母羊产羔记录、初生羔羊鉴定)等均应准备充分。

4.接羔人员的准备

接羔护羔是一项繁重而细致的工作,要根据产羔点上待产母羊头数,配备技术人员,认真研究制定接羔护羔的技术措施和操作规程,编制接羔值班名单,并组织产羔点上的兽医、放牧员及家属总结过去接羔育羔中的经验教训,分析当年可能出现的各种情况,及早提出要求并制订预案,做好接羔护羔的各项工作。在产羔期1～5个月内,每群母羊要增加2位辅助工人,昼夜轮流值班,待产母羊及产后母羊要分别照管,弱羔、孤羔、双羔、病羔更要细心照料。新参加接羔护羔的人员要经过学习,掌握基本技术。兽医人员要明确职责,有具体任务要求,做到深入羊群防病治病。经常进场进行巡回检查,做到及时防治。

(二)接羔技术

1. 母羊临产前的症状

有配种记录的母羊,可以按配种日期以"月加五,日减三"的方法来推算预产期。例如3月20日配种怀孕的母羊其预产期应为8月17日,9月25日配种怀孕的母羊则为次年的2月22日。

在预产期来临前2～3 d,要加强对母羊的观察。在临产前,母羊表现不安,不时起卧并回顾腹部,腹部明显塌陷,努责(呼吸暂停,腹压加大,往外鼓劲),这时要把羊赶进产房待产。母羊在临近分娩时会有以下异常的行为表现和组织器官的变化:

(1)临产母羊乳房开始胀大,乳头直立并能挤出黄色的初奶。

(2)阴门红肿且不紧闭,并不时有浓稠黏液流出,尤其以临产前2～3 h最明显。

(3)骨盆韧带变得柔软松弛,肷窝明显下陷,臀部肌肉也有塌陷。由于韧带松弛,荐骨活动性增大,用手握住尾根向上抬感觉荐骨后端能上下移动。

(4)临产母羊表现孤独,常站立墙角处,喜欢离群,放牧时易掉队,用蹄刨地,起卧不安,排尿次数增多,不断回顾腹部,食欲减退,停止反刍,不时咩叫等。

有上述征状表现的母羊应留在产房,不要出牧。

2. 产羔过程及接羔步骤

(1)产羔过程 母羊产羔过程分产前准备、胎儿产出两个阶段:

①产前准备阶段:是以子宫颈的扩张和子宫肌肉有节律性地收缩为主要特征。在这一阶段的开始,子宫每15 min左右便发生一次收缩,每次约20 s,由于是一阵一阵的收缩,故称之为"阵缩"。在子宫阵缩的同时,母羊的腹壁也会伴随着发生收缩,称之为"努责",这时,接羔人员应做好接羔准备。在准备阶段,扩张的子宫颈和阴道成为一个连续管道。胎儿和尿囊绒毛膜随着进入骨盆入口,尿囊绒毛膜开始破裂,尿囊液流出阴门,称之为"破水"。羊分娩的准备阶段的持续时间为0.5～24 h,平均为2～6 h。若尿囊破后超过6 h胎儿仍未产出,即应考虑胎儿产式是否正常,超过12 h,即应按难产处理。

②胎儿产出阶段:胎儿随同羊膜继续向骨盆出口移动,同时引起膈肌和腹肌反射性收缩,使胎儿通过产道产出。母羊正常分娩时,在羊膜破后几分钟至30 min左右,羔羊即可产出。若是产双羔时,先后间隔5～30 min,但也偶有长达数小时以上的。如果分娩时间过长,则可能是胎儿产式不正常形成难产。分娩过程中,接产人员应时刻注意观察,要及时处理一些假死羔羊,并对难产羊进行急救。

(2)接羔步骤 母羊正常产羔时,一般情况下,羊膜破裂后几分钟至0.5 h羔羊就生出。先看到前肢的两个蹄,随着是嘴和鼻,到头露出后,即可顺利产出。若是产双羔,前后间隔5～30 min,但也偶有长达数小时以上的。正常分娩时接产可按以下步骤进行。

①母羊乳房、外阴部清洗、消毒:母羊临产时剪净乳房周围和后肢内侧的羊毛,以免产后污染乳房,然后用温水擦洗乳房,并挤出几滴初乳。之后,再清洗母羊的外阴部,并用1%的来苏儿消毒。

②接羔:羔羊出生时一般是两前肢及头部先出,并且头部紧紧靠在两前肢的上面,即为顺利产出。当母羊产出第一羔后,如仍有努责或阵痛,必须检查是否还有第二羔。方法为手掌在母羊腹部前侧适力颠举,如为双羔,可触感光滑的羔体。母羊在产羔过程中,非必要时,一般不应干扰,最好让其自行娩出。但双胎母羊在第二羔分娩时已感疲乏,或母羊体质较差时,这种情况下需要助产。方法是:人在母羊体躯后侧,用膝盖轻压其肷部,等羔羊嘴端露出后,用一只手向前推动母羊会阴部,羔羊头部露出后,再用一手托住头部,一手握住前肢,随母羊的努责向后下方拉出胎儿。若属胎位异常(不正)时要做难产处理。

③羔羊产出后的处理:羔羊产出后,用手先把其口腔、鼻腔里的黏液掏出擦净,以免因呼吸困难、吞食羊水而引起窒息或异物性肺炎。羔羊身上的黏液,最好让母羊舔净,这样有助于母羊认羔。如母羊恋羔性比较差时,可将胎儿身上的黏液涂在母羊嘴上,引诱母羊舔净羔羊身上的黏液。如果母羊仍不舔或天气较冷时,应用干草迅速将羔羊全身擦干,以免羔羊受凉感冒。

羔羊产出后,一般都是自己扯断脐带,等其扯断后再用5%的碘酊消毒。在人工助产下分娩出的羔羊,体质较弱,可由助产人员拿住脐带,把脐带中的血向羔羊脐部顺捋几下,离羔羊腹部 3~4 cm 的适当部位扯断脐带,并进行消毒,预防发生脐带炎或破伤风。

母羊分娩后 1 h 左右,胎盘会自然排出,应集中深埋,以免母羊吞食,养成恶习。如 4~5 h 之后仍不排出,应进行处理,否则会引起子宫炎等一系列疾病。

初生后的羔羊要进行编号,育种羔羊称量出生重,按栏目要求填写羔羊出生登记表。

(三)难产的一般处理

在分娩时,初产母羊因骨盆狭窄,阴道过小,胎儿个体较大或经产母羊由于腹部过度下垂、身体衰弱、子宫收缩无力或因胎位不正等均会造成难产。助产时,助产人员应剪短、磨光指甲,消毒手臂,涂上润滑剂,根据不同情况采用不同方法处理。

(1)阴道狭窄或胎儿过大,羊膜已破,羊水流失时,用凡士林或液状石蜡涂抹阴道使阴道滑润后,用手将胎儿拉出。

(2)胎儿口、鼻和两肢已露出阴门,但仍不能顺利产出时,先将胎膜撕破,擦净胎儿鼻口部羊水,掏出口腔内黏液,然后在阴门外隔阴唇用手握住胎儿头额后部,用劲向外挤压,将头和两蹄全部挤出阴门,随母羊努责将胎儿顺势拉出。

(3)遇有头颈侧弯或下弯者,将手伸进阴道将胎儿推回到子宫腔内将头纠正,使鼻、唇和两前肢摆正并送入软产道,慢慢将胎儿拉出。

(4)前肢弯曲,只出一只蹄,或有肩部前置情况时,都要将胎儿推回到子宫腔,纠顺成正常状态(即两前肢托口唇的状态)后再慢慢顺势产出。

(5)遇有子宫扭转、子宫颈扩张不全及骨盆腔狭窄等胎儿不能产出时,要立即进行剖腹产手术,保胎儿顺利产出。

遇到倒产难产时都不能着急,一定要耐心。慢慢将胎儿捋顺并随母羊努责动作,慢慢将胎儿拉出,一般都能助产成功。

(四)假死羔羊的处理

羔羊产出后,身体发育正常,心脏仍有跳动,但不呼吸,这种情况称为假死。假死的原因主要是由于羔羊过早地呼吸而吸入羊水,或是子宫内缺氧、分娩时间过长、受凉等原因所造成的。如果遇到羔羊假死情况,要及时进行抢救处理。一般可采用以下方法:

（1）提起羔羊两后肢，使羔羊悬空同时拍及其背、胸部，或向口内猛吹几口气。

（2）使羔羊卧平，用两手有节律的推压羔羊胸部两侧。暂时假死的羔羊，经过这种处理后即能复苏。

（3）因受凉而造成假死的羔羊，应立即移入暖室进行温水浴，水温由 38℃开始，逐渐升到45℃。浴时应注意将羔羊头部露出水面，严防呛水，同时结合腰部按摩，浸 20～30 min，待羔羊复苏后，立即擦干全身。

二、产羔母羊及初生羔羊护理

（一）产羔母羊的护理

母羊在分娩过程中失水较多，新陈代谢机能下降，特别是生殖器官发生剧烈的变化，机体的抵抗力降低。若此时护理不当，不仅影响母羊的健康，使其生产性能下降，还会直接影响到羔羊的哺乳。为使母羊尽快复原，应给予适当的护理。

（1）产后母羊应注意保暖、防潮，给母羊带上护腹带，要保持分娩圈舍干燥、清洁和安静，避免贼风，预防感冒，使母羊安静休息。

（2）产羔后 1 h 左右给母羊饮 1～1.5 L 的温水，水温 25～30℃，切忌饮冷水，可加少许食盐、红糖和麦麸。

（3）为了避免引起乳房炎，在母羊产羔期间可稍减饲料喂量，只喂给优质干草和多汁饲料，前 3 d 尽量不喂精料，饲喂质量好、易消化的饲料，3 d 后随着羔羊吃初乳的结束，逐渐转变为饲喂正常饲料。

（4）母羊分娩后，羔羊吃奶前，应剪去母羊乳房周围的长毛，并用温水洗净、擦干后挤出一些初乳，帮助羔羊吸乳。

（5）注意母羊恶露排出情况，一般在 4～6 h 排净恶露。检查母羊的乳房有无异常或硬块。

（二）初生羔羊的护理

羔羊产出后，体质弱，适应能力、抵抗力均较差，很容易发病。因此，做好初生羔羊的护理，是保证其成活率的关键。

1.初生羔羊的生理特点

羔羊生后 1 周内特别是 2～5 日龄内，发病死亡最多，可占全部死亡的 85％以上，过此时期却显著减少。

（1）体温调节机能很不完善，不能很好保持恒温，易受外界温度变化的影响，特别是生后几小时内更为明显。

（2）血液中缺乏免疫抗体，全靠从母羊处得到初乳，通过肠壁吸收 γ-球蛋白大分子以抵抗疾病。

（3）所食乳汁直接进入第四胃进行化学性消化。肠道适应性较差，各种辅助消化酶也不健全，易患消化不良和拉稀。

（4）肺小叶胞腔薄，吞噬细胞少，对细菌和灰尘抵抗力弱。特别是怕寒冷刺激，由感冒到肺炎几乎无间隔期。

（5）肝功能解毒能力弱，分解合成能力弱，生后 5～7 d 内几乎无分解合成葡萄糖的能力。

2.初生羔羊护理措施

羔羊护理应当做到三防、四勤，即防冻、防饿、防潮和勤检查、勤喂奶、勤治疗、勤消毒。产

房要保持干燥,潮湿时要勤换干羊粪或干土,且温度不宜过高,要求在 5～10℃。具体做法如下:

(1)吃初乳　尽快帮助羔羊吃上初乳,特别是在产后 1 h 内要让羔羊吃饱初乳。母羊产后 4～7 d 为初乳分泌期,第 1 天的初乳中脂肪及蛋白质含量最高,次日急速下降。初乳中维生素含量较高,特别是维生素 A;初乳中含有高于常乳的镁、钾、钠等盐类,羔羊吃后有缓泻通便的作用;初乳中球蛋白含有较高的免疫物质,可见初乳营养价值完善,容易被羔羊吸收利用,增强其抵抗力。如果新生羔羊体弱或找不到乳头和母羊不认羔羊时,要设法帮助母子相认,人工辅助喂奶,直到羔羊能够自己吃上奶(图 4-2-3)。对缺奶羔羊和双羔要另找保姆羊。对有病的羔羊要尽快发现、及时治疗,给予特别护理。保证 1 个月内的羔羊吃好常乳,同时,诱导羔羊及早采食饲料。

图 4-2-3　辅助哺乳

(2)及时补饲　羔羊时期生长发育迅速,1～2 月龄以后,羔羊逐渐以采食草、料为主,哺乳为辅。羔羊生后 7～10 日龄,在跟随母羊放牧或补饲时,会模仿母羊的采食行为。此时,可将大豆、蚕豆、豌豆等炒熟粉碎后,撒于饲槽内对羔羊进行诱食。同时选择优质的青绿饲料或青干草(最好是豆科和禾本科草),放置在运动场内的草架上,训练羔羊采食。初期,每只羔羊每天可补喂混合料 10～50 g,待羔羊习惯后逐渐增加补喂量。一般 2 周龄至 1 月龄为 50～80 g;1～2 月龄为 100～120 g;2～4 月龄为 250～300 g。补喂的青、粗饲料可任其自由采食(图 4-2-4)。补饲的日粮最好按羔羊的体重和日增重要求,依据饲养标准进行配合。应种类多样,适口性好,易消化,粗纤维含量少,富含蛋白质、矿物质、维生素。补饲的方法应少喂勤添,定时、定量、定点,保证饲槽和饮水的清洁卫生。

图 4-2-4　羔羊补饲

(3)加强管理,顺利断奶　羔羊出生时,要保温防暑,进行称重;7～15 d 内进行编号、去角(山羊)或断尾(绵羊),1 月龄左右对不符合种用的公羔进行去势;羔羊时期容易发病,如羔痢、肺炎、胃肠炎等,应经常性观察食欲、粪便、精神状态的变化,发现问题,及时处理。保持舍内干燥、清洁、温暖,勤换垫草或垫土,定期消毒,搞好防疫注射。

羔羊一般在3～4月龄断奶,断奶时间要根据羔羊的月龄、体重、补饲条件和生产需要等因素综合考虑。在国外工厂化肥羔生产中,羔羊的断奶时间通常为4～8周龄。对早期断奶的羔羊,必须提供符合其消化特点和营养需要的代乳饲料,否则会造成损失。断奶时,要求母羊转移,母子不再合群,并做好饲料、环境、饲养方式的逐渐过渡。羔羊时期还应定期检测月龄体重和平均日增重,为选育提供科学依据,并结合放牧搞好运动,促进羔羊的生长发育。

(4)母羊弃羔的处理 有些初产母羊母性差,不仅不认羔、不舔羔、不喂乳,还经常顶、撞、踩压自己产下的羔羊。遇到这种情况时,先把羔羊放到母羊眼前,把羔羊身上的黏液强行抹到母羊的口、鼻内,一段时间后,即可诱导母羊舔羔。有的母羊即便是这样强行诱导也不舔羔,饲养人员要尽快用干布擦干羔羊身上的黏液,帮助羔羊站立起来,尽快吃上初乳。以后,羔羊即可自然吃乳。

羔羊吃上初乳后,如果母羊仍不认羔,可"关禁闭",即在喂完初乳后,把母子关进单独的圈内,增强亲和力,几天后,母羊就可认羔。

(5)弱羔的护理 母羊一胎多羔,加上妊娠期间饲养管理不良,母羊身体虚弱,母乳不足,往往会出现弱羔。这时,可把比较强壮的羔羊留在自己母亲身边正常哺乳,给弱羔找"后娘"代哺。"后娘"可以是同时或相近产单羔的母羊,也可以是"丧子"失去羔羊的母羊,也可以是比较强壮的母羊。

对因身体虚弱或其他原因导致的母羊无奶且找不到代哺"后娘"的羔羊,要进行人工哺乳。人工乳可用鲜牛奶、羊奶、奶粉、豆浆等代替,以新鲜羊、牛奶最好。使用奶粉喂羔羊时,应该先用少量温开水把奶粉溶开,然后再加热,防止配制的奶粉中起疙瘩。有条件时再加些鱼肝油、胡萝卜汁、多种维生素及少量食盐。代乳料可用小米面、黄豆粉(熟的)、玉米面各占1/3掺拌(用于15日龄以后的羔羊),现用现配。4周龄内的羔羊,每天喂6～8次,每次50 mL;5～7周龄以后,每天喂4～5次,每次100 mL。以后酌情定量和次数。喂奶工具可采用鸭嘴式奶瓶(图4-2-5)。

图 4-2-5 羔羊人工喂乳

三、初生羔羊品质鉴定

初生羔羊鉴定是对羔羊(细毛羊、半细毛羊及其杂种)的初步挑选,其作用是可根据羔羊的等级组成鉴定种公羊的好坏,而种公羊的后裔测验结果知道得越早越好;有一些性状(如羔羊身上的有色斑点和犬毛等)在羔羊身上能清楚地看到,长大后会逐渐消失或不易发现,而这些性状对后代品质影响很大。

初生羔羊鉴定宜在出生后 24 h 内进行,项目包括类型、体质、体格、体重、毛质和毛色等。类型是指其产品方向的倾向性;体质是根据骨骼粗细、头的宽窄和皮肤皱褶情况定为结实或偏粗、偏细;体格是指其骨架大小,可结合体重评定;体重指其初生体重,以大、中、小表示,公羔初生重在 4.4 kg 以上的为大,3.5～4.4 kg 的为中,3.5 kg 以下的为小。

鉴定时着重观察皮肤皱褶、毛色、体质、类型等方面。鉴定后可把羔羊分为优、良、中、劣四个等级。

四、羔羊编号、去角、去势与断尾

(一)编号

羊的编号分为群号、等级号和个体号三种。群号是指在同一群羊中、羊体上的同一部位所做的同一种记号,以期与其他羊群相区别。等级号用来进行羊的鉴定。个体号常用的编号方法有耳标法、剪耳法、墨刺法和烙角法。

1.耳标法

耳标用来记载羊的品种符号,出生年份及个体号等,多用金属或塑料制成(图 4-2-6),有圆形、长条形和凸形。长条形耳标在多灌木的地区放牧易被刮掉,圆形者比较牢固。羔羊出生后 15 d 左右,用耳标钳(图 4-2-7)把标好耳号的耳标用力打在左耳基下部。用耳标钳打孔时,要避开血管,需先在拟打孔的地方用碘酒消毒,要避开蚊蝇多的季节(图 4-2-8)。

耳号标记可以用品种标记。以品种的第一个汉字或汉语拼音的第一个大写字母代表。如新疆细毛羊,取"新"或"X"作为品种标记。年号取公历年份的最后一位数,如"2001"取"1"作为年号,放在个体号前。编号时以 10 年为一个编号年度计。各地可参考执行。

耳号标记也可以用个体号。根据羊场羊群的大小,取三位或四位数;尾数单号代表公羊,双数代表母羊。可编出 1 000～10 000 只羊的耳号,如系双羔,可在编号后加"一"标出 1 或 2,若羔羊数量多,可在编号前加"0"。

例如:某母羊 2006 年出生,双羔,其父本为新疆细毛羊(X 表示),母本为小尾寒羊(H 表示),羔羊编号为 48,则该羊完整的编号为 XH648-1。

图 4-2-6　耳标

图 4-2-7　耳标钳

图 4-2-8　打耳标

2.剪耳法

一般用作等级标记。剪耳是用特制的钳子将耳朵剪上缺口或打上圆孔,以代表号码。其规定是,左耳作个位数,右耳作十位数,左耳的上缘剪一缺口代表 3,下缘代表 1,耳尖剪一缺口代表 100,耳中间打一孔代表 400;右耳的上缘剪一缺口代表 30,下缘代表 10,耳尖剪一缺口代

表200,耳中间打一孔代表800。这个方法简便易行,但羊的数量多了不适用。缺口多了容易认错。因此,剪耳法常用做种羊鉴定等级的标记。纯种羊以右耳做标记,杂种羊以左耳做标记。具体规定如下:特级羊在耳尖剪一缺口;一级羊在耳下缘剪一个缺口;二级羊在耳下缘剪二个缺口;三级羊在耳上缘剪一个缺口;四级羊在耳上、下缘各剪一缺口。

3.墨刺法

是用特制刺墨钳(上边有针制的字钉,可随意置换)蘸墨汁把号打在羊耳朵里边。本方法简便经济,且不掉号,缺点是有时字迹模糊,不易辨认,羊耳是黑色和褐色时不宜使用。这亦可作个体编号,或者其他"辅助编号"。

4.烙角法

限于大型有角公羊使用。即用烧红的钢字,把号码烙在角上,一般右角烙个体号,左角烙出生号,但亦可以作辅助编号。

(二)去角

为了便于羊只在舍内采食、管理,防止羊角斗引起损伤或顶伤饲养管理人员,羊场要结合实际情况进行羊只的去角。羔羊适宜去角时间是出生后5~10 d。去角常用烙铁法、苛性钾去角法、锯断法等。

1.烙铁法

用300 W的手枪式电烙铁或"丁"字形烙铁(直径1.5 cm,长8~10 cm,在其中部焊接一个带木把的把柄)在角的基部画圈烧烙,其直径为2~2.5 cm,烙掉皮肤,再烧烙骨质角突,直至破坏角芽细胞的生长。每次烧烙一般10~15 s为宜,全部完成需要3~5 min的时间。

2.苛性钾去角法

首先剪掉角突周围羊毛;然后在角突周围涂一圈凡士林,以防药液流入眼睛或损伤周围其他组织;再用苛性钾棒在两个角芽处轮流涂擦,以去掉皮肤,破坏角芽细胞的生长为宜。

3.锯断法

对于公羊小时未去角或没有去净的羊只,以后又生出弯曲状角并伸出羊的头皮,羊只经常表现不安,可用去角锯将其角顶端锯断。锯断后涂消炎药物,用纱布包扎,防止出血过多。

(三)去势

去势又称阉割,去势的羊统称为羯羊。凡不作种用的公羔在出生后1~2周应去势。去势常用方法有手术切除法、结扎法、去势钳法、药物去势法。

1.手术切除法

常需两人配合,一人保定羊,将公羔半仰半蹲地保定在木凳上,用左手将羊的睾丸挤到其阴囊底部,右手持消过毒的手术刀在羊的阴囊底部做一切口,切口长度以能挤出睾丸为度,轻轻挤出两侧睾丸,撕断精索。也可以在羊阴囊的侧下方切口,挤出一侧睾丸后将阴囊的纵隔从内部切开,再挤出另一侧睾丸,然后将伤口用碘酊消毒或撒上磺胺粉,让其自愈。过1~2 d可检查一下,如阴囊收缩,则为安全的表现,如果阴囊肿胀,可挤出其中的血水,再涂碘酒消毒或撒上消炎粉,一般不出什么危险(图4-2-9)。

2.结扎法

当公羔1周大时,将睾丸挤到阴囊底部,然后用橡皮筋或细绳将阴囊的上部紧紧扎住，以阻断血液流通。经过 10～15 d，阴囊及睾丸萎缩自然脱落。此法简单易行、无出血、无感染（图 4-2-10）。

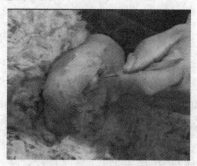

图 4-2-9　羊的手术切除法去势

图 4-2-10　羊的结扎法去势

3. 去势钳法

用特制的去势钳，在公羔的阴囊上部用力将精索挟断，睾丸逐渐萎缩。该方法快速有效，不切伤口，无失血，无感染危险，但操作者要有一定的经验。

4. 药物去势法

操作人员一手将公羔的睾丸挤到阴囊底部，并对其阴囊顶部与睾丸对应处消毒，另一手拿吸有消睾注射液的注射器，从睾丸顶部顺睾丸长径方向平行进针，扎入睾丸实质，针尖抵达睾丸下 1/3 处时慢慢注射。边注射边退针，使药液停留于睾丸中 1/3 处。依同法做另一侧睾丸注射。公羔注射后的睾丸呈膨胀状态，所以切勿挤压，以防药物外溢。药物的注射量为 0.5～1 mL/只，注射时最好用 9 号针头。

（四）断尾

羊的断尾主要应用于细毛羊、半细毛羊及高代杂种羊，其目的是防止粪便污染羊的后躯，提高羊毛品质，并且断尾后有利于配种。断尾应在羔羊出生 1 周左右进行，断尾有结扎法与热断法两种。

1. 结扎法

用橡皮圈在第三、第四尾椎之间紧紧扎住，阻止血液流通，经过 10～15 d 左右尾的下部萎缩并自行脱落。此法简便易行，便于推广，但所需时间较长，要求技术人员应定期检查，防止橡皮圈断裂或由于不能扎紧，而导致断尾失败，见图 4-2-11。

2. 热断法

需要一个铲头长 10 cm、宽 6 cm、厚 1～1.5 cm，上有长柄并装有木把的断尾铲及两块长 30 cm、宽 20 cm、厚 3 cm

图 4-2-11　羊结扎法断尾

的木板，两面包上铁皮，其中一块的一端挖一个半径 2～3 cm 的半圆形缺口。操作时，需两个人配合。首先将不带缺口的木板水平放置，一个人保定好羔羊，并将羔羊尾巴放在木板上；另一人用带缺口的木板固定羔羊尾巴，且使木板直立，用烧至暗红色的铁铲紧贴直立的木板压向尾巴，将其断下。若流血可用热铲止血，并用碘酊消毒。

五、羔羊培育、断奶鉴定及分群

(一)羔羊的培育

羔羊培育是指羔羊断奶前(绵羊4月龄、山羊2月龄)的饲养管理。羔羊的培育分为出生前培育和出生后培育2个阶段。

1.出生前培育

妊娠前期胎儿形成各种组织器官,对各种营养物质的需要量不大,有全价的营养,能保证各组织器官发育正常、完善。而妊娠后期胎儿各组织器官生长发育很快,羔羊初生重的90%是妊娠后期生长发育的。同时,为产后泌乳,母羊本身也需贮存一些营养物质,因此,妊娠后期母羊要加强营养,以供给丰富而全价的营养物质,要给精料、优质青干草(最好是豆科牧草)、多汁饲料和矿物质饲料。为母羊创造良好的饲养管理条件,不仅羔羊初生体重大、羊毛密度好、发育良好、体质健壮,而且产后母羊泌乳多,能保证泌乳期羔羊的正常生长发育。

2.出生后的培育

羔羊出生后营养主要靠哺乳及以后的补饲。

哺乳期的羔羊是一生中生长发育强度最大、最难饲养的一个阶段,稍有不慎不仅会影响羊的发育和体质,还会造成发病率和死亡率增加,给养羊生产造成重大损失。因此,应采取措施,合理饲养。

(1)羔羊生后应尽早吃足初乳,并继续保持母羊良好的营养状况,使其有足够的乳汁哺育羔羊。羔羊出生后数日宜留圈中,因此,母羊也应舍饲。

羔羊在哺乳前期主要依赖母乳获取营养,母乳充足时,羔羊生长发育好、增重快、健康活泼。母乳可分为初乳和常乳,母羊产后第一周内分泌的乳叫初乳,以后的则为常乳。初乳浓度大,养分含量高,尤其是含有大量的抗体球蛋白和丰富的矿物质元素,可增强羔羊的抗病力,促进胎粪排泄。因此,应保证羔羊在产后15~30 min内吃到初乳。哺乳时,生产人员应对弱羔、病羔或保姆性差的母羊人工辅助羔羊吃乳,并安排好吃乳时间。

(2)为增强羔羊体质,随着羔羊日龄的增长,应尽早运动。舍饲情况下,10日龄可让羔羊在运动场内自由运动。放牧情况下,10日龄可以开始随母羊放牧,开始时应距离羊舍近一些,以后可逐渐增加放牧的距离。为了保证母羊和羔羊的正常营养,最好留出一些较近的优质牧地。

(3)适时补饲。一般3~4月龄羔羊即和母羊分群管理,这是羔羊发育的危险期。此时如补饲不够,羔羊体重不仅不增长,反而有下降的可能。因此,羔羊在断奶分群后应在较好的牧地上放牧,需要适量补饲干草和精料。出生后15日龄左右,即可训练采食干草,1月龄左右补饲精料。补饲的方法应少喂勤添,定时、定量、定点,保证饲槽和饮水的清洁卫生。羔羊时期生长发育迅速,1~2月龄以后,羔羊逐渐以采食草、料为主,哺乳为辅。羔羊生后7~10日龄,在跟随母羊放牧或补饲时,会模仿母羊的采食行为。此时,可将大豆、蚕豆、豌豆等炒熟粉碎后,撒于饲槽内对羔羊进行诱食。同时选择优质的青绿饲料或青干草(最好是豆科和禾本科草),放置在运动场内的草架上,训练羔羊采食。初期,每只羔羊每天可补喂混合料10~50 g,待羔羊习惯后逐渐增加补喂量。一般2周龄至1月龄为50~80 g,1~2月龄为100~120 g,2~4月龄为250~300 g。补喂的青、粗饲料可任其自由采食。补饲的日粮最好按羔羊的体重和日增重要求,依据饲养标准进行配合。应种类多样,适口性好,易消化,粗纤维含量少,富含蛋白质、矿物质、维生素。

（4）加强管理，顺利断奶。羔羊出生时，要保温防暑，进行称重。7～15 d进行编号、去角（山羊）或断尾（绵羊），1月龄左右对不符合种用的公羔进行去势。羔羊时期容易发病，如羔痢、肺炎、胃肠炎等，应经常性观察食欲、粪便、精神状态的变化，发现问题，及时处理。保持舍内的干燥、清洁、温暖，勤换垫草或垫土，定期消毒，搞好防疫注射。

羔羊培育要求条件较高，如把少量最好的羔羊挑选出来加强培育，育成特别优秀的个体，这对整个羊群质量的提高有很好的作用。

（二）断奶鉴定

发育正常的羔羊一般在3～4月龄断奶，断奶时间要根据羔羊的月龄、体重、补饲条件和生产需要等因素综合考虑。在产羔集中或母羊奶量不足的情况下，最好采取一次断奶。在国外工厂化肥羔生产中，羔羊的断奶时间通常为4～8周龄。对早期断奶的羔羊，必须提供符合其消化特点和营养需要的代乳饲料，否则会造成损失。断奶时，要求母羊转移，母子不再合群，并做好饲料、环境、饲养方式的逐渐过渡。羔羊时期还应定期检测月龄体重和平均日增重，为选育提供科学依据，并结合放牧适当运动，促进羔羊的生长发育。

在羔羊断奶分群时，进行断奶鉴定。主要对羔羊体质类型，体格大小，羊毛密度、细度和长度做出评定，按优、良、中、劣定出等级。经过断奶鉴定的羔羊，应按性别和鉴定等级分群，并做好记录。在鉴定的同时若发现有丢失耳号的羊只，应及时补上。

断奶鉴定注意事项：断奶时，个别体质特别差的弱羔、病羔应暂缓断奶，待体质稍恢复或病愈后再进行断奶；断奶鉴定评定体格大小时，应与整个群体来衡量比较。

（三）分群

一般羊群均应按公、母分开分群，同时羊群周转时应按年龄分群。经过鉴定的羊羔应按等级分群，分群的时间一般在羔羊断乳时进行1次，育成羊鉴定剪毛后进行1次，基础母羊配种前整群1次，组群的数量大小是根据品种、性别、年龄、经济效益的高低以及自然条件而定。牧区：一般细毛母羊200～300只为一群，粗毛羊400～500只为一群，羯羊800～1 000只为一群，育成母羊200～300只为一群，育成公羊200只为一群。山区：一般母羊200只为一群，育成公羊100只为一群，羯羊300只为一群。农区：20～50只为一群。

【技能训练】

技能训练 4-2 羊的编号、断尾与去势

一、技能训练目标

了解羊的编号、断尾与去势的操作要点及其对养羊生产的重要意义，掌握羊的编号、断尾及去势技术。

二、技能训练材料

羔羊、耳标钳、耳标、断尾钳、碘酒、手术刀、剪刀、棉球等。

三、技能训练方法与步骤

（1）在教师的指导下确定羊的编号方式，熟练准确地打上羔羊耳标。用力打在左耳基下部。用耳标钳打孔时，要避开血管，需先在拟打孔的地方用碘酒消毒。

（2）在教师的指导下选择羔羊断尾的位置，熟练准确地套上橡皮筋圈，即将橡皮筋圈套在

尾部第 3～4 尾椎之间,紧紧扎住。操作干净利落,防止感染。

(3)小组成员配合,一人固定住羔羊的四肢,并使羔羊的腹部向外,另一人采用刀切法将阴囊下方切一口,将睾丸挤出,慢慢拉断血管和精索。一侧的睾丸取出后,如法取出另一侧的睾丸,阴囊内撒 20 万～30 万 U 的青霉素,然后伤口处涂上消毒药物,防止感染。

四、技能考核标准

羊的编号、断尾与去势技能考核标准参见表 4-2-1。

表 4-2-1　羊的编号、断尾与去势技能考核标准

序号	考核项目	考核内容	考核标准	参考分值
1	学习态度 学习方法	操作态度 合作意识 思考意识	积极主动,服从安排;善于合作,积极与小组成员配合;积极思考,解决实训过程中遇到的困难	30
2	实训操作	编号 断尾 去势 工作记录	操作规范、结果正确、描述准确	60
3	实训小结	操作报告	报告撰写认真,上交及时	10
合计				100

五、技能训练作业

根据实训条件,完成对羔羊的编号、断尾和去势,并写出实训报告。

任务 4-3　羊的饲养管理

一、羊的生物学特性与消化生理

(一)羊的生物学特性

1.合群性强

羊的合群性很强,尤其绵羊群居性更强,不同绵羊品种群居行为的强弱有别。夏、秋季牧草丰盛时,羊只的合群性好于冬、春季牧草较差时。利用合群性,就可以大群放牧,在羊群出圈、入圈、换草场、运羊等活动时,只要有头羊先行,其他个体就尾随而来,管理起来十分方便。但是也有不利的一面,如少数个体混了群,其他个体也跟着而来,少数个体受到惊吓,其他个体也跟着狂奔,引起炸群,在管理上应避免混群和炸群。

2.采食能力强,可利用饲料广

绵羊的颜面细长,嘴尖,唇薄齿利,上唇中央有一中央纵沟,运动灵活,下腭门齿向外有一定的倾斜度,故能啃食接触地面的短草,利用许多其他家畜不能利用的饲草饲料。如多种牧草、灌木、农副产品以及禾谷类籽实等。山羊比绵羊能更好地利用灌木丛林、短草草地以及荒漠草场。甚至在不适于饲养绵羊的地方,山羊也能很好地生长。

3.喜干怕湿,爱清洁

羊汗腺不发达,散热机能差,在炎热天气应避免湿热对羊体的影响,尤其在我国南方地区,高温高湿是影响羊生产发展的一个重要原因。相比而言,山羊较绵羊耐湿,在南方的高湿高热地区,则较适于养山羊。

羊具有爱清洁的习性。羊喜欢吃干净的饲料,饮清凉卫生的水。草料、饮水一经污染或有异味,就不愿采食、饮用。因此,在舍内饲养时,应少喂勤添,以免造成草料浪费。平时要加强饲养管理,注意饲草饲料清洁卫生,饲槽要勤扫,饮水要勤换。

4.好斗和温驯并存

绵羊性情温驯,反应迟钝,胆小易受惊吓,突然的惊吓,容易出现炸群。山羊的性情比绵羊活泼,行动敏捷,喜欢登高,善于跳跃。因此,有"精山羊,疲绵羊"之说。

羊群中往往公羊比母羊好斗,公羊之间的争斗具有持久性。母羊之间的争斗具有突然性,多发生在补饲精料时。羊只具有明显的欺弱怕强特点,如果羊群中有一只弱羊,许多羊都会攻击它,甚至出现许多羊同时攻击一只弱羊的情况。

5.嗅觉灵敏

羊的嗅觉比视觉和听觉灵敏,这与其发达的腺体有关。其识别羔羊,辨别植物种类或枝叶,辨别饮水的清洁度主要靠嗅觉完成。

6.适应性和抗病力强

羊的适应性很强,在我国各地都有分布,能够很好地利用农牧区各类型自然条件下提供的草料,发展前景很好。羊抗病力也很强,特别是一些古老的羊品种,在一些潮湿多寄生虫的地方,也能很好的生存。正是由于抗病力强,往往在发病初期不易被发现,没有经验的饲养员一旦发现病羊,多半病情已很严重。因此,必须时刻细致观察,尽早发现,及时采取治疗措施。

(二)羊的消化生理特性

1.消化器官特点

(1)口部采食器官　羊的颜面细长,嘴尖,唇薄齿利,上唇中央有一中央纵沟,运用灵活,下腭门齿向外有一定的倾斜度,对采食地面低草和灌木枝叶很有利,对草籽的咀嚼也很充分,因此羊只善于肯食很短的牧草。

(2)复胃　羊的胃由四个部分组成,即瘤胃、网胃、瓣胃和皱胃,占据腹腔的绝大部分空间。前 3 个胃无腺体组织分布,不能分泌酸和消化酶类,对饲料起发酵和机械性消化作用,称为前胃。皱胃具有分泌盐酸和胃蛋白酶的作用,可对食物进行化学性消化,又称真胃。成年绵羊四个胃总容积近 30 L,山羊为 16 L 左右,瘤胃最大(图 4-3-1)。

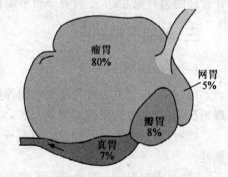

图 4-3-1　断奶后羊的复胃结构

(3)肠道　羊的整个肠道的长度相当于体长的26~27 倍,小肠细长曲折,长度约为 25 m,大肠比小肠短,约为 8.5 m,这表明羊的消化吸收能力很强。在小肠内主要是在各种消化酶的作用下进行化学性消化,大肠内主要是在大肠微生物和少量酶作用下继续部分消化并吸收食物中的水分,最终没有被消化的食物残渣形成粪便排出体外。

2. 消化生理特性

(1)唾液分泌　羊的唾液主要由腮腺、颌下腺和舌下腺分泌的,无色透明,具有润湿饲料、溶解食物、杀菌和保护口腔的作用,呈弱碱性,尤其腮腺分泌的唾液 pH 高达 8.1。羊的唾液当中不含有唾液淀粉酶,但在哺乳阶段分泌的唾液中含有一种独特的脂肪酶,以利于对乳脂的消化。羊唾液中含有的有机物主要是黏蛋白、其他无机物主要有 K、Na、Ca、Mg 等的氯化物,另外还含有尿素,唾液是瘤胃-肝脏氮素循环中的尿素回到瘤胃的主要途径。

(2)反刍　反刍动物将采食的富含粗纤维的草料,在休息时逆呃到口腔,经过重新咀嚼,并混入唾液再吞咽下去的过程叫反刍。羔羊在出生后 40 d 左右开始出现反刍行为,如果哺乳期早期补饲得当可提早出现反刍行为。多在食后 1～2 h 内开始反刍,反刍到一定时间后(40～50 min)又开始吃草。反刍姿势多为侧卧式,少数为站立。放牧条件下,反刍时间与采食时间的比值为 0.8:1,舍饲条件下,二者的时间比例为 1.6:1。饲料的物理性质和瘤胃中挥发性脂肪酸(VFA)是影响反刍的主要因素,如果反刍行为停止则预示着疾病的发生。

(3)食道沟及食道沟反射　食道沟始于贲门,延伸至网胃-瓣胃口,是食道的延续,当它关闭合拢时便形成一个由食道至瓣胃的管状结构,称食道沟。在哺乳期的羊只,食道沟可以通过吸吮乳汁而出现闭合,称食道沟反射,使乳直接进入瓣胃和真胃,以防羊乳进入瘤胃或网胃而引起细菌发酵和消化道疾病。一般情况下,哺乳结束的育成羊和成年羊食道沟反射逐渐消失。

二、羊的营养需要和饲养标准

(一)羊的营养需要

了解羊的营养需要,是确定饲养标准,合理配合日粮,进行科学养羊的依据,也是维持羊的健康及其生产性能的基础。羊的营养需要主要包括能量、蛋白质、脂肪、矿物质、维生素和水。

(二)羊的饲养标准

羊的饲养标准是指一头处于特定生长、生理发育阶段和饲养管理条件下的羊只每天所需要的各种主要营养物质的数量。饲养标准是在特定条件下经过反复实验和实践不断总结而制定出来的,在实际养羊生产当中,我们要根据实际情况对这些饲养标准做适当调整之后,来设计合理的饲料配方,生产营养全价平衡饲粮,实现对羊只科学饲养。

三、羊的日粮配合

(一)日粮配合原则

(1)必须按照羊的营养需要和饲养标准来满足羊的各种营养需要,但要根据实际的饲养实践情况,灵活调整运用各类饲养标准。

(2)日粮组成尽量多样化。有利于发挥不同饲料在营养成分、适口性以及成本之间的补充性。

(3)追求粗料比例最大化。在确保满足羊营养需要的前提下,要追求粗料比例最大化,这样可以降低饲料成本。

(4)配合日粮时必须因地制宜,充分利用本地的饲料资源,以降低饲养成本。

(5)先配粗饲料,再配精饲料,最后补充矿物质,以满足 Ca、P 的需要。

(6)所配的日粮要与羊的采食量相适应,保证所配制的日粮能够全部被羊所采食。

（二）日粮配合方法和步骤

（1）清楚羊只的总体情况，包括年龄、品种、体重、肥育阶段、肥育目的、投喂方式等等。

（2）根据羊只的总体情况，查相对应的饲养标准，获得羊只的营养需要量。

（3）查饲料原料的营养成分表，列出对应的饲料原料的营养成分含量数值。

（4）进行计算之后，按照标准值平和比较，调整配方。

（5）进行生产检验和个体观察，灵活运用标准定量。

四、羊的一般饲养管理

（一）放牧条件下的饲养管理

放牧饲养能充分利用天然的植物资源，降低生产成本，且能增加运动量有利于羊体健康。

1. 春季放牧

春季牧场应选择在气候较温暖，雪融较早，牧草最先萌发，离冬季牧场较近的平川、盆地或浅丘草场；春季放牧主要任务是恢复体况。初春时，羊只经过漫长的冬季，膘情差，体质弱，产冬羔母羊仍处于哺乳期，加上气候不稳定，易出现"春乏"现象。这时，牧草刚萌发，羊看到一片青，却难以采食到草，常疲于奔青找草，增加体力消耗，导致瘦弱羊只的死亡；再则，啃食牧草过早，将降低其再生能力，破坏植被而降低产草量。因此，初春时放牧技术要求控制羊群，挡住强羊，看好弱羊，防止"跑青"。

2. 夏季放牧

夏季牧场应选择气候凉爽，蚊蝇少，牧草丰茂，有利于增加羊只采食量的高山地区。羊群经春季牧场放牧后，其体力逐渐得到恢复。此时牧草丰茂，正值开花期，营养价值较高，是抓膘的好时期。但夏季气温高，多雨、湿度较大，蚊蝇较多，不利于羊只的采食。因此，在放牧技术上要求出牧宜早，归牧宜迟，中午天热要休息，避免有"扎窝子"现象。夏季羊需水量增多，每天应保证充足的饮水，同时，应注意补充食盐和其他矿物质。

3. 秋季放牧

秋季牧场应选在牧草枯黄较晚的草场，继续抓膘，为配种做准备。要做到抓膘、配种两不误。秋季放牧注意延长放牧时间，早出牧，晚归牧，但霜冻天气来临时，不宜早出牧，以防妊娠母羊采食了霜冻草而引起流产或生病。在农区和半农半牧区，充分利用收割之后的茬地放牧，是羊抓膘的好机会，但要注意在豆科田地或草地里不可放牧过久，以防胀肚；高粱和玉米二茬苗较多的地或蓖麻地等也不能放牧过久，防止中毒；尽量避免到针茅草等有芒刺的草地放牧，以免污染羊毛。秋季放牧注意延长放牧时间，早出牧，晚归牧。但霜冻降临后，要适当晚出牧，以防羊吃霜草。

4. 冬季放牧

冬季放牧的主要任务是保膘、保胎，使羊只安全越冬。冬季气候寒冷，牧草枯黄，放牧时间长，放牧地有限，草畜矛盾突出。应延长在秋季草场放牧的时间，推迟羊群进入冬季草场的时间。对冬季草场的利用原则是：先远后近，先阴坡后阳坡，先高处后低处，先沟壑地后平地。严冬时，要顶风出牧，但出牧时间不宜太早；顺风收牧，而收牧时间不宜太晚。冬季放牧应注意天气预报，以避免风雪袭击。对妊娠母羊放牧的前进速度宜慢，不跳沟、不惊吓，出入圈舍不拥挤，以利于羊群保胎。在羊舍附近划出草场，以备大风雪天或产羔期利用。

(二)舍饲条件下的饲养管理

羊的舍饲圈养是把羊群关在羊舍中饲喂,在无放牧场所或草场条件不理想的农区和半农区,或肉用羊的肥育期、高产奶山羊均可采用完全舍饲的方式。舍饲饲养要有丰足的草料来源(每年每只羊平均可按干草和秸秆 400～500 kg,精料 100～200 kg),粗饲料除以干草和秸秆为主外,要充分结合当地的饲草料资源,尽量做到多样化,以降低羊只的饲养成本。精料和其他辅料则因各地条件、羊的品种、性别、年龄和季节的不同而异。要有较宽敞的羊舍和饲喂草料的饲槽和草架,并开辟一定面积的运动场,供羊群活动锻炼。舍饲的羊减少了放牧游走的能量消耗,有利于肉羊的育肥和奶羊形成更多的乳汁。要搞好舍饲饲养必须收集和贮备大量的青绿饲料、干草和秸秆,保证全年饲草的均衡供应。高产羊群需要营养较多,在喂足青绿饲料和干草的基础上,还必须适当补饲精料。舍饲饲养方式人力物力消耗较大,因此饲养成本较高。必须引进高产良种,提高羊群的生产力和出栏率,才能获得较高的经济效益。

(三)羊的放牧加补饲

放牧加补饲是一种放牧与舍饲相结合的饲养方式。应根据不同季节牧草生长的数量和品质、羊群本身的生理状况,确定每天放牧时间的长短和在羊舍内饲喂的次数与草料数量。夏秋季节,各种牧草生长茂盛,通过放牧能满足羊只营养需要,可以不补饲或少补饲。冬春季节牧草枯萎,量少质差,单纯放牧不能满足羊的营养需要,必须在羊舍进行较多的补饲。

1.补饲的时间

补饲开始的时间,应根据具体羊群和草料贮备情况而定。原则是从体重出现下降时开始,最迟也不能晚于春节前后。同时还要考虑公羊的配种、母羊的怀孕和泌乳及春乏等情况确定。补饲一旦开始,就应连续进行,直至能吃上青草时为止。

2.补饲的方法

如果仅补饲草,最好安排在归牧后。如果饲草、精料都补,则可安排在出牧前补料,在归牧后补草;在草、料分配上,应保证优羊优饲,对种公羊和核心群母羊的补饲量应多些。而对其他等级的成年羊和育成羊,则按先弱后强、先幼后壮的原则进行;在草、料利用上,要先喂次草、次料,再喂好草、好料;补饲开始和结束时,应遵循逐渐过渡的原则;在补饲方法上,补饲量可根据饲养标准确定,饲喂时,干草放置在草架上,精料放置在料槽内,防止践踏和浪费。

五、羊的阶段饲养管理

(一)羔羊的饲养管理

羔羊生长发育快,对环境适应能力差,可塑性强。另外,羔羊刚出生时,瘤胃微生物区系尚未形成,但瘤胃和网胃发育的速度受采食量的影响较大。单一哺乳的羔羊瘤胃和网胃的发育不完善,当采食精料和饲草时,瘤胃、网胃发育加快,因此,对羔羊应尽早补饲一些优质粗饲料,以促进胃肠道的发育。

1.早吃初乳,吃好常乳

(1)早吃初乳 初乳浓稠呈浅黄色,营养丰富,蛋白质含量高达 17.1%,脂肪为 9.4%,含有大量的抗体和镁盐。因此初乳具有轻泻的作用,能促进肠道蠕动,有利于胎粪的排出和清理肠道,并能增加羔羊的抗病力。羔羊出生后应在 0.5 h 内吃上初乳,对初生弱羔、初产母羊或护仔行为不强的母羊所产羔羊,需人工辅助其哺乳。

(2)吃好常乳　1 月龄内的羔羊以母乳为主,母乳充足,可使羔羊 2 周龄体重达到其出生重的 1 倍以上。羔羊哺乳的次数因日龄不同而有所区别,1～7 日龄每天自由哺乳数次,7～15 日龄饲喂 6～7 次,15～30 日龄 4～5 次,30～60 日龄 3 次,60 日龄至断乳 1～2 次。

2.合理补饲,适时断奶

(1)合理补饲　为促进羔羊瘤胃消化机能的完善,出生后 15 日龄左右,即可训练采食干草,1 月龄左右补饲精料。羔羊补饲精料最好在补饲栏中进行,防止母羊抢食,待全部羔羊会吃料时再改为定时定量补料,其喂量应随日龄而调整,一般 1 月龄羔羊日喂量为 50～100 g,2 月龄喂给 150～200 g,3 月龄喂给 200～250 g,4 月龄喂给 250～300 g。

(2)适时断奶　　羔羊一般 3～4 月龄断奶。国外有 8 周龄断奶的饲养方式。如早期断奶(2 月龄前断奶),必须给羔羊提供符合其消化特点和营养需要的代乳料,否则,会影响羔羊成活率,造成损失。

羔羊断奶常用一次性断奶法,即母子分开后,不再合群,母羊在较远处放牧,羔羊留在原圈饲养,一般母子隔开 4～5 d,可断奶成功。但若为双羔或多羔,且发育不整齐时,可采用分次断奶法,先将发育好的羔羊断奶,发育较差的留下继续哺乳一段时期再断奶。

3.安排运动,注意防病

羔羊爱动,早期训练运动可促进羔羊健康。若舍饲,10 日龄可让羔羊在运动场内自由运动,接收阳光照射。若放牧,10 日龄可以开始随母羊放牧,开始时应距羊舍近一些,以后可逐渐增加放牧距离。

据研究,1 周之内死亡的羔羊占全部死亡数的 85% 以上,危害较大的疾病是"三炎一痢"(即肺炎、肠胃炎、脐带炎和羔羊痢疾),发现患病应及时隔离治疗。

4.日常管理工作

羔羊出生后,若母羊死亡或母羊一胎产羔过多,泌乳量过低时,则应进行寄养或人工哺乳。保姆羊可由产单羔但乳汁分泌量足和产后羔羊死亡的母羊担任。由于母羊的嗅觉灵敏、拒绝性强,所以将保姆羊的乳汁涂在羔羊的臀部或尾根,或将羔羊的尿液涂抹在保姆羊的鼻端,母羊难于辨认,有利于寄养。寄养工作最好安排在夜间进行。

加强护理,搞好圈舍卫生,避免贼风侵入,保证吃奶时间均匀,做到"三查"(即查食欲、查精神和查粪便),有效提高羔羊成活率。

(二)育成羊的饲养管理

1.育成羊的饲养

育成羊是指断奶后至第 1 次配种前的青年羊(4～18 月龄)。羔羊断奶后 5～10 个月生长很快,一般毛肉兼用和肉毛兼用品种公母羊增重可达 15～20 kg,营养物质需要较多。育成期饲养应结合放牧,更注重补饲,使其在配种时达到要求体重要求。对育成羊应按照性别单独组群,安排在较好的草场,保证充足的饲草。精料的喂量应根据品种和各地具体条件而定,一般每天喂量 0.2～0.3 kg,注意钙、磷的补充。在配种前对体质较差的个体应进行短期优饲,适当提高精料喂量。

在实际生产中,一般将育成羊分为育成前期(4～8 月龄)和育成后期(8～18 月龄)两个阶段进行饲养。

（1）育成前期的饲养　育成前期尤其是刚断奶不长时间的羔羊，生长发育快，瘤胃容积有限且功能不完善，对粗饲料的利用能力较差。这一阶段的饲养主要以精料为主。羔羊断奶时，不要同时断料；断奶后应按性别单独组群。

（2）育成后期的饲养　育成后期羊的瘤胃消化功能趋于完善，可以采食大量的牧草和农作物秸秆。粗劣的秸秆不宜用来饲喂育成羊，即使使用，在日粮中的比例也不可超过 20%～25%，使用前还应进行合理的加工调制。在 1.5 岁以前，从羊群中随机抽出 5%～10% 的羊，每月定期在早晨未饲喂或出牧之前进行称重。毛肉兼用绵羊在正常饲养管理下的增重情况见表 4-3-1。

表 4-3-1　绵羊由初生到 12 月龄体重变化　　　　　　　　　　　　　　　　　kg

性别	月　　龄											
	初生	1	2	3	4	5	6	7	8	9	10	11	12
公羊	4.0	12.8	23.0	29.4	34.7	37.6	40.1	43.1	47	51.5	56.3	59.6	60.9
母羊	3.9	11.7	19.5	25.2	28.7	31.4	34.4	36.8	39.8	42.6	46.0	49.8	52.6

2.育成羊的管理

舍饲育成羊要加强运动，有利于羊的生长发育和防止形成草腹。育成母羊体重达 35 kg、育成公羊在 1.5 岁以后，体重达到 40 kg 以上可参加配种，配种前还应保持良好的体况，适时进行配种和采精调教。

搞好圈舍卫生，做好羊的防疫工作。怀孕母羊产前 20～30 d，做羔羊痢疾疫苗皮下注射2 mL，10 d 后再注射 3 mL；在 2 月底，成羊和羔羊每只肌肉注射羊三联苗 5 mL；3 月上旬，羊痘苗每只 0.5 mL；3 月中旬，口蹄疫苗每只 1 头份；9 月上中旬，布鲁氏菌病、炭疽苗按说明书防疫；9 月下旬，再注射 1 次羊三联苗。

在有寄生虫感染的地区，每年春、秋季节进行预防性驱虫两次，羔羊也应驱虫。驱除体内寄生虫的药物可选用丙硫苯咪唑，剂量为每千克体重 10～15 mg。用药的方法：一是拌在饲料中单个羊补食；二是用 3.0% 丙硫苯咪唑悬浮剂口服，即用 3.0% 的肥儿粉加热水煎熬至浓稠做成悬乳基质，再均匀拌入 3.0% 的丙硫苯咪唑做成悬浮剂，使每毫升含药量 30 mg，用 20～40 mL 金属注射器拔去针头，缓慢灌服。

羊应经常护理肢蹄，须每年修蹄一次，见图 4-3-2。如发现蹄趾间、蹄底和蹄冠部的皮肤红肿，跛行甚至分泌有臭味的黏液，应及时检查治疗。轻者可用10% 硫酸铜溶液或 10% 甲醛溶液洗蹄 1～2 min，或用2% 来苏儿液洗净蹄部并涂以碘酒。

图 4-3-2　羊的修蹄

（三）种公羊的饲养管理

种公羊应保持均衡的营养状况，精力充沛，力求长年健壮和保持种用状况，保证旺盛的性欲和精液品质。种公羊的饲养管理可分配种期和非配种期两个阶段。

1. 配种期的饲养管理

配种期又可分配种预备期(配种前 1～1.5 月)、配种正式期(正式采精或本交阶段)及配种后复壮期(配种停止后 1～1.5 个月)三个阶段。由配种开始前的 1 个月左右,进入配种期的饲养管理。种公羊每生成 1 mL 精液,约需可消化粗蛋白质 50 g。种公羊的日粮应由公羊喜食的、品质好的多种饲料组成,其补饲定额,应根据公羊体重、膘情与采精次数来决定。优选的粗饲料有苜蓿草、三叶草、青燕麦草等。多汁饲料有胡萝卜、甜菜或青贮玉米等。精料有燕麦、大麦、豌豆、黑豆、玉米、高粱、豆饼、麦麸等。优质的禾本科和豆科混合干草,是种公羊的主要饲料,一年四季,应该尽量喂给。在补饲的同时,要加强种公羊的运动,每天驱赶运动 2 h 左右。

配种期间为保证其种用体况,延长利用年限,应合理利用种公羊。在公、母混群饲养自由交配时应注意公、母比例,一般绵羊为 1∶(20～30),山羊为 1∶(30～40);在公、母分群,人工辅助交配时,合理控制配种次数,一般成年公羊每天一两次,青年公羊减半,配种间隔 8 h 左右,使公羊有足够的休息时间;人工授精时成年公羊每天采精可达三四次,青年公羊每天采精一两次,2 次采精间隔时间 2 h 以上。连续采精 4～5 d,让其休息 1～2 d。种公羊需根据体质和精液品质确定其利用年限,一般为 6～8 年。

2. 非配种期的饲养管理

种公羊配种期结束时,就应逐渐降低日粮营养水平,逐步减少精料的给量,但仍不能忽视饲养管理工作。精料的喂量需根据种公羊的体质和季节的不同进行调整,每日早晚可补饲混合精料 0.4～0.5 kg、青干草 2 kg、多汁饲料 1.0～1.5 kg,夜间适当添加青干草 1.0～1.5 kg,常年补饲食盐等矿物性饲料,坚持放牧和运动。

(四)繁殖母羊的饲养管理

繁殖母羊可分为空怀期、妊娠期和哺乳期三个阶段。对各阶段的母羊应根据其配种、妊娠、哺乳情况给予合理饲养。

1. 空怀期母羊的饲养与管理

空怀期饲养的重点是要求迅速恢复种母羊的体况、抓膘、复壮,为下一个配种期做准备。饲养以青粗饲料为主,延长饲喂时间,每天喂 3 次,并适当补饲精饲料;对体况较差的可多补一些精饲料,在夏季能吃上青草时,可以不补饲;在冬季应当补饲,以保证体重有所增长为前提。配种前 1～1.5 个月进行短期优饲,根据母羊的体况,开始补精料,精料的喂量逐渐增加到每天0.2～0.3 kg,如果母羊体质较差,可适当增加喂量,如果膘情较好,则可减少喂量或不喂精料,防止过肥。管理上重点应注意观察母羊的发情情况,做好发情鉴定,及时配种,以免影响母羊的繁殖。

2. 妊娠期母羊的饲养与管理

(1)妊娠前期的饲养　妊娠前期是指母羊妊娠的前 3 个月。这期间胎儿生长发育缓慢,饲养的主要任务是保胎并促使胎儿生长发育良好,舍饲一般喂给干草 1～1.5 kg,青贮饲料1.5～2 kg,胡萝卜 0.5 kg,食盐和骨粉各 15 g,精料 0.4～0.5 kg。

(2)妊娠后期的饲养　妊娠后期是指母羊妊娠的后 2 个月。这时胎儿生长迅速,增重加快,羔羊初生重的 90% 左右是在这一时期增加的,此外,母羊自身也需贮备营养,为产后的泌乳做准备。此时应加强补饲,在产羔期为防止乳房炎,应适当减少精料和多汁料的喂量。

(3)妊娠期的管理　在管理上主要强调"稳、慢",重点做好母羊的防流保胎工作。饲喂时应注意满足母羊的营养需求,给怀孕母羊的必须是优质草料,严禁喂给发霉、腐败、变质、冰冻或有毒有害的饲料。冷季不能让母羊空腹饮水或饮冰渣水。在日常管理上要求饲养员对羊要亲和,在出入圈门、饮水、喂料等方面都要防止拥挤、滑跌,禁止无故捕捉、惊扰羊群。放牧时也要注意稳放,防止母羊跳崖或跳沟,不走冰滑地,要选择平坦开阔的牧场,出牧、归牧不能紧追急赶。临产前1周左右不得远牧;要有足够数量的草架、料槽及水槽;不要给母羊服用大剂量的泻剂和子宫收缩药;坚持运动,以防难产。发现母羊有临产征兆,立即将其转入产房。妊娠期的母羊不宜进行防疫注射。圈舍要求保暖、干燥、通风良好。同时,羊场要建立合理的防疫制度,严格执行,定期消毒,做好羊场的防疫工作,防止发生疾病而导致母羊流产。

3.哺乳期母羊的饲养与管理

(1)哺乳前期的饲养　羔羊出生后一段时期内,其主要食物是母乳,母羊泌乳量越多,羔羊生长越快,发育越好,抗病力越强,因而成活率就越高。母羊产羔后泌乳量逐渐上升,在4～5周内达到泌乳高峰,8周后逐渐下降。因此应根据带羔的多少和泌乳量的高低,搞好母羊补饲。带单羔的母羊,每天补喂混合精料0.3～0.5 kg;带双羔或多羔的母羊,每天应补饲5～1.5 kg。对体况较好的母羊,产后1～3 d内可不补喂精料,以免造成消化不良或发生乳房炎。为调节母羊的消化机能,促进恶露排出,可喂少量轻泻性饲料(如在温水中加入少量麦麸喂羊)。3 d后逐渐增加精饲料的用量,同时给母羊饲喂一些优质青干草和青绿多汁饲料,力求母羊在哺乳前期不掉膘,使哺乳后期保持原有体重或增重。

(2)哺乳后期的饲养　哺乳后期母羊的泌乳量下降,即使加强母羊的补饲,也不能继续维持其高的泌乳量,单靠母乳已不能满足羔羊的营养需要。此时羔羊已可采食一定量植物性饲料,对母乳的依赖程度减小。在泌乳后期应逐渐减少对母羊的补饲,到羔羊断奶后母羊可完全采用放牧饲养,但对体况下降明显的瘦弱母羊,需补喂一定的干草和青贮饲料,使母羊在下一个配种期到来时能保持良好的体况。

(3)哺乳期母羊的管理　哺乳母羊的圈舍应勤换垫草,保持清洁、干燥,每天打扫一两次。产羔后应注意看护,胎衣、毛团、石块、杂草等要及时清除,以防羔羊吞食而引起疾病,保持圈舍清洁干燥。应经常检查母羊乳房,如果发现有乳孔闭塞、乳房发炎或乳汁过多等情况,要及时采取相应措施。

六、奶山羊的饲养管理

(一)奶山羊泌乳期的饲养管理

奶山羊的泌乳期依照泌乳规律可分为4个阶段,即泌乳初期、泌乳盛期、泌乳稳定期和泌乳后期。各个时期的饲养管理不尽相同。

1.泌乳初期

母羊产羔后20 d内为泌乳初期,也叫恢复期。由于母羊刚分娩,体质虚弱,腹部空虚且消化功能较差,生殖器官尚未恢复,泌乳及血液循环系统功能不很正常,部分羊乳房、四肢和腹下水肿还未消失。因此,此期饲养目的是尽快恢复母羊的食欲和体力,减少体重损失,确保母羊泌乳量稳定上升。产后应避免母羊吞食胎衣,产后5～6 d应饲喂易消化的优质青干草,饮用温盐水、小米或麸皮汤,少补饲精料,否则,大量浓厚的精饲料,易伤及母羊肠胃,导致消化不良或发生乳房炎。6 d以后逐渐增加青贮饲料或多汁饲料,14 d精料增加到正常的喂量。精料添加量应根据母羊的体况、食欲、乳房膨胀程度、消化能力等具体情况而定,防止突然过量导致腹泻和胃肠功能紊乱。日粮中粗蛋白质12%～16%,粗纤维16%～18%,干物质按体重的

3%～4%供给。

2．泌乳盛期

母羊产后 21～120 d 为泌乳高峰期,其中 40～70 d 产奶量最高,大约占全泌乳期产奶量的 50%,这个时期母羊的饲养管理水平对泌乳能力的发挥起关键性作用。母羊产后 20 d,体质逐渐恢复,泌乳量不断上升,体内蓄积的营养物质因大量产奶而消耗很大,羊体逐渐消瘦,应适当增加饲喂次数,多喂青绿多汁饲料,优质干草的喂量占体重的 1.5% 左右,一般每产 1.5 kg 奶给 0.5 kg 混合精料。饲料应注意多样化与适口性,为提高产奶量,可采用提前增加精料的办法,即抓好"催奶"。"催奶"从产后 20 d 左右开始,在原来精料量(0.5～0.75 kg)的基础上,每天增加 50～80 g,只要奶量不断上升,就继续增加,当增加到每千克奶给 0.35～0.40 kg 精料,奶量不升时,再将超过饲养标准的精料减下来并保持相对稳定。此时要看食欲是否旺盛,奶量是否继续上升,是否拉软粪,要时刻保持羊只旺盛食欲,并防止消化不良。

高产母羊的泌乳高峰期出现较早,而采食高峰出现较晚,为了防止泌乳高峰期营养亏损,要求饲料的适口性要好、体积小、营养高、种类多、易消化。要增加饲喂次数,定时定量,少给勤添。增加多汁饲料,保证充足饮水,自由采食优质干草和食盐。

3．泌乳稳定期

母羊产后 121～180 d 为泌乳稳定期,该期泌乳量逐渐下降,在饲养上要调配好日粮,尽量避免饲料、饲养方法及工作日程的改变,多给一些青绿多汁饲料,保证清洁的饮水,缓慢减料,加喂粥料,加强运动,按摩乳房,精细管理,尽可能地使高产奶量稳定保持一个较长时期。

4．泌乳后期

产后 180～210 d 为泌乳后期,由于气候、饲料的影响,尤其是发情与怀孕的影响,产奶量显著下降,精料的喂量要适当减少,并注意妊娠前期的营养供给。

(二)奶山羊干奶期的饲养管理

母羊经过 10 个月的泌乳和 3 个月的妊娠,营养消耗很大,膘情较差,为了使其有个恢复和补充的机会,让母羊停止产乳称为干乳。停止产乳的这段时间称为干奶期。干乳能保障母羊恢复体况,为胎儿正常发育进行营养储备。所以母羊在干奶期应得到充足的蛋白质、矿物质和维生素,使母羊乳腺组织得到恢复,保证胎儿发育,为下一轮泌乳贮备营养。

干奶期的长短取决于母羊的体质、产奶量高低、泌乳胎次等,干奶期母羊饲养可分为干奶前期和干奶后期。

1．干奶前期的饲养管理

此期青贮饲料和多汁饲料不宜饲喂过多,以免引起早产。营养良好的母羊应喂给优质粗饲料和少量精料,营养不良的母羊除优质饲草外,要加喂一定量混合精料,此外,还应补充含磷、钙丰富的矿物质饲料。

2．干奶后期的饲养管理

奶羊干奶后期胎儿发育较大,需要更多的营养,同时为满足分娩后泌乳需要,干奶后期应加强饲养,饲喂营养价值较高的饲料。精料喂量应逐渐增加,青干草应自由采食,多喂青绿饲料。一般按体重 50.0 kg、日产奶 1.0～1.5 kg 的母羊所需的营养标准,每日供给混合精料 0.5 kg,青干草 1.0 kg,青贮料 1.5～2.0 kg。

母羊分娩前 1 周左右,应适当减少精料和多汁饲料。干奶后应加强运动,防止顶仗、拥挤,注意保胎护羔。

(三)奶山羊的挤奶方法

挤奶是奶山羊泌乳期的一项日常性管理工作,技术要求高,劳动强度大。挤奶技术的好坏,不仅影响产奶量,而且会因操作不当而造成乳房炎。挤奶包括机器挤奶和人工挤奶两种方法。

1. 机器挤奶

欧美奶山羊业发达国家普遍采用机器挤奶的方法,奶山羊场一般都配有不同规格的挤奶间,挤奶间的构造比较简单,配置 8～12 个挤奶杯,挤奶台距地面约 1 m,以挤奶员操作方便为宜。挤奶机的关键部件为挤奶杯,其设计是根据奶山羊的泌乳特点和乳头构造等确定的。发育良好的乳房围度为 37～38 cm。乳头长短要适中,过小不利于操作。乳头距挤奶台面的距离应在 20 cm 以上,否则,容易造成羊奶污染。奶山羊机器挤奶的速度很快,3～5 min 即可完成,前 2 min 内的挤奶量大约为产奶量的 85%。目前的奶山羊挤奶机,每小时可挤 100～200 只。

2. 人工挤奶

我国的奶山羊集约化生产程度不高,以小型羊场或农户饲养为主,均采用人工挤奶的方式。

(1)挤奶室及其设备 饲养奶山羊较多的羊场,应有专门的挤奶室,设在羊舍一端,室内要清洁卫生,光线明亮,无尘土飞扬。设有专门的挤奶台,台面距地面 40 cm,台宽 50 cm,台长 110 cm,前面颈枷总高为 1.4～1.6 m,颈枷前方悬挂饲槽,台面右侧前方有方凳,为挤奶员操作时的座位。另外,需配备挤奶桶、热水桶、盛奶桶、台秤、毛巾、桌凳和记录表格等。

(2)挤奶操作规程和方法

①保定挤奶羊:将羊牵上挤奶台(已习惯挤奶的母羊,会自动走上挤奶台),然后再用颈枷或绳子固定。在悬挂饲槽内撒上一些混合精料,使其安静采食,方便挤奶。

②擦洗乳房:用干净毛巾蘸温水(40～50℃)擦洗母羊乳房,先用湿毛巾擦洗,然后将毛巾拧干再进行擦干。这样既清洁,又因温热的刺激能使乳静脉血管扩张,使流向乳房的血流量增加,促进泌乳。

③按摩乳房:挤奶前充分按摩乳房,给予适当的刺激,促使其迅速排乳。

④挤奶:人工挤奶的方法有拳握法和滑挤法两种,以拳握法为好。

⑤称重:挤奶完毕后称重,以记录产奶量和便于给母羊调整饲料喂量。

⑥鲜奶处理:称重后的羊奶,要用 3～4 层清洁纱布过滤 1～2 次,然后进行消毒处理。

奶山羊每次挤奶的次数依产奶量而定,一般每日 2 次。日产奶 5 kg 左右的羊,每日 3 次。每次挤奶的时间间隔应相等。

3. 挤奶注意事项

(1)为了便于操作和有利于奶品卫生,奶羊在产羔后应将其乳房周围的毛剪去。

(2)挤奶人员的手指甲应经常修秃,以防划伤母羊乳房而造成感染,影响产奶量。挤奶员要注意个人卫生并定期进行健康检查,凡患有传染病、寄生虫病、皮肤病等疾病的人不能作挤奶员,工作服要常洗换。

(3)挤奶员对待奶羊要耐心、和善,挤奶室要保持安静,切忌吵闹、惊扰。在挤奶前不要清扫羊圈,以防飞扬的尘土落入挤奶桶而污染羊奶。

(4)挤速要快。因排乳反射是受神经支配并有一定时间限制的,超过一定时间,便挤不出来了。因此,要快速挤奶,中间不停,一般每分钟为 80～100 次为宜,挤完一只羊需 3～4 min。切忌动作迟缓或单手滑挤。

(5)奶要挤净。每次挤奶务必挤净,如果挤不净,残存的奶容易诱发乳房炎,而且还会减少产奶量,缩短泌乳期。因此,在挤奶结束前还要进行乳房按摩,挤净最后一滴奶。

(6)适增次数。高产奶山羊,在良好的饲管条件下,每天挤 2 次比挤 1 次可提高产奶量 20%～30%,每天挤 3 次比挤 2 次的提高 12%～15%。从实用和方便的方面考虑,一般羊应每天挤 2 次,高产羊应挤 3 次。

(7)做到"三定"。即每天挤奶要定时(母羊形成泌乳反射)、定人、定地,不要随意变更。此外,挤奶环境要安静。

(8)检查乳房。挤奶时应细心检查乳房情况,如果发现乳头干裂、破伤或乳房发炎、红肿、热痛,奶中混有血丝或絮状物时,应及时治疗。

(9)浸浴乳头。为防止乳房炎,每次挤完奶后可选用 1%碘液,0.5%～1%洗必泰(氯己定)或 4%次氯酸钠溶液浸泡乳头。

(10)过滤和消毒。羊奶称重后经 4 层纱布过滤,之后装入盛奶瓶,及时送往收奶站或经消毒处理后短期保存。消毒方法一般采用低温巴氏消毒,即将羊奶加热(最好是间接加热)至 60～65℃,并保持 30 min,可以起到灭菌和保鲜的作用。

(11)清扫。挤奶完毕后,须将挤奶时的地面、挤奶台、饲槽、清洁用具、毛巾、奶桶等清洗、刷洗干净。毛巾等可煮沸消毒后晾干,以备下次挤奶时使用。

七、毛(绒)用羊的饲养管理

羊的产毛、绒量、毛绒的质量、繁殖率、羔羊成活率等生产性能,都与饲养管理有密切关系。

(一)药浴

药浴是防止疥癣等外寄生虫病的有效方法。定期药浴是绵羊饲养管理的重要环节。药浴一般在剪毛后 10～15 d 进行,常用的药品有螨净、双甲脒、蝇毒灵等。药浴在专门的药浴池或大的容器内进行(图 4-3-3)。目前国内外都在推广喷雾法药浴,但设备投资较高,国内中、小羊场和农户一时还难以采用。为保证药浴安全有效,除按不同药品的使用说明书正确配制药液外,在大批羊只药浴前,可用少量羊只进行试验,确定不会引起中毒时才能让大批羊只药浴。羊只药浴时,要保证全身各部位均要洗到,药液要浸透被毛,要适当控制羊只通过药浴池的速度。对羊的头部,需要人工辅助淋洗,但要避免将药液灌入羊的口内。药浴的羊只较多时,中途应补充水和药物,使其

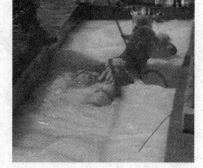

图 4-3-3　羊的药浴

保持适宜的浓度。对疥癣病患羊可在一次药浴后 7 d 再进行一次药浴,结合局部治疗,使其尽快痊愈。

(二)剪毛

细毛羊和半细毛羊一般每年剪毛一次,粗毛羊可剪两次。剪毛时间主要取决于当地的气候条件和羊的体况。北方牧区和西南高寒山区通常在 5 月中、下旬剪毛,而在气候较温暖的地

区,可在4月中、下旬剪毛。在生产上,一般按羯羊、公羊、育成羊和带仔母羊的顺序来安排剪毛。患有疥癣、痘疹的病羊留在最后剪,以免感染其他健康羊只。绵羊剪毛的技术要求高,劳动强度大,在有条件的大、中型羊场应提倡采用机械剪毛。剪毛机如图4-3-4所示。

1.手工剪毛

剪毛员将羊放倒保定之后,先从体侧开始剪,从后躯剪至腋窝向前剪一条线,并向下腹部及胸部剪去,再剪臀部及腿部毛,一侧剪完后,翻转羊只剪另一侧羊毛,最后剪颈部和头部的被毛。手工剪毛,每人每日可剪20~30只。

2.机械剪毛

(1)剪毛员用两膝夹住羊背,左臂把羊头夹在腋下,左手握住羊的左前肢,使腹部皮肤平直,先从两前肢中间颈部下端把毛被剪开,沿腹部左侧剪出一条线,再以弧线依次剪去腹毛(图4-3-5)。左手按住羊的后胯,使羊两后肢张开。先从左腿内侧向蹄剪,再从右腿内侧向蹄剪,最后由蹄部往回剪,剪去后腿内侧毛。

图4-3-4 剪毛机

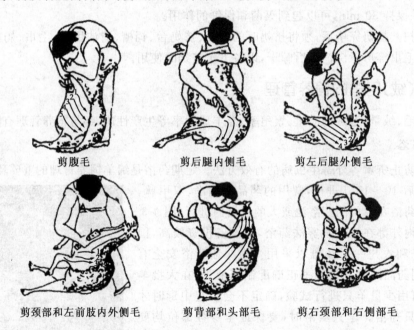

剪腹毛　　　　剪后腿内侧毛　　　　剪左后腿外侧毛

剪颈部和左前肢内外侧毛　　剪背部和头部毛　　剪右颈部和右侧部毛

图4-3-5 剪毛方法

(2)剪毛员右腿后移,使羊呈半右卧势,把羊两前肢和羊头置于腋下,左手虎口卡住左后腿使之伸直,先由左后蹄剪至肋部,依次向后,剪至尾根,剪去左后腿外侧毛。从后向前剪去左臀部羊毛,然后提起羊尾,剪去尾上的羊毛。

(3)剪毛员膝盖靠住羊的胸部,左手握住羊的颌部,剪去颈部左侧羊毛,接着剪去左前肢内外侧羊毛。剪毛员左手握住前腿,依次剪完左侧羊毛。

(4)使羊右转,呈半右卧势,剪毛员用左手按住羊头,左腿放在羊前腿之前,右腿放在羊两后腿之后,使羊呈弓形,便于背部剪毛,剪过脊柱为止。剪完背部和头部,接着剪毛员握住羊耳朵,剪去前额和面部的羊毛。

(5)剪毛员右腿移至羊背部,左腿同时向后移。左手握住羊颌,将羊头按在两膝上,剪去颈部右侧羊毛,再剪去右前腿外侧羊毛。然后把羊头置于两腿之间,夹住羊脖子,依次剪去右侧部的毛。

机械剪毛,每人每日可剪 40~50 只,熟练的牧工每日可剪 80~100 只,比手工剪的功效提高 2~4 倍。

剪毛时,羊毛留茬高度为 0.3~0.5 cm,尽可能减少皮肤损伤。当因技术不熟练则留茬过长时切不要补剪,因为剪下的二刀毛几乎没有纺织价值,既造成浪费又会影响织品的质量,必须在剪毛时引起重视。剪毛前绵羊应空腹 12 h,以免在翻动羊体时造成肠扭转。剪毛后 1 周内尽可能在离羊舍较近的草场放牧,以免突遇降温降雪天气而造成损失。

(三)山羊梳绒

山羊梳绒的时间一般在 4 月份,当羊绒的毛根开始出现松动时进行。在生产中,常通过检查山羊耳根、眼圈四周毛的脱落情况来判断梳绒的时间。这些部位绒毛毛根松动较早。一般是体况好的羊先脱绒,体弱的羊后脱绒;成年羊先脱绒,育成羊后脱绒;母羊先脱绒,公羊后脱绒。

梳绒工具是特制的铁梳,有 2 种类型:密梳通常由 12~14 根钢丝组成,钢丝相距 0.5~1.0 cm;稀梳通常由 7~8 根钢丝组成,相距 2.0~2.5 cm。钢丝直径 0.3 cm 左右,弯曲成钩状,尖端磨成圆秃形,以减轻对羊皮肤的损伤。

梳绒时(图 4-3-6)先用剪子将羊毛打梢(不要剪掉绒尖)。然后将羊角用绳子拴住,随之将羊侧卧在干净地方,其贴地面的前肢和后肢绑在一起,梳绒者将脚插入其中(以防羊只翻身,发生肠捻转)。首先用稀梳顺毛方向,轻轻地由上至下把羊身上沾带的碎草、粪块及污垢清理掉。然后用梳子从头部梳起,一只手在梳子上面稍下压帮助另一只手梳绒。手劲要均匀,并轻快有力地弹打在绒丛上,不要平梳,以免梳顺耙不挂绒。一般梳子与羊体表面呈 30°~45°角,距离要短,顺毛沿颈、肩、背、腰、股、腹等部位依次进行梳绒。梳子上的绒积存到一定数量后,将羊绒从梳子上退下来(1 梳子可积绒 50~100 g),放入干净的桶中。稀梳抓梳完后,再用密梳逆毛抓梳一遍至梳净为止。

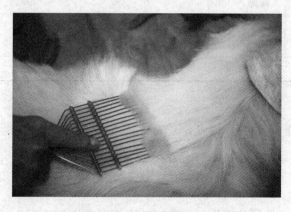

图 4-3-6　梳绒

梳绒前 12 h 羊只停止放牧、饲喂和饮水,梳绒时要轻而稳,贴近皮肤,快而均匀,切忌过猛,以防伤耙(皮肤脱离肌肉,损伤绒毛囊,伤后将不再生长绒毛)。对怀孕母羊的操作要小心,防止流产;梳绒顺序应先母羊,后公羊,再羯羊和幼龄羊;先梳白色羊,再梳其他毛色羊;要选晴天梳绒,梳绒前后避免雨淋,预防感冒。

【技能训练】

技能训练 4-3　羊的修蹄

一、技能训练目标

熟悉检查羊蹄和修蹄的方法,熟练羊的修蹄技术。

二、技能训练材料

修蹄刀、修蹄剪、碘酒。

三、技能训练方法与步骤

(1)检查羊蹄,挑选出蹄部异常的羊蹄。仔细检查羊群,挑选出羊蹄过长、变形及有蹄病的羊。

(2)在教师的指导下,组间成员配合练习羊的修蹄。修蹄可选在雨后进行,此时蹄壳较软,容易操作。羊呈坐姿保定,背靠操作者,先从左前肢开始,用左腿夹住羊的左肩,使羊的左前膝靠在人的膝盖上,左手握蹄,右手持刀、剪,先除去蹄下的污泥,再将蹄底削平,剪去过长的蹄壳,将羊蹄修成椭圆形。

四、技能考核标准

参见表 4-3-2。

表 4-3-2　羊的修蹄技能考核标准

序号	考核项目	考核内容	考核标准	参考分值
1	学习态度 学习方法	操作态度 合作意识 思考意识	积极主动,服从安排;善于合作,积极与小组成员配合;积极思考,解决实训过程中碰到的困难	30
2	实训操作	检查羊蹄 修蹄	操作规范、结果正确、描述准确	60
3	实训小结	操作报告	报告撰写认真,上交及时	10
合计				100

五、技能训练作业

参与羊的修蹄工作,写出实训报告。

技能训练 4-4　羊的剪毛、梳绒

一、技能训练目标

了解绵羊剪毛、山羊梳绒的操作要点及其对养羊生产的重要意义,掌握绵羊剪毛、山羊梳绒技术。

二、技能训练材料

绵羊若干,剪刀、剪毛机、磅秤、抓绒梳等。

三、技能训练方法与步骤

1. 剪毛

选择合适的剪毛场地,在教师的指导下练习绵羊的剪毛。

(1)剪毛员用两膝夹住羊背,左臂把羊头夹在腋下,左手握住羊的左前肢,使腹部皮肤平直,先从两前肢中间颈部下端把毛被剪开,沿腹部左侧剪出一条斜线,再以弧线依次剪去腹毛。左手按住羊的后胯,使羊两后肢张开。先从左腿内侧向蹄剪,再从右腿内侧向蹄剪,后由蹄部往回剪,剪去后腿内侧毛。

(2)剪毛员右腿后移,使羊呈半右卧势,把羊两前肢和羊头置于腋下,左手虎口卡住左后腿使之伸直,先由左后蹄剪至肋部,依次向后,剪至尾根,剪去左后腿外侧毛。从后向前剪去左臀部羊毛。然后提起羊尾,剪去尾的羊毛。

(3)剪毛员膝盖靠住羊的胸部,左手握住羊的颌部,剪去颈部左侧羊毛,接着剪去左前肢内外侧羊毛。剪毛员左手握住前腿,依次剪完左侧羊毛。

(4)使羊右转,呈半右卧势,剪毛员用左手按住羊头,左腿放在羊前腿之间,右腿放在羊两后腿之后,使羊成弓形,便于背部剪毛,剪过脊柱为止;剪完背部和头部,接着剪毛员握住羊耳朵,剪去前额和面部的羊毛。

(5)剪毛员右腿移至羊背部,左腿同时向后移。左手握住羊颌,将羊头按在两膝上,剪去颈部右侧羊毛,再剪去右前腿外侧羊毛。然后把羊头置于两腿之间,夹住羊脖子,依次剪去右侧部的羊毛。

剪完一只羊后,须仔细检查,若有伤口,应涂上碘酒,以防感染。

2. 梳绒

挑选出适合抓绒的山羊,在教师的指导下练习梳绒。

(1)将待梳绒的羊的头部及四肢固定好。

(2)稀梳顺毛沿羊的颈肩、背、腰、股等部位由上而下将毛梳顺。

(3)用密梳作反方向梳刮。梳绒时,梳子要贴紧皮肤,用力均匀,不能用力过猛,防止抓破皮肤。第一次梳绒后,过 7 d 左右再梳一次,尽可能将绒梳净。

四、技能考核标准

详见表 4-3-3。

表 4-3-3　羊的剪毛、梳绒技能考核标准

序号	考核项目	考核内容	考核标准	参考分值
1	学习态度 学习方法	操作态度 合作意识 思考意识	积极主动,服从安排;善于合作,积极与小组成员配合;积极思考,解决实训过程中碰到的困难	30
2	实训操作	绵羊的剪毛 山羊的梳绒	操作规范、结果正确、描述准确	60
3	实训小结	操作报告	报告撰写认真,上交及时	10
合计				100

五、技能训练作业

参与绵羊的剪毛和山羊的梳绒工作,写出实训报告。

<h3 style="text-align:center">技能训练 4-5　奶山羊的挤奶技术</h3>

一、技能训练目的

学会奶山羊的挤奶技术。

二、技能训练材料

泌乳奶山羊、挤奶桶、温水、毛巾、小板凳、纸巾、消毒液、消毒杯等。

三、技能训练方法与步骤

1.挤奶前的准备工作

挤奶前,挤奶员要剪短指甲,以免损伤乳房及乳头。刷拭奶山羊的后躯,保定好待挤奶山羊。

2.擦洗乳房

用湿毛巾先洗乳头孔及乳头,再洗乳房。

3.按摩乳房

用双手按摩乳房表面,接着轻按乳房各部,使乳房膨胀。

4.挤奶

采用有拳握法正确挤奶。

5.药浴乳头

挤完奶后,立即用消毒药液浸浴乳头。

四、技能考核标准

奶山羊的挤奶技术技能考核标准参见表 4-3-4。

表 4-3-4　奶山羊的挤奶技术技能考核标准

序号	考核项目	考核内容	考核标准	参考分值
1	学习态度 学习方法	操作态度 合作意识 思考意识	积极主动,服从安排;善于合作,积极与小组成员配合;积极思考,解决实训过程中碰到的困难	30
2	实训操作	准备工作 擦洗乳房 按摩乳房 挤　　奶 药浴乳头	操作规范、结果正确、描述准确	60
3	实训小结	挤奶操作体会	体会撰写认真,上交及时	10
合计				100

五、技能训练作业

参与挤奶全过程并写出操作体会。

技能训练 4-6　绵羊的药浴

一、技能训练目标

了解绵羊药浴的操作要点,掌握绵羊的药浴技术。

二、技能训练材料

具有一定规模的羊场,常用的药浴药物,乳胶手套、口罩、防护衣、帽、胶靴等。

三、技能训练方法与步骤

1. 药浴的准备工作

(1)准备好药浴药物:常用的有蝇毒磷 20%乳粉或 16%乳油配制的水溶液,成年羊药液的浓度为 0.05%~0.08%,羔羊 0.03%~0.04%;杀虫脒为 0.1%~0.2%的水溶液;敌百虫为 0.5%的水溶液等。

(2)准备药浴池:根据羊群大小选择合适的药浴池,打扫干净,注入浴液。

(3)准备人员防护用具。

2. 羊的药浴

工作人员手持压扶杆(带钩的木棒),在浴池两旁控制羊只从入口端徐徐前行,并使其头部抬起不致浸入药液内,但在接近出口时,要用压扶杆将羊头部压入药液内 1~2 次,以防头部发生疥癣。出浴后,在滴流台停留 20 min 放出。

除此之外还有淋浴,适用于各类羊场和养羊户,有专门的林浴场和喷淋药械,每只羊需喷淋 3~5 min。一般养羊户可采用背负式喷雾器,逐只羊进行喷淋,羊体各部位都要喷到、湿透,注意腹下、尾下及四肢内侧。

四、技能考核标准

参见表 4-3-5。

表 4-3-5　绵羊的药浴技能考核标准

序号	考核项目	考核内容	考核标准	参考分值
1	学习态度 学习方法	操作态度 合作意识 思考意识	积极主动,服从安排;善于合作,积极与小组成员配合;积极思考,解决实训过程中碰到的困难	30
2	实训操作	羊的药浴	操作规范、结果正确、描述准确	60
3	实训小结	操作报告	报告撰写认真,上交及时	10
合计				100

五、技能训练作业

根据实训羊场的具体条件对羊群进行药浴(池浴或淋浴),写出实训报告。

任务 4-4　羊的育肥技术

一、育肥羊的准备工作

为了做好育肥工作,提高育肥效果,在育肥前应根据羊的具体情况、肥育方式和当地的饲草资源情况,做好以下准备工作。

1. 羊舍的准备

羊舍应选在通风良好、便于排水、采光好、避风向阳和接近牧地及饲料仓库的地方。羊舍面积根据饲养羊的数量而定,通常每只羊占 0.4～0.5 m^2,限制羊只运动,增加育肥效果。

2. 饲料的准备

饲料是羊育肥的基础,在整个育肥期每只羊每天需要准备干草 2～2.5 kg,或青贮料 3～5 kg,或 3～5 kg 的氨化饲料等。精料按每只羊每天 0.3～0.4 kg 准备。

3. 羊的选择

应根据育肥方式的不同,选择合适的羊只进行育肥。要逐只进行检查,将患消化道疾病、传染病、牙齿缺损及其他无育肥价值的羊只淘汰,以保证育肥安全和育肥效果。

4. 分群

按品种、性别、年龄、体重及育肥方式分群,以便根据营养标准,合理配制日粮,提高育肥效果。

5. 驱虫及防疫

羊在开始育肥前,要进行驱虫、药浴,清除体内外寄生虫,并进行防疫注射,以免患病影响育肥效果。

6. 去势及修蹄

为了减少羊肉膻味并利于管理,凡育肥用的羊均应去势。放牧育肥前,应对羊蹄进行修整,以利放牧采食。

7. 剪毛

被毛较长的肉毛兼用羊,在肥育前可进行一次剪毛,这样既不影响宰后皮张质量,又增加经济收入,同时也有利于育肥。

二、羔羊育肥

现代羊肉生产的主流是羔羊肉,尤其是肥羔肉,即出生后不满 1 岁,体重达到相应标准时屠宰上市,其中 4～6 月龄屠宰的称为肥羔。近年来,许多国家充分利用国内条件,采用先进的生产技术,建立本国的肉羊繁育体系,肥羔生产迅速发展,羔羊肉产量不断上升。

(一)羔羊育肥的方式

1. 混合育肥

(1)放牧加补饲 夏、秋季节,牧草茂盛,在有放牧条件的地方,可实行放牧加补饲的育肥方法。羔羊要根据放牧条件合理分群,在草场较宽阔的地方,一群不少于 50 只,最好 100 只左右,有利于放牧和管理。

羊只白天以放牧为主,晚上归牧后,根据实际情况适当进行补饲,一般以干草为主,适当给一些玉米面和饼类等,补饲时间最好在晚上 8:00 以后。补饲干草、玉米面和饼类的数量,可随羔羊月龄和体重的增加而增加。放牧加补饲从断奶开始,一直到满 8～9 月龄,以后转入舍饲,进行短期强度育肥。

(2)舍饲 从 10 月龄开始,平均舍饲 60～70 d。这时天气转冷,进入冬季,开始舍饲时羔羊体重在 25 kg 左右。舍饲期间,要保证较好的环境条件下,尽量减少育肥羔羊的运动消耗。日粮参考配方:干草 1.5～1.8 kg,玉米面 120 g,麸皮 100 g,饼类 100 g,食盐 15 g。如果有青贮饲料,可每天喂给 1.5～2.0 kg,干草减少到 1 kg。每天分 3 次饲喂,喂后饮水。经过 70 d 左右的育肥,羔羊体重可达到 40～45 kg 的出栏要求。

2.舍饲育肥

在农区及其他没有放牧条件的地区,进行羔羊育肥生产羔羊肉,适合采用高能量、高蛋白质的混合精料,进行全程舍饲育肥。育肥期可分适应期和快速育肥期两个阶段。

适应期为 10～15 d,主要是让羔羊有一个适应过程。在适应期,饲料的类型不能变化太大,开始仍应供给与前期饲料相同的饲料,粗料应以优质青、干草为主。精饲料的比例可逐渐增大,开始时要少,适应期末时精料的比例达到 40% 以上。精料的组成也要慢慢改变,除蛋白质含量仍需保持 15% 外,能量的含量要逐渐增高,使羔羊在 4 月龄后能适应高能量催肥日粮的饲喂。

快速育肥期为 5～6 个月,日粮中精料的比例越来越高,最高时可达 85% 以上。尽量按饲养标准饲喂全价配合饲料,育肥效果可达到最好。日粮参考配方:干草 1.5～1.8 kg,玉米面 120～150 g,麸皮 100 g,饼类 80～100 g,食盐 15 g。进入育肥期后,日粮中精料的比例要逐步提高,1～2 个月时,日粮中精料的比例可上升至 70%,3～4 个月时可上升到 75%,5～6 个月可上升到 80%～85%。

(二)羔羊育肥期的管理

(1)舍饲育肥期间,要使羊只安静,尽量减少运动和出入圈舍的次数,防止感冒。放牧季节的管理主要是注意出牧、归牧安全,合理安排放牧队形,防止跑青、扎窝、雨淋等。

(2)羊圈要经常清扫,定期消毒,保持清洁卫生。每天要开窗换气,保证羊只良好的生长环境。

(3)羔羊育肥所使用的工具,要经常清洗、消毒,有损坏者及时修整。

(4)保证羊只有足量新鲜的饮水,冬季饮温水,夏季饮凉水。

(5)合理调制饲草饲料,提高适口性,增加采食量,秸秆可采用青贮、氨化处理等。饲料存放地点要干燥、防雨、防潮、防霉变、防损失。

(6)定期称重,检查增重情况,发现问题,及时解决。

(7)根据品种和育肥强度,视市场需要、价格、增重速度和饲养管理等情况,确定适宜出栏体重和出栏时间。

三、成年羊育肥

成年羊育肥是为了改善淘汰的成年羊肉质,提高屠宰率而进行的育肥。这类羊一般年龄较大,屠宰率低,肉质较差,饲料转化效率较低。经短期育肥后,可使肌肉间和肌纤维间脂肪增加,肉质得到改善,达到上市的良好膘情状态。

(一)育肥羊的选择

一般而言,凡不做种用的公、母羊和淘汰的老弱病残羊均可用来育肥。但为了提高肥育效益,要求用以育肥的羊体型大,增重快,健康无病,最好是肉用性能突出的品种,年龄在 1.5～2 岁。

(二)育肥期的饲养管理

成年羊的育肥期可分为预饲期(10～15 d)和正式育肥期(40～60 d)两个阶段。

预饲期的主要任务,是让羊只适应新的环境、饲料和饲养方式的转变,完成健康检查、称重、驱虫、健胃、防疫、分群、修蹄等生产环节。预饲期应以粗饲料为主,适量搭配精饲料,并逐步将精饲料的比例提高到 40%。

进入正式育肥期,精饲料的比例可提高到 60%～70%。补饲用混合精料的配方比例为:玉米、大麦等能量饲料占 70%左右,麸皮 10%左右,饼粕类等蛋白质饲料占 20%左右,食盐、矿物质和添加剂的比例可占到混合精料的 1%～2%。

成年羊育肥应充分利用农作物秸秆、天然牧草、农副产品及各种下脚料,制定合理的饲料配方,必要时可使用尿素和各种饲料添加剂。舍饲育肥期间,要制定合理的饲养管理工作日程,正确补饲,先粗后精,先喂后饮,定时定量饲喂,保证饮水,注意清洁卫生,定期称重,根据市场需要适时出栏。

四、肉羊育肥关键技术

(一)合理利用肉用品种或杂交品种

不同品种类型的羊产肉性能和育肥性能差别很大。优秀肉用羊的共同特点是早熟、生长快、饲料报酬高、繁殖力强、胴体品质好、产肉量多。我国各地都有适合本地自然条件,抗逆性强、耐粗饲的优良地方品种。但这些品种往往存在生长速度慢、生产性能低的缺点。因此利用地方品种和引入良种杂交,既利用了杂种优势,也保存了当地品种的优良特性,这样育肥羊有良好的增重潜力,饲料报酬高。

(二)充分利用羔羊育肥

羔羊育肥增重是以肌肉和骨骼生长为主,而成年羊育肥以沉积脂肪为主,每单位脂肪沉积比肌肉需多消耗 1 倍多的能量,且羔羊早期生长速度快,因此相同数量与质量的饲料育肥羔羊比育肥成年羊获得的日增重、饲料转化率要高。利用羔羊幼龄期生长快、饲料报酬较高的生物特性,羔羊断奶后进行短期育肥,6 月龄以前出栏屠宰,可以加快羊群周转,缩短生产周期,提高出栏率,从而降低生产成本,获得最大经济效益。

(三)科学搭配日粮

育肥羊日粮中的粗料应占 40%～60%,即使到肥育后期,也不应低于 30%,或粗纤维含量不低于 8%～10%。育肥羊日粮中的精料或粗料应多样化,增加适口性,提高对干物质的采食最。不同生长阶段的羊,育肥期间所要求的营养水平也不同,羔羊增重的主要部分是肌肉、内脏和骨骼,所以饲料中蛋白质的含量应该高一些。成年羊在育肥期增重部分主要为脂肪,饲料中蛋白质含量可以低些,能量则应高些。由于增重成分不同,每单位增重所需的营养量以羔羊最少,成年羊最多。

(四)正确的饲喂方法

羊常用的育肥饲料有配合饲料、颗粒饲料和整粒谷物 3 种。饲喂要做到定时定量,按需要投放。当饲喂的饲料类型发生变化时,一定要避免变换过快,以防酸中毒、消化不良或肠毒血症,一般过渡期为 7～10 d。

(五)选择适宜的育肥方式

1. 直线育肥方式

对断奶后的羔羊,直接转入集中育肥,生产羔羊肉。

　　(1)全舍饲直线育肥方法　　根据羔羊育肥前的状况,按照饲养标准和饲料营养价值,科学地配制日粮,并完全在羊舍内饲喂。这种方法适用于没有放牧草场的广大农区。育肥期每天饲喂粗饲料(干草、秸秆、青贮)1.0～2.0 kg,分 3 次补喂。每天补饲混合精饲料 5～1.0 kg,以羊在 45 min 内能吃净为宜,分 3 次补喂。

　　(2)放牧加补饲直线育肥法　　羔羊断乳后转入草场放牧,放牧采食的营养不足部分,由混合精饲料补充,从而保证育肥效果,是生产肥羔羊的一种有效途径。育肥期一般为 60～90 d,每天补饲精饲料 0.3～0.5 kg,分别在出牧前和收牧后补给,保证充足饮水,圈内设盐槽,供羊只自由舔食。育肥期日增重可达 200 g 以上。

　　(3)放牧直线育肥法　　一般在优质草场上进行。实行季节性放牧育肥不仅可以充分利用牧草资源,而且可以大大缓解冬春缺草的矛盾,提高羊生产效益。

　　2.阶段育肥方式

　　羔羊在断奶以后,利用夏季牧场和秋季遛茬的优势,集群放牧;秋末冬初集中舍饲 30～40 d,8～10 月龄出栏。这种育肥方式适合于草场丰富的牧区和半农半牧区,可充分利用廉价草场和秸秆,降低成本,短期优饲又保证了羔羊肉的质量。羔羊选择断奶后健康的羔羊,包括体重和日增重达不到直线育肥标准的羔羊,都可以用分段育肥的方式进行育肥。第 1 段夏秋季草场放牧期,每天放牧要在 10 h 以上,保证充足饮水,食盐自由舔食。第 2 段,秋末冬初全舍饲期,为 30～40 d,每天饲喂粗饲料(干草、秸秆、青贮)1.0～1.5 kg,混合精饲料 0.5～1.0 kg,分 3 次喂给。保证充足饮水,食盐自由舔食。

任务 4-5　羊产品加工与检验技术

一、羊毛与羊绒

(一)羊毛纤维的形态学构造

羊毛纤维在形态学上分三部分,即毛干、毛根和毛球。此外,还有一些附属器官。

　　(1)毛干　　是纤维露出皮肤表面的部分,通常称毛纤维。

　　(2)毛根　　羊毛纤维在皮肤内的部分称为毛根,它一端与毛干相连,另一端与毛球相接。

　　(3)毛球　　位于毛根下部,为毛纤维的最下端,毛球围绕着毛乳头并与之紧密相接,外形膨大成球状,故称之为毛球(图 4-5-1)。毛球依靠从毛乳头吸收养分使毛球中的细胞不断增殖,因而毛纤维不断地生长。

　　(4)毛纤维周围的附属器官　　包括毛乳头、毛鞘、脂腺、汗腺和竖毛肌等。

(二)羊毛纤维的组织学构造

毛纤维组织构造分为有髓毛和无髓毛两种。有髓毛分为三层,即鳞片层、皮质层和髓质层;无髓毛分为两层,即鳞片层和皮质层。

　　1.鳞片层

　　鳞片层居毛纤维的表层,是由扁平、无核、外形不规则的角质细胞组成(图 4-5-2)。像鳞片一样覆盖毛干的表面,一端附着于毛干本体,另一端向外游离,朝向纤维的顶端,外观呈锯齿状。鳞片的形状分环形和非环形两种。

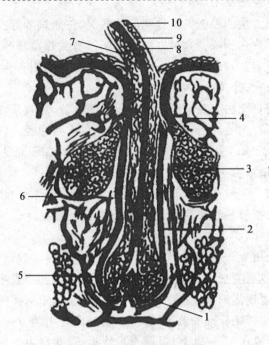

图 4-5-1　毛及皮肤的纵剖面
1.毛乳头　2.毛鞘　3.皮脂腺　4.皮脂腺分泌管　5.毛球　6.毛根
7.毛干　8.毛的髓质层　9.毛的皮质层　10.毛的鳞片层

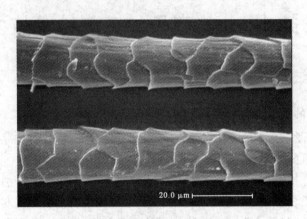

图 4-5-2　羊毛纤维显微镜照片(鳞片形状)

　　鳞片对毛纤维具有保护作用,保护毛纤维的皮质层免受物理、化学和机械等因素的影响,使毛纤维保持一定的特性。细毛的鳞片排列较密且边缘向上突出,反光能力较弱,所以光泽比较柔和;粗毛的鳞片排列较稀,且紧贴于毛干,反光能力较强,故纤维光泽发亮。鳞片层受到损伤后,毛会失去天然光泽,而且强度等特性受到影响。

　　2.皮质层

　　皮质层位于鳞片层下。皮质层是毛纤维的主体,占毛纤维总量的90%左右,由细长的棱状角质化细胞组成,并沿纤维的纵轴排列,以细胞间质相互紧密结合在一起,纤维类型不同,皮质层所占比例不同。毛越细,皮质层所占的比例越大;毛越粗,皮质层所占的比例越小。皮质层决定着毛纤维的弹件、强度、伸度等物理性质。具有天然光泽的毛与人工染色的毛,色素、染色剂均存在于皮质层内。

3.髓质层

粗毛和两型毛纤维上皮质层内的一层称为髓质层。髓质层是有髓毛的主要特征。两型毛且钉点状、断续状,或很细的一条毛髓;粗毛多呈连续的,类似铅笔芯样;死毛的髓质层特别发达。

髓质层是由菱形或立方形的细胞所组成,各种细胞重叠似蜂窝状,是疏松的多孔组织,有髓毛比无髓毛纺织工艺性能低,髓质层越发达,纺织工艺性能越低。

(三)毛纤维类型及分类

一般将毛纤维分为刺毛、无髓毛、有髓毛和两型毛(图 4-5-3)等类型。

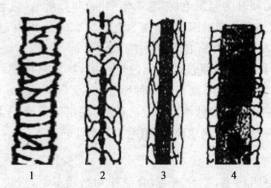

图 4-5-3　羊毛纤维的类型
1.无髓毛　2.两型毛　3.粗毛　4.死毛

1.刺毛

刺毛分布在毛用羊的头部和四肢下端等。毛纤维粗短,光泽较亮,多呈直的,在皮肤上倾斜生长,一根覆盖一根,故又称覆盖毛。

2.无髓毛

又称细毛或绒毛。粗毛羊的绒毛分布在毛被的底层,细毛羊的毛被完全由细毛组成,无髓毛只有鳞片层和皮质层。直径不超过 40 μm,长度 5～15 cm,大多有弯曲。细毛羊的细毛直径不超过 25 μm,长度 6～9 cm,弯曲明显。

细毛羊品种的羔羊身上常有一种比较粗而弯曲少的毛,这是胚胎发育早期由初级毛囊中形成的,称为犬毛。犬毛在羔羊哺乳期脱落,以后为正常的无髓毛所代替。

3.有髓毛

亦称粗毛或发毛,可分为正常有髓毛、干毛和死毛 3 种,后两者是前者的变态。

(1)正常有髓毛　粗毛羊及粗毛羊与细毛羊的低代杂交羊的毛被中有这种毛,毛较粗长且弯曲少,是毛被的外层毛,内鳞片层、皮质层和髓质层组成,其鳞片层为非环形。横断面呈椭圆形状,细度 40～120 μm。

(2)干毛　干毛组织学结构与正常有髓毛相同,外形特点是纤维上端粗硬转脆,缺乏光泽,毛纤维干枯。主要是由于纤维上半部受雨水侵袭,风吹日晒,失去油汗,毛细胞破坏,内外物质发生变化而造成的。因此,多见于毛的上端,干毛越多、毛越长的品质越差,轻纺工业上叫疵毛。

(3)死毛　髓质层特别发达,皮质层很少,毛色灰白,无光泽,粗硬易断,完全失去强度、伸度、弹性、光泽和染色能力,成为毛纺工业上的一害。

4. 两型毛

亦称中间毛,其细度、长度及工艺价值介于无髓毛和有髓毛之间,一般直径 $30\sim50\ \mu m$,毛较长。

两型毛在组织学结构上接近于无髓毛——部分有髓,部分无髓,髓质较细,多为星点状和断续状,多为环形鳞片。同质半细毛羊(林肯羊等)中的两型毛弹性大,光泽好,毛长,是制造毛线和毛呢的上等原料。

5. 同质毛和异质毛

羊毛按其所含纤维类型分为同质毛(细毛或半细毛)和异质毛(粗毛)。

(1)细毛　由同一种类型的细毛组成,细度为直径在 $25\ \mu m$ 以内,且细度的变异系数不超过 25.6%,弯曲整齐,长短一致,由细毛羊品种生产。

(2)半细毛　由同一种纤维类型较粗的无髓毛组成,有的是由同一纤维类型的两型毛组成,直径 $25.1\sim67.0\ \mu m$。主要由半细毛羊品种生产。

(3)粗毛　也叫异质毛,由几种纤维类型混合组成,底层为绒毛,上层为粗毛和两层毛。各类纤维的比例变化较大,一般用作织地毯,由粗毛羊品种生产。

(四)净毛率

从羊体上剪下的羊毛叫污毛,亦称原毛,含油汗和杂质等。经过洗毛后将油汗和杂质洗去,这种毛称为净毛,净毛占原毛的重量百分比,称为净毛率。

1. 普通净毛率

净毛指经过洗毛烘干以后所得的净毛重必须加上该毛样规定回潮率重量;洗毛后的净毛必须含有不超过 1.5% 的油脂,原因在于微量油脂很难洗去,而这种微量油脂对保护毛正常的物理性质也很必要;洗净后的毛,允许含有不超过 1% 的植物杂质。

2. 标准净毛率

是国际贸易所采取的方法,计算时必须把净毛中所含的水分(12%)、油脂(1.5%)、植物杂质(0%)、灰分(0.5%)四者的含量,再加精确测定,符合者为合格,若某项高,一般从毛价中扣除。

影响净毛率的因素较多,一般毛越细净毛率越低,细毛干羊毛的净毛率为 30%～45%,半细毛羊在 50% 以上,粗毛羊在 60%～70% 及以上;同一密度的羊毛,毛越长净毛率越高;公羊净毛率高于母羊,风沙大的地区的羊净毛率低。

(五)羊毛纤维的理化性质

1. 细度

毛纤维横截面长径与短径之和的一半称为细度,用微米(μm)表示。细度测定方法多采用估测法,并对照毛样细度标本进行判定,实验室用显微投影仪测量。

2. 长度

羊毛的长度分为自然长度和伸直长度,自然长度指毛丛在自然状态下的长度,一般测定的是羊体皮肤表面至羊毛顶端的长度,伸直长度是指单根纤维弯曲伸直时的长度,一般 6 cm 以上供精纺用,6 cm 以下供粗纺用。

3.弯曲

羊毛纤维在自然状态下,沿着其长度方向,呈自然的、有规则的或不规则弧状弯曲(图 4-5-4)。弯曲度指单位长度内羊毛弯曲的数。浅弯曲和正常弯曲是比较好的。

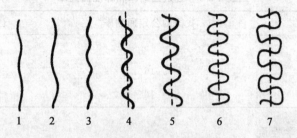

图 4-5-4　羊毛纤维的弯曲

1.平弯曲　2.长弯曲　3.浅弯曲　4.正常弯曲　5.高弯曲　6.深弯曲　7.拆线状弯曲

4.强度和伸度

(1)强度　毛的强度指毛纤维被拉断所用的力即抗断能力。绝对强度是指单根纤维或一束纤维拉断时所需的力;相对强度是指将毛拉断时,在单位横切面积上所需用力,单位为 kg/cm^2。

(2)伸度　伸度是指将已伸直的毛纤维再拉伸到断裂时所增加的长度占原伸直长度的百分比,一般为 20%～50%,是评定羊毛机械性能的指标。

5.弹性和回弹力

对羊毛施加压力或延伸时则变形,当除去外力时仍可恢复原来的形状和大小,这种性能称为弹性。恢复原来形状和大小的速度称为回弹力。由于毛具有这种性质,所以毛制品可以经久保持原来的形状,回弹力差的衣物很快失去原来的形状。

6.毡合性

毛在水湿、温热和压力影响下,具有相互毡合的特性,称为毡合性,这一特性用于羊毛擀毡及制造呢绒织物的缩绒过程。在洗涤毛料时切忌洗液过浓,温度过高,用力揉搓。

7.颜色和光泽

(1)颜色　毛的颜色是指洗净后的自然颜色,一般为白、黑、杂 3 种,除特殊用途外,以白色最理想。白色的程度用白度仪来测量,白度越高,越有利于染色。

(2)光泽　是指洗净毛对光线的反射能力,一般为玻光、丝光、银光和弱光 4 种,玻光最强(安哥拉山羊毛),丝光比玻光稍弱(长毛种和林肯羊的毛),银光柔和(美利奴羊毛),弱光是一种比较暗淡的光泽,多处鳞片受损所致。

8.吸湿性和回潮率

(1)吸湿性　是指毛在自然状态下吸收和保持水分的能力,毛在自然状态下的含水量称为湿度,污毛一般含水量 15%～18%,吸水的原因在于鳞片结构形成的多孔性,有利于水附着,而且羊毛中存在有亲水力强的基团。

(2)回潮率　是指羊毛中所含水分占其毛样绝对干重的百分率。

$$回潮率 = \frac{原毛重量 - 绝对干燥羊毛重量}{绝对干燥羊毛重量} \times 100\%$$

在羊毛贸易上因各地温度和湿度不同,使羊毛重量有增有减,为了正确决定羊毛重量以便合理计价,每个国家已规定的回潮率标准,称为公定回潮率。在国际贸易上规定的回潮率标准,称为标准回潮率(表4-5-1)。

表4-5-1　公定回潮率和标准回潮率　　　　　　　　　　　　　　　　　　%

羊毛种类	我国的公定回潮率	国际标准回潮率
粗净毛	16	16
细净毛	16	17
干毛条	16	18

9.羊毛纤维的化学性质

羊毛抗碱能力较弱,容易被碱溶解,5%的苛性钠对羊毛损伤很大,而弱碱如碳酸钠、肥皂等温度、浓度、处理时间合适时,对羊毛没有什么损害。15%～38%的苛性钠处理羊毛,其强度能增强30%。

羊毛抗酸能力较强,35%～40%的硫酸对羊毛无损害,而能完全分解羊毛中的植物杂质,但浓硫酸等强酸对羊毛则有破坏作用。

对羊毛加热在100℃时,经过24 h羊毛会失去绝大部分水分,纤维变粗、硬,强度降低,放回空气中又会不同程度恢复原有柔性和强度,如果加热超过100℃或超过40 h,羊毛会分解产生氨和硫化氢。

(六)山羊绒分类

山羊绒是由山羊皮肤中的次级毛囊形成的无髓毛纤维。山羊绒是毛纺原料特种纤维品种之一。山羊绒细而柔软,光泽良好,保暖性强,可用于制造各种轻、柔、美、软、薄、暖的纺织品,特别是针织品。山羊绒制成的产品,表面光滑,弹性好,手感柔软滑润,是最细的绵羊毛也不能取代的。山羊绒的价格相当于细绵羊毛的数倍,因而称为"软黄金",是我国传统的出口纺织原料之一,在国际市场上享有很高的声誉。

按山羊绒纤维的组成特点和外观形态,可将它们分为3个类型:绒毛型、中间型和普通山羊型。

1.绒毛型

绒毛型山羊被毛中,绒毛含量均显著大于有髓毛,一般占其被毛重量组成的60%以上,有的品种(如波里顿)平均达80%,少数个体高达92%。绒毛不仅数量多而且长度大,其长度往往大于或等于有髓毛长度,被毛外观与一般山羊刚好相反,其外层是毛茸茸的长而细的绒毛,粗硬的有髓毛则被掩盖在绒毛之中,成为下层毛,只有分开毛被时才可看到。这种山羊的绒毛中除大量的无髓毛外,还有相当数量的长而细的两型毛,一般占其毛被重量的20%～30%,也就是说,绒毛型山羊的被毛由无髓毛、两型毛和有髓毛共同组成。绒毛较粗具有形状不规则的弯曲,有髓毛粗直不弯曲。

2.中间型

这类山羊的冬季被毛中,外层为比较长而粗的有髓毛,内层则是由纤细的无髓毛组成的绒毛,即被毛由有髓毛和无髓毛组成。这种被毛的绒毛含量较高,占其重量的40%～50%,绒毛纤细而比较长,但其长度小于有髓毛。中间型的羊按其被毛中有髓毛的形态,还可分为两个亚型,即粗短毛亚型和长细毛亚型。这两种亚型山羊的被毛形态和羊毛、羊绒品质以及产绒量方面,均有显著差别。粗短毛亚型被毛中,有髓毛粗短,长度 5 cm 左右,无弯曲,色泽近似绵羊毛中的死毛,绒毛密而长,产绒量高。长细毛亚型的被毛,有髓毛细而长,达 10 cm 以上,具有少量弯曲,光泽明亮柔和,强度好,绒毛较短,产绒量较低,我国的绒毛山羊品种多属中间型,如辽宁绒山羊、内蒙古白绒山羊、西藏山羊等,以及苏联的奥伦堡绒山羊均属此类。

3. 普通山羊型

这种山羊的冬季被毛,由大量的有髓毛和少量短而纤细的无髓毛组成,绒毛不仅长度短,而且数量少,产绒量低,有髓毛粗长而直,地处寒冷地区的普通地方山羊的冬季被毛均属此类。

各个产绒国家山羊绒的分级有所差异,但是一般均根据羊绒中有髓毛的含量和绒毛的色泽区分,有髓毛含量愈低,也就是说绒毛含量愈高。色泽越纯净的山羊绒,价值越高。我国羊绒的分级,根据未经梳绒的山羊春毛、原羊绒(活羊抓绒)和无毛绒(经机器加工除去有髓毛的羊绒)的不同而不同。

(七)羊毛、羊绒的分级与检验

1. 羊毛分级

羊毛分级就是根据羊毛的细度、长度、坚牢度和状态,将套毛分为各个部分,以尽量相同的羊毛用于毛纺生产。

国产绵羊毛在工业分级上没有国家标准,所有相关企业均执行原纺织工业部颁布标准,即 FJ 417 —1981《国产细羊毛及改良毛工业分级》。在此标准中,根据物理指标和外观形态将细毛及改良毛分为支数毛和级数毛。

支数毛属同质毛。按细度分为 70 支、66 支、64 支、60 支。

级数毛属基本同质毛和异质毛。按含粗腔毛率分一级、二级、三级、四级甲、四级乙、五级。

2. 羊绒分级

(1)带绒的山羊春毛　按照标准含绒量分为三路:一路绒含绒 50%～60%;二路绒多为山羊的边肷绒,含绒量为 40%;三路绒又称低档绒,基本上是有髓毛,仅含绒 35%～38%。

(2)原羊绒的分级　按含绒量的多少分为两路,头路绒含绒量为 80%,二路绒为 50%,在出口检验的标准中规定,山羊绒的最低品质条件为,头路绒含绒量不低于 75%,二路绒不低于 45%。

(3)无毛绒的分级　由于山羊绒的畅销,为提高换汇率,我国将由以原毛绒出口为主转向以无毛绒出口为主,售价是原毛绒的 5 倍。我国的无毛绒共分 3 档,Ⅰ档绒的有髓毛含量不超过 1%,Ⅱ档绒不超过 2%,Ⅲ档绒不超过 5%。Ⅰ档绒甚少,主要是Ⅱ档绒和Ⅲ档绒。国产的无毛绒在广交会上被评为 6.5～7 级的最高级别。

(4)按毛色分级　分为白绒、青绒和紫绒 3 类,紫绒包括黑绒、褐绒和其他杂色绒,其中以白绒价值最高,在原毛绒中 3 种颜色山羊绒品质比差为 10%,即白绒 120%,青绒 110%,紫绒为 100%。

二、羊皮

(一)羔皮与裘皮

1. 羔皮

在毛皮中羔羊出生后 1～3 d 以内剥取的毛皮为羔皮,羔皮产品皮面外露,花案奇特,美观悦目。

(1)卡拉库尔羔皮 颜色主要有黑色、灰色、彩色(苏尔色)、粉红色等;毛卷类型有卧蚕形卷、大豆形卷、肋形卷、鬣形卷、花纹、环形或半环形卷、豌豆形卷、螺旋形卷等。皮面光亮而不刺眼,图案花纹清晰,手摸有丝绸样感觉。

一等:被毛紧密,颜色正常,光泽良好,毛卷花纹清晰而坚实。正身部位 60% 以上为卧蚕形卷,或 75% 以上为较松的卧蚕形卷,其他为鬣形卷或肋形卷;皮面为大、中、小花,排列清晰而较有规则的鬣形卷或肋形卷。

二等:被毛密度、颜色、光泽略差。正身部位 30% 以上为较坚实的卧蚕形卷,或 50% 以上为较松的卧蚕形卷;正身部位为排列不整齐的鬣形卷、肋形卷;全部为弹性良好而清晰的环形卷或半环形卷。

三等:被毛密度、颜色、光泽均差。正身部位以环形卷为主;正身部位有 30% 以上各种过渡类型毛卷特征。

面积规定:等内皮为 1 111 cm²,不足者降级。

等级比差:一等 100%,二等 80%,三等 60%,等外 25%。

色泽比差:黑色 100%,灰色 130%,杂色 100%。

(2)湖羊羔皮 板皮薄而轻柔,毛小细短无绒,毛根发硬,富有弹力,洁白如丝,炫耀夺目,花纹呈自然波浪状,卷曲明显紧贴皮板,虽加抖动而毛不会散乱,可染成各种颜色。

一等:小毛(1.0~2.5 cm)或小中毛(2.5~3.0 cm),毛细,波浪形卷花或片形花纹占面积 50% 以上,色泽光润,板质良好。

二等:毛中长(2.5~3.5 cm),波浪形卷花或片花形花纹占全皮面积 50% 以上,毛细略短,花纹欠明显,或毛略粗而花纹明显。色泽光润,板质良好。

三等:毛细长(大于 3.25 cm),波浪形卷花或片形花纹占全皮面积 50% 以上。花纹隐暗或毛粗涩而有花纹。板皮尚好。

等级比差:一等 100%,二等 80%,三等 60%。

(3)青猾子皮 由黑毛和白毛相间生长而形成的青色羊皮,有正青(黑毛 30%~50%)、粉青(黑毛 30% 以下)、铁青(黑毛 50% 以上),毛长 2.2 cm±0.3 cm,光泽多呈银光和丝光,比细毛被光泽较好,以波浪形花为最美观,流水形花、片花和暗花次之。

一等:毛细密适中,呈正青色或略深,清晰、坚实的波浪形花纹不小于全皮面积的 50%,色泽光润,板质良好,面积 944 cm² 以上。

二等:与一等相比,毛色较深或较浅,毛略长、略粗或略软而有花纹,毛细、紧密、花纹隐暗,面积 944 cm² 以上;具有一等皮毛质、板质,面积在 889 cm² 以上。

三等:毛色铁青或粉青,毛略粗直,毛略空软而有花纹,毛略大、略小而有花纹,面积 889 cm² 以上;具有一、二等皮毛质、板质,面积 770 cm² 以上。

等级比差:一等 100%,二等 75%,三等 50%。

2. 裘皮

在毛皮中 1 月龄以上的羔羊所剥取的毛皮为裘皮。裘皮在我国分为二毛皮、大毛皮、老羊皮。羔羊出生后 30 d 左右宰剥的皮是二毛皮,6 月龄以上未剪过毛的羊皮是大羊皮,老羊皮则是 1 岁以上剪过毛的羊皮。裘皮产品皮面向里,保暖,结实,美观,轻便。

（1）滩羊二毛皮　滩羊二毛皮毛股长而紧实（8～9 cm），有波浪形花穗和良好的光泽（串字花和软大花），保暖性能好，不毡结，皮板弹性好，致密结实，轻便。

一等：毛绺花弯曲，色泽光润，板质良好。

二等：毛绺花弯较少或板质较薄弱。

三等：晚春皮、秋皮，毛花过粗，毛梢发黄。

毛长规定：滩羊二毛等内皮 7.7 cm 以上。

面积规定：一等 2 444 cm² 以上，二等 2 000 cm² 以上，三等 1 556 cm² 以上。具有一等皮毛质、板质，面积 2 889 cm² 以上为特等。

等级比差：特等 120%，一等 100%，二等 80%，三等 60%。

（2）中卫沙毛皮　中卫沙毛皮白色者居多，黑色者油黑发亮，毛股长 7～8 cm，多弯曲，形成良好的花穗（串子花、软大花及不规则的花），纤维类型有绒毛、两型毛和有髓毛。皮板结构细密，富有弹性，其保暖、结实、轻便、美观、不毡结等特点，可与滩羊二毛皮相媲美。

尽管沙毛皮与滩羊二毛皮相似，但两者仍有以下区别：沙毛皮近于方形，带小尾巴；滩羊二毛皮近于长方形，带大尾巴；沙毛皮的被毛密度较滩羊二毛皮稀，易见板底，手感没有滩羊二毛皮丰满和柔和；沙毛皮光泽较好为丝光，滩羊二毛皮则呈玉白样光泽。

（二）板皮

动物屠宰后剥下的皮，在未经鞣制以前称为生皮，毛没有实用价值的生皮叫板皮，板皮经脱毛鞣制成的产品叫革。一般成年牛羊生产的皮为板皮，用来制革。

板皮分为三层，较薄的外层称为表皮层，厚而质密的中间层称为真皮层，松软的下层称为下皮层。表皮层又可分为角质层和生发层，角质层对化工原料具有抵抗性，一般制皮时予以除掉，生发层为表皮与真皮连接部分。真皮层由致密的结缔组织构成，是皮最厚最坚韧的部分，占皮厚的 90% 以上，是制革的部分。真皮层可分为乳头层和网状层。乳头层在上部占皮厚的 1/5 左右，表面有许多乳头状突起，易被微生物污染，若保管不好，会遭到微生物破坏，产生裂面或二层现象。网状层由交错的纤维组成，非常柔韧。网状层下面是下皮层，在剥皮时要避免刀伤。

山羊的板皮根据产地分为以下几个种类，常称分路。

四川路：四川路板皮原产地为四川、贵州的黔东南州、黔南州、铜仁地区和金沙、清镇、开阳、修文、息烽县以及湖北省的恩施地区等。在中国各路的山羊板皮中，以四川路的品质最好，板皮坚韧，厚薄均匀，纤维编织紧密，毛小，光泽好，全头全腿。

汉口路：汉口路板皮产区较广，河南、江苏、湖北、山东、安徽、湖南、陕西、浙江、江西、福建、广东和广西都生产汉口路板皮。汉口路板皮被毛多为白色，黑色较少。皮板呈蜡黄色，细致、柔韧、光润、弹性好，张幅较小，全头全腿。

济宁路：主要是青山羊皮，在山东、河南、安徽及江苏青山羊分布区。被毛灰色（青色），也有少数黑、白色者。毛较细短，皮板稍薄，细致，有油性，张幅较小，近似长方形，全头全腿。

华北路：北部地区生产的山羊板皮都归华北路。产地有陕西、河南、河北、北京、天津、山东、山西、内蒙古、宁夏、甘肃、青海、新疆、西藏、辽宁、吉林和黑龙江。

云贵路：产地有云南、贵州和四川的甘孜、阿坝、凉山自治州，及乐山、宜宾、雅安地区的部分县。云贵路板皮被毛黑、白、花均有,板皮较粗,油性较差,张幅较大。

(三)羊皮的剥取与贮藏

1. 宰杀及剥皮

专门生产羔皮和裘皮的羊,宰杀时间一定要适当,以保证毛皮具有该产品完善的特征。剥皮应趁羊体还有一定体温立即剥。剥皮方法是,羊只仍旧倒挂在屠宰架上,先沿腹中线由尾部至颈部挑开皮肤,然后依腹壁、四肢、颈、头、背的顺序将皮剥离。剥皮有手工剥皮和机械剥皮,无论哪种方法,都不能划破皮质及胴体表面,不允许皮上带有肌肉和脂肪碎片,不允许皮毛脏物及粪便污染胴体。

剥皮时要尽量保持完整的外形,要有全头、全耳、全腿,并去掉耳骨、腿骨、尾骨,公羔的阴囊皮要尽可能留在羔皮上。对于剥取板皮的羊,结合育肥后上市屠宰,剥取板皮,尽量避免人为伤残。剥下来的鲜皮,应立即将皮上残肉、粪便、泥土、脂肪及无用部分除去,以防止腐败。

2. 生皮的防腐

为了保证皮张品质,便于贮藏,一般宰杀的羊皮都要做防腐处理。

(1)干燥法 在温度20~30℃、相对湿度45%~60%时,将生皮置于干燥通风场所,悬皮方向要顺着气流方向,皮与皮之间保持12~14 cm,能得到良好的干燥皮。如果温度过高或湿度过低,干燥虽快,但皮面效果差;如果温度过低,湿度过高,则不易干燥,造成腐败变质。皮张干燥应避免在阳光下暴晒,一般生皮经过干燥后,面积减少30%~40%,水分含量为15%左右。

(2)盐腌法 这种方法能尽快抑制细菌滋生,保护羊皮的固有品质,不掉毛,不糜烂,能使皮张长期保留。

具体做法有两种:一是干腌法。就是把盐面均匀撒在鲜皮的内面上,用盐量为鲜皮重的35%~50%,使盐充分吸收水分,并逐步渗入皮内。撒过盐的鲜皮,皮板面相对,堆成小垛,腌制2~3 d后拉展晾干。二是水腌法。先在水中或容器中配制25%的食盐溶液,盐液的温度应节制在15℃左右。将鲜皮放入,浸泡16~26 h,将羊皮取出搭在绳子或木杆上,让其自由滴液。滴净水分后,按皮重再在皮板上撒上20%~25%干盐面,晾干即可。

(3)酸盐法 用食盐、氯化氨和铅明矾按一定比例配合而成的混合物处理生皮,混合物中食盐占85%、氯化氨7.5%、铅明矾7.5%。将混合物均匀地撒在毛皮的肉面并稍加揉搓,然后毛面向外折叠呈方形,堆积7 d左右即可,这种方法最适合绵羊皮等原料皮的防腐。

3. 保存

生皮经过防腐、晾干之后,可将其按板对板、毛对毛叠起,分等级用细绳捆成小捆,加上防虫剂(精萘粉、卫生球等),放入仓库保存。保存时,毛皮堆上要用塑料布等遮盖,以防落上尘土。注意应防雨、防潮、防晒、防鼠等。

4. 运输

皮张在运输时,运输工具要清洁、干燥,运输期间注意防止暴晒雨淋。潮湿的皮张应干燥后再发运,以免皮张发热受损。生皮在起运和到达终点时,必须迅速移放在棚仓之中。搬运时,不可扯拉皮张,以防损伤。

(四)羊皮的检验技术

收购羊皮时,检验皮质最好的时机,主要是靠手感和目测。检验重点是皮板足壮,厚薄均匀,板幅大小,分量轻重,皮形完整,伤残程度。先用双手各持羊皮板左右的两肷,这样拿皮容易平衡地把皮张拿起来,可以使目光均衡地看到全皮的面积,易于从以下几方面来验看皮张及其伤残的整个情况。

(1)试验皮板弹性　可用双手把皮板适当地折弯几下,但要注意让皮板自行弹回,不要深折、硬折,否则就感觉不出弹性的好坏。

(2)检验是否季节皮　一般将春、夏所产板皮称为季节皮。根据不同季节的皮板特征,看皮板是否足壮、细致、厚薄均匀、有油性、有光泽。

(3)有否伤残缺点　要从头到尾,从左到右全皮扫视一遍,防止把伤残忽略掉。如遇到不能确定的痘疗、疮疤、癫癣等痕迹时,可把皮张用手提起来,另一手在毛面上把怀疑处的毛分开向亮处照一照,以便检查确定它是否伤残。在伤残掌握上,软伤要严于硬伤,主要部位要严于次要部位;数处分散的伤残要严于集中一起的伤残;非季节皮要严于季节皮,即秋、冬季皮要严于春、夏季节。

(4)鲜皮的收购　应注意皮板的肥瘦,肥板含油脂多,呈白色,手感厚实;薄弱板则含油脂较少,呈灰白色,手感单薄;瘦弱板含油脂更少,呈灰青色,手感厚薄不匀,两肋部多有皱纹。在鲜皮板上如发现颜色不同,僵硬发死,不灵活的地方,一般是有伤残,应进一步验证。鲜皮晒成干皮的收缩率,在一般的情况下为 $15\%\sim20\%$。

(5)有无钉板、撑板　山羊板皮以原板为标准,钉板、撑板酌情降等定级。一等皮不能有钉板、撑板。

(6)检验原则　绵羊板皮质量检验方法与山羊板皮基本相同,但由于绵羊分为多种生产方向,品种间差异较大,板皮品质不一,故不能用一个标准去衡量。

三、羊肉

(一)羊肉的化学组成及其营养价值

羊肉属于高蛋白、低脂肪、低胆固醇的营养食品,是人类重要的肉食品之一。羊肉中的胆固醇含量在日常生活食肉的若干肉类中是比较低的。在 100 g 可食瘦肉中,常食用的几种主要肉类的热能值、化学成分和胆固醇含量见表 4-5-2。

表 4-5-2　100 g 可食瘦肉中几种主要肉类的化学成分及产热量的比较

肉类	热能值/kJ	水分/g	蛋白质/g	脂肪/g	碳水化合物/g	胆固醇/mg
羊肉	494	74.2	20.5	3.9	0.2	62
牛肉	444	75.2	20.2	2.3	1.2	58
猪肉	598	71.0	20.3	6.2	1.5	81
马肉	510	74.1	20.1	4.6	0.1	84
鸡肉	699	69.0	19.3	9.4	1.3	106
鸭肉	1 004	63.9	15.5	19.7	0.2	94
鹅肉	1 025	62.0	17.9	19.9	0.2	74
兔肉	427	76.2	19.7	2.2	0.9	59
鸽肉	841	66.6	16.5	14.2	1.7	99
鲤鱼	494	76.7	17.6	4.1	0.5	84

羊肉的肌肉纤维细嫩、柔软、肥瘦适中,从可消化养分讲,羊肉中可消化蛋白质的含量较高,各种肉类的氨基酸组成见表 4-5-3。

表 4-5-3　各种肉类每 100 g 蛋白质所含各种氨基酸的成分表　　　　　　　g

氨基酸种类	羊肉	牛肉	猪肉	鸡肉
赖氨酸	8.7	8.0	3.7	8.4
精氨酸	7.6	7.0	6.6	6.9
组氨酸	2.4	2.2	2.2	2.3
色氨酸	1.4	1.4	1.3	1.2
亮氨酸	8.0	7.7	8.0	11.2
异亮氨酸	6.0	6.3	6.0	—
苯丙氨酸	4.5	4.9	4.0	4.6
苏氨酸	5.3	4.6	4.8	4.7
蛋氨酸	3.3	3.3	3.4	3.4
缬氨酸	5.0	5.8	6.0	—
甘氨酸	—	2.0	—	1.0
丙氨酸	—	4.0	—	2.0
丝氨酸	6.3	5.4		4.7
天门冬氨酸	—	4.1		3.2
胱氨酸	1.0	1.3	1.1	0.8
脯氨酸		6.0		—
谷氨酸	—	15.4	—	16.5
酪氨酸	4.9	4.0	4.4	3.4

(二)肉羊的屠宰与胴体分割

1. 肉羊的屠宰

羊经适度肥育和卫生检验合格后方可屠宰。羊群在屠宰前要断食 24 h 左右,断饮 2 h,临宰前要进行洗浴和称重,准确记录。

羊的屠宰过程包括击昏、放血、剥皮、开膛及胴体整理等。

2. 羊的胴体分割

目前,羊胴体的切块分割法有 2 段切块、5 段切块、6 段切块和 8 段切块等。以 5 段切块(图 4-5-5)和 8 段切块较为实用。

胴体 5 段 10 块商业分级是将羊的胴体切成肩颈肉、肋肉、腰肉、后腿肉和胸下肉 5 个部分。

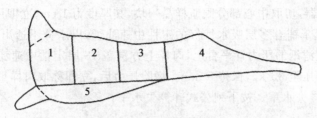

图 4-5-5　羊胴体 5 段剖分图
1.肩颈肉　2.肋肉　3.腰肉　4.后腿肉　5.胸下肉

(三)羊肉的品质评定与质量检验

羊肉的品质受品种、年龄、性别、营养水平和屠宰季节诸因素的影响。对羊肉的品质要求,一般可从以下几方面进行评定。

1.肉色

肉色由肌肉中的肌红蛋白和肌白蛋白的比例所决定。羊肉的肉色评定可用分光光度计精确测定肉的总色度,也可按肌红蛋白含量来评定。在现场多用目测法,取最后一个胸椎处背最长肌(眼肌)为代表,新鲜肉样于宰后 1~2 h,冷却肉样于宰后 24 h 在 4℃左右冰箱中存放。在室内自然光照下,用目测评定法评定肉新鲜切面,避免在阳光直射下或在室内阴暗处评定。灰白色评 1 分,微红色评 2 分,鲜红色评 3 分,微暗红色评 4 分,暗红色评 5 分。两级间允许评 0.5 分。具体评分时可用美式或日式肉色评分图对比,凡评为 3 分或 4 分者均属正常颜色。

2.大理石纹

大理石纹指肉眼可见的肌肉横切面红色中的白色脂肪纹理结构,红色为肌肉细胞,白色为肌束间的结缔组织和脂肪细胞。白色纹理多而显著,表示其中蓄积较多脂肪,肉多汁性好,是简易衡量肉含脂量和多汁性的方法。要准确评定,需经化学分析和组织学测定。现在常用的方法是取第一腰椎部背最长肌鲜肉样,置于 0~4℃冰箱中 24 h,取出横切,以新鲜切面观察其纹理结构,并借用大理石纹评分标准图评定,只有大理石纹的痕迹评 1 分,有微量大理石纹评为 2 分,有少量大理石纹评为 3 分,有适量大理石纹评为 4 分,若是有大量大理石纹的评为 5 分。

3.羊肉酸碱度(pH)测定

羊肉酸碱度是指羊被宰杀停止呼吸后,在一定条件下,经一定时间所测得的 pH。肉羊宰杀后,其羊肉发生一系列的生化变化,pH 降低。这种变化可改变肉的保水性能、嫩度、组织状态和颜色等性状。

用酸度计测定肉样 pH,按酸度计使用说明书在室温下进行。直接测定时,在切开的肌肉面用金属棒从切面中心刺一个孔,然后插入酸度计电极使肉紧贴电极球端后读数;捣碎测定时,将肉样加入组织捣碎机中捣 3 min 左右,取出装在小烧杯中,插入酸度计电极测定。

评定标准:鲜肉 pH 为 5.9~6.5;次鲜肉 pH 为 6.6~6.7;腐败肉 pH 在 6.7 以上。

4.羊肉失水率测定

失水率是指羊肉在一定压力条件下,经一定时间所失去的水分占失水前重的百分数。失水率越低,表示保水性能强,肉嫩,肉质越好。

测定方法:截取第一腰椎后背最长肌 5 cm 肉样一段,平置在洁净的橡胶片上,用直径为

532 cm 的圆形取样器,切取中心部分眼肌样品一块,其厚度为 1 cm,立即用感量为 0.001 g 的天平称重,然后放置于铺有多层吸水性好的定性中速滤纸,以水分不透出,全部吸净为度,一般为 18 层定性中速滤纸的压力计平台上,肉样上方覆盖 18 层定性中速滤纸,上、下各加一块书写用的塑料板,加压至 35 kg,保持 5 min。撤除压力后,立即称取肉样重量。肉样加压前后重量的差异即为肉样失水重。按下列公式计算失水率:

$$失水率 = \frac{肉样压前重量 - 肉样压后重量}{肉样压前重量} \times 100\%$$

5. 羊肉系水率测定

系水率是指肌肉保持水分的能力,用肌肉加压后保存的水量占总含水量的百分比表示。它与失水率是一个问题的两种不同概念,系水率高,则肉的品质好。肌肉蛋白是高度带电荷的化合物,在其表面吸附着很多水分子。在动物宰杀后,随着肌肉的僵直而酸度提高,致使负电荷增加,这就中和了蛋白质中的正电荷而释放出水分子。当正负电荷相等时,就没有多余的正电荷来保持水分子了。就是说,肉已达到等电点,此时的肉系水力最差。当 pH 为 5.3~5.5 时,就出现这种情况。

动物宰杀时,正常肌肉的 pH 为 6.4~7.0。由于死亡以后肌肉的正常生理活性还要持续一段时间,通常其 pH 将下降到 5.2~5.4。pH 下降的原因,是肌肉不能通过呼吸作用再合成 ATP,从而积累了磷酸和乳酸使酸度增加。肌肉蛋白的系水力可影响肉制品的食用品质。为使肉在蒸煮或熏制过程中获得良好的产品分量,就应尽可能保持肌肉最高的系水力。肉的 pH 一般都高于等电点。任何增加肉品酸性或使其接近等电点的做法都会降低其系水力。

测定方法:取背最长肌肉样 50 g,按食品分析常规测定法测定肌肉加压后保存的水量占总含水量的百分数。

$$系水率 = \frac{肌肉总水分重量 - 肉样失水量}{肌肉总水分重量} \times 100\%$$

6. 熟肉率

熟肉率指肉熟后与生肉的重量比率。用腰大肌代表样本,取一侧腰大肌中段约 100 g,于宰杀后 12 h 内进行测定。剥离肌外膜所附着的脂肪后,用感量 0.1 g 的天平称重(W_1),将样品置于铝蒸锅的蒸屉上用沸水在 2 000 W 的电炉上蒸煮 45 min,取出后冷却 30~45 min 或吊挂于室内无风阴凉处,30 min 后再称重(W_2)。计算公式为:

$$熟肉率 = \frac{W_2}{W_1} \times 100\%$$

7. 羊肉的嫩度

羊肉的嫩度指肉的老嫩程度,是人食肉时对肉撕裂、切断咀嚼时的难易,嚼后在口中留存肉渣的大小和多少的总体感觉。肉的嫩度是评定肉品质最重要指标之一。比较宰后不同时间煮肉的嫩度可以发现,屠宰后立即烹调,肉质较嫩。然而,在僵硬前的一段时间中,肉就逐渐变韧,当肉达到僵直时,韧度达最大。肉持续冷藏可使肉变嫩,在 4℃冷藏 7~10 d,肉的嫩度几乎又恢复到与刚屠宰的肉相同。很多研究指出,羊胴体上肌肉的嫩度与肌肉中结缔组织胶原成分的羟脯氨酸有关,羟脯氨酸越多,肌肉越难切断,肉的嫩度越小。在肉陈化期间,胶原蛋白链之间的交联随着贮存而减弱和分解。这就是为什么熟化肉中的结缔组织比未熟化肉要柔嫩,并易于水合的原因。

羊肉嫩度评定通过采用仪器评定和品尝评定两种方法。仪器评定目前通常采用肌肉嫩度计,以 kg 为单位表示;数值越小,肉越细嫩,数值越大,肉越粗老。

8.膻味

膻味是绵、山羊所固有的一种特殊气味。致膻物质的化学成分主要存在于脂肪酸中。膻味的大小因羊种、品种、性别、年龄、季节、遗传、地域、去势与否等因素不同而异。我国北方广大农牧民和城乡居民,长期以来有喜食羊肉的习惯,对羊肉的膻味也就感到自然,有的甚至认为是羊肉的特有风味,江南有相当多的城乡居民特别不喜欢闻羊肉的膻味,因而不习惯吃羊肉。

鉴别羊肉的膻味,最简便的方法是煮沸品尝。取前腿肉 0.5～1 kg 放入铝锅内蒸 60 min,取出切成薄片,放入盘中,不加任何佐料(原味),凭咀嚼感觉来判断膻味的浓淡程度。

（四）羊肉的加工

1.腊羊肉

剔除羊肉的脂肪膜和筋腱,顺肉纹切成长条状。每 100 kg 羊肉配料:食盐 5 kg,白砂糖、白酒各 1 kg,花椒 0.3 kg,五香料 100 g。将调匀的配料均匀地涂抹在肉条表面,入缸腌制 3～4 d,中途翻缸 1 次。出缸后用清水洗去辅料,穿绳挂晾风干或入烘房烘至干硬即为成品。

2.卷羊肉

选体重约 20 kg 的肉羊屠宰,剥皮,除去头、蹄和内脏后,将胴体左右两边的肌肉分别剔割,除去韧带、脂肪、筋腱,各卷成 2.5 kg 的圆筒,用无毒塑料膜包装,置于铁箱内。每箱 12 卷,速冻即成。

3.北方熟羊肉

辅料配方:每 100 kg 肉用食盐 3.3 kg,小茴香 0.33 kg,大茴香(八角)67 g,草果 33 g,花椒 200 g。夏季加大食盐量至 4 kg。

加工方法:水量加至浸没羊肉。羊肉应折卷下锅,配方调料用纱布包装一并下锅。待水开后,及时撇去汤沫,每小时挑翻 1 次。按肉质老嫩程度焖煮 6～8 h,煮至烂熟。出锅时,用汤冲净肉面浮油,冷却即成。出品率为 50%。特点为切片凉食无膻味,肉质酥松。

四、羊奶

（一）羊奶膻味及控制方法

1.影响羊奶膻味的因素

羊的膻味是本身所固有的一种特殊气味,是羊只的代谢产物,羊奶膻味的成因如下:羊奶的吸附性很强,会大量吸收外界的不良气味。目前,导致羊奶膻味的原因主要存在两大学说。一是外界污染学说即山羊奶膻味来自于羊舍环境、羊体身上所带有的膻味分泌物、公山羊身上的一种特殊膻味特别是公山羊在发情期的臊味污染的结果。二是羊奶中固有成分学说,即膻味是羊奶中固有的某些化学成分引起的,特别是与低级游离脂肪酸有密切关系,一方面与中、短链游离脂肪酸种类及其含量有关,如丁酸、己酸和辛酸等;另一方面与不同游离脂肪酸之间比例有关。

羊奶膻味强度受到诸多因素的影响,如品种、年龄、季节、遗传因素、产奶量、乳成分含量、泌乳期、饲料种类及乳蛋白脂肪酶(LPL)活性大小等。

(1)品种 个体之间与品种间往往存在着一定的差异。挪威科学家的研究表明,膻味经长期选种可以发生变化,膻味也可以遗传,其遗传力为0.25。

(2)公羊身上的气味 公羊身上的味腺会散发出浓烈的气味,如果公羊与母羊混养,尤其是挤奶时有公羊在旁边时,这些异味很容易被羊奶吸收,使羊奶带有膻味。羊奶有很强的吸附性,特别是在刚挤出的奶温度下降时,它会大量吸收外界的不良气味。

(3)饲料的种类和季节 羊吃的东西有强烈的异味,所产的奶也极可能会有异味。劣质的青贮饲料、洋葱、油菜籽等都会使羊奶产生异味。补饲嫩叶饲料能降低膻味强度,晚秋期间室内饲养的羊奶膻味较弱,牧地放牧羊所产之乳的膻味较在室内的强。高精料比例和高饲养水平可能提高膻味强度。

(4)圈舍的卫生 羊奶很容易吸收异味,如果羊舍和羊身卫生差,羊奶也就很容易有异味。所以应保持羊舍干净、通风。同时要注意保持羊身洁净。

(5)LPL活性 羊奶中LPL活性与膻味强度有一定关系。LPL随奶存放时间及温度的升高而促进乳脂分解,从而使膻味强度增加。

2.羊奶的脱膻技术

(1)遗传改良 由于膻味是可以遗传的,所以通过遗传学方法,选育出膻味强度低的羊品系,降低膻味基数。

(2)β-环糊精包埋 引起羊奶膻味的物质是短链游离挥发性脂肪酸,主要是C_6、C_8、C_{10},它们之间相互作用,形成稳定的络合物,正好可以被β-环糊精穴洞包埋在内。

(3)抽真空脱气(闪蒸) 闪蒸就是高压的饱和水进入低压的容器中,由于压力的突然降低使这些饱和水变成饱和水蒸气和饱和水。即根据压力下降,溶液沸点下降的原理进行真空蒸发冷却,抽去不良气味。

(4)微生物学方法 利用某些特定微生物(如乳酸菌),通过三个方面的作用:一是产生一些具有芳香味的物质来掩盖膻味;二是产生乳酸以降低pH抑制脂解酶的活性减少再生性挥发性脂肪酸;三是利用微生物酶作用以减少固有挥发性脂肪酸含量。

(5)工艺学手段 由于膻味的主要成分具有挥发性,可通过某种形式的高温处理,使挥发性脂肪酸最大限度挥发以降低膻味强度。

(6)加强饲养管理 改善山羊的饲养配方,使用能减少膻味的饲料原料。同时加强羊舍的管理,保持羊舍的环境卫生,及时清理羊舍的脏物。

(二)山羊奶的质量检验

1.常规检验

(1)色泽、外观与气味 正常的山羊奶是白色或微黄色、均匀一致的液体。由于乳中含有一定量的挥发性脂肪酸,羊奶含有特殊的膻味,在加热时,气味更为显著。静置时乳脂浮于表面,使外观上颜色显得稍黄。

(2)密度测定 将待测羊奶充分搅拌均匀,抽取乳150~200 mL,将乳沿量筒壁徐徐倒入量筒内,避免产生气泡,然后将比重计(D20℃/4℃或D15℃/15℃)轻轻地插入量筒乳的中心,使其徐徐上浮,切勿使其与筒壁相撞,待静置后读数。以乳液面月牙形上部尖端部为准。同时测定乳试样的温度,如果乳的温度不是比重计的标准温度时,需进行换算。一般乳样温度越接近比重计温度,测定结果越准确。正常山羊奶的密度为1.030。

（3）酸度测定

①取 2 mL 的 60％的酒精于试管中，再取等量的乳置于上述试管中，混匀后观察，若出现絮状沉淀，说明乳蛋白的稳定性较差，不予收购，无絮状沉淀出现者可予以收购。

②取被测奶样 10 mL，加入 20 mL 蒸馏水稀释，再加 0.5 mL 酚酞指示剂，然后用 0.1 mol/L 的氢氧化钠进行滴定，滴定到乳样微红色，且 30 s 内不褪色为止，消耗的 0.1 mol/L 的氢氧化钠的毫升数乘以 10，为该奶样的酸度。

正常新鲜的羊奶酸度为 16～19°T。

2.抗生素检测

鲜奶中的抗生素是某些生病羊在进行药物治疗后分泌的乳汁中有药物残留所引起的，抗生素检测是乳品企业生产发酵型酸奶时的必检项目。

取 150 mL 奶样于 250 mL 三角瓶中，在电炉上加热煮沸后，冷却至 42℃，加入 15 mL 经接种后的乳酸菌菌种，然后置于 42℃的培养箱中发酵，1 h 后观察。如果奶样已发酵，证明无抗生素；反之则为异常乳。

（三）山羊奶的消毒与处理

消毒鲜奶是以新鲜羊奶为原料，经净化、均质、杀菌、装瓶或装袋后，直接供应消费者饮用的商品乳。目前市售的消毒鲜奶，大部分是指全脂消毒奶，即以合格鲜奶为原料，不加任何添加剂，经过滤、消毒、装瓶或装袋后供应消费者。少部分是加入钙、磷、铁、维生素，称强化消毒奶，还有一部分是加入果汁、巧克力、咖啡等，称为风味消毒奶。不论哪一种消毒奶，其基本工艺流程是：原料奶的验收→过滤或净化→标准化→均质→杀菌→冷却→灌装→封口→装箱→冷藏。

1.原料奶的验收

消毒奶的质量与原料奶的质量密切相关。因此，对原料奶的质量必须认真检验。只有符合标准的原料奶才能用于生产消毒奶。鲜奶理化指标：密度 1.030（1.028～1.032），脂肪 3.4％（2.8％～5.0％），酸度 18°T（16～19°T），非乳物质不得检出。鲜奶卫生指标：细菌总数＜ 50 万/mL，汞＜0.1 mg/L，抗生素＜0.03 U/L。

2.净化、匀质

净化是用离心机除去乳中被污染的极为微小的固体杂质和细菌细胞。均质即用均质机将奶中脂肪球在强力的机械作用下破碎成小的脂肪球。目的是为了防止脂肪的上浮分离，提高羊奶的消化、吸收率。均质后的脂肪球直径大部分在 1 μm 以下。

3.标准化

我国食品卫生标准规定，消毒奶的乳脂率为 3％。因此，凡不合乎标准的奶，都必须进行标准化。当原料奶中乳脂率不足时，可以添加入稀奶油以提高乳脂率；当原料奶中乳脂率过高时，可以在其中加入脱脂奶以降低乳脂率。标准化所用设备主要为三用分离机。

4.杀菌

为了消除奶中的病原菌和有害菌，保证人体健康，并提高奶在贮存和运输中的稳定性。鲜奶经加热处理使奶中全部微生物被破坏称灭菌，大部分微生物被破坏称杀菌。常用的方法有以下几种：低温杀菌法，杀菌条件为 62～65℃，持续 30 min；高温短时间杀菌法，杀菌条件为 72～75℃，持续 15 s；超高温灭菌法，130～150℃，1～4 s。不管采用什么杀菌方法，都必须注意设备的清洗与消毒。

5.冷却

杀菌以后,为抑制羊奶中残存细菌的繁殖,以利于贮存,需及时进行冷却。冷却后的奶应直接分装,及时分送到消费者。不能立即发送时,应贮存于 4℃ 左右的冷库中。

6.灌装

为了便于分送和零售,防止外界杂质、微生物、异味等污染乳成品,并防止维生素等成分受损失而进行灌装。灌装容器有玻璃瓶、塑料瓶、塑料袋和涂塑复合纸袋等。

7.冷藏

灌装后的消毒奶如未能马上分送和销售,应送入冷库于 4℃ 左右暂时存放。巴氏杀菌乳的贮藏期,欧美国家为 7 d,我国为 1～2 d。无菌包装乳可在室温下贮藏 3～6 个月。

(四)常见的山羊奶加工方法

山羊奶通过加工后,减少了膻味,更容易被消费者接受。下面介绍几种常见的山羊奶产品的加工方法。

1.奶粉

山羊奶的主要加工产品为奶粉,我国的奶山羊生产基地都建有奶粉加工厂,这些奶粉加工厂对奶山羊的发展起到了很大的推动作用。

奶粉加工的工艺流程为原料奶的检验收购→原料奶的标准化→杀菌→浓缩→喷雾干燥→出粉与包装→出厂。生产奶粉的原料奶必须新鲜、干净、无污染,酸度不应高于 20°T。不能及时加工的原料奶可在 4～6℃ 条件下保存。

2.酸奶

(1)原料奶的要求　制作酸奶的原料奶质量要求最高,即含细菌数最低,同时不含青霉素、噬菌体、清洗剂和消毒剂等,初乳、乳房炎乳、掺假乳和其他异常乳也不能作为制作酸奶的原料奶。

(2)标准化和均质　根据所生产的酸奶新产品的要求调整乳脂率,通过均质提高酸奶的稳定性、稠度和防止脂肪上浮。小规模生产的酸奶一般可省去酸奶的标准化和均质。

(3)杀菌　制作酸奶的原料奶在接种前还需要进行巴氏杀菌,在 90～95℃ 下保持 5 min 的杀菌效果最好。乳清蛋白的变性,可增加酸乳的稳定性。

(4)冷却与接种　杀菌后的原料奶可用自来水冷却,至 40～45℃ 时接种。制作酸奶时一般使用保加利亚乳酸杆菌和嗜热链球菌的混合菌种,比例为 1∶1 或 1∶2,国内外目前均有商品化的粉末状混合菌种,用菌种接种时必须对接种量、时间和湿度进行严格控制。家庭制作时也可用酸奶作为发酵剂接种,加入量一般为 3%～5%。菌种加入量控制不严格时,容易导致酸奶酸度过高、过低或产生其他不良风味物质。

(5)发酵　原料奶接种后可立即装瓶,在容器内发酵,发酵温度为 37～42℃,但低温度发酵的酸奶质量较好,温度过高,容易造成乳清析出,影响组织结构和外观。发酵的同时应注意监测 pH,当 pH 超过 4.5～4.7 这个范围时,即可停止发酵。37℃ 发酵时间为 8～12 h。

(6)冷藏　酸奶发酵达到所要求的 pH 后,应迅速降温至 10～15℃,进行冷藏,如果消费者喜欢口味较甜的酸奶,可在杀菌前加入蔗糖或葡萄糖等。

3. 黄油

（1）稀奶油的分离　　就是利用乳脂分离机将鲜奶中的脂肪分离出来,分离后所得的脂肪即稀奶油,其余部分为脱脂乳。稀奶油的含脂率依分离机和工艺的不同而异,一般为25%～45%。

（2）原料的标准化　　制造黄油的稀奶油含脂率以 30%～35% 为宜,这样可以保证黄油的质量并减少损失,稀奶油含脂量应适当,有利于乳酸菌的繁殖,制作出的黄油香味也浓,但若脂肪含量过高,则会造成堵塞分离机,损失乳脂的现象,因此黄油制作时一定要进行稀奶油标准化。

（3）杀菌　　稀奶油一般采用95℃或更高温度下的巴氏杀菌,热处理必须到破坏其中过氧化物酶活性的程度,但过高会引起蒸煮味。

（4）细菌发酵　　制作酸性黄油必须在杀菌冷却后的稀奶油中加入产酸细菌,在发酵罐中进行生物化学成熟,使发酵剂在稀奶油中成熟产生强烈的香味和酸度,然后进行物理成熟,稀奶油中添加工作发酵剂的量随稀奶油中脂肪的软硬而变化,含硬脂肪高用 1%,含软脂肪高则用7%。制作普通（甜性）黄油时,可将稀奶油直接送入发酵罐中进行物理成熟。

（5）热处理与搅拌　　热处理可使黄油成品有合适的硬度,并易于搅拌,搅拌前先将稀奶油的温度调整到适宜范围,冬季 10～14℃,夏季 8～10℃,搅拌器中的稀奶油不能装得过满,以40%～50% 为宜,以便预留起泡空间。搅拌一定要充分,排除酪乳的含脂率应在 0.5% 以下。

（6）洗涤与压炼　　洗涤奶油粒的水应是放凉的沸水,温度为 3～10℃,夏季宜低,冬季略高,一般洗涤 2～3 次,发酵过度的可多洗,经洗涤后的黄油以颗粒状存在,尚有一定的水分和空气,不利于切块成型,容易产生霉菌,压炼可排出多余的水分。一般多采用手工压炼,压炼后的黄油是干燥的,肉眼看不到水分,凝结成特定结构的团块。

（7）包装与冷藏　　包装黄油可防止与空气接触,减轻氧化程度,延长保存期,冷却到 5℃的小包装黄油可存放 24～48 h,需要长期保存的黄油必须在 −25℃下冷冻。

4. 奶酪

（1）原料奶的杀菌　　制作奶酪的原料必须新鲜,不含青霉素一类抗生素。原奶杀菌一般采用巴氏杀菌,处理温度 71～72℃,保持 15 s 即可。

（2）冷却与接种菌种　　将盛装杀菌后原料奶的容器浸入自来水中搅拌冷却,待奶温降低至30～32℃后按原料奶 0.5%～1% 的比例加入菌种,同时轻轻搅拌均匀。

（3）添加凝乳酶　　加入菌种后静置 10 min 左右再添加凝乳酶（添加量根据活性确定）,搅拌均匀后加盖。

（4）切割　　静置 30 min 之后,检查凝乳,若符合要求即可切割成 1 cm 左右的小块。

（5）排出乳清　　切割静置 15 min 后乳清已有析出,即可排乳清,为了排出更多的乳清,可加入 60℃左右的热水（加入量要严格控制,不能使产品温度高于 30℃）,促使凝块收缩和乳清排出。

（6）加盐与压模　　排出乳清后可加入凝块重量 2.5% 左右的食盐,然后装模压榨。

（7）成熟与保藏　　压榨后的奶酪块可至于温度为 10～14℃,相对湿度为 88%～89% 的环境中成熟。成熟后的奶酪应在 7～10℃条件下贮藏。

【技能训练】

技能训练4-7　羊毛纤维的组织学结构观察

一、技能训练目标

(1)了解不同类型羊毛纤维在组织上的特点。

(2)比较不同类型羊毛纤维外部形态上的差别,能识别不同类型的羊毛纤维。

二、技能训练材料

实习用毛样、显微镜、载玻片、盖玻片、尖镊子、剪刀、吸水纸、乙醚、甘油、17%氢氧化钠、浓硫酸、明胶、美蓝(亚甲蓝)溶液、蒸馏水、95%酒精等。

三、技能训练方法与步骤

1.实习用毛样的洗涤

将毛样用镊子夹住下端,放入盛有乙醚的烧杯中,轻轻摆动,切勿弄乱毛纤维。洗净后取出毛样,挤掉溶液,并用吸水纸吸去残留溶液,待干后备用。

2.羊毛纤维鳞片的观察

(1)直接观察法　取毛纤维数根,剪成2～4 mm长的短纤维,并将其置于载玻片上,滴1滴甘油,覆以盖玻片,即可在显微镜下观察。

(2)明胶印模法　取1 g白明胶加水3～5 mL,放在水浴锅中加热,滴加少许美蓝使呈浅蓝色明胶溶液。将明胶用玻棒均匀涂于载玻片上,待其呈半干状态时,再将洗净的毛纤维直径的1/2嵌入胶中,等明胶干后取下毛纤维,不加盖片置于显微镜上观察,可清晰地观察到明胶表面上印有鳞片的痕迹。

3.羊毛纤维皮质层细胞的观察

取无髓毛数根,剪成1～2 mm的短纤维,置于载玻片上。滴1滴浓硫酸,立即盖上盖玻片。待浓硫酸与皮质层细胞间质作用2～3 min后,用镊子将盖玻片稍加力磨动,此时皮质层细胞即可分离开来。然后将此载玻片置显微镜下观察。

4.羊毛纤维的髓层观察

选有髓毛、两型毛及死毛数根,分别以甘油制片,置显微镜下观察其髓质的形状和粗细。

羊毛纤维的髓层中充满空气,所以在显微镜下观察时呈黑色。为了较清晰地看到髓层细胞的形状,观察前需将髓层细胞中的空气排除。其方法是:取死毛数根,用小剪刀剪到最短程度(1 mm以内),置于载玻片中央,并在毛纤维上滴1滴蒸馏水,再覆以盖玻片。然后由盖玻片的一端用吸水纸吸取流水,并在盖玻片的另一端不断滴无水酒精,如此连续约5 min后,置显微镜下观察,髓层细胞即清晰可见。

四、技能训练作业

(1)绘图比较有髓毛、两型毛和无髓毛的组织学构造。

(2)绘图并说明羊毛皮质层细胞及髓层细胞的情况。

五、技能考核标准

羊毛纤维的组织学结构观察技能考核标准参见表4-5-4。

表 4-5-4　羊毛纤维的组织学结构观察技能考核标准

序号	考核项目	考核内容	考核标准	参考分值
1	学习态度 学习方法	操作态度 合作意识 思考意识	积极主动,服从安排;善于合作,积极与小组成员配合;积极思考,解决实训过程中碰到的困难	30
2	实训操作	毛样洗涤 组织学结构观察	操作规范、结果正确、描述准确	60
3	实训小结	实训小结	实训小结撰写认真,上交及时	10
合计				100

技能训练 4-8　净毛率的测定

一、技能训练目标

(1)了解净毛率对羊毛质量的影响;

(2)掌握净毛率测定的技术。

二、技能训练材料

供测羊毛样品、八篮恒温箱、天平、洗毛盆、晾毛筐、铝制笊篱、温度计(0~100℃)、量杯(1 000 mL)、肥皂、洗衣粉、苏打、无水碳酸钠。

三、技能训练方法与步骤

测定净毛率的方法,主要有晒干法和烘干法两种。晒干法是在缺乏电源和烘干设备条件下采取的一种粗略的测定方法,烘干法较精确。其具体测定方法如下:

1. 取毛样

从供作净毛率测定的毛样袋中将基本毛样和对照毛样一并取出,取出时要轻、慢、小心,不可使毛样中的土、沙等杂物失散,以防影响结果的准确性。取出后放在0.01 g感量天平上称重,准确度要求达到0.01 g。将称重结果记录下来。然后,把毛样放在毛筐中,同时编号。

2. 撕松抖土(开毛)

经过称重编号记录的毛样,用手仔细撕松,并尽量抖去沙土、粪块和草质等杂物,这样易洗干净,并节省洗毛时间和皂碱。注意不应使毛丢失。将毛仍放回原筐中待洗。

3. 洗液配制及洗毛

选用碱性或中性洗毛液,并按下列程序洗毛。洗毛液的皂碱比例、浓度及洗毛时间如表4-5-5、表4-5-6所示。

将撕好的毛样放入第1槽中,按规定时间洗涤,洗涤不能搓揉,应用手轻轻摆动,将毛抖散,避免黏结而洗不干净。毛样在第1槽中洗完后,捞出将水挤净,再放入第2槽洗涤。如此一直到第5槽洗完。将毛放回原筐。

表 4-5-5　碱性洗毛液浓度、温度、洗涤时间

水槽号	洗衣粉/(g/L)	碱/(g/L)	洗涤时间/min	温度/℃
1(清水)	0	0	3	40～45
2	3	3	3	45～50
3	3	4	3	50
4	3	3	3	45～50
5	2	2	3	45～50
6(清水)	0	0	3	40～45
7(清水)	0	0	3	40～45

表 4-5-6　中性洗毛液浓度、温度、洗涤时间

水槽号	LS净洗剂/%	元明粉/%	洗涤剂量/L	洗涤时间/min	温度/℃
1	0	0	15	3	40～45
2	0.1	0.5	15	3	50～55
3	0.05	0.3	15	3	50～55
4	0	0	15	2	40～45
5	0	0	15	2	40～45

4.烘毛与称重

(1)普通烘箱烘毛与称重　把洗净的羊毛,放进烘箱中以 100～105℃的温度烘 1.5～2 h。取出放进干燥器中冷却 15～20 min 后作第一次称重。然后,再放入烘箱继续烘干 1～1.5 h,取出放进干燥器中冷却后作第二次称重,净毛绝对干重为两次称重平均值。

(2)八篮恒温烘箱烘毛与称重　毛样放在八篮烘箱中,温度为 100～105℃进行烘干,2 h 后第一次称重,40 min 后进行第二次称重,两次称重误差不超过 0.01 g,即可作为该毛样的绝对干重。误差超过 0.01 g 时,每隔 20 min 重复称一次,直至两次重量不超过 0.01 g 为止,即为其绝对干重。

5.计算净毛率

$$Y=\frac{C\times(1+R)}{G}\times100\%$$

式中:Y 为净毛率(%);C 为净毛绝对干重(g);R 为标准回潮率(%);G 为原毛重(g)。

注:标准回潮率按细羊毛 17%,半细羊毛 16%,异质毛 15%计算。

四、技能训练作业

(1)将测定结果记录在表 4-5-7 中。

(2)计算净毛率。

表 4-5-7　净毛率测定记录

羊号	毛样编号	原毛重/g	净毛重量/g			净毛率/%
			第一次称重	第二次称重	第三次称重	
1						
2						

五、技能考核标准

净毛率测定技能考核标准见表 4-5-8。

表 4-5-8　净毛率测定技能考核标准

序号	考核项目	考核内容	考核标准	参考分值
1	学习态度 学习方法	操作态度 合作意识 思考意识	积极主动,服从安排;善于合作,积极与小组成员配合;积极思考,解决实训过程中碰到的困难	30
2	实训操作	取毛样 开毛 洗毛 烘毛与称重 计算净毛率	操作规范、结果正确、描述准确	60
3	实训小结	实训小结	实训小结撰写认真,上交及时	10
合计				100

技能训练 4-9　肉羊屠宰及胴体分割

一、技能训练目标

通过实训,熟悉羊屠宰测定方法、操作技术及肉用性能统计方法。为科学评定羊的产肉性能和肉的品质打下良好基础。

二、技能训练材料

羊、放血刀、宰羊刀、剥皮刀、砍刀、剔骨刀、秤、硫酸纸、求积仪等。

三、技能训练方法与步骤

1. 宰前准备

屠宰前 12 h 停止饲喂和放牧,仅供给充足的饮水,宰前 2 h 停止饮水,以免肠胃过分胀满,影响解体和清理肠胃。宰前还应进行健康检查,确诊为患病羊和注射炭疽疫苗未超过 2 周的羊均不能宰杀。宰前的羊要保持在安静的环境中。

2. 活体测尺、称重及评定膘度

具体操作参见任务 4-1。

3. 屠宰

首先对待宰羊进行保定,然后按下面程序进行屠宰:

(1)放血　在羊只的颈部将毛皮纵向切开 17 cm 左右,然后用力将刀插入颈部挑断气管,再把主血管切断放血。注意不要让血液污染了毛皮,放完了血后,要马上进行剥皮。

(2)剥皮　最好趁羊体温未降低时进行剥皮。把羊只四肢朝上放在一个洁净的板子上或洁净的地面上,用刀尖沿腹部中线先挑开皮层继续向前沿着胸部中线挑至唇边。然后沿中线向后挑至肛门外,再从两前肢和两后肢内侧切开两横线,直达蹄间垂直于胸腹部的纵线。接着用刀沿着胸腹部挑开的皮层向里剥开 5～10 cm,然后一手拉开胸腹部被挑开的皮边,另一手用拳头捶肉,一边拉、一边捶,很快就可将羊皮整张剥下来。

(3)内脏剥离　沿腹侧正中线切开羊的胴体,左手伸进骨盆腔拉去直肠,右手用刀沿肛门周围一圈环切,并将直肠端打结后顺势取下膀胱。然后取出靠近胸腔的脾脏,找到食管并打结后将胃肠全部取出。再用刀由下而上砍开胸骨,取出心、肝、肺和气管等。

(4)胴体修整　切除头、蹄,取出内脏后的胴体,应保留带骨的尾、胸腺、横膈肌、肾脏和肾脏周围的脂肪和骨盆中的脂肪。公羊应保留睾丸。然后对胴体进行检查,如发现小块的瘀血和疤痕,可用刀修除,然后用冷水将胴体冲洗干净并晾干。

(5)胴体分割　用砍刀从脊椎骨中间把胴体砍开,分成左右两半,每半边胴体应包括一个肾脏和肾脏脂肪、骨盆脂肪。尾巴留在左半边。胴体分为肩颈肉、肋肉、腰肉、后腿肉、胸下肉见图 4-5-5。

肩颈肉:包括肩部及颈部肉。

肋肉:第 12 对肋骨处至第 4～5 根肋骨间横切。

腰肉:从第 12 对肋骨与第 13 对肋骨之间至最后腰椎处横切。

后腿肉:从最后腰椎处横切。

胸下肉:整个胸腹部肉,包括前腿肉。

(6)产肉性能的测定

①宰前活重:屠宰前 12 h 的活体重。相同年龄、性别和育肥措施的肉羊,宰前活重越大,说明生长越快,产肉性能越好。

②胴体重:指屠宰放血后剥去毛皮、去头、内脏及前肢腕关节和后肢关节以下部分,整个躯体(包括肾脏及其周围脂肪)静止 30 min 后的重量。

③净肉重:胴体上全部肌肉剔下后称的总肉重。

④屠宰率:胴体重与宰前活重的比值。

⑤胴体净肉率:胴体净肉重与胴体重的比值。

⑥肉骨比:胴体净肉重与骨重的比值。

⑦眼肌面积:测倒数第 1 和第 2 肋骨间脊椎上的背最长肌的横切面积,因为它与产肉量呈正相关。测量方法:用硫酸纸描绘出横切面的轮廓,再用求积仪计算面积。如无求积仪,可用公式估测:

$$眼肌面积(cm^2)=眼肌高(cm)\times眼肌宽(cm)\times0.7$$

⑧GR 值:胴体第 12 与第 13 肋骨之间,距背中脊线 11 cm 处的组织厚度,作为代表胴体脂肪含量的标志。

⑨胴体品质:主要根据瘦肉的多少及色泽、脂肪含量、肉的鲜嫩度、多汁性与味道等特性来评定。上等品质的羔羊肉,应该是质地坚实而细嫩味美,膻味轻,颜色鲜艳,结缔组织少,肉呈

大理石状,背脂分布均匀而不过厚,脂肪色白、坚实。

四、技能训练作业

将屠宰测定结果记录在表 4-5-9 中,并进行肉用性能统计。

表 4-5-9　肉羊屠宰测定结果记录

羊号	宰前活重/kg	胴体重/kg	屠宰率/%	后腿比例/%	腰肉比例/%	GR 值/mm	眼肌面积/cm²	净肉重/kg	净肉率/%	骨肉比/%

五、技能考核标准

肉羊屠宰及胴体分割技能考核标准见表 4-5-10。

表 4-5-10　肉羊屠宰及胴体分割技能考核标准

序号	考核项目	考核内容	考核标准	参考分值
1	学习态度学习方法	操作态度合作意识思考意识	积极主动,服从安排;善于合作,积极与小组成员配合;积极思考,解决实训过程中碰到的困难	30
2	实训操作	肉羊屠宰胴体分割	操作规范、结果正确、描述准确	60
3	实训小结	实训小结	实训小结撰写认真,上交及时	10
合计				100

任务 4-6　羊场经营管理

一、羊场劳动管理

(一)羊场生产劳动的特点

1. 生产活动有规律性

绵羊、山羊的生长发育、配种繁殖、产品生产等生命活动都具有一定的规律性,这种规律性是长期自然选择和人工选择的结果,是对外界环境良好适应的一种反映。养羊场和养羊专业户必须按这种规律性合理组织劳动,适时配种繁殖,细致地饲养管理,认真收获毛、肉、奶、皮等产品,才能获得养羊的最好经济效益。

2. 劳动技术性强

绵羊、山羊生产各个环节都是技术性很强的专业劳动,涉及饲养营养、繁殖生理、遗传改良、疾病防治,以及各种产品的品质鉴定、加工贮藏等。从事养羊生产的劳动者应具备一定的专业知识,熟悉羊的生活习性,掌握配种繁殖技术,保证全配满怀,全活全壮,进行科学饲养,维护羊群正常生长发育与健康,才能取得良好的生产效益。

3.羊产品的鲜活性

羊肉、羊奶是养羊业的重要产品,是人们喜爱的动物蛋白质食品,必须保证其品质的新鲜卫生。在挤奶和奶的处理过程中,要严格按照卫生要求,防止各种污染,并尽快运送到顾客手中或交加工部门处理;肉羊屠宰应按正规方法操作,保持羊肉清洁新鲜。

正确认识养羊生产劳动的以上特点,有助于我们合理组织养羊劳动生产,制定责任制度和确定劳动报酬制度。

(二)合理组织、利用劳动力

羊场生产离不开劳动力,劳动力既是最重要的生产力要素,同时又是消费者。充分合理地利用劳动力资源,促进养羊产业的发展。

1.劳动组织

随着羊场专业化水平的提高,内部分工更加细化,复杂协作日趋重要。不仅繁殖、饲养、饲料加工等已转向专业化生产,养羊过程也出现明显的分工。

羊场劳动组织应该遵循以下原则:

(1)与生产任务的性质相适应 对于饲养和放牧等经常性的任务,专业性和技术性都较强,应该建立常年固定的劳动组织;对于某些时间紧、时效性强的突击性任务,如药浴、注射疫苗等则应成立临时突击或专业组织。

(2)有利于发挥效能 建立劳动组织应该充分发挥羊舍建筑、机械设备、生产工具和劳动力的效能,这样有利于降低单位产品成本,进而降低养羊的生产总成本。

(3)有利于贯彻生产责任制 做到人、畜、圈、设备固定,合理组织劳动协作,力求分工具体、责任明确、责权利统一。

2.按劳分配

劳动报酬是指社会、集体和个体经营者根据劳动者提供的劳动数量、质量或生产动物性产品的多少给劳动者个人的补偿。养羊企业在劳动报酬分配上要坚持以按劳分配为主的原则,常见的养羊业现行的劳动计酬形式主要有以下几种:

(1)岗位工资制 按照员工在生产中的不同岗位确定工资的一种形式。岗位工资标准是根据各岗位的劳动繁重程度、技术复杂程度、劳动条件以及责任大小制定的。

(2)绩效工资制 主要是按照员工的近期绩效决定员工工资,如完成饲养羊只的数量、羊产品产量、繁殖率、成活率、饲料转化率等。

(3)年资工资制 是按照员工的年龄、工龄、学历和经历等因素确定员工工资的一种形式,随着年龄、工龄的增长,工资自动增加。

(4)技能工资制 是根据员工的技术水平和工作能力确定工资水平的一种形式。

(5)结构工资制 是综合考虑员工的年资、能力、职务及绩效以确定其报酬。

3.提高劳动生产效率的措施

劳动生产率是指单位劳动产品与耗费劳动力之比,或者一个养羊劳动力在单位时间内(1年或1个月)生产的养羊产品数量。劳动生产率是衡量养羊经济效益的主要指标之一。要提高养羊生产的劳动生产率,可以采取以下措施:

(1)改善养羊的生产条件 养羊专业户要逐步改善羊舍建筑,增添养羊设备与工具,这样不仅符合羊群的正常生理要求,同时也方便了工人的劳动操作,减轻体力消耗,提高劳动质量。

(2)加强技术培训 现代养羊生产是技术性很强的生产活动,只有很好掌握养羊专业技术知识和实践技能,提高养羊劳动者的文化科技知识,才能搞好羊的繁殖改良、饲养管理、产品生产和疾病防治。因此,必须加强劳动者的技术培训,派出去短期学习,或雇请养羊能手和科技人员来现场指导培训。

（3）实行科学管理,落实生产责任制　养羊专业户要合理组织劳动,按专业劳动的特点和工种,统筹安排,分工包干,签订承包合同。按完成任务的数量和质量,计算劳动报酬,特别是多个家庭联营的专业养羊大户和养羊联合企业,更应严明劳动纪律,奖罚分明。

（4）增加养羊科技投入,提高经济效益　养羊场和养羊专业户要经常注意养羊业发展的有关科技信息和市场信息,勇于和善于采用新技术,以一定的经济投入换取长远的经济效益。

（5）减少意外性损失　养羊生产过程中难免不会遇到气候突变、疾病传染和其他突发性事故造成羊群生长发育受阻,产量降低,品质下降,甚至引起羊只死亡,给养羊生产造成损失。因此,养羊场和养羊专业户必须随时注意气候预报,疫情信息,观察羊群动态,加强防疫措施,尽可能减少意外事故造成的损失。

二、羊场财务管理

（一）成本与费用的构成

养羊生产成本是指养羊企业为生产畜产品而发生的各项费用之和。

1. 产品成本

（1）直接材料　养羊生产中实际消耗的精饲料、粗饲料、矿物质饲料等饲料费用（如需外购,在采购中的运杂费用也列入饲料费）,以及粉碎和调制饲料等耗用的燃料动力费等。

（2）直接工资　包括饲养员、放牧员、挤乳员等人员的工资、奖金、津贴、补贴和福利费等。如果专业户参与人员全是家庭成员,也应该根据具体情况做出估计费用。

（3）其他直接支出　包括医药费、防疫费、羊舍折旧费、专用机器设备折旧费、种羊摊销费等。医药费指所有羊只耗用的药品费和能直接记入的医疗费。种羊摊销费指自繁羔羊应负担的种羊摊销费,包括种公羊和种母羊,即种羊的折旧费用。公羊从能授配开始计算摊销,母羊从产羔开始计算摊销。其计算公式为:

$$种羊摊销费（元/年）=\frac{种羊原值-残值}{使用年限}$$

（4）制造费用　指养羊生产组织和管理生产所发生的各项费用。包括技术员的工资、办公费、差旅费、保险费、低值易耗品、修理费、租赁费、取暖费、水电费、运输费、试验检验费、劳动保护费,以及其他制造费用。

2. 期间费用

期间费用是指在生产经营过程中发生的,与产品生产活动没有直接联系,属于某一时期耗用的费用。期间费用不计入产品成本,直接计入当期损益,期末从销售收入中全部扣除。期间费用包括管理费用、财务费用和销售费用。

（1）管理费用　指管理人员的工资、福利费、差旅费、办公费、折旧费、物料消耗费用等,以及劳动保险费、技术转让费、无形资产摊销、招待费、坏账损失及其他管理费用等。

（2）财务费用　包括生产经营期间发生的利息支出,汇兑净损失,金融机构手续费,及其他财务费用等。

（3）销售费用　指在销售羊产品或其他产品、自制半成品和提供劳务等过程中发生的各项费用。包括运输费、装卸费、包装费、保险费、代销手续费、广告费、展览费等，或者还包括专业销售人员的费用。

（二）成本核算

1. 成本核算的作用

（1）有利于提高企业的经营管理水平　通过成本核算，可以查明产品成本降低或提高的原因，促进企业改善经营管理和改进生产技术措施，合理利用人力、物力和财力，以较少的物质及劳动消耗取得较多畜产品，实现增产增收和增加盈利。

（2）是进行养羊生产合理布局、采用先进生产技术的重要依据　根据成本核算情况，采用成本低、产量高、质量好的生产方式，这样既提高了经济效果，又加大了先进生产技术的推广。

（3）有利于增强产品的竞争能力　产品的质量、价格、市场需要等都是企业产品在市场上竞争能力的影响因素。企业在提高产品质量的同时，合理定价，降低产品的成本，可增强产品的市场竞争能力。

（4）为企业进行经营决策提供依据　通过成本核算，企业可以知道哪些畜产品的成本最低，经济效益最好。这样，企业在进行经营决策时，就会把企业的主要精力集中到成本最低的畜产品生产中去，从而使企业获得最佳的经济效益。

2. 成本核算的程序及方法

成本核算的一般程序为：确定核算对象→归集费用→分配间接费用→计算总成本→计算主要产品成本和副产品成本→计算主要产品单位成本。

根据成本项目核算出羊群的费用以后，结合各羊群饲养头数、活重、增重、主副产品、产量等资料便可计算羊群的饲养成本和产品成本。

一般小规模养羊专业户均可按下列公式计算总成本。

养羊生产总成本＝工资（劳动力）支出＋草料消耗支出＋固定资产折旧费＋羊群防疫医疗费＋各项税费等。

规模较大的专业户和专业联合户除计算总成本外，为了仔细分析某项产品经营成果的好坏，还可以计算单项成本。现举以下公式说明：

$$每千克羊奶生产成本 = \frac{全群奶山羊生产总成本 - 副产品收入}{全年总产奶量}$$

$$每只育成公羊生产成本 = \frac{断奶羔羊生产成本 + 育成期生产成本 - 副产品收入}{全年出栏育成公羊总数}$$

$$每只肉羊生产成本 = \frac{肉羊群生产总成本 - 副产品收入}{全年出栏肉羊总数}$$

上式中副产品收入是指除主产品以外的其他养羊收入，如淘汰死亡收入、粪尿收入等。

（三）经济效益分析

养羊生产的经济效益，用投入产出进行比较，分析的指标有总产值、净产值、盈利额、利润额等。

1. 总产值

指各项养羊生产的总收入，包括销售产品（毛、肉、奶、皮、绒）的收入，自食自用产品的收入,出售种羊肉羊收入,淘汰死亡收入,羊群存栏折价收入等。

2.净产值

指专业户通过养羊生产创造的价值,计算的原则是用总产值减去养羊人工费用、草料消耗费用、医疗费用等。

3.盈利额

指专业户养羊生产创造的剩余价值,是总产值中扣除生产成本后的剩余部分,公式为:

$$盈利额＝总产值－养羊生产总成本$$

4.利润额

专业户生产创造的剩余价值(盈利)并不是专业户应得的全部利润,还必须尽一定义务,向国家缴纳一定比例的税金和向地方(乡或村)缴纳有关生产管理和公益事业建设费用,余下的才是专业户为自身创造的经济价值。

$$养羊生产利润额＝养羊生产盈利额－税金－其他费用$$

(四)利用计算机软件统计羊场经济效益

常见的羊场管理软件有种羊场管理与育种分析软件和良种羊登记管理软件。

种羊场管理与育种分析软件主要功能是登记种羊养殖场育种群体中每个个体的基本信息,包括生长性能、屠宰性能、繁殖性能等主要经济性状的测定数据,建立核心育种群体的档案数据库。计算个体性状的育种值、多性状加权后的综合选育指数;编制个体的系谱,依据个体间的近交系数,模拟制订配种计划。建立核心育种群体及每个个体的留种、扩种和良种的市场分布档案,直接指导个体的选种和选配,见图 4-6-1。

图 4-6-1 种羊场管理与育种分析软件界面

　　良种羊登记管理软件主要针对羊养殖场、养殖园区、养殖农户,实现羊养殖场信息化管理系统(实现谱系、繁育、生产性能、营养、疫病管理信息化)与羊数据中心组成一个信息集成系统,实现羊数据采集、分析、处理、发布等所有功能。定期从羊养殖场、养殖园区/小区、养殖农户采集羊各项数据,建立一套完善的业务流程和严密可行的规章制度,确保羊数据采集工作能够快速、高效完成,同时有效指导羊场群体性能改良和专业养殖技术服务,见图4-6-2。

图4-6-2　良种羊登记管理软件界面

【自测训练】

一、单项选择题(每题中只有一个选项是正确的,请将正确选项填在括弧内)

1.特级羊编号应该是(　　　)。

A.耳尖剪一缺口　　　　　　　　　B.耳下缘剪一个缺口

C.耳上缘剪一个缺口　　　　　　　D.耳上、下缘各剪一缺口

2.结扎法断尾时,橡皮筋圈在距尾根(　　　)cm处将羊尾紧紧扎住。

A.2　　　　　　　B.3　　　　　　　　C.4　　　　　　　　D.5

3.羊的去势时间一般在生后(　　　)为宜。

A.2~3 d　　　　　B.7~15 d　　　　　C.2~3周　　　　　D.2~3个月

4.不属于断尾的目的是(　　　)。

A.保持羊体清洁卫生　　　B.保护羊毛品质　　　C.美观　　　D. 都不是

5.羊奶品质检验的指标是(　　　)。

A.密度　　　　　　B.气味　　　　　　C.卫生检查　　　　　　D.以上都是

6.目前的奶山羊挤奶机,每小时可挤(　　　)只羊。

A.10　　　　　　B.20　　　　　　C.30　　　　　　D.100~200

7.山羊奶中的蛋白质含量很高,其中10种必需氨基酸除哪种氨基酸外其他9种都比牛奶

中含量要高?(   )

    A. 蛋氨酸   B. 亮氨酸   C. 苏氨酸   D. 精氨酸

二、问答题

1. 产羔前的准备工作有哪几方面?

2. 正常分娩的接羔技术要点是什么?

3. 初生羔羊的护理要点是什么?

4. 初生羔羊品质分类等级是什么?

5. 初生羔羊编号、去角、断尾和去势如何操作?

6. 常见羊的选种方法有哪些?

7. 我国地方绵羊品种有哪些?

8. 我国地方山羊品种有哪些?

9. 简答羔羊编号的方法。

11. 羔羊断尾和去势操作注意事项是什么?

12. 断尾的方法有哪几种? 常用的是哪一种?

13. 繁殖母羊的饲养管理技术要点是什么?

14. 种公羊的日粮特点是什么?

15. 初生羔羊的饲养管理技术要点是什么?

16. 育成羊如何进行管理?

17. 奶山羊的挤奶方法有哪些? 各有什么优点?

18. 奶山羊在干奶期如何进行饲养管理?

19. 简答人工挤奶的操作规程。

20. 简答挤奶注意事项。

21. 简述绵羊剪毛的步骤。

22. 剪毛时应注意哪些问题?

23. 简述山羊梳绒的方法。

24. 肉羊育肥的方式有哪几种?

25. 简述羔羊早期育肥技术要求。

26. 怎样提高羊的育肥效果?

27. 如何选择适合本地区的育肥方式?

28. 简述国内外羊乳质量安全情况。

29. 简述肉羊的屠宰和胴体分割过程。

30. 从哪些方面对羊肉品质进行评定?

31. 影响牛、羊肉品质的主要因素是什么? 如何提高牛、羊肉的质量?

32. 怎样区别羊毛、化纤和棉纤维?

33. 什么是山羊绒? 山羊绒有何特点? 我国山羊绒生产情况怎样?

34. 净毛率测定时,配制羊毛洗液时要注意什么?

35. 什么是羔皮和裘皮? 各有哪些特点? 怎样进行品质评定?

36. 毛皮的防腐可用哪些方法?

37. 养羊生产劳动的特点有哪些?

38.羊场如何控制生产成本？怎样提高养羊业的经济效益？

三、讨论题

1.对羊驱除体内寄生虫的药物可选用哪些？剂量多少？

2.毛用羊怎样改良才能更好与国际市场接轨？

3.论述山羊绒在市场上的发展现状与趋势。

4.什么颜色的羊绒销路最好？销售价位大致是多少？

5.分析绵羊药浴、剪毛、梳绒时应注意的问题。

6.讨论手术切除法、结扎法、去势钳法、药物去势法各自的优缺点。

7.如何科学合理地利用种公羊？

8.分析产奶期母羊应该进行怎样的饲养管理,才能取得最好的经济效益。

9.为什么羔羊要早期断奶？早期断奶应注意什么问题？

10.分析初生羔羊为什么要吃够初乳。

11.育成羊的生长情况对其成年生产性能有何影响？

12.在牧区育成羊放牧,如何科学利用头羊,减少饲养管理工作？

单元 5　马生产技术

【知识目标】
- ◆ 了解优良品种马的外貌特征和生产性能;
- ◆ 掌握马的阶段饲养管理技术和各类马的饲养管理技术;
- ◆ 了解肉用马、奶用马及运动用马特点,熟悉马的生产性能;
- ◆ 了解马场例行工作,熟悉马场岗位管理要点。

【能力目标】
- ◆ 能够根据马品种的种质特性,进行马品种的识别与鉴定;
- ◆ 掌握马的阶段饲养管理技术,熟练操作马的刷拭、护蹄等日常管理工作;
- ◆ 能够掌握奶用马的饲养管理、肉马的育肥和运动用马的护理技术;
- ◆ 能够组织实施马场生产经营,能够进行马场财务分析和管理。

任务 5-1　马品种识别与鉴定技术

一、马品种识别

(一)地方品种

1. 蒙古马

蒙古马属草原种,体质粗糙结实(图 5-1-1)。体躯粗壮,四肢坚实有力。毛色复杂,青毛、骝毛、黑毛较多,白章极少。蒙古马体高一般为 120~132 cm,体重随体格大小、季节不同、营养状况、用途不同而有差异,一般约为 300 kg。繁殖成活率一般为 50%。性成熟期为 1~1.5 岁,生长持续期为 5 年,母马 3 岁时开始配种,繁殖年龄可至 15~18 岁。

图 5-1-1　蒙古马

2. 河曲马

河曲马的体质类型以粗糙结实为主,有挽乘兼用和乘挽兼用 2 种类型(图 5-1-2)。体躯粗长宽厚,毛色以黑、青、骝、栗为主,有白章的马颇多。繁殖年限公马 12~13 年,母马 15~16 年,最长寿命公马为 30~33 周岁,母马 26~28 岁,一生可产驹 12~13 匹,6~12 岁为产驹盛期。受胎率一般为 67% 左右。

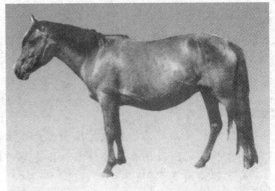

图 5-1-2　河曲马(公、母)

3.哈萨克马

哈萨克马是草原种马(图 5-1-3),对大陆干旱寒冷气候和草原生活环境很能适应,属于草原型马品种。目前多以骑乘型和乘乳兼用型为主,且其常与山地生态型相吻合,而乘挽兼用型常与平原生态型相吻合。

哈萨克马毛色主要以骝毛最多,栗、黑毛次之,青毛较少。配种年龄公、母马均为 3 岁,一般 4 月份开始配种,5～7 月份是配种旺季。公、母马完全自然交配,平均发情周期为 19.88 d,发情持续期为 8 d,产后 5.66 d 第 1 次发情,妊娠期为 346 d。受胎率可达 90% 以上。母马年产 1 胎,少数隔年 1 胎,终生可产驹 10～15 匹。

4.西南马

西南马体格不大,表现短小精悍,灵敏温驯,富有悍威,体质结实紧凑(图 5-1-4)。全身被毛短密,鬃、鬣、尾毛较多而长。毛色以骝、栗居多,青、黑次之。体高一般为 105～125 cm,体重 155～225 kg,表现出小型驮马和乘马的姿态。

图 5-1-3　哈萨克马　　　　　　　　　图 5-1-4　西南马

(二)培育品种

1.关中马

关中马为挽乘兼用型,体型高大,躯干粗壮,四肢高长,有汉唐马之风格(图 5-1-5)。一般体质干燥结实,结构良好,性情温驯,有悍威。毛色以骝、栗毛为主,分别占 48.6% 和 30.2%。

2.伊犁马

伊犁马外貌较一致,具有良好的乘挽兼用马体形(图 5-1-6)。体质干燥结实。毛色以骝、栗、黑毛为主,青毛次之。其他毛色较少。

图 5-1-5   关中马

图 5-1-6   伊犁马

3.伊犁挽马

伊犁挽马体格较大,结构匀称,体质结实粗壮(图 5-1-7)。禀性温驯、灵活、有悍威,外貌具有良好的挽乘兼用体型。毛色以栗、骝为主,部分马头部和四肢有白章别征。

(三)引入的育成品种

1.纯血马

纯血马是典型的乘用型马(也称热血马)(图 5-1-8)。体质干燥细致,悍威强,皮薄毛短,关节和腱的轮廓明显,神经类型锐敏,典型的短距离快马体形结构。鬃、鬣、尾毛不发达,面部多有白色别征,四肢下部多有白章。其主要有 5 种毛色,骝毛、黑毛、栗毛、黑骝(或褐骝)和青毛。骝毛和栗毛最多,黑毛和青毛次之。纯血马对改良地方马种有着显著的作用。

图 5-1-7   伊犁挽马

图 5-1-8   纯血马

2.阿拉伯马

阿拉伯马在良种马中,体格不算大,一般马体高 140～153 cm,体重 385～500 kg。但它具有典型的骑乘马外形结构(图 5-1-9)。体质干燥结实。阿拉伯马毛色主要为青毛,骝、栗毛次之,白毛或黑毛少见。在头和四肢下部常有白章。纯种阿拉伯马无花毛、斑毛或驳毛,不论体表毛色如何,其皮肤总是黑色。在一些国家有专门的阿拉伯马品种速度赛,其速力记录为1 600 m用时1 min 46 s。

3.阿哈马

阿哈马,即阿哈·捷金马的简称,其体质细致、干燥,悍威强。体形轻而体幅窄,姿态优美(图5-1-10)。毛色较复杂,以骝毛、青毛、栗毛较多。阿哈马悍威强,反应灵敏,持久力好,耐力强,耐饥渴,适应各种环境条件下的长途耐力骑乘。

图 5-1-9 阿拉伯马

图 5-1-10 阿哈马

4.奥尔洛夫马

奥尔洛夫马体质结实(图5-1-11),毛色以青毛为主,黑毛和骝毛次之。成年奥尔洛夫马轻挽速力记录为:1 600 m用时2 min 2 s;2 400 m用时 3 min 9 s,3 200 m用时4 min 20 s;4 800 m用时 6 min 41.2 s,6 400 m用时 8 min 56 s。其主要用于轻驾车赛。

二、马的体质外貌鉴定

(一)马的气质、体质和经济类型

1.马的气质

气质亦称悍威,是马匹神经活动类型的象征,也是它对外界事物反应的敏感性。马的气质与工作能

图 5-1-11 奥尔洛夫马

力及使用价值有密切的关系。不同的个体,气质表现截然不同,特别是种公马和骑乘马更为突出,可分为烈悍、上悍、中悍和下悍等类型。

2.马的体质

体质是马体结构和机能的全部表征状态,它体现马匹身体的结实程度。

体质和外貌具有密不可分的关系,外貌是体质在马体外部的表现,体质是外貌在马体内部的反应。

马匹体质的优劣决定着马匹的经济性能、种用价值、生产能力和适应性,因此,在外貌鉴定时,应同时重视体质的选择。马的体质可分为湿润型(疏松型)、干燥型(紧凑型)、细致型、粗糙型和结实型等类型。

3.马的经济类型

(1)乘用型　体质应为干燥结实型,气质是烈悍或上悍。其肢长大于胸深,前、中、后躯 3 部分大致相等,体形呈方形,步样正直,轻快而顺畅,又分为竞赛型、普通型和重乘型 3 种。

(2)挽用型　体质应是湿润或粗糙且带结实型,气质为中悍。这类马多低身广躯,肢长与胸深大致相等,体形近似长方形。挽用型是专指重挽型马而言。

(3)兼用型　兼用型是介于乘用型与挽用型之间的一种类型,其体质应为结实型,气质属中悍。这种类型的马体躯稍长而宽,中等肢长,运步轻快,力速兼备,性能中等。按其体形轻重和主要用途,又分为乘挽兼用型和挽乘兼用型 2 种。前者以乘为主,可作挽用;后者以挽为主,也可乘用。

(二)马的外形鉴定

鉴定马匹,首先应了解马的骨骼结构和马体各部位之间的联系(图 5-1-12 和图 5-1-13)。

马匹外形鉴定主要是从头部、颈部、躯干和四肢等部位进行。

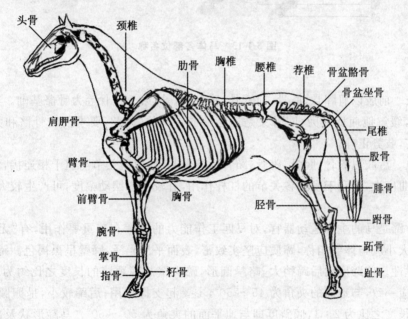

图 5-1-12　马体的骨骼

1.头部

头是大脑和五官所处的位置,能协调全身各个系统,所以是一个很重要的部位。同时头与颈是一个杠杆,头部位置的变动可以影响马体运动。

头的大小代表着马体骨骼发育情况,而且影响马的工作能力。小而轻的头多为干燥细致体质;大而重的头,多为湿润粗糙体质。

2.颈部

颈部以 7 个颈椎为骨骼基础,外部连以肌肉和韧带。颈是头和躯干的中介,能引导前进的方向,并能平衡马体重心,因此应有适当的长度和厚度。颈部的形状、长短以及和头部、胸部的结合状态,对马的工作能力都有很大的影响。

3.躯干

躯干包括鬐甲、背、腰、胸、腹及尻股等部分,它的结构好坏,对马的工作能力有一定的影响。

图 5-1-13　马体各部位名称

脖颈
鬃毛
臀
鬐甲
背部
尾
腰
大腿
腰窝肉
跗关节
胸
屈肌
鞘
蹄

额毛
颊
咽喉
鼻口
栗状物
肩膀
胸部
前臂
腕
腱
管骨
球节
蹄冠
麦角
跤

4. 四肢

（1）前肢　前肢以肩胛骨、肱骨、前臂骨、腕骨、掌骨、第一趾骨等为骨骼基础。其功能主要是支撑躯体，缓解地面反冲力，同时又是运动的前导部位，因此，要求前肢骨骼和关节发育良好，干燥结实，肢势正确。

（2）后肢　后肢以股骨、胫骨、跗骨、跖骨为骨骼基础，以髋关节与躯干相连接，可以前后活动。后肢弯曲度大，有利于发挥各关节的杠杆作用，有较大的摆动幅度，可产生较大的动力，推动躯体前进。

（3）蹄　蹄是马的主要运动器官，对马匹工作能力的发挥有着重要作用，有"无蹄即无马"之谚。蹄的大小应与体躯相称，蹄质应坚实致密，表面平滑光泽，蹄壁呈黑褐色。蹄底凹，蹄叉发达，富有弹性。前蹄应比后蹄稍大，略呈圆形，蹄尖壁与蹄踵壁的长度之比约为 3∶1，蹄和系的倾斜度应一致，与地面的夹角为 45°～50°，主要起支撑作用；后蹄较小，呈卵圆形，蹄尖壁与蹄踵壁的长度之比为 2∶1，倾斜度即与地平面的夹角为 50°～60°。马蹄形状及部位名称见图 5-1-14。

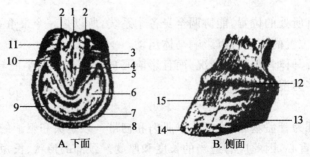

图 5-1-14　马蹄形状及部位名称

1. 蹄叉中沟　2. 蹄球　3. 蹄支角　4. 蹄叉　5. 蹄支　6. 蹄底　7. 蹄负缘　8. 蹄底外缘

9. 白线　10. 蹄叉侧沟　11、13. 蹄踵　12. 蹄冠　14. 蹄尖　15. 蹄壁

(4)肢势　马匹四肢站立的状态称为肢势。肢势的好坏对马的工作能力影响很大。正肢势能发挥马的工作能力,不正肢势可妨碍马匹工作能力的发挥。因此,在鉴定四肢各部位的同时,必须检查肢势是否正确。

马的前肢和后肢正确肢势见图 5-1-15。

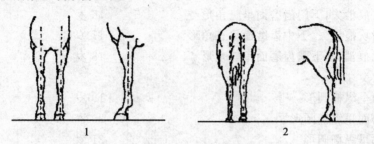

图 5-1-15　正确肢势
1.前肢正肢势　2.后肢正肢势

(三)马的年龄鉴定

在养马业中,通常把 3 岁以下的马称为驹子,3 岁以上的马称为成年马,6～15 岁的马称为壮龄马,15 岁以上视为老龄马。6～13 岁是最好的使役年龄段,3～8 岁是竞赛马出最高速度的年龄。马的寿命一般为 25～30 年,但因饲养管理和利用方式不同而有差异。根据切齿的发生、脱换及磨损的变化规律,可对马的年龄作出较准确的判断。

1.乳齿生出阶段

乳门齿生出	幼驹出生至 1～2 周
乳中间齿生出	3～4 周
乳隅齿生出	6～9 个月
乳切齿长齐,门齿黑窝消失	1 岁
乳中间齿黑窝消失	1.5 岁
乳隅齿黑窝消失,门齿齿坎痕呈小椭圆形	2 岁

2.乳齿脱换阶段

乳门齿脱落,永久门齿生出到与其他齿同高(换钳齿)	2.5～3 岁
乳中间齿脱落,永久中间齿生出到与永久门齿同高	3.5～4 岁
乳隅齿脱落,永久隅齿生出到与其他齿同高(齐口)	
公马犬齿长成	4.5～5 岁

3.黑窝消失阶段

下门齿黑窝消失	6 岁
下中间齿黑窝消失	7 岁
下隅齿黑窝消失	8 岁
上门齿黑窝消失	9 岁
上中间齿黑窝消失	10 岁
上隅齿黑窝消失	11 岁
下门齿磨面最圆,齿星位于磨面中央	12 岁

4.齿坎痕消失阶段

下门齿齿坎痕消失,中齿齿坎痕呈点状	13 岁
下中间齿齿坎痕消失	14 岁
下隔齿齿坎痕消失	15 岁
上门齿齿坎痕消失,下门齿磨面呈三角形	16 岁
上中间齿齿坎痕消失,下中齿磨面呈三角形	17 岁
上隔齿齿坎痕消失,下隔齿磨面呈三角形	18 岁

5.齿面形状变化

下门齿磨面呈纵椭圆形	19 岁
下中间齿磨面呈纵椭圆形	20 岁
下隔齿磨面呈纵椭圆形	21 岁

除了通过切齿的变化可准确判定马的年龄外,马的外貌在一定程度上,也可反映出马的老和幼。

一般幼龄马(小口马)举止活泼好动,身腰短而窄,四肢长,尤以管部以下较长,额部(脑门)圆而突出,鬃毛短而直立,鬐甲低于尻部,皮肤有弹性,毛有光泽。而老龄马(老口马)则行动迟缓,精神沉郁,额部平广,口唇下垂,皮肤缺乏弹性,若是青毛马则到老时呈白色,老百姓俗称"七青、八白、九斑点"。当然,根据马的外貌,仅能大致判定老龄马和幼龄马,并不能准确地判断马的具体年龄。

三、马的步法

马的步法是指马匹运步的方法。可分为天然步法和人工步法。天然步法是先天性获得,不教自会的步法,如慢步、快步和跑步等。人工步法是由人工调教而获得,必须经过训练才能学会,其种类繁多。

掌握马的运步方法,必须理解以下概念:

步速:是指马体运步的速度,如伸长快步比普通快步的速度快。

步幅:是指一步的长度,即同一侧肢前后两蹄足迹之间的距离。

步期:是指一肢由离地至着地各项动作阶段。步期一般分为举扬期和负重期两个阶段。可细分为离地期、举扬期、踏着期和负重期 4 个阶段。

完步(整步):是指四肢按运步顺序,完全经过一次运动。

任务 5-2　马的群牧与饲养管理技术

一、群牧马的特性

(一)采食特性

1.耐粗饲

耐粗饲是群牧马长期在艰苦环境中形成的优良特性。群牧马对牧草的采食广,在冬春季节牧草枯黄时,对草场上的各类可食杂草都能很好地采食利用,群牧马应坚持四季放牧为主,冬春季节适当补饲,以降低饲养成本,保持群牧马耐粗饲的优良特性。

2.刨雪觅食

1 岁后的群牧马就能在大雪覆盖的冬季草场放牧。草原积雪 10 cm 以下时,马能用嘴拱雪觅食,雪厚在 40～50 cm 时,马能用前蹄刨雪采草。

3.饮水

马喜欢喝清洁的井水、泉水和河水,对温度过凉或过高的水不喜欢饮用。在积雪较厚的冬草场上放牧的群牧马,每天的饮水次数可适当减少,一般每天中午饮足一次就可以;补饲干草的马,每天需饮水 2 次。马在喝水中间,一般要停顿一两次。在河里饮水时,马多是逆流而上,边走边喝,所以在赶动大群马在河里饮水时,要从下游向上游饮,使全群马都能喝到清水。

4.采食和休息

群牧马在放牧时,采食和休息是交替进行的,采食和休息的次数及每次休息的时间依季节、气候和草生情况改变。一般在冬季休息的次数少,时间短,夏季休息的次数多,时间长;坏天气休息的次数少,时间短,好天气休息的次数多,时间长;草原上草生长较差时休息的次数少,时间短,草原上草生长较好时休息的次数多,时间长。

(二)群居性与自然组合特性

群牧马具有恋群的习性,喜欢群居在一起,往往一部分马走动,全群马都跟着走动。大群马走动时,有一部分马经常走在马群前边,这些马称"头马"。赶动马群时要先赶"头马",若要马群稳定下来,也必须挡稳"头马"。各类马恋群性的强弱是随年龄、性别而不同的。一般成年母马恋群性强,骟马恋群性差;离乳驹和 1 岁驹恋群性强,2～3 岁驹恋群性差。在放牧管理中应注意监护好爱脱群的马匹。

群牧马有自然组合成小群的特性。一个大群中的马匹,自然组合成几个或十几个小群。在群牧本交母马群中的各个小群,都是由 1 匹公马带领 10～20 匹母马及其幼驹,结成一个"小家庭",行走、休息、采食、饮水都在一起。公马的圈群性是生来就有的,一般到 3 岁就开始具有控制小群的本能。

(三)恋膘特性

群牧马昼夜生活在广阔的原野上,主要靠采食天然牧草来取得营养物质。在长期适应这种自然环境条件的过程中,形成了上膘快,掉膘慢,恋膘性强的特性。夏秋季节,群牧马抓膘最快。一般在 9～10 月份,90％以上的马匹能达到上等或中上等膘度。冬春季节,天寒雪大,牧草枯黄,野外采食困难,又加暴风雪的侵袭,使马膘情下降。这时,群牧马借厚密的被毛御寒,减少体热散失,并自然地减少自身活动,缓慢消耗体内脂肪。

(四)记忆力与防御能力

马的记忆力比较强。群牧马对吃草、喝水的地点记忆最清楚,对四季牧场上哪里草好,哪里有水源,都能熟记。特别是秋季庄稼快成熟时,如果马群跑进农田吃过一次庄稼,它就会牢牢记住,一有机会就会再跑进庄稼地。因此放牧时应加强管理。

马的听觉较灵敏,在夜晚放牧时,两耳不断地前后摆动,仔细探听周围的动静。成年马即使在睡眠时也是这样。特别是群牧本交群的种公马,当马群夜间放牧休息时,它很少卧地睡眠,常常是站着四处张望,探听着周围的音响和动静,当听到异常声音,便立刻警觉起来。一旦发现野兽,便扬头屈颈,用前蹄扒地,抖鬃举尾,打着响鼻,引起全群马注意。随后,奔向野兽,与之搏斗,直到把野兽赶走为止。

269

二、马的四季放牧技术

(一)春季放牧管理

1.检疫、驱虫和分群

进入春季,要对全部马匹进行一次检查,对体弱和有病的马单独组群管理,还要进行检疫和预防注射,驱除体内外寄生虫等。

头一年秋季未经断乳的马驹,应进行断乳、分群管理和初次鉴定,不合种用者进行去势。对应该鉴定的马匹进行鉴定,做好分群工作,同时对所有的马匹进行修蹄和称重。

2.合理安排放牧

马群放牧时一般先放头一年留下的黄草,后放当年刚生出的青草;在山区应先放阴坡,后放阳坡;在湿潮泥泞的草区,要等到地干了再放,以免马群践踏,伤害牧草生长;在青草刚发芽时,不要吃嫩草根,容易吃进细沙土,引起肠胃炎。在安排放牧时,应把繁殖母马群、离乳驹子群和瘦弱马群安排在近处,2~3岁驹子群安排在远处。

3.放牧方法

春季放牧应采用前挡、后推、压着放牧的办法,控制马群采食的前进速度,以保证马匹充分采食,避免游走践踏草场。每天应饮水2~3次,要防止马喝"消冰水"而引起腹痛或流产。在青草刚发芽的时候,要特别控制马群,防止"跑青",防止惊群。马惊群常在一定的时间内连日发生。所以,必须加强管理,掌握惊群的时间,分析惊群原因,采取相应措施,把马群维护好。在春天放牧,要注意收听天气预报,观察天气变化,警惕暴风雪袭击。

4.保胎、安产、护驹和配种

春季是产驹季节,妊娠母马多到了妊娠后期,对妊娠母马应加强管理,缓行慢赶,进出圈门要防止拥挤,不要任意在马群里套马、捉马,惊动马群,以防引起流产。

早春产驹的母马,应在临产前1周左右留圈补饲,便于接产护驹。随气温转暖,群牧马多随大群在草场上产驹。这时要注意掌握母马的预产期和临产征兆,以便有重点地照看好临产母马,保证安全产驹。群牧马一般在夜晚、黎明前,特别是在气候变化时产驹的多,在这个时候,要特别注意搞好接产护驹。母马临产时,常单独在大群边上活动,摇尾歇蹄、站立不安、频频起卧,随阵痛而努责。在产驹时,只要无难产症状,不要惊动它,让其自然产下。

幼驹产下后应立即断脐,在脐带断端,要涂碘酒消毒。幼驹在产后30~60 min,多能自行站立吮乳。护理上要注意防止初生驹步态不稳而跌到沟、崖或水坑里。对吃不上初乳的幼驹,应人工助其找到奶头吮乳。母马产后若不认驹时,应把母马捉住,带上马绊,用母马奶或尿抹到幼驹身上,再把幼驹扶到母马跟前,让母马嗅闻幼驹使母子相认。

母马的胎衣一般在产后1~2 h内自然脱落,应及时拣拾、处理。还要注意防止公马咬出生后1~2 d的幼驹。小群交配的公马咬初生驹,有的是因公马有恶癖,有的是因小群刚调整、调动过公马或母马,在公马圈群尚未稳定的时候,特别是在赶动马群的时候,公马容易咬驹。其原因主要是初生驹走动慢,母马为护驹而离群,公马急于圈群而踢咬母马和小驹。所以,在产驹季节,对群牧本交群的公马和母马不要轻易调动。赶动马群要慢,注意维护好初生驹。

(二)夏季放牧管理

夏季放牧的主要任务是抓好膘,保住胎。

1. 做好进入夏季牧场的准备工作

夏季草场一般距离驻地较远,马群进入前应提前维修好夏季放牧点,准备帐篷、毡房和用具等,安排好生活。并详细勘查夏草场的草生、水源、牧道、地形、地势等。应将草好、水近、地势平坦的地方,划为带驹母马群的草场,而将坡度较大,离水源较近,比较容易控制马群的草场,分给驹子群利用。

马群转入夏季牧场时间要适时。一般驹子群在春季检疫和预防注射等工作结束后,可适当提前进入夏季牧场,而繁殖母马群则应在产驹和配种基本结束后再转入夏季牧场放牧,以保证安全产驹和提高配种受胎率。

一般夏季牧场草生较好,但放牧时间较短,应提倡适当的早进、晚出,要加强夜牧,充分利用夜牧时间放牧采食。"马不吃夜草不肥"的说法,对夏季牧场放牧具有更为重要的意义。尽量延长夏草场的利用时间,以减轻春草场的压力,这是牧区平衡四季草场的一项重要措施。

2. 放牧管理

在夏季牧场放马,主要应让马群充分利用夜间放牧和早晚凉爽时吃饱、吃好;尽量避开炎热和蚊蝇的骚扰,让马休息好;要充足饮水、补盐,使马群更好地抓膘、保胎,以防早期流产。

夏季在平滩草场放马,白天炎热,蚊虻多,干扰马群骚动不安。夏季日光强烈,易使马匹中暑。夏季放牧,放牧员应及时把马赶到高坡通风凉爽的地方,或者把马群赶到背阴处和树荫下休息,也可以在中午把马群赶到比较通风宽敞的棚圈里休息。一般放牧时,应让马群迎风采食,以减少蚊蝇干扰。马在夏季每天应饮水3~4次。水源旁边设置盐槽或把盐撒在平坦的草地上,让马自由喝水舔盐,有利于抓膘,"盐、水、草"是抓膘的主要条件。

在山区夏场的放牧方法,应采用白天、晴天放高山,夜间、阴天放平坡的方法。放牧时要让马群适当地散开吃草,赶马群上坡或下坡时,要沿山坡盘旋赶动,不可直上直下追赶马群,避免马消耗体力过多,或因拥挤而滑跌失足。夏末秋初,山区渐冷,马群喜欢往山下跑动。这时应特别注意挡好马群,严防马匹离群或跑进农田糟蹋庄稼。

3. 警惕狼害,安全放牧

防止和消灭狼害,对搞好群牧马四季放牧具有重要意义。夏秋季节狼多在山区活动,多在傍晚黄昏和黎明破晓时出来活动,白天进山躲藏,大雾的天气白天也出来为害。狼伤害马群,多是先潜伏在马群所在地下风头的灌木林或乱石丛中以及沟穴内窥视马群,乘机而动。所以,夜晚放牧马群时,不要在灌木林、乱石丛及起伏不平的地带放牧,以免妨碍马的视线,使得狼潜伏偷袭马群。夜牧时,放牧员应经常巡视、监护马群,不时发出呼喊声音,以防狼害。必要时,可采用鸣枪、放纸炮、点火生烟、在马颈上挂铃等办法防狼。

(三)秋季放牧管理

秋季草场气候凉爽,蚊蝇渐少,牧草已结籽成熟,营养价值和干物质含量高,是群牧马抓膘、固膘最有利的时机。群牧马具有在秋季快速上膘,蓄积脂肪的特点,即所谓"秋高马肥"。秋季母马已妊娠四五个月,正是认真做好保胎防流产工作的时期。

1. 稳群放牧

秋天马膘好、体壮、好动、爱跑,放牧时应稳住马群,防止马惊群、狂奔出汗消耗体力而影响抓膘保胎。但不应在夜晚把马群关在圈里,仅靠白天放牧,这样会严重影响抓膘。放牧时,各个马群之间应保持一定距离,防止马群互相踢咬,造成流产。一旦混群,要及时分开,不应把两群马合在一起放牧。

2. 防止霜冻

晚秋天气渐冷,早晚易有霜冻。尤其在雨过天晴后的夜晚,往往降霜。妊娠母马若吃进大量的霜草,容易引起流产。所以,在晚秋夜间放牧时,在后半夜要驱散"打站"的妊娠马,让它采食,到黎明前,马已基本吃饱或吃上半饱,这样不致因早晨空腹吃进大量霜草而流产。每天应选在上午 9:00 以后和下午 5:00 以前饮水,做到不早饮、不晚饮、不空腹饮水。饮水时,防止马群奔跑后急饮水。

3. 抢茬放牧

结合农业秋收,搞好放牧抢茬,减轻草场负担,有利于抓膘。在农田放牧抢茬时,要把马群管好,严防马匹糟蹋庄稼。马群在秋季放牧抢茬阶段,因采食秸秆草和觅食掉落的粮食穗头,马最容易干渴,应注意饮足水。在夜晚进行放牧抢茬的马群,要注意在破晓前挡好马群,防止因干渴而急奔水源暴饮冷水,引起流产。

4. 鉴定整群,检疫驱虫

在秋季,应对繁殖母马进行防疫、检疫、健康检查和妊娠诊断,落实配种计划完成情况。对空怀母马要查明原因,进行治疗或清群处理。对配种能力差,受胎率低的公马,要进行调换。在非配种季节里,应把公马分出来单独组群饲养管理,并事先做好准备工作,以防发生事故。对各龄育成马群,应进行检疫、驱虫、鉴定、整群和清群工作。准备当年分群离乳的幼驹,要在秋季进行烙印、登记。还应做好马群的越冬准备工作。收储、堆垛、保管好冬春补饲用草,整理维修好冬春放牧点的住房、棚圈、饮水和补饲设备等,以保证马群安全越过冬春。

(四)冬季放牧管理

冬季天寒雪大,牧草枯黄,营养价值降低,群牧马仅靠野外放牧采食,吃不饱,容易掉膘。马匹往往呈现"冬瘦、春乏"的状态,甚至大批的流产或死亡,因此必须认真抓好群牧马冬季放牧管理。

1. 合理使用冬草场

合理使用冬草场是搞好群牧马冬季放牧管理的重要方面。一般应将草好、背风、向阳的草场供冬季放牧用。应在避风的谷地放牧,由远而近地利用草场,所谓"冬放边"就是这种方式,初冬先放低洼处草场,以防隆冬雪深,无法利用。还应先放牧边远草场,把靠近补饲点的草场,留到最冷或大风雪天气时利用,这样有利于放牧和补饲相结合。

马刨雪觅食牧草的能力不一样,壮龄马最强,老龄马较差,当年离乳的幼驹最差。所以应将积雪厚的草场分给壮龄马放牧,把积雪较薄的草场,安排给幼驹群和老龄、瘦弱马群放牧。

2. 防止马"打站"

马在冬季草场放牧具有爱安静、不爱活动的特点,这对马减少体力消耗和保膘是有利的,但要防止马"打站"或卧地休息时间过久,致使马体受寒。在放牧中注意观察马的寒冷状态,不时地赶动马群,让其走动采食。如果马群自行移动采食,这是马不太寒冷的表示。如马群自动拥挤成堆,背着风站立,身体抖动,这是饥饿、寒冷的表现,应及时把马群赶到避风处,在比较暖和的草区放牧,或者适当补饲一些干草。马只要能吃饱,抗寒能力较强。马在 $-40 \sim -30\ ℃$ 仍能正常放牧采食。

除暴风雪天气外,一般不要把马群赶进圈舍里御寒。因为圈舍内外温差较大,马匹容易感冒,在圈窄马多的情况下,还容易拥挤、踢咬而造成流产。

3.放牧为主,补饲为辅

加强补饲期的昼夜放牧管理,尽量延长马在草场上的放牧采食时间。冬季白天放牧应勤推动马群,散开采食,防止马等待补饲,在放牧地上站立张望,不积极采草。

冬季补饲与否,效果不一样。实行补饲,马群膘情稳定,流产死亡少,幼驹成活率高;不补饲的马群,冬春瘦弱,流产死亡多,幼驹生长发育严重受阻。为此,应强调冬季补饲工作的重要性,必须坚持。按先补幼驹后补成年马,先补种马后补一般马,先补公马后补母马的原则进行。大群补饲应在大部分马掉膘时开始。一般离乳驹从离乳时开始即应进行补饲。大群马只在天气极端不良的情况下才在棚中补饲,平时在露天补饲,以防降低马对放牧管理的适应性。大群马补草,可在宽敞、干净的场地或雪地上喂。把草铡短堆成相距 5~6 m 的"条带"或小堆,让马散开自由采食,不致拥挤、抢食、踢咬而发生事故。补饲草场要经常打扫干净,保持清洁。精料应饲喂,以防损失。群牧马在冬春季节里,采用放牧与补饲相结合,并以放牧为主,补饲为辅的管理方式是最为理想的。

三、马的饲养管理技术

(一)马饲养管理一般原则

1.定时定量,少给勤添

根据马匹体格大小、工作轻重、季节气候等情况,每昼夜喂 3~4 次,每次可以饲喂八成饱,防止消化不良。对于精料,日给饲量超过体重的 0.5% 时,投喂次数以 2 次或者更多为宜,时间间隔 10~14 h,生长或者生产中的马可以日喂 3 次。

2.适当加工,先草后料

马裂口小,采食慢,每次可咽下 15~20 g 草料,对体积较大的粗饲料不易采食。对于谷类等精料,大部分的国家多通过制粒、压轧等方式粗略加工处理,其直径一般为 0.51~1.92 cm 为宜。

3.合理搭配,循序渐进

马的饲料要多样化,做到营养全面。应选用粗纤维低,体积小,适口性好,质地松软,易消化,具有轻泻性的饲料。变换饲料切忌突然,应逐渐进行,特别是从完全的草料向大量精料转换时,如需要增加谷类料时,可每隔 2~3 d 定额增加 200 g,直到达到期望水平。

4.充分饮水,切忌热饮

一般每天饮水 3~4 次,夏季可 5~6 次。马所饮用的水要干净,水温 8~12℃ 为好,宜饮流水、井水。马匹切忌"热饮"、"暴饮"、"急饮"。

5.保持清洁,注意观察

饲养马匹要做到"三勤、四净"。"三勤"即饲养员要眼勤、手勤、腿勤;"四净"即草净、料净、水净、槽净。注意观察马的采食状况,有无异常举动和体况变化等。

(二)马群的日常管理技术

1.厩舍环境

马厩舍内适宜的湿度为 50%~70%。厩舍内最适宜的温度为 20℃,因此要注意冬季防寒,夏季防暑的问题。厩舍内通风换气要良好,还应有良好的采光性。每天都要清除粪便,添加垫草,检查饮水容器;每周都要更换褥草,驱灭蚊蝇,保持清洁。

2.皮肤卫生

马匹每天使役和运动前后都应作简单刷拭,种公马每天 1～2 次,每次 20～40 min。在无风气温高的夏季,有条件的也可以洗浴(尽量避开耳朵和脸部)。梳理、刷拭、修剪用具主要有体刷、水刷、汗水刮、梳子、海绵和剪刀等。

3.蹄的护理

首先,要求保持马蹄清洁,厩舍湿度适宜,厩床平坦、干燥。其次,要正确抠蹄、修蹄。役马 1～1.5 个月应修削马蹄 1 次,幼驹每月削蹄 1 次。削蹄要注意蹄形,蹄壁与地面有一定的角度(前蹄 45°～50°,后蹄 50°～55°),保持蹄轴一致,肢势正确。最后,对使役、骑乘等用马,应钉蹄铁。一般 1.5～2 个月钉掌 1 次。

当然,除马蹄外,马体、腿、飞节也要注意保护。主要用具有马衣(马被)、护腿、护膝、飞节套、绷带和弹性圈等。

4.适量运动

休闲状态的马也应该进行适当的运动。对幼驹不宜拴系过早,让其在场内自由活动,促进良好发育;不使役的繁殖母马,每天应运动 4 h;种公马每天应运动 1～2 h。

四、各类型马的饲养管理

(一)种公马的饲养管理

种公马性成熟平均为 1.5 岁,适配年龄 3～4 岁,繁殖力以 6～12 岁最强。种公马应保持均衡的营养状况,精力充沛,力求长年健壮和保持种用状况,保证旺盛的性欲和精液品质。

1.种公马的营养需要

种公马日粮的蛋白质的质量和水平,以及矿物质(尤以 Ca,P 重要)、维生素(特别是维生素 A、维生素 D、维生素 K)是否能够满足需要,将会直接影响精液的品质。公马所需要的能量要比普通马高 8.26%,配种期公马比非配种期的公马所需能量高 16.67%;而蛋白质的需要则分别高 8.74%、12.5%。

2.种公马的饲养

种公马的饲养标准主要根据配种期、非配种期和体重来决定。

(1)配种期　配种期的种公马日粮以精料为主,精料比例为 50%～60%。其中,蛋白质比例 13%～14%,纤维素在 25% 以下。配种任务大的公马应饲喂动物性蛋白质饲料(牛奶、鸡蛋)和补充矿物质、维生素。为了提高精液的品质,应当给种公马饲喂品质良好的禾本科、豆科干草,有条件的地方可喂青刈饲草(如苜蓿)以代替部分干草。

(2)非配种期　非配种期的种公马日粮水平可以稍作降低,精料占总营养的 40%～50%,蛋白质保持在 10% 左右。此期可适当减少豆科饲料的给量,增加易消化的含碳水化合物丰富的饲料,注意矿物质、维生素的补充。

(3)种公马管理　饲养管理种公马必须处理好饲养、运动和配种三者相互制约又平衡的关系。

①适当运动:合理的运动对种公马体质健康和精液品质很重要,轻型马每天骑乘 1.5～2 h,步度配合 1/3～2/5[步度配合表示运动的强度,步度配合=快步时间/(快步时间+慢步时间)],或轻役 2～3 h;挽用马挽车可以 40～50 kg 挽力,距离 15～20 km,运动 3～4 h。配种期运动步伐,只允许慢步,轻(慢)快步,一般以马轻微出汗为宜,或 0.5 h 能恢复正常的呼吸、

脉搏为准。

运动后的公马应刷拭 15～20 min,揉搓四肢腱部,利于消除疲劳。可采用冷水擦洗按摩睾丸,提高精液活力。夏季每天或隔日 1 次,春季每周 1 次,水温 5～7 ℃即可。但注意动作要轻,不要刺激附睾。种公马在运动场自由活动比拴在厩外桩上好。

②合理配种:配种期前 1 个月为公马配种准备期,要增加营养,检验精液品质,青年公马此时也应做好配种和采精的训练。

壮龄公马配种期每天可配种 1 次,1 周允许有 2 d,每天采精 2 次,时间间隔为 8 h。年轻公马每天配种或采精 1 次,7～10 d 休息 1 d。

(二)繁殖母马的饲养管理

繁殖母马分为空怀、妊娠、哺乳等不同的生理阶段,因而饲养管理必须符合母马的生理需要,并保持繁殖母马有良好的体形状态,避免过胖或者过瘦。

1.母马繁殖的生理特点

一般母马都在 1～1.5 岁开始表现性周期活动,并有卵子排出。母马的适配年龄为 2.5～3 岁,繁殖年限一般为 18～20 年。

2.空怀母马的饲养管理

(1)改善营养水平,保证正常发情　一般性周期 20～24 d,平均为 21 d,持续期 4～11 d,平均为 7 d。母马发情最适宜温度白天为 15～20 ℃,晚上为 8～12 ℃。因此,5～6 月份是母马发情旺季。对体瘦的母马应调整日粮,使之全价而富有营养。此外,维生素 A、维生素 D、维生素 E 的不足会造成脑垂体、卵巢机能紊乱,不能正常分泌激素。因此,应增加青绿多汁饲料,采取放牧的方式,加强运动,多见阳光,以补充维生素不足。

(2)合理安排活动,提高繁殖力　母马长期不使役、不运动,营养过高,造成过肥,卵巢沉积脂肪,不利于繁殖。使役过重,母马体弱乏瘦,卵巢萎缩,应通过减轻使役,增加营养,使之保持中等膘度,以保证正常发情配种。

3.妊娠母马的饲养管理

(1)妊娠母马生长特点　母马体内的胎儿有前期增长慢、中期快、后期更快的特点。妊娠母马随妊娠时间的延长,子宫和子宫内容物重量迅速增加。为满足胎儿和自身营养需要,妊娠母马食欲增强,饲料利用率和代谢水平显著提高,妊娠时新陈代谢比空怀时提高 18%～30%,能量利用率提高 18.1%,氮的利用率提高 12.9%。

(2)妊娠母马饲养管理要点

①日粮多样,增加营养:随着母马妊娠期的延长,日粮的饲喂量要逐渐增加。妊娠初期量少、质优,后期量和质并重。日粮应注意蛋白质、矿物质和维生素的供给。妊娠最后 90 d,母马日粮蛋白质含量不低于 12%,精料应为日粮总量的 25%～35%,可以依据马的膘情调整。

母马在整个妊娠期储积很多的蛋白质、矿物质、维生素和能量,能量超过胎儿所含能量的 0.5～1 倍。母马妊娠最后 2 个月加强饲养,对提高泌乳有很大的作用。良好的饲养,6 个月泌乳量可以达到 1 710 kg;不良饲养,则仅泌乳 1 232 kg。

②合理使役,防止流产:母马每天要坚持运动,体脂过多,子宫扩张受限,胎儿营养吸收也受限制。不使役、不运动,分娩困难,子宫不易复原,不利于以后受胎。母马妊娠前期可以正常使役,但最好专人使役,强度要适中,不出猛力,急拐弯(拉磨)。妊娠后期使役量减少,产前 20 d 停止使役。

③单独饲养,安全分娩:产前 15 d 将预产母马移入产房,专人守护,单独喂养。每天饲喂 4～5 次,以禾本科干草为主,适当加些精料。母马一般产前 30～40 d 乳房开始膨胀;产前 10～15 d,尻部尾根两侧肌肉松弛凹陷,腹部下垂,休息时经常换蹄;产前 1～2 d 阴门肿胀松弛,排粪尿多,乳头滴奶;初产马阴户充血。产前数小时,母马表现不安,找产地卧下。母马产驹多在晚上,15～30 min 即可产下,正常情况不需助产。

4.哺乳母马的饲养管理

一般情况,母马泌乳量前 3 个月较高,随时间的推移而逐渐减少。根据母马泌乳所需要营养,建议哺乳头 3 个月,精料应占日粮总量的 45%～55%,总日粮蛋白质应在 12.5%～14%。如果混合精料在日粮中占 50%,那么粗饲料应含蛋白质不低于 10%,以保证日粮蛋白质含量。妊娠母马应能自由获取食盐和矿物质添加剂。

哺乳期母马饲料中纤维素不超过 25%,母马担任轻役时,日粮标准应再加 20%。为了增加泌乳量,饮水一定要充足,多喂青绿多汁饲料和青贮料。通常白天饮水不应少于 5 次,夜间可自由饮水。为加速子宫恢复,在产后 1 个月内要饮温水。

(三)幼驹的饲养管理

幼驹生长发育快,对环境适应能力差,可塑性强。良好的饲养管理是幼驹培育的基础和前提。

1.幼驹生长发育规律

(1)胎儿期 母马妊娠后期是胎儿生长最快的阶段,胎儿出生体重的 60% 是在妊娠的后 3 个月完成的。在正常的饲养管理条件下,马驹出生时已经到达成年体高的 60%～62%,成年体重的 9%～10%。

(2)哺乳期 从出生到 6 月龄是幼驹一生中生长发育最快的阶段,体尺、体重占生后总生长量的 1/2 以上,这一阶段生长发育好坏,对其将来生产性能影响很大。

(3)断奶后 从断奶到 1 岁,幼驹管状骨的发育较快,此时的体高一般可以达到成年的 90%,体重达到 65%,呈"高方形"体形;到 2 岁前后,体轴骨和扁平骨发育速度超过管状骨,体高可以达到成年的 95%,体重达到 85%,因而多呈"正方形"或"低方形";到 3 岁时,体重已经达到成年的 95% 左右,见图 5-2-1。

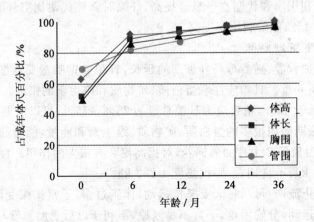

图 5-2-1 中型百色公马体尺生长规律

2.幼驹饲养管理要点

(1)吃好初乳,及早补饲　初乳营养丰富,含有大量的免疫球蛋白和易于消化的白蛋白,及时吃上初乳极为重要。幼驹生后 10~15 d 即能随同母马吃一些饲料,可以尽早开始补饲。幼驹补饲以单槽为好,以免母马争食,时间上应与母马同步。应多给予品质好,易消化的饲料。前期可以将燕麦、麸皮、小米等调成糊状任其舔食;后期相应增加玉米、高粱、豆饼等的给量。缺硒地区可以多给母马喂苜蓿,或注射亚硒酸钠 20~25 mL/次。

(2)断乳驹的饲养管理　幼驹断乳一般在 6~7 月龄,断乳前应做好准备。将发育相近的断乳驹集中放到一起,尽量远离母马。可在饲槽内放些切碎的胡萝卜块,任其采食,也可以放入几匹性格温驯的老母马或骟马做伴,稳定幼驹情绪。一般经过 2~3 d,幼驹即可逐渐安静下来,食欲恢复,可以赶入运动场自由活动。约 1 周后,可在放牧地活动。断乳后,应适时进行分栏、去势、烙印、称重、量体尺等。

6~12 月龄幼驹骨骼生长很快。在保持蛋白质比例的同时,应适当提高饲草和添加剂的含量;断奶驹的管理要精细,注意适度运动,及时修蹄,耐心驯导。

1~2 岁是马驹重要的生长阶段。在确保正常生长发育的前提下,运动和驯导是这个阶段管理工作的重点,特别是种用、竞赛、骑乘用马驹。日粮蛋白质的浓度不能降低,还是应该在 15%~16% 范围内,逐渐减少精料的投喂。在非训练状况下,精料由 12 月龄的 30% 左右降低到 24 月龄的 15%。年满 1.5 岁后,马驹开始调教,每天运动时间要有 2 h。此时要根据训练强度,调整饲草和精料比例,以满足不同训练强度的能量供给。

【技能训练】

技能训练 5-1　马的刷拭与护蹄

一、技能训练目标

了解马的刷拭及护蹄的作用,掌握马体刷拭和护蹄操作规程与技能。

二、技能训练材料

马匹、草刷、鬃刷、铁刨、木梳、蹄钩、装蹄箱、保定绳、修蹄台、二柱栏等。

三、技能训练方法与步骤

1.刷拭

(1)用草刷扫去马身上的草屑、泥垢、粪污和脱换的被毛。动作应快捷、有力,按照先左后右,由前向后,从上到下的顺序进行。

(2)草刷刷过后用鬃刷按顺序仔细刷马体,一手持刷,一手持铁刨,先从左侧头部开始,顺序刷拭左侧颈、躯干、前肢和后肢。刷毕左侧,再刷右侧。刷拭中一般应先逆毛、后顺毛,手臂伸长,重去轻回,每刷三、四次,用铁刨随时刮去鬃刷上的灰尘和脱毛。

(3)马体全身刷完后,用干净湿布擦净耳、眼、口、鼻等无毛部位,并用另一块湿布按先逆后顺顺序将马全身擦拭一遍,再用毛刷顺毛梳理一次。对鬃、尾等长毛可用木梳仔细梳理,定期用肥皂水洗涤和修剪。

2.护蹄

(1)马体刷拭干净后,用蹄钩除去蹄底污泥或石子、黏土等物,再用水洗净蹄壁和蹄底。

(2)让马站立在平坦坚硬地面,观察肢势、蹄形,确定要削的部位。削蹄前先用蹄钳剪去蹄的延长部分,再用蹄刀削去枯角质,直到蹄负面露出白线为止,蹄底、蹄叉露出新角质便可;把蹄叉中沟、侧沟削成明显的沟,蹄支需要保留完整,最后铲平蹄底,修剪完毕。

(3)修好蹄,要装蹄,防止蹄过度磨损。最好结合修蹄的同时换掉旧铁蹄,装蹄要求蹄铁面要和蹄负面紧密吻合。蹄铁后部的铁缘,可较蹄负面多出少许,铁尾较蹄支角稍向后方延伸 $0.25\sim0.5$ cm,不仅牢固耐用,也能更好地防止角质磨损。

四、技能考核标准

马的刷拭与护蹄技能考核标准见表 5-2-1。

表 5-2-1 马的刷拭与护蹄技能考核标准

序号	考核项目	考核内容	考核标准	参考分值
1	学习态度 学习方法	操作态度 合作意识 思考意识	积极主动,服从安排;善于合作,积极与小组成员配合;积极思考,解决实训过程中碰到的困难	30
2	实训操作	马体刷拭 修蹄	操作规范、结果正确、描述准确	60
3	实训小结	实训报告	报告撰写认真,上交及时	10
合计				100

任务 5-3 产品养马与马术运动

一、奶用养马

(一)马奶的特性

1.马奶的化学成分

马奶是由蛋白质、乳糖、乳脂、矿物质、维生素、酶和水分等物质组成的,是这些物质的混合体,是一种复杂的胶体溶液,呈白色或乳白色。组成马奶的各种成分,具有不同的分散形式,蛋白质以胶体形式存在,乳糖以分子形式存在,乳脂以浊液形式存在,矿物质以离子形式存在。通常把除水以外的成分称为干物质。

2.马奶的营养特点

马奶营养丰富,营养价值全面,具有婴幼儿生长发育全部的营养物质,是人类理想的食品之一,马奶与其他主要奶类的营养比较见表 3-6-1。

(二)奶用马的产奶性能

1.母马的产奶性能

产奶力是奶用马主要的生产力之一。根据产奶量,可以计算出饲料报酬率,算出生产成本和利润,作为育种和生产经营的依据。衡量母马的泌乳力的方法有 2 种:

(1)测定整个泌乳期的产奶量(以 300 d 产奶量为标准),用整个泌乳期的产奶量来判断母马的产乳能力。据测定,母马有极好的泌乳力,其产奶量仅次于牛,例如,苏维埃重挽马"范秋"号,7 岁时一个泌乳期的产奶量为 6 173 kg,一昼夜最高产奶量达 28 kg。

(2)测定前 5 个月的产奶量,用前 5 个月产奶量来表示母马的产奶性能。不同类型、不同品种前 5 个月产奶量不同,一般说来,重挽马产量较高,轻挽马次之,乘用马产量最低。目前,多用 5 个月泌乳期的产奶量来衡量母马的产乳能力。

2.马奶生产

(1)群牧季节性生产　这种方法是利用群牧马现有条件,进行季节性生产。每年 6 月初开始,10 月中旬结束,1 年大约生产 4.5 个月。方法是选择产奶性能较好的母马,组成母马群,在优质草场上放牧,白天将马驹拴起来,使马驹与母马分离进行挤奶,下午 6:00 到第 2 天早晨 8:00,将幼驹放开,随同母马一起吃奶、吃草。这种方法 55%～60% 的马奶被幼驹吃掉,只有 40%～45% 的马奶供商品用,基本上能保证幼驹的正常发育。如果条件具备,可对母马和幼驹进行适当的补饲,这样既可提高产奶量,也可以保证幼驹发育得更好。季节性生产马奶,设备简单,成本较低,但由于挤奶时间短,幼驹又吃掉一部分,因而商品奶不多,每匹母马年产奶量只有 500 kg 左右,是一种副业性生产。

(2)舍饲常年性生产　这种方式是组织母马均衡生产,常年挤奶,防止产驹时间过于集中,所以商品乳产量较高,每匹母马年产奶量可达 3 000 kg 以上。但这种方式需要一定的建筑和设备,需要大量的饲草和精料,所以生产成本较高。

常年性生产马奶,应采取以下措施:①选用专门化高产的乳用品种,淘汰产量低的马匹;②搞好厩舍建筑,生产优质饲料,进行科学的饲养管理;③生产过程逐步实现机械化,提高劳动生产率;④对幼驹进行早期补饲,实行撤驹挤奶。专门化乳用品种幼驹,最少培育到 5 月龄,此期间要供应 700 kg 母乳,300 kg 脱脂牛奶,250 kg 精料。总之,要想办法增加商品奶产量,提高经济效益。

(三)奶用马的饲养管理

母马泌乳量大,乳汁营养价值高,对营养物质需要量较大,因此供给母马的饲料,营养要完善,数量要保证,特别是蛋白质、维生素和矿物质的含量要满足需要。要喂优质干草和青绿饲料,豆科牧草应占到 1/2;精料的种类要多样化,精料中配合适量的油饼和麸皮,有提高泌乳量的效果;每天喂些胡萝卜和饲用甜菜等多汁饲料,对泌奶亦有良好效果。泌奶母马的日粮,营养价值要全面,泌奶马日粮营养参考见表 5-3-1。

表 5-3-1　泌奶马日粮营养参考

体重/kg	昼夜产奶量/kg	可消化蛋白质/g	钙/g	磷/g	胡萝卜素/mg
350	10	800	50	35	175
	12	875	55	38	190
	14	930	60	41	205
	16	1 005	64	44	220
	18	1 076	68	47	236
	20	1 138	72	50	250
	22	1 210	77	53	266
	24	1 271	81	56	279

续表 5-3-1

体重/kg	昼夜产奶量/kg	可消化蛋白质/g	钙/g	磷/g	胡萝卜素/mg
400	10	830	53	36	182
	12	902	57	40	198
	14	964	61	42	212
	16	1 035	66	45	227
	18	1 107	70	49	243
	20	1 168	74	51	256
	22	1 240	79	54	272
	24	1 302	83	57	286
450	10	871	55	38	181
	12	943	60	41	207
	14	1 005	64	44	221
	16	1 076	68	47	236
	18	1 148	73	50	252
	20	1 210	77	53	266
	22	1 281	81	56	281
	24	1 343	85	59	295
500	10	902	57	40	198
	12	974	62	43	214
	14	1 035	66	45	227
	16	1 107	70	49	243
	18	1 179	75	52	259
	20	1 240	79	55	272
	22	1 312	83	58	288
	24	1 374	87	60	302
550	10	943	60	41	207
	12	1 015	64	45	223
	14	1 076	68	47	236
	16	1 148	73	50	252
	18	1 220	77	54	268
	20	1 281	81	56	281
	22	1 353	86	59	297
	24	1 415	90	62	311
600	10	974	62	43	214
	12	1 046	66	46	230
	14	1 107	70	49	243
	16	1 179	75	52	259
	18	1 251	79	55	275
	20	1 312	83	58	288
	22	1 384	88	61	304
	24	1 445	92	63	317

日粮的体积和干物质供给量必须和母马的消化道相适应。日粮体积过大,会造成消化道负担过重,影响消化和吸收;体积过小,则缺乏饱感亦不能满足需要。一般情况下,每 100 kg 体重供给 2.2~2.5 kg 粗饲料为宜。

要严格遵守定时定量、少给勤添、先饮后喂、先粗后精的饲喂原则。饲养管理程序要保持相对的稳定,必须改变时,也应逐渐地过渡,饮水要卫生充足,要经常补饲食盐和钙质。

要加强母马的日常管理,保持厩舍和马体卫生,保证母马有充足的休息和运动。要经常观察母马的粪便情况,稀粪和恶臭,表示消化不良。

二、肉用养马

(一)马肉的食用特性

马肉具有高蛋白、低胆固醇、高不饱和脂肪酸、营养素搭配合理的特点,现逐渐受到消费者青睐。尤其是近年来"疯牛病"、"口蹄疫"等对人类安全构成威胁,使消费者更多地转向安全食品——马肉的消费上来。

由于马肉所具有的独特生化特性,很多国家将其作为高级滋补营养品,不但利用鲜肉和加工成各类肉制品,而且马肉也成为其他肉类加工品的添加料。

1.马肉的主要营养成分

同牛、羊、猪肉相比,马肉具有高蛋白、低脂肪之特点,因此深受广大消费者的青睐。马肉及其他肉类主要化学成分见表 4-5-2。

随品种、饲养方式、年龄、部位的不同,马肉的化学成分也有一定差异。一般重型马、原始的地方品种马,肉中脂肪含量较轻型马高,蛋白质含量低;采用舍饲精料肥育的马比完全放牧马脂肪含量高,蛋白质含量低;随年龄增长,脂肪含量增加,蛋白质降低。不同部位间,依肩胛部、后肢部、背部、肋腹部顺序,蛋白质含量逐渐降低,脂肪含量逐渐升高。

研究表明,马肉化学成分之间有明显的相关,蛋白质含量与水分、灰分含量间呈正相关;脂肪含量与水分、蛋白质含量呈负相关。

2.马肉的营养特点

国家有关部门提出了我国居民膳食中合理营养素比例,对照常见的几种畜肉的合理营养素比例,发现马肉中营养素比例最接近国家提出的合理营养素比例(表 5-3-2)。

表 5-3-2　几种主要畜肉营养素比例

项目	蛋白质:脂肪	饱和脂肪酸:一个双键脂肪酸:多个双键脂肪酸	必需氨基酸占总氨基酸比例/%
合理比例	1:0.6	1:1:1	>20
马肉	1:0.78	1:1.1:0.5	38.33
牛肉	1:1.17	1:0.6:0.02	37.28
羊肉	1:2.59	1:0.8:0.1	37.27
猪肉	1:6.29	1:0.6:0.05	37.97

（二）肉马的育肥技术

1.肉马的育肥方法

（1）放牧育肥　作为草食动物，尽管马对粗纤维的消化利用率不如反刍动物牛、羊，但马可采食更矮小的牧草，利用草的种类广泛，对青草和优质干草的消化利用率与牛羊接近，且可远距离放牧，冬季还能刨雪采食，对于干旱草原的利用更具有特殊意义。由于放牧育肥生产马肉成本低，故许多草原丰富的国家和地区均利用天然草场放牧育肥肉马。

在我国，北方牧区的马大致从5～6月份开始迅速增膘增重，到6月下旬告一段落。9月份开始抓秋膘，一直到11月份严寒到来为止。由于春季放牧肥育前，马的底膘差，在相当程度上是恢复肌肉，故增重较慢。而秋季放牧则底膘好，增重快，在很大程度上是沉积脂肪，成年马尤为明显，因此，故有"春抓肉，秋抓油"之说。经过这两季的放牧肥育，每匹马可增加60～100 kg优质肉。幼驹由于具有较强的生长势，哺乳时只采食牧草就可达较好的增重效果。有的品种6～7月龄时体重就可达230～250 kg，有的早熟品种8月龄时就可达到300 kg。我国牧区多在5～10月份进行放牧肥，据测定3～3.5周岁马，平均增重78 kg，而2～2.5周岁马，平均增重85.5 kg。

（2）舍饲育肥　在舍饲条件下，以精饲料为主进行育肥。此法特别重视提高饲料的利用率。马的品种、年龄、育肥季节、育肥方法、饲养水平、日粮组成等对肥育效果都有一定的影响。

据测定，每增重1 kg时，不同品种、年龄、育肥季节、育肥方法、日粮组成的马匹所需的日粮营养不同（表5-3-3）。

表5-3-3　不同品种、年龄及育肥季节马匹每增重1 kg所需日粮营养

品种	影响因素	可消化蛋白质/g	钙/g	磷/g	胡萝卜素/mg
快步马	5～8月龄	861	55	38	189
	30月龄	994	63	44	218
	夏季	636	40	28	140
	冬季	1 005	64	44	221
重挽马与哈萨克马杂交一代	断奶80 d	677	43	30	149
	夏季	636	40	28	140
	冬季	1 005	64	44	221

由表5-3-3可以看出，年龄越小，生长发育强度越大，饲料利用率越高，增重效果越好；重挽马或专门的肉用品种育肥增重效果较一般品种好；夏季较冬季增重量大，饲料利用效率高。研究表明，6月份幼驹日增重1.2 kg，而1～2月份仅0.81 kg。这除了因寒冷增加了马体的能量消耗外，也与寒冷地区马匹长期形成的生物学特性有关。

资料表明，采用"精料-干草型"的日粮效果较好，日粮中精料占总营养价值的70%。主要的饲草料有大麦、燕麦、麸皮、玉米粒、酒糟、甜菜渣、糖浆及干草、青贮料等。

2.肉马育肥的组织

对于放牧肥育的马，多从每年5月份开始，集中马群，挑选水草丰美、气候凉爽、蚊蝇较少的草场放牧。为提高育肥效果，尤其是在草场或马匹条件不好时，多采用短期放牧育肥和补饲

精料、青绿饲料相结合的方法。马匹从早晨 6:00～11:00 放牧,中午补饲当日精料的 1/2,并在中午气候炎热期间饮水休息。从 17:00～21:00 重新放牧,晚上饮水后补饲另外 1/2 精料。夜间给马刈割大量青草饲喂。条件许可,夜牧则更理想。在马进入正式育肥期前,应有 10 d 左右的育肥准备期。在此期间使马对新的环境、新的日粮等有个适应过程,日粮构成应逐步地调整改变,最终达到育肥日粮,以防止突变造成马不适应,而发生消化道等疾病。

在育肥前,对所有马都应进行驱虫和兽医检查。

三、马术运动的种类

马术是世界各地人民共同喜爱的一项体育运动。在很长一段历史时期内,马作为人类的忠实伴侣,在军事、生产和生活中担当了非常重要的角色。通常把以马为主体或主要工具的运动、娱乐、游戏、表演统称为马术。

(一)竞技马术

包括盛装舞步赛、超越障碍赛、三日赛、现代五项中的马术比赛和马球赛。目前前四项为奥运会正式比赛项目,其中前三项被称为奥运会马术三项赛。

(二)赛马

商业性赛马是指可以投注博彩的赛马项目,包括以竞速为目的的各种距离的平地赛马(flat racing)、跨栏赛马(hurdle racing)、障碍赛马(obstacle racing)、轻驾车赛(sulky racing)、速步赛(trotting)等比赛。

(三)马车赛

马车赛是国际马术联合会(FEI)的正式比赛项目,包括传统马车赛、马车赛、马拉雪橇赛 3 项。

(四)民族民间马术

通常把流传于民间、带有浓厚色彩的马术运动叫作民族民间马术。其形式多样,没有具体规则和场地要求,以娱乐为主。在我国新疆、内蒙古及西南、西北等少数民族地区每逢大型庆典都有名目繁多的马上项目,有些已列为全国少数民族传统体育运动会的正式比赛或表演项目。常见的有姑娘追、叼羊、套马或圈马、降服烈马、斗马等项目。其中叼羊已经成为正式比赛项目,有专门的竞赛规则,每年国家及相关省区都举行比赛。

目前在我国国家体育局每年都举办西部牛仔绕桶系列赛。

(五)旅游与表演马术

骑马或乘马车旅游,连续多天,行程数百里,分成若干区段行进的回归大自然的积极休息方式,即旅游马术。现代化生活节奏快,竞争激烈,忙碌紧张,上下班赶时间来去匆匆,生活单调,情绪烦躁,渴望返璞归真,回归大自然之情油然而生。骑马或乘马车到旅游区的绿洲,视野开阔,青草如茵,绿树映红花,气氛清新,骏马奔驰。在这动静结合的自然美景中,享受自由、潇洒、放松的乐趣。

表演马术一般是指在马上进行技巧比赛、表演或借助于某些器械在马上做一些技巧性动作的活动。其中以比赛为目的,人在运动的马上做各种体操造型和动作的马上体操(vaulting)在欧洲较为流行,现在已逐渐演变成了国际性的比赛,有专门的比赛规则和竞赛项目,并有专门的单项协会组织管理。

马戏(horse suite)也是常见的表演马术项目,其实是马在人的指挥下进行动作、队列等的表演项目,深受广大普通百姓,尤其是少年儿童的喜爱。此外表演马术还包括马上器械表演、马上技巧表演、驯马表演等。

(六)医疗与军事马术

医疗马术(hippotherapy)是以马作为一种治疗工具,在物理治疗师(physical therapist,PT)、作业治疗师(occupational therapist,OT)、言语治疗师(speech therapist,ST/SLP)、心理疗法师(psychologist)、康复工程师(rehabilitation engineer)、文娱疗法师(recreational therapist,RT)、职业顾问(vocational counselor)和社会服务人员(social worker,SW)的指导下,利用马的规律性运动模式及人马互动的所有活动,针对各种功能障碍和神经肌肉疾患病人的躯体、心理、认知、社会化及行为障碍进行治疗的一种康复治疗手段,它是为了实现最终的功能性康复目标所实施的全面整体康复训练项目中很重要的一部分。

骑兵或骑警为了作战、执行军务或礼仪任务等需要,训练马完成各种动作和任务为军事马术。常见的训练有立正、卧倒、隐蔽、超越障碍物、队列进行、巡逻、泅渡、马上射击、礼仪表演等。

(七)文化娱乐马术

公园、旅游区出租马匹供骑乘或办马术俱乐部从事马术活动,即文化娱乐马术。

马术俱乐部是以传播马文化、以马会友、提高马术水平为目的,集休闲、娱乐、健身、比赛于一体的马术活动场所。其经营方式是会员经营制为主,兼顾非会员。经营特点是提供专业化、个性化的服务。今后发展趋势将像国外一样由业余向职业转变。

公园、旅游区骑乘主要以散客骑乘娱乐为主。其一般无专业、系统的训练服务,也无特定的服务对象,以短期盈利为目的。

四、运动用马的选择与繁育

马术运动与其他体育项目不同,是人马结合的一项运动,马在运动中起十分重要的作用。开展马术运动,首先必须有合适的马,否则无济于事。同时,由于马术运动种类繁多,各项运动对马的要求不同,因此,选择和繁育合适的马匹是开展马术运动的基础。

(一)运动用马的选择

1.品种

任何轻型品种马都可做马术运动之用,关键在于个体本身是否适用。在适用的品种中挑选适用的个体,是简便有效的做法。国外有专门的运动用马品种,如专门用于速度赛马的纯血马,专门用于奥运会马术三项赛的温血马等。

2.类型

骑乘型和兼用型均可,乘挽或挽乘兼用皆宜,甚至个别挽用型个体也可用。这主要取决于参加何种项目。

3.体格

体高100~170 cm的马都可用。不必追求高大,尤其商业性经营者,更是如此。

4.体质外形

供乘用运动项目者,按骑乘马要求选择。供轻挽用者按兼用马标准择优选用。

5.年龄

2～18岁,视个体早熟程度及发育状况而定。发育充分、接近成熟者即可使用。到能力开始下降时即结束使用。

6.性别

骟马最适合。公马可用,借其精力和体力创造好成绩。但公马多因雄性干扰违抗人意,且管理不便。少用母马,许多母马虽能力非凡,但从长远计影响繁育,终非上选。

7.毛色

毛色不限,任何毛色都出骏马。每一品种具代表性毛色中好马多。罕见毛色中常有良骥。

(二)运动用马的繁育

目前我国没有专门的运动用马品种,过去马匹育种工作也主要围绕着培育役用马为主,缺乏培育运动用马的经验。在开展我国自己的运动用马培育时,不妨借鉴国外培育运动马的经验,尽量少走弯路,节约时间、物力和财力。

五、运动用马的调教与管理

(一)运动用马的饲养

1.运动用马的日粮配合

日粮配合必须依据"饲养标准"。我国马耐粗饲,消化能力强,配合日粮用国外标准偏高,而营养过剩有损马匹健康,此点应予注意。此外,还应做到以下几点:①全价平衡;②精、粗料比例适宜;③节律饲养;④多种料型;⑤维生素、矿物质舔盐适宜;⑥经济原则。

2.运动用马的饲喂方法

运动用马实行舍饲,精细管理,严格要求,坚持不懈,注意做到以下几点:

(1)定时定量、少喂勤添 每次喂料时,应尽量在短时间内发到每匹马,勿使马急不可待地烦躁等待。

(2)饲喂次数 多倾向于日喂精料2次,但若每次精料喂量超过3.5 kg时,则应增为3次。

(3)喂量分配 比赛当日喂精料应减量,以日喂3次为例:若上午比赛则清晨喂日饲喂量25%,中午喂40%,傍晚喂35%。若下午比赛则清晨喂40%,中午喂25%,傍晚喂35%。

(4)马的饮水 马每日饮水不少于3次,最好夜间加饮1次,水面应低于马胸。水温不低于6℃,勿饮冰水。先饮后喂精料。

(5)个体喂养 每匹马在采食量、采食快慢、对日粮成分和某种饲料的喜好以及饲喂顺序等许多方面都有自己独特的要求,没有两匹马是完全相同的。因此,运动用马需要分别对待,实行个体喂养。

(6)饲养员作用 为了照顾高价值的马,最重要的是有经验的饲养员,要诚实可靠、热爱马匹、沉着温和、富有经验、努力工作。

(二)运动用马的管理

1.建立健全交接班制度

饲养员与骑手和值班人上、下班时均需交接班。

2.个体管理

日常管理和护理也必须根据个体特点分别对待。运动用马不仅要个体饲养,而且必须个体管理。

3.厩舍管理

每日清晨清厩,清除单间内粪尿,清刷饲槽水桶,白天随时铲除粪便,保持厩内清洁。现代舍饲实行厚垫草管理,单间内全部厩床铺满 15~20 cm 厚松散褥草。马厩内应保持干燥,清扫为主,少用水冲洗。

4.逍遥场和管理用房

运动用马厩也应像种马厩一样,每幢厩旁设一围栏场地,面积最好每匹马平均 20 m²,供马自由活动。

5.用马卫生规则

用马应严格遵守卫生规则。饥饿的马不能进行训练;喂饱后 1h 内不能调教;每次训练开始必须先慢步 10~15 min,而后加快步伐;训练中慢、快步法交替进行;训练结束时,骑手下马稍松肚带活动鞍具,步行牵遛 10 min 后才可回厩;热马不饮水、不冲洗;训练后 0.5 h 内不饲喂;过度疲劳者待生理恢复正常后饮喂。

6.兽医工作

兽医是保健计划的执行者,有大量工作要做,如接种免疫、口腔和牙齿检查、药物试验和生化检测等。要深入厩舍检查马匹健康和食欲,及早发现伤病,及时治疗和处理。每半年做一次马匹口腔和牙齿状况的检查。

(三)马的调教与护理

1.马的护理要点

①人马亲和;②运动;③刷拭;④洗浴;⑤护蹄;⑥被毛修剪;⑦马的保护;⑧马的修饰。

2.运动用马的调教

运动用马的系统、正规调教按一定制度,分阶段进行。首先要驯服马,叫作驯致。从断乳到预备调教(1~1.5 岁)之间进行成群调教,促进生长发育,增强体力。接着进行预备调教(基本调教),任务是训练马能驾车、能骑。速步马、轻挽马从 1 岁开始,先学会挽车,而后教马理解和服从驾驭。挽车用慢、快步行进;骑乘马从 1.5 岁开始训练马能骑,并懂得和服从骑者的正、副扶助。能背负骑者用正确的慢、快和跑步运动,预备调教为进一步将进行的各专门运动项目的调教打下基础。

对马进行性能调教,是在预备调教的基础上,进一步按各运动项目进行专门方向的调教,使马学会某种专门技能。

【技能训练】

技能训练 5-2　母马泌乳力测定

一、技能训练目标

泌乳力是衡量乳用马生产性能的主要指标,是育种工作和生产实践不可缺少的数据。通过实习使学生初步掌握泌乳力的测定方法。

二、技能训练材料

产奶母马若干匹、挤奶用具等。

三、技能训练方法与步骤

1. 母马的挤奶特点

母马昼夜泌乳,泌乳量相当大,但乳房的容积较小,特别是乳池很小,容纳不下过多的乳汁,只有多次挤出,才能保持正常泌乳。因此,母马挤奶的间隔时间要短,挤奶的次数要多,一般间隔时间为 2~2.5 h,每天挤奶 4~5 次。白天挤奶,夜里让幼驹哺乳。另外,母马挤奶过程应有阶段性,首先用 20~25 s 时间把乳池内的乳汁排空,然后停顿 20~30 s 时间,等乳汁从乳导管排出,乳头饱满隆起时,再迅速将乳汁挤出,并且尽量将乳房排空,否则往往会导致排乳抑制,影响泌乳量,这段挤奶时间持续 2~3 min。

2. 挤奶技术

挤奶动作要迅速,每分钟要挤 120~150 次,整个挤奶时间持续 3~4 min。

(1)滑榨法 这种方法是先用乳汁将乳头润湿,然后用手指夹紧乳头,由上往下滑动,把乳汁榨出。这种方法容易学,但不卫生,容易使乳头皮肤发生裂纹,使黏膜破裂,使乳头拉得过长。因此,只是对发育不良的小乳头,过细过短的乳头,才使用滑榨法。

(2)压榨法 是用拇指和食指压紧乳头基部,然后用中指、无名指和小指顺序压榨乳头,将乳汁挤出。用压榨法挤奶,能保持乳头的干燥及乳汁卫生,母马也感觉不到痛苦,是手工挤奶较好的方法。

(3)机械榨乳 榨乳机分两拍节和三拍节 2 种。三拍节榨乳机的动作可分为吸乳、压榨及休息 3 个节拍,是比较好的榨乳机。机械榨乳的操作程序:先用 35℃ 的热水,在准备室清洗榨乳机,然后打开真空开关,将榨乳杯套在乳头上,把集乳器吊于马体后躯,以免脱落;调整搏动频度,每分钟搏动 45~50 次为正常;通过乳玻管观察排乳情况,当看不到乳流时,立即停止榨乳,严禁榨乳机跑空车,因为跑空车会引起母马不安,使母马泌乳规律紊乱,诱发乳房炎等。

3. 泌乳力测定

(1)实地称重法 这种方法是让母马与幼驹彻底隔离,对幼驹实行人工哺乳,每天安排挤奶 6~7 次,在每次挤奶时对每匹母马的产奶量进行过秤和记录,统计出每匹母马的日产奶量、月产奶量及一个泌乳期的产奶量。该方法所得数据精确可靠,但比较费时费力,育种群和舍饲高产群可以采用。

(2)估产法 有些马场由于人力和其他条件的限制,可采用估产法测出大致的产奶量。

①1/2昼夜测定法:这种方法是根据马乳分泌 24 h 是均衡的规律,只测定一段时间泌乳量,就可以计算出一昼夜的泌乳量。方法是白天挤奶,夜里让幼驹哺乳,挤奶时先将母马和幼驹隔开,挤净乳房中的乳汁,然后每隔 2 h 挤奶一次,量取挤奶量,做好记录,每天挤奶 3~4 次,得出实际挤奶量,再用 N·A·萨伊金公式推算出一昼夜产奶量。

$$Y_c = \frac{Y_T \times 24}{T}$$

式中:Y_c 为一昼夜产奶量,kg;Y_T 为实际挤奶量,kg;T 为挤奶期间母子隔离时间,h;24 表示一昼夜小时数。

②间隔 10 d 测定法：每 10 d 测一次母马的日产奶量，将所得的数据用 10 乘，则为 10 d 的产奶量，每月实测 3 次，即 1 号、10 号、20 号各测 1 次，就可以得到月产奶量及整个泌乳期的产奶量。

四、技能考核标准

母马泌乳力测定技能考核标准见表 5-3-4。

表 5-3-4　母马泌乳力测定技能考核标准

序号	考核项目	考核标准/(扣分依据)	参考分值
1.挤奶技术 2.泌乳力测定	压榨法挤奶	按操作要求能够正确将奶汁挤出，根据偏差，扣 5～10 分	30
	机械榨奶	能够按机械榨乳的操作程序进行挤奶，每步骤视掌握程度扣 5～10 分	30
	估产法测定泌乳力	会用估产法推算母马 5 个月的泌乳力，根据每步骤偏差扣 5～10 分	40
合计			100

【自测训练】

一、名词解释

气质、马的步法、马的育种、品质选配、亲缘选配、本品种选育、血液更新、马匹登记。

二、问答题

1.马对饲料的采食、消化与吸收有何特点？

2.马饲养管理的一般原则是什么？

3.繁殖母马的日常饲养管理应注意什么？

4.群牧马四季放牧管理的重点是什么？应怎样进行？

5.怎样做好马匹的护蹄工作？

6.简述幼驹的生长发育规律和饲养管理重点。

7.马奶的营养特点是什么？

8.阐述马肉的化学成分及其营养？

9.结合我国牧区实际，谈谈采用何种方法进行马肉生产和组织。

10.马术运动有哪些种类？各有何特点？

11.各种马术运动对马有何特殊的要求？如何根据运动项目的特点选择和培育适合的马匹？

12.马术运动用马的在饲养管理上有何特点？如何区别对待各类马匹？

13.如何进行马术运动用马的初步调教？

14.安全骑乘着装要点有哪些？

15.马场获利能力分析的主要指标有哪些？

16.在现代养马科学中，对马品种的分类有哪几种方法？

17. 常见地方品种有哪些?

18. 常见培育品种有哪些?

19. 引入的育成品种有哪些?

20. 马的体质可分为哪几种?

21. 乘用型马外貌的理想结构是什么?

22. 简述马匹鉴定的原则和方法。

单元6　家兔生产技术

【知识目标】

◆ 了解家兔的生物学特性和家兔品种分类；

◆ 了解优良家兔品种特征；

◆ 掌握家兔的繁殖技术；

◆ 掌握家兔的饲养管理技术和家兔育肥的原理与方法；

◆ 了解兔产品加工与检验方法。

【能力目标】

◆ 能识别和鉴定家兔优良品种；

◆ 能进行各类兔的饲养管理和育肥；

◆ 能进行家兔的发情鉴定、配种和妊娠诊断；

◆ 能鉴定和初加工兔毛、兔肉和兔皮。

任务6-1　兔品种识别与鉴定技术

一、家兔的生物学特性

(一)家兔的生活习性

家兔在长期的驯化过程中,既发展了对人类有益的优良特性,又保持着野生穴兔本身所固有的一些习性,主要表现在以下七个方面:

1. 嗜睡性强,昼伏夜行

野生穴兔弱小,御敌能力差。为了生存,白天躲在洞穴内,晚上出来活动觅食。经驯化后的家兔仍保留着这一习性,白天安静、贪睡,嗜睡性强,采食量较小;晚上活动频繁,反应灵敏,食欲旺盛,其采食量占全天食量的70%～75%,饮水量占60%左右。

2. 性情温顺,胆小怕惊

家兔性情温顺,在正常情况下,多数家兔任人抚摸或捕捉,一般不发出叫声。但在母兔分娩或哺乳时,出于母性护仔行为,捕捉时有时会主动伤人。家兔遇到敌害或四肢被笼板夹住时,会发出尖叫声。一旦发现敌害、异物或听到噪声,便会表现出精神紧张,后脚拍打地面,出现乱跑、乱撞等"惊群惊场"现象。

3. 喜干怕湿,耐寒怕热

兔子娇小嫩弱,对疾病的抵抗能力较低,一旦感染疾病,轻者影响正常的生长繁殖,重者造成大批死亡。当兔舍阴暗、潮湿、污秽、高温时,病原微生物及寄生虫易于孳生繁殖,侵入兔体,导致发病,如患巴氏杆菌病、球虫病、疥癣等。此外,家兔被毛浓密,汗腺不发达,耐寒能力较强而耐热能力差,对其适宜的温度范围为 15～25℃。

4.群居性差,好争斗

成年家兔混群饲养时,常发生争斗,特别是公兔之间或在新组织的兔群中,此种现象更为严重,有时被咬伤或咬死。因此幼期若混群饲养,在性成熟前应隔离饲养,做到一兔一笼(或窝),既可防止争斗又可避免早配和乱配。

5.穴居性

家兔保留着野生兔野生穴居的本能,一旦遇到土地面或较柔软的地面,便开始挖穴打洞,做窝产仔有时逃掉。因此,在现代化养兔生产中应合理选材,建筑牢固的兔舍,以便管理。

6.啮齿性

家兔的门齿在不断生长,且上下门齿的增长速度不同。为了保持牙齿的适宜长度和牙面的吻合,需经常磨损牙面。因此,应经常喂些坚硬的饲料,如树枝、青干草等,若为粉料,可制成颗粒饲料或料砖,否则,将会出现兔子咬笼舍的现象,缩短兔笼舍的使用年限。

7.嗅觉、味觉、听觉灵敏,视觉较差

家兔舌部有 17 000 多个味蕾,能对多种味觉刺激发生行为反应。如常以敏锐的嗅觉识别仔兔是否是自己的或饲草、饲料是否发霉变质,并通过味觉选择所爱吃的食物。家兔喜吃甜食,对胡萝卜、甜萝卜等块根、块茎饲料非常偏爱。所谓家兔有"甜牙",实际是味觉的作用。

家兔的听觉也很灵敏,非常微弱的声音便会引起家兔的反应。因其外耳非常发达,可频频摆动,且可高举或向发声处转动,收集四周声音。

家兔视力较差,尤其是白色兔。

(二)家兔的食性及消化特点

1.哺乳行为和吸吮行为

仔兔刚出生便立即寻找母兔乳头哺乳,待母兔产完仔后,绝大部分仔兔已吃饱。因此,母兔是边产仔边哺乳的。仔兔哺乳时并不固定乳头,而是一个乳头吃几口后,马上又换另一个乳头。吸吮时发出"啧啧"的响声,且后肢不断运动,以寻找最佳立足点,哺乳时间一般为 1.5～2 min。

2.食草性和耐粗饲性

家兔以植物性食物为主。家兔的祖先——野生穴兔门齿发达,上唇分为两片,便于啃食低矮植物,喜吃幼嫩枝叶和枝条,至今家兔仍保留着这一习性。同时,家兔有一发达的结肠和盲肠,似牛羊的瘤胃,内有大量微生物繁殖,是消化粗纤维的主要场所。家兔对粗纤维的消化率为 65%～78%,高于马和猪,次于牛、羊。

3.食粪性

家兔有吃自己粪便的特性。正常情况下家兔排出两种粪便,一种为白天排出的颗粒状粪便球,称硬粪;另一种为夜间排出的团状粪便,称软粪。排软粪时,兔就直接用嘴从肛门处采食,稍加咀嚼便吞下,有时家兔在白天也食硬粪,称此现象为家兔的食粪性。属于正常现象。

家兔 3 周龄开始吃软粪,6 周龄前吞食量较少,以后每天吞食 50 g 左右。一般在最后一次采食饲料后 4 h 开始食软粪。家兔食软粪多在黑暗安静时进行。

4.择食性

家兔对饲料的采食是比较挑剔的,喜欢吃植物性饲料而不喜欢吃动物性饲料。考虑营养需要并兼顾适口性,配合饲料中,动物性饲料所占的比例不能太大,一般应小于 5%,并且要搅拌均匀;在饲草中,家兔喜欢吃豆科、十字花科、菊科等多叶性植物,不喜欢吃禾本科、直叶脉的植物,如稻草之类;喜欢吃植株的幼嫩部分。家兔喜欢吃有甜味和含有植物油的饲料,喜欢吃粒料,不喜欢吃粉料。因此,在生产上提倡应用颗粒饲料,最好带有甜味。

二、家兔品种分类

家兔的品种很多,全世界有 60 多个品种和 200 多个品系。根据家兔的生物学特性和经济用途等,通常有以下几种分类方法。

1. 按家兔被毛的生物学特性分类

(1)长毛型　毛长在 5 cm 以上,被毛生长速度快,每年可采毛 4～5 次,属于这种类型的兔是毛用兔,如安哥拉兔。

(2)标准毛型(或普通毛型)　毛长在 3 cm 左右,粗毛比例高且突出于绒毛之上。属于这种类型的兔主要有肉用兔、皮肉兼用兔,毛的利用价值不高,如新西兰兔、加利福尼亚兔、青紫蓝兔等。

(3)短毛型　主要特点是毛纤维短、密度大、直立,一般毛长不超过 2.2 cm,不短于 1.3 cm,平均毛长 1.6 cm 左右,粗毛和细毛的长度几乎一样长,被毛平整,粗毛率低,绒毛比例非常高。属于这种类型的兔主要是皮用兔,如獭兔。

2. 按家兔的经济用途分类

(1)毛用兔　其经济特性以产毛为主,体型中等,毛长在 5 cm 以上,毛密度大,产毛量高。毛品质好,毛纤维生长速度快,70 d 毛长可达 5 cm 以上,每年可采毛 4～5 次;绒毛多,粗毛少,细毛型兔粗毛率在 5% 以下,粗毛型兔粗毛率在 15% 以上。如安哥拉兔。

(2)肉用兔　其经济特性以产肉为主,体型较大,头大,颈粗短,多数有肉髯,体躯肌肉丰满,骨细皮薄,肉质鲜美,繁殖力强,具有早期生长速度快,一般 3 个月可达 2 kg 以上;成熟早,屠宰率高,全净膛屠宰率在 50% 以上;饲料报酬高。如新西兰兔、加利福尼亚兔等。

(3)皮用兔　其经济特性以产皮为主(制裘皮衣服等),体型多为中、小型,体躯结构匀称,头清秀,四肢强壮;被毛具有短、细、密、平、美、牢等特点,粗毛分布均匀,理想毛长为 1.6 cm (1.3～2.2 cm),被毛平整、光泽鲜艳;皮肤组织致密。如獭兔。

(4)实验用兔　其特性为被毛白色,耳大且血管明显,便于注射、采血用,在试验研究中日本大耳兔最为理想,其次为新西兰白兔,但目前应用数量多的是新西兰白兔。

(5)观赏用兔　有些品种外貌奇特,或毛色珍稀,或体格微型适于观赏用,如法国公羊兔(垂耳兔)、彩色兔、小型荷兰兔等。

(6)兼用兔　其经济特性具有两种或两种以上利用价值的家兔。如青紫蓝兔既适于皮用也适于肉用;日本大耳兔可作为实验用兔,也可作为肉用和皮用兔。

3. 按家兔的体型大小分类

(1)大型兔　成年兔体重在 6 kg 或 6 kg 以上,体格硕大,成熟较晚,增重速度快。如哈尔滨白兔、比利时的弗朗德巨兔、德国蝶斑兔。

(2)中型兔　成年兔体重 4～5 kg,体型中等,结构匀称,体躯发育良好。如新西兰兔、德系安哥拉兔。

(3)小型兔　成年兔体重 2～3 kg,性成熟早,繁殖力高。如中国白兔。

(4)微型兔　成年兔体重在 2 kg 以下,体型微小。如小型荷兰兔。

三、常见家兔品种

(一)肉用兔品种

1. 新西兰兔

新西兰兔毛色有白(图 6-1-1)、黄、棕色三种。该兔体型中等,头宽圆而粗短,耳小、宽厚而直立,颈粗短,颌下有肉髯,腰和肋部丰满,后躯发达,臀圆,四肢强壮有力,脚毛丰厚。成年母兔体重 4.5~5.4 kg,公兔 4.1~5.4 kg。

2. 加利福尼亚兔

加利福尼亚兔具有白色被毛,鼻端、两耳、四肢下端和尾呈黑色(图 6-1-2),故称之为"八点黑"。该兔体型中等,头大小适中,耳小直立,眼红色,嘴钝圆,胸部、肩部和后躯发育良好,肌肉丰满。四肢短细。成年母兔体重 3.9~4.8 kg,公兔 3.6~4.5 kg。

图 6-1-1　新西兰白兔

图 6-1-2　加利福尼亚兔

3. 比利时兔

该兔外貌酷似野兔,被毛深红而带黄褐或深褐色,头似"马头",眼黑色,耳较长,耳尖有光亮的黑色的毛边,颊部突出,额宽圆,鼻梁隆起,颈粗短,颌下有肉髯,但不发达,体躯较长,胸腹紧凑,骨骼较细,四肢粗大,体质结实,肌肉丰满(图 6-1-3)。成年体重中型 2.7~4.1 kg,大型 5.0~6.5 kg,高的可达 9 kg。

4. 丹麦白兔

该兔被毛纯白,柔软紧密,眼红色,头清秀,耳较小、宽厚而直立,口鼻端钝圆,额宽而隆起,颈粗短,背腰宽平,臀部丰满,体型匀称,肌肉发达,四肢较细(图 6-1-4)。母兔有肉髯。成年母兔体重 4.0~4.5 kg,公兔 3.5~4.4 kg。

图 6-1-3　比利时兔

5. 中国白兔

该兔体型小,全身纯白色,被毛粗短紧密,皮板厚实,头清秀,颈短,耳短小而厚、直立,眼红色,嘴较尖,四肢健壮,体质结构紧凑(图 6-1-5)。成年兔体重在 1.5~2.5 kg。成年屠宰率达 45% 左右。

图 6-1-4　丹麦白兔　　　　　　　　　　　图 6-1-5　中国白兔

(二)皮用兔品种

1.力克斯兔

俗称獭兔,亦称海狸力克斯兔和天鹅绒兔,是著名的皮用兔品种。獭兔皮的耐久性显著高于普通兔皮,而且具有保温性能好,日光不褪色,质地轻柔,十分美丽大方等特点。

该兔体型中等,体质结构匀称,肌肉丰满,胸宽,背长而直,臀圆,四肢强壮,头适中(图 6-1-6)。成年兔体重 2.5～3.5 kg,最高的可达 4 kg。獭兔被毛颜色比较多,有海狸色(即红棕色)、青紫蓝色、巧克力色(肝脏褐色)、天蓝色、乳白色、白色、黑色、红色等 14 种色型。

图 6-1-6　白色和黑色力克斯兔

2.亮兔

该兔皮毛表面光滑发亮,色泽鲜艳,多种色型,有巧克力色、黑色、青铜色、蓝色、棕色、加利福尼亚兔色、红色、白色等 9 个品系。体型中等,背腰丰满,头中等,臀圆。成年兔体重 4～5 kg,出肉率 50%。

(三)兼用兔品种

1.日本白兔

该兔体型较大而窄长,头偏小,两耳长大直立,耳根细,耳端略尖,形似柳叶,耳上血管网明显,适于注射与采血,是理想的试验研究用兔(图 6-1-7)。额宽、面丰、颈粗,母兔颈下有肉髯,被毛纯白、浓密柔软,眼粉红,前肢较细,皮板面积较大、质地良好。成年兔体重 4～5 kg。

2.青紫蓝兔

青紫蓝兔被毛浓密且具光泽,呈胡麻色并夹杂全黑色与全白的针毛。耳尖与尾背面黑色,眼圈与尾底白色,腹部淡灰到灰白色。每根绒毛纤维都分成五段颜色,自基部至毛尖的顺序依次为石盘蓝色(深灰色)、乳白色、珠灰色、白色和黑色。外貌匀称,头适中,颜面较长,嘴钝圆,耳中等、直立而稍向两侧倾斜,眼圆大,呈茶褐或蓝色,体质健壮,四肢粗大(图 6-1-8)。青紫蓝兔繁殖力、哺育力、抗病力均较强。

图 6-1-7　日本白兔

图 6-1-8　青紫蓝兔

该兔分标准型和大型两个品系:标准型较小,结实紧凑,耳短竖立,面圆,母兔颈下无肉髯,被毛较匀净,成年母兔重 2.7～3.6 kg,公兔 2.5～3.4 kg。大型兔体大,肌肉丰满,偏肉用,耳长而大,有肉髯,被毛色较浅且粗糙,成兔体重 4～5 kg,最大达 6 kg。

3.大耳黄兔

该兔按毛色可分为两个品系:A 系为橘黄色,耳朵和臀部有黑毛尖;B 系为杏黄色。两个品系兔的腹部的被毛均为乳白色。体躯长,胸围大,后躯发达,两耳大而直立,故取名为“大耳黄兔”(图 6-1-9)。大耳黄兔成年体重 4.0～5.0 kg,高者可达 6 kg 以上。

4.福建黄兔

该兔体型较小,背毛粗而短,耳小、直立,眼睛虹膜有红、黑、天蓝等色(图 6-1-10)。母兔乳头 4～5 对,以 4 对为多。成年兔体重为 2～3 kg,沿海的体重大于山区的。

图 6-1-9　大耳黄兔

图 6-1-10　福建黄兔

【技能训练】

技能训练 6-1　家兔品种识别和主要性状的比较

一、技能训练目标

(1)了解常见家兔品种的类型。

(2)了解不同经济用途和不同品种(系)家兔的外貌特征、体质类型及其优缺点,熟悉常见家兔品种的体型外貌特点。

(3)掌握常见家兔品种的识别技术。

二、技能训练材料

(1)具有典型特征的毛用兔、肉用兔(新西兰兔、加利福尼亚兔、弗朗德兔、大耳白兔、塞北兔等)和皮用兔(美系獭、德系獭、法系獭等)若干只。每个类型尽量多选择几个品种(系),包括国内培育的和国外引进的,以便于比较。条件允许的情况下,选择肉兔配套系中父系和母系的种兔若干只。

(2)有关家兔品种的幻灯片、录像片、挂图或照片。

(3)钢板尺、钢卷尺、软尺、游标卡尺、规尺、电子秤。

三、技能训练方法与步骤

1.准备工作

实习前,温习家兔品种教材内容,对不同家兔品种有一个整体印象。

2.品种(系)特征的观察和性状测定的内容和方法

对每个品种进行初步观察和外部特征的识别与描述,总结其基本特征。然后进行定性和定量的测量和鉴定,以便比较。

(1)毛用兔　头型、耳型和体型;耳毛、颊毛和脚毛,粗毛率和毛丛结构;与产毛有关的指标,如体重、被毛长度和被毛密度。

头型可分为长、方、圆和三角形;耳型可分直立、V形上举和下垂(一耳垂和双耳垂);耳的状态可用数据描述,如长度(耳根至耳尖的直线距离)、宽度(耳朵最宽处)和厚度(耳尖部,用游标卡尺测定),单位为 cm;体型可分方形、长方形、三角形、枣核形(两头尖中间宽)等;被毛密度以 1 cm 宽度的被毛厚度代表,用游标卡尺测定。沿脊柱由后向前将卡尺插入背中部被毛,然后轻轻推动,使卡口卡住被毛,松紧适度。取出卡尺,读取数据,精确到 0.01 cm。

(2)肉用兔　头型、耳型和体型;肉髯;有色家兔不同部位被毛的颜色,包括背部、体侧、腹部、八端(两耳、嘴巴、尾巴、四肢下部),每根毛纤维的毛基、毛梢和毛干的颜色,眼球颜色;被毛长度(枪毛长度和绒毛长度)、被毛密度和脚毛状况。

与产肉有关的指标:体重(单位:kg);胸围、胸宽、胸深、腹围、臀围、臀长、臀宽(单位:cm)。

(3)皮用兔(力克斯兔)　基本观察和测定内容同肉用兔。所不同的是,力克斯兔的触毛(眉毛和胡须)是弯曲的;个别品系臀部下端皮肤松弛形成似肉髯样的皱褶,俗称肉裙。

3.品种(系)特征的观察和比较

(1)家兔外貌特征的观察比较(表 6-1-1)

总体:包括类型(指疏松型、紧凑型、清秀型等)、体型、头型、耳型、肉髯、肉裙等。

耳朵:包括长度、宽度、厚度等。

颜色:包括基本颜色(指该兔的被毛颜色类型,如八点黑、黄褐、青紫蓝、白色、黑色、海狸等)、毛根、毛干、毛尖、背部、体侧、腹部、眼球等。

（2）家兔被毛特征的鉴定和比较（表6-1-2）

肉用兔：包括枪毛长、绒毛长、毛密、粗毛率、脚毛等。

皮用兔：包括毛长、毛密、粗毛率、脚毛等。

毛用兔：包括耳毛、颊毛、脚毛、毛长、毛密、粗毛率、脚毛、毛丛等。

（3）家兔产肉性状的鉴定和比较（表6-1-3）　包括类别、品种（系）、编号、月龄、体重、胸围、胸宽、胸深、腹围、臀围、臀长、臀宽、备注等。

表6-1-1　家兔外貌特征的观察比较

所属单位　　　　　　　　　　　　　　　　　　　评定日期

类别①	品种（系）	编号	总体						耳朵			颜色							
			类型②	体型	头型	耳型	肉髯	肉裙	长度	宽度	厚度	基本颜色③	毛根	毛干	毛尖	背部	体侧	腹部	眼球

注：①类别：指毛用、肉用和皮用；

②类型：指疏松型、紧凑型、清秀型等；

③基本颜色：指该兔的被毛颜色类型，如：八点黑、黄褐、青紫蓝、白色、黑色、海狸等。

表6-1-2　家兔被毛特征的鉴定和比较

类别	品种（系）	编号	肉用兔					皮用兔				毛用兔						
			枪毛长	绒毛长	毛密	粗毛率	脚毛	毛长	毛密	粗毛率	脚毛	耳毛	颊毛	脚毛	毛长	毛密	粗毛率	脚毛	毛丛

表6-1-3　家兔产肉性状的鉴定和比较

类别	品种（系）	编号	月龄	体重	胸围	胸宽	胸深	腹围	臀围	臀长	臀宽	备注

四、技能考核标准

家兔品种识别和主要性状的比较技能考核标准见表6-1-4。

表 6-1-4　家兔品种识别和主要性状的比较技能考核标准

序号	考核项目	考核标准	参考分值
1	家兔外貌特征的观察	根据学生实际操作情况,并结合口述,按实习态度(20%)、操作能力(30%)、实训结果(30%)、实训报告(20%)分项给分	30
2	家兔被毛特征鉴定		30
3	家兔产肉性状鉴定		40
合计			100

任务 6-2　家兔的繁殖技术

一、家兔繁殖的一般特性

(一)繁殖力极强

1.独立双子宫

母兔有两个完全分离的子宫,两个子宫有各自的子宫颈,共同开口于一个阴道,而且无子宫角和子宫体之分。两子宫颈间有间膜隔开,不会发生像其他家畜那样在受精后受精卵由一个子宫角向另一个子宫角移行。

在生产上偶有妊娠期复妊的现象发生,即母兔妊娠后,又接受交配再妊娠,前后妊娠的胎儿分别在两侧子宫内着床,胎儿发育正常,分娩时分期产仔。

2.卵子大

家兔的卵子是目前已知哺乳动物中最大的卵子,直径达 160 μm,同时,也是发育最快、卵裂阶段最容易在体外培养的哺乳动物的卵子。

3.繁殖力高

家兔性成熟早,妊娠期短,世代间隔短,一年四季均可繁殖,窝产仔数多。以中型兔为例,仔兔生后 5～6 月龄就可配种,妊娠期一个月(30 d),一年内可繁殖两代。集约化生产条件下,每只繁殖母兔可年产 8～9 窝,每窝可成活 6～7 只,一年内可育成 50～60 只仔兔。培育种兔每年可繁殖 4～5 胎,获得 25～30 只种兔。

(二)刺激性排卵

哺乳动物的排卵类型有三种:一种是自发排卵,自动形成功能性黄体,如马、牛、羊、猪属于此类;另一种是自发排卵交配后形成功能性黄体,老鼠属于这种类型;第三种是刺激性排卵,家兔就属此类型。

(三)假妊娠比例高

假孕也称假妊娠是指母兔交配后或被其他兔子爬跨刺激后排卵而未受精,卵巢形成黄体,母兔表现出妊娠的现象。在这期间配种,一般不易受胎。假妊娠母兔是由于孕酮的不断分泌促使其乳房系统发育,子宫增大,有的可持续至 20 d 左右。母兔临床上表现为临产行为、乳房发育并分泌乳汁,衔草做窝,拉毛营巢。但由于子宫内无胎儿的存在,黄体在子宫分泌的前列腺素的作用下溶解,从而使假妊娠中止,母兔最终因空怀并无胎儿产出。

（四）胚胎在附植前后的损失率较高

家兔的胚胎在附植前后的损失率较高，对附植后胚胎损失率影响最大的因素是肥胖。母体过于肥胖时，体内沉积大量脂肪，压迫生殖器官，使卵巢、输卵管容积变小，卵子或受精卵不能很好发育，以致降低了受胎率和使胎儿早期死亡。另外，高温应激、惊群应激、过度消瘦、疾病等，也会影响胚胎的存活。

（五）公兔夏季不育

环境温度和光照对公兔繁殖性能影响相当大。每年的夏季日照过长，外界温度过高，使公兔生理上发生一系列变化，如睾丸缩小，内分泌机能紊乱，性欲下降，食欲减退，进而是射精量减少，精子密度降低、活力下降，死精和畸形精子比例增高，故此使公兔不易繁殖，称之为公兔夏季不育。

二、家兔发情与配种特点

（一）家兔发情特点

兔发情周期一般为 7～15 d，发情期一般为 3～5 d。母兔发情具有以下特点：

1. 发情的不完全性

发情时缺乏某方面变化的称为不完全发情。据观察，公、母兔分养时不完全发情的比例很大，如中国家兔 80% 个体表现完全发情症状，而发情不接受交配的或接受交配，阴唇黏膜不充血、不潮红的占 20%；但当公、母兔混养或临近公兔饲养的母兔不完全发情的比例减少。

2. 发情周期的不固定性

有两种说法，一种说法认为母兔不存在发情的周期性，母兔卵巢上经常存在着成熟的卵泡，因此任何时间均可配种受胎；另一种认为母兔的发情存在重复性，只要卵巢内有一批卵泡发育成熟，母兔就会出现发情症状，周期为 6～29 d。

3. 发情的无季节性

野兔有明显的发情季节性，多在春、夏季发情配种，家兔虽源于野兔，但已逐渐驯化可以一年四季表现发情，特别是工厂化养兔可常年产仔。

4. 产后发情早

母兔分娩后第 2 天即普遍发情，远比其他家畜早，配种后可受胎，尤其公、母兔混养表现更明显。

5. 断乳后普遍发情

母兔泌乳 35 d 左右给仔兔断乳，3 d 后，母兔发情者较多，此时配种受胎率较高。

（二）家兔配种技巧

1. 配种前的准备

在公、母兔进行配种之前，首先要进行全面检查，如检查膘情、性活动机能、生殖器官是否正常、体质是否健壮等。其次，在交配前数日，需要将公、母兔外生殖器官附近的长毛剪去，以免交配时有所妨碍，这一操作对毛用兔尤为重要。第三，检查母兔的发情状况，若未发情者外阴部苍白而干涩；发情者外阴部膜则红肿、湿润。但以呈红透感觉时交配效果最好。

2. 交配程序

检查母兔发情状况，若外阴唇"红透"，又值天气晴和，则在上午饲喂后，兔子精神饱满之际,进行配种。配种时把母兔轻轻放入公兔笼中,此时如双方用嗅觉辨明对方性别后,公兔即追逐母兔,并试伏母兔背上,或以前足揉弄母兔腰部乳房,同时屈躬作性交动作。如果母兔正在发情,则略逃数步,即伏下待公兔爬在背上,作性交动作时,即举尾迎合。若把母兔放入公兔笼中交配时,公兔追逐,母兔逃避或匍匐在地,并用尾部紧掩外阴部。此时公兔用嘴咬扯母兔的颈毛或耳朵,或者掉头伏在母兔头上,频频以生殖器向母兔鼻间作性交状态的摩擦,似给母兔调情。数分钟后,仍不交配,这时可让母兔再由其他公兔交配。如果还不接受交配时,应立即将母兔送回原笼,改日再配。若母兔不接受交配时,也可采用人工辅助的方法,即用左手抓住母兔耳朵与颈部,右手伸入母兔腹下,举起母兔的臀部,让公兔爬跨交配。

3. 配后处理及复配检查

交配以后,公、母兔均需安静休息。要将初配日期、所用公兔品种、编号等及时登记在母兔繁殖卡片上。

为了确保母兔及时怀孕与产仔,须在初配后 5 d 左右,再用上述方法进行复配一次。如母兔拒绝交配,逃离公兔并发出"咕、咕"的叫声,这意味着已经受精。速将母兔送回原笼,以免奔逃过久而影响胎儿。如果母兔接受交配,则表明初配未孕。随将复配日期记入繁殖卡片上。若复配不成功,常于配后 15～20 d 发现母兔有营巢现象,是假受孕或小产的现象。应重新进行交配。

三、家兔妊娠诊断

家兔妊娠诊断有以下几种方法:

1. 称重法

即在母兔配种之前和配种 12 h 之后分别称重,看两次体重的差异。由于胎儿在前期增长很慢,胎儿及子宫增加的总重量不大,母兔采食多少所增减的重量远比母兔妊娠前期的实际增重大。故应用价值不大。

2. 试情法

又称复配法,即在母兔配种后 5～7 h,将母兔放在公兔笼中,如接受交配,便认为空怀,如拒绝交配,便认为已孕,此法诊断妊娠,准确性也较差。且怀孕母兔会与公兔咬斗,不宜提倡。

3. 孕酮水平测定法

据测定,母兔发情期孕酮水平是 1 mL 血清中 0.8～1.5 ng,配种后第 5 天未孕的为 2 ng,而怀孕的高达 7 mg。用此法在配种后 4～5 h 即可确诊妊娠与否,准确性高。但方法复杂,成本高,难以在生产中应用。

4. 摸胎法

是利用手指隔着母兔腹壁触摸胚胎诊断妊娠的方法。一般从母兔配种后 8～10 h 开始,最好在早晨饲喂前空腹进行。将母兔放在一个平面上,左手抓住耳朵及颈皮,使之安静,兔头朝向操作者。右手的大拇指与其他四指分开呈"八"字形,手心向上,伸到母兔后腹部触摸,未孕的母兔腹部柔软,怀孕母兔可触摸到似肉球样、可滑动的、花生米大小的胚泡(图 6-2-1)。生产中常用此法。

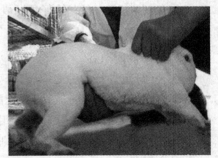

图 6-2-1　母兔妊娠诊断——摸胎法

任务 6-3　家兔的饲养管理技术

一、兔的常规管理技术

(一)饲养管理一般原则

1. 合理搭配多样化青粗饲料和精料

在生产上切忌给家兔饲喂单一的饲料,并尽量做到多样化和合理搭配。表 6-3-1 列出了常用饲料原料在家兔精料补充料和全价配合饲料中的适宜范围。

表 6-3-1　常用饲料原料在家兔精料补充料和全价配合饲料中适宜范围　　　　　　%

饲料原料	精料补充料	全价配合料	饲料原料	精料补充料	全价配合料
能量饲料	65~75	40~65	**蛋白质饲料**	25~30	15~20
玉米	20~25	20~25	豆粕	20~25	15~20
小麦	20~40	20~35	花生粕	10~20	10~15
麸皮	20~40	15~30	棉仁粕	10~15	5~10
大麦	20~40	20~40	菜籽粕	10~15	5~10
高粱	10~15	5~15	鱼粉	3~5	2~3
动植物油	3~5	1~2	饲料酵母	3~5	2~3
粗饲料			**矿物质饲料**	3~5	2~3
优质苜蓿粉	—	35~50	食盐	0.7~1.0	0.5~0.7
普通苜蓿粉	—	25~45	磷酸氢钙	2~3	1.2~1.5
花生秧	—	25~45	石粉	2~3	1~2
地瓜秧	—	25~40	贝壳粉	2~3	1~2
豆秸	—	20~35			
玉米秸(上 1/3 和叶)	—	20~30	**添加剂预混料**	1.5~2.0	1
青干草	—	25~45			

2. 采用科学的饲喂技术

(1)选择合适的料型　家兔更愿意采食颗粒饲料,采食时需要充分咀嚼,可起到磨牙的作用。同时,颗粒料使家兔不能挑食,营养全面,也有利于饲料的保存。理想的颗粒饲料直径在 3.5~4.5 mm,长度一般 0.8~1 cm。

(2)饲喂次数　兔为频密采食动物,每天采食的次数多而每次采食的时间短。以喂鲜青料或粗饲料为主适当补喂精料时,每天至少要饲喂 5 次,即 2 次精料和 3 次鲜青料或粗饲料,2 次精料分别在上午 9:00~10:00 和下午 4:00~5:00 喂给,上午占 40%,下午占 60%;三次青料分别为上午 7:00~8:00、下午 2:00 和晚间 8:00~9:00 喂给,晚间一次占总量的 40%。

(3)晚上应添足夜草　家兔为夜行性动物,夜间的采食量和饮水量大于白天,据统计,家兔在一昼夜中,夜间的采食量和饮水量约占 70%,因此晚上应给兔多添加草料,以供夜间采食。

(4)调换饲料时要逐渐增减　在更换饲料时,新用的饲料量要逐渐增加,原来用的饲料量要逐渐减少,过渡 5~7 d,以便其消化机能逐渐适应于新的饲料条件。

3. 调制饲料,保证品质

不同饲料原料具有不同的特点,要按各种饲料的不同特点进行合理调制,做到洗净、切碎、煮熟、调匀、晾干,以提高饲料利用率,增进食欲,促进消化,并达到防病目的。

4. 保证饮水

家兔日需水量较大,尤其夜间饮水次数较多,即使饲喂青草和新鲜蔬菜,仍需喂一定量的水。家兔每天的需水量一般为采食干物质的 2~3 倍。在饲喂颗粒饲料时,中、小型兔每天每只需水 300~400 mL,大型兔为 400~500 mL。由于家兔有夜食夜饮的习性,夜间饮水量约为一昼夜的 60%,故必须注意夜间饮水。

(二)家兔常规操作技术

1. 捉兔(抓兔)方法

捉兔的基本要求是不使兔子受惊,不伤人和兔子;先用右手按摩兔子头部、背部,再来抓。

正确捉兔法:青年兔、成年兔应一手抓住耳朵及颈皮提起,另一手托住臀部(图 6-3-1);幼兔应一手抓颈背部皮毛,一手托住其腹部,注意保持兔体平衡;小仔兔最好是用手捧起来。

错误的操作:一是抓耳朵。二是抓腰部或背部皮肤。三是捉后腿。四是抓尾巴。

图 6-3-1　正确抓兔方法

2. 年龄鉴定

家兔的年龄在兔场是按初生记录查得或从兔号上看出生的时间。在没有记录的情况下,可以根据脚爪的长短、颜色、弯曲度或牙齿的色泽、排列以及皮肤的厚薄等进行鉴定。

家兔的门齿和爪随年龄的增长而增长,因此,门齿和爪是鉴别年龄的主要依据。青年兔的门齿洁白短小,排列整齐;老年兔的门齿黄暗、长而厚,排列不整齐,有时有破损。

3. 公母鉴别

公母鉴别的主要目的是为了淘汰公兔,尤其是初生仔兔。

(1)初生仔兔　主要根据阴部孔洞形状及肛门之间的距离进行识别。母兔的阴部孔洞呈扁形而略大于肛门,且距离较近。公兔的阴部孔洞呈圆形而略小于肛门,且距离较远。应注意不要简单地以留大去小作为留母去公的依据,以免造成失误。

(2)开眼后仔兔　主要是直接检查外生殖器。方法是左手抓住仔兔耳颈部,右手食指和中指夹住尾巴,用大拇指轻轻向上推开生殖器孔,发现公兔局部呈 O 形,并可翻起圆筒状突起;母兔则局部呈 V 形,下端裂缝延至肛门,无明显突起(图 6-3-2)。

(3)3 月龄以上青年兔　轻压阴部皮肤就可翻开生殖孔。公兔可看到有圆柱状突起;母兔则有尖叶状裂缝延至肛门。

(4)成年兔　成年公母兔的性别鉴定很容易,公兔的鼠鼷部有一对明显的阴囊下垂,母兔则无。

4. 采毛

采用的方法主要有梳毛、剪毛和拔毛 3 种。

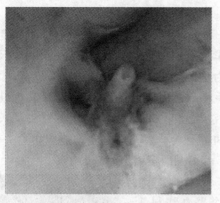

公兔为管状 (O 形)

母兔为 V 形

图 6-3-2　兔子公母鉴别

（1）梳毛　梳毛的目的有两个，即一是防止兔毛缠结，提高兔毛质量；二是积少成多收集兔毛。兔绒毛纤维的鳞片层常会互相缠结勾连，如久不梳理，就会结成毡块而降低毛的等级甚至成为等外毛，失去纺织和经济价值。梳毛时的毛也可以收集起来加以利用。

图 6-3-3　剪毛

仔兔断奶后即应开始梳毛，以后每隔 10～15 d 梳毛 1 次。成年兔在每次采毛后的第 2 个月即应梳毛，每 10 d 左右梳理一次，直至下次采毛。

（2）剪毛　剪毛是长毛兔采毛的主要方法，最好是专人剪毛（图 6-3-3）。幼兔第一次剪毛在 8 周龄，以后同成年兔。成年兔以每年剪毛 4～5 次为宜。一般年剪 5 次毛的时间安排是：3 月上旬，养毛期 80 d；5 月中旬，养毛期 70 d；7 月下旬，养毛期 60 d；10 月上旬，养毛期 80 d；12 月下旬，养毛期 70 d。

（3）拔毛或拉毛　拔毛或拉毛是一种新的重要的采毛方法，拔长留短法适于寒冷或换毛季节，每隔 30～40 d 拔 1 次；全部拔光法适于温暖季节，每隔 70～90 d 拔毛一次。拔毛操作时，先用梳子梳理被毛；用左手固定兔子，右手拇指将毛按在食指上，均匀用力拔取一小撮一小撮的长毛，也可用右手拇将长毛压在梳子上拔取小束长毛；体质壮的青年兔即使是全部拔光时，也要保留头、脚、尾和四肢软裆处的毛。

5.公兔去势

凡不留作种用的公兔，在生后 10～12 周龄进行去势。但生长肉兔的公兔一般在 3 月龄达到 2.5 kg 即出栏，不宜去势。去势方法主要有以下三种：

（1）阉割法　阉割时将家兔仰卧保定，用手将睾丸从腹腔挤入阴囊并固定住，不使之滑动，然后用 75％酒精或 2％碘酊消毒阴囊切口处，随之用消毒过的手术刀沿阴囊纵向切开并挤出睾丸，切断精索。两侧睾丸同样处理。摘除睾丸后，在切口处涂上碘酒即可。

（2）结扎法　家兔仰卧保定，用手将睾丸从腹腔挤入阴囊，用手将睾丸紧紧捏住，用消毒线或橡皮筋将睾丸连阴囊扎紧，断绝其血液供应，几天后睾丸即能枯萎脱落。

303

（3）注射法（又称化学去势法）

①碘酊去势法：常用的消毒用碘酊即可，以2％～3％浓度为宜。剂量为小型兔0.3 mL/只，中型兔0.4 mL/只，大型兔0.5 mL/只。操作时，将睾丸挤入阴囊，左手捏住并消毒，右手持针30°角刺入睾丸，慢慢注入碘酊到睾丸发硬为止。

②高锰酸钾去势法：将去势兔仰卧固定，用手将睾丸由腹腔挤入阴囊，用手轻捏住不使之滑动，然后用75％的酒精消毒注射部位，右手持注射器呈30°角由前向后将针头刺入睾丸中部，缓缓注入7％～8％的高锰酸钾溶液，直到睾丸发硬为止。注射剂量一般成年兔2 mL/只，青年兔1.5 mL/只，幼兔1 mL/只。注射后4～5 d睾丸即萎缩至原来的1/3。

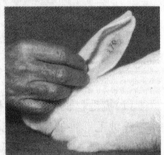

③氯化钙去势法：将氯化钙1 g溶于10 mL蒸馏水中，加入0.1 mL甲醛溶液，摇匀过滤后装瓶备用。每个睾丸注射1～2 mL。在阴囊纵轴前方消毒，注入氯化钙药液，开始时睾丸出现肿胀，3～5 d后自然消失，7～10 d萎缩即丧失性欲。

6.编号

常用的编号方法有钳刺、针刺和耳标法。编号内容包括出生日期、品种或品系代号、个体号等（图6-3-4）。

图6-3-4　兔耳刺号

（1）钳刺法　钳刺法是用专用的耳号钳在兔耳上血管最少处刺编号码。耳号钳上有可供装卸字码的槽位，只要将所需的号码按需装入槽位，并以活动挡片固定，即可在兔耳上刺号。每刺一只兔换一次字码号。

（2）针刺法　若无专用耳号钳时，可用注射针头或蘸水笔蘸墨汁在兔耳上血管最少处扎刺，效果相同，只是操作慢些。

（3）耳标法　将金属耳标或塑料耳标镶压在兔耳上，一般公兔挂左耳，母兔挂右耳。但耳标有时会因打斗、撕咬而脱落。

二、各类型兔的饲养管理

（一）仔兔的护理与管理

1.睡眠期仔兔的饲养管理

（1）早吃奶，吃足奶　初乳对家兔来说没有反刍动物、马、猪那样重要。在仔兔（图6-3-5）生后6 h要检查母兔的哺乳情况，如发现仔兔未吃到奶，要及时让母兔喂奶，并做好以下工作：①强制哺乳（人工辅助哺乳，见图6-3-6）；②调整寄养仔兔；③人工哺乳；④防止吊乳。

图6-3-5　初生仔兔

图6-3-6　人工辅助哺乳

（2）认真搞好管理 ①夏天防暑，冬天防寒；②预防鼠害；③防止发生仔兔黄尿病；④防止感染球虫病；⑤防止仔兔窒息或残疾；⑥保护产仔箱内干燥卫生。

2. 开眼期仔兔的饲养管理

（1）及时开眼 仔兔一般在11～12 d眼睛会自动睁开。如仔兔14日龄仍未开眼，应先用棉花蘸清洁水涂抹软化，抹去眼边分泌物，帮助开眼。切忌用手强行拔开，以免导致仔兔失明。

（2）搞好补料工作 仔兔的补料方法有两种，一种是提高母兔的饲料量或质量，增加饲料槽，由于母仔同笼饲养，共同采食，因此最好采用长形饲槽，以免由于采食时拥挤，体格弱小的兔吃不到饲料。另一种是补给仔兔优质饲料，要求补给仔兔的饲料容易消化，富有营养，清洁卫生，适口性好，加工细致，但不宜喂给仔兔含水分高的青绿饲料，因为仔兔开食后粪便增多并开始采食软粪，高水分的青绿饲料易引起腹泻、胀肚而死亡。

（3）抓好断奶工作 仔兔断奶时间和体重有一定差别，范围在30～50 d，体重600～750 g，因生产方向和品种不同而异。如肉兔30日龄左右，獭兔35～40日龄，长毛兔40～50日龄。

（4）加强管理，预防疾病 要经常检查仔兔的健康状况，如有拉稀或黄尿病情况发生，要查明原因，及时采取措施。通过观察仔兔的耳色，可判断出仔兔的营养状况。耳色桃红（指白色兔）表明营养良好；耳色暗淡或苍白，则说明营养不良，应增加营养供给。

（二）幼兔的饲养管理

幼兔指断奶后到3月龄这一阶段小兔而言。幼兔阶段是养兔生产难度最大、问题最多的时期。一般兔场、养殖户，此阶段兔的死亡率为10％～20％，而一些饲养管理条件较差的兔场、养殖户，兔的死亡率可达50％以上。

重点做好以下工作：①加强饲养；②搞好管理；③断奶时要进行第一次鉴定、打耳号、称重、分群等工作，并登记在幼兔生长发育卡上；④加强运动；⑤长毛兔按时剪毛；⑥预防投药和及时注射疫苗；⑦按时定期称重；⑧搞好环境卫生。

（三）青年兔的饲养管理

青年兔是指3月龄到初次配种这一时期的兔，又称育成兔或后备兔。

1. 饲养方面

营养上要保证有充足的蛋白质、无机盐和维生素。因为青年兔吃得多，生长快，且以肌肉和骨骼增长为主。饲料应以青绿饲料为主，适当补喂精料。一般在4月龄之内喂料不限量，使之吃饱吃好，5月龄以后，适当控制精料，防止过肥。

2. 管理方面

重点是及时做好公、母分群，以防早配和乱配。

（1）单笼饲养 从3月龄开始要公、母分开饲养，尽量做到1兔1笼。据观察，3月龄以后的公、母兔生殖器官开始发育，逐渐有了配种要求，但尚未达到体成熟年龄。若早配则影响其生长发育。

（2）选种鉴定 对4月龄以上的公、母兔进行1次综合鉴定，重点是外形特征、生长发育、产毛性能、健康状况等指标。把鉴定选种后的兔子分别归入不同的群体中，如种兔群应是生长发育优良、健康无病、符合种用要求的兔子。

（3）适时配种利用 从6月龄开始训练公兔进行配种，一般每周交配1次，以提高早熟性和增强性欲。

（四）种公兔的饲养管理

种公兔的饲养管理可分为配种期和非配种期,但现代养兔生产中区分不明显。

1. 种公兔的饲养

种公兔的饲料必须营养全面,体积小,适口性好,易于消化吸收。种公兔每次射精量为 0.4~1.5 mL,每毫升精液中的精子数为 100 万~2 000 万个。对于种公兔,自幼即应注意饲料的品质,不宜喂体积过大或水分过多的饲料,特别是幼年时期,如全喂青粗饲料,不仅兔的增重慢,成年时体重小,而且精液品质也差。如公兔腹部过大或种用性能差时,不宜作为种用。

对种公兔应实行限制饲养,防止体况过肥,因为过肥的公兔不仅配种能力差,性欲降低,而且精液品质也差。限制饲养的方法有两种,一种是对采食量进行限制,即混合饲喂时,补喂的精料混合料或颗粒饲料每只兔每天不超过 50 g,自由采食颗粒料时,每只兔每天的饲喂量不超过 150 g;另一种是对采食时间进行限制,即料槽中一定时间有料,其余时间只给饮水,一般料槽中每天的有料时间为 5 h。

2. 种公兔的管理

对种公兔的管理应注意以下几点:①对种公兔应自幼进行选育和培养,并加大淘汰强度;②适时配种;③加强运动;④笼舍清洁干燥;⑤搞好初配调教;⑥单笼饲养;⑦保持合理的室温;⑧合理利用种公兔;⑨毛用种公兔的采毛间隔时间应缩短;⑩做好配种记录。

（五）种母兔的饲养管理

1. 空怀母兔的饲养管理

(1)保持适当的膘情　空怀母兔要求七八成膘。如母兔体况过肥,应停止精料补充料的饲喂,只喂给青绿饲料或干草,否则会在卵巢结缔组织中沉积大量脂肪而阻碍卵细胞的正常发育并造成母兔不育;对过瘦母兔,应适当增加精料补充料的喂量。

(2)注意青绿饲料或维生素的补充　配种前母兔除补加精料补充料外,应以青饲料为主,冬季和早春季节,每天应供给 100 g 左右的胡萝卜或冬牧 70 黑麦、大麦芽等,以保证繁殖所需维生素(主要是维生素 A、维生素 E)的供给,促使母兔正常发情。规模化兔场在日粮中添加复合物维生素添加剂。

(3)改善管理条件　注意兔舍的通风透光,冬季适当增加光照时间,使每天的光照时间达 14 h 左右,光照强度为每平方米 2 W 左右,电灯高度 2 m 左右,以利发情受胎。

2. 妊娠母兔的饲养管理

(1)加强营养　妊娠母兔的妊娠前期(即胚期和胎前期,妊娠后 1~18 d),因母体和胎儿生长速度很慢,故饲养水平稍高于空怀母兔即可;而妊娠后期(即胎儿期,妊娠后 19~30 d),因胎儿生长迅速,需要营养物质较多,故饲养水平应比空怀母兔高 1~1.5 倍。因此,母兔在妊娠期应给予营养价值较高的饲料,其中富含蛋白质、维生素和矿物质,并逐渐增加饲喂量,直到临产前 3 d 才减少精料量,但要多喂优质青饲料。

(2)加强护理,防止流产　母兔流产一般在妊娠后 15~25 d 内发生。引起母兔流产的原因有营养性、机械性和疾病性 3 种,为了防止母兔流产,在护理上应做到:①不无故捕捉妊娠母兔;②保持舍内安静和清洁干燥;③严禁喂给发霉变质饲料和有毒青草等;④冬季最好饮温水;⑤摸胎时动作要轻柔;⑥毛用兔在妊娠期特别是妊娠后期,应禁止采毛。

(3)做好产前准备工作　产前 3~4 d 准备好产仔箱,清洗消毒后铺一层晒干柔软的干草,然后将产仔箱放入母兔笼内,让母兔熟悉环境并拉毛做巢(必要时可帮助母兔拉毛)。产仔箱事先要清洗消毒,消除异味。产期要设专人值班,冬季要注意保温,夏季要注意防暑。供水要充足,水中加些食盐和红糖。

3.哺乳母兔的饲养管理

(1)饲养方面　要给哺乳母兔饲喂营养全面、新鲜优质、适口性好、易于消化吸收的饲料,在充分喂给优质精料的同时,还需喂给优质青饲料。哺乳母兔的饲料喂量要随着仔兔的生长发育不断增加,并充分供给饮水,以满足泌乳的需要。直至仔兔断奶前1周左右,开始逐渐给母兔减料。

(2)管理方面　重点是经常检查母兔的泌乳情况和预防乳房炎。

首先应做好产后护理工作,包括产后母兔应立即饮水,最好是饮用红糖水、小米粥等;冬季要饮用温水;刚产下仔兔要清点数量,挑出死亡兔和湿污毛兔,并做好记录等。产房应专人负责,并注意冬季保温防寒,夏季防暑防蚊。

预防乳房炎的方法有:①及时检查乳房,看是否排空乳汁、有无硬块(按摩可使硬块变软);②发现乳头有破裂时需及时涂擦碘酊或内服消炎药;③经常检查笼底底板及巢箱的安全状态,以防损伤乳房或乳头。

三、獭兔的饲养管理

獭兔是比较著名的裘皮用兔,它不仅毛皮珍贵,产肉性能也较好。其生长发育表现在体重的逐渐增长和毛皮的渐趋成熟。体重的增长规律是前期生长快,后期相对较慢,其增重速度主要受遗传因素和环境因素(营养、管理、气候等)的影响,在性别上也有一定的差异,一般公兔的生长速度明显低于母兔。

獭兔出生后第3天开始长绒毛,并有固有色型出现;15日龄被毛光亮;15～30日龄被毛生长最快,以后就停止生长;60日龄开始换胎毛;4～4.5月龄第一次年龄性换毛;5～6月龄被毛光润并呈标准色彩,此时体重2.75～3.0 kg,即可取皮,产肉性能也好。獭兔在5～6月龄时体重达2.75～3 kg,毛皮质量较好,产肉率也较高,皮肤面积可达111 cm²,已能符合等级皮的要求。如从毛皮成熟而言,能在第二次年龄换毛后取皮最好,但饲养期要延长2个月,增加了饲养成本。在5～6月龄取皮,将有利于提高经济效益。饲养獭兔主要目的是为了取优质裘皮,一般在青年兔时期取皮,是因为此时期体内代谢旺盛,獭兔生长发育快。为了能满足此时期生长发育需要,不仅要有全面的营养供应,而且此时饲料数量供应必须充足。

獭兔的管理方面应做好:①分群饲养工作。对断奶后的幼公兔除留种外应全部去势,按体型大小、年龄、强弱分群,每笼一群,每群4～5只(笼面积约为0.5 m²)。淘汰种兔按性别分群,每群2～3只,短时期群养取皮,群兔常有斗殴现象,应注意及时调整,如遇上屡有不合群的兔可单笼饲养。②做好清洁卫生,兔舍内笼位要勤打扫,经常保持兔舍、兔笼清洁卫生、干燥,这样有利于兔裘皮质量。③做好疾病防治工作,兔群应定期注射兔瘟疫苗和巴氏杆菌疫苗,以免兔瘟病的传入造成损失。④对疥癣病、真菌病,虱、跳蚤等外寄生虫病应及时采取措施,该隔离的隔离,该治疗的及时治疗,以免造成损失。

四、长毛兔的饲养管理

安哥拉兔每年生产优质兔毛1.0～1.4 kg,在所有产毛动物中兔毛产量与活体重的比率最高,大约为 30%,而绵山羊毛或骆驼的驼绒都小于 10%。

安哥拉兔把食物转化为毛蛋白的能力主要依赖于所供给的养分,两个重要的营养目标为:一是给家兔提供全部的营养以实现产毛的遗传潜力,二是避免影响家兔寿命的生理障碍。

毛兔的采食量随着采毛周期(一般 3 个月采一次毛)和毛的生长情况而变化,采毛后的第 1 个月,兔的采食量最大,因这时兔体毛短或裸露,大量体热被散发,需要补充大量的能量;经 2 个月,兔毛已长到一定的长度,此时是兔毛长得最快的阶段,因此必须保证兔子吃饱吃好;3 个月后,毛长到一定长度,开始长得较慢了,此时兔的采食量相应减少了,所以在饲养毛兔时,必须根据采毛后的不同阶段和采食量的变化规律,细心调节饲料。

毛兔一般有两种饲喂方法:一种是采毛后第 1 个月,每兔(成年)每只喂 190~210 g 干饲料,第 2 个月喂 170~180 g,第 3 个月喂 140~150 g;另一种是采毛后 1 个月内任意采食,第 2 个月以后都采用定时定量饲喂。毛兔采毛后兔体裸露,夏季要防止太阳直射,冬天要注意保暖,适当增加营养。母兔在临近分娩时不要剪毛,以免营养得不到及时补充而影响胎儿发育。母兔采毛时间可以安排在配种前,到分娩时毛还较短,便于仔兔吮乳。平时要定期梳毛,及时清除草屑、粪便,防止食入兔毛而引起毛球病,发现兔疥癣要及时治疗、隔离。

五、兔的育肥技术

(一)兔的育肥原理

肉兔育肥,一方面是要在短期内增加体内的营养蓄积,另一方面是尽可能减少体内的营养消耗,促进同化作用,抑制异化作用,使肉兔采食的营养物质除维持正常生命活动外,能大量蓄积在体内,形成肌肉和脂肪。

影响育肥的因素很多,主要有品种、饲料、饲喂方式、温度与光照、去势等等。

(二)兔的育肥方法

家兔的育肥方法可分为三种,即幼兔育肥、青年兔育肥和成年兔育肥。

1.幼兔育肥法

是指仔兔断奶后即开始催肥。育肥开始时可采用群养法,10~20 d 后即可采用限制饲养的密集饲养法,时间为 30~40 d,体重达 2.5~3.0 kg 即可屠宰销售,一般屠宰率可达 50%。

(1)饲养方法 一般可分三个阶段进行。断奶后 7~10 d 内可维持断奶的饲料,以防由于突然更换饲料引起发病。10 d 以后要逐渐减少精饲料的喂量,增加青绿多汁饲料的喂量。到断奶后的 15~25 d 逐步由以青绿多汁饲料为主转换为以精饲料为主。甚至在屠宰前 10~15 d 时可以全部喂精料,但必须逐渐过渡,并且要时时注意观察。发现食欲下降时,仍应喂些青料,这就是先青后精的育肥法,多用于农户和小型兔场。在集约化商品肉兔场多采用一贯育肥法。即幼兔断乳开始以青饲料为主,精料为辅,以后逐渐增加精料喂量,到最后 7~15 d 时完全喂精料。

(2)饲料的选用 最适合育肥用的饲料有玉米、大麦、豆饼、花生饼、麸皮、燕麦、豌豆、红薯、马铃薯等。红薯和马铃薯应煮熟,其他饲料经粉碎后配成混合料喂给,若有条件,将其制成颗粒饲料,其育肥效果更佳。

(3)合理分群 将断乳日期相近,并且体重相似的每 8~10 只幼兔组成一群,尤以同窝幼兔组成一群效果好。不同窝时要按其体质强弱、体重大小分群。非同窝幼兔合群时可能会出现互相咬斗现象。此时应及时投给饲料,各自只顾去抢食饲料就不再咬斗了,这样经过1~2 d 互相熟悉之后便不再咬斗。

(4)调节运动强度　幼兔育肥时,前期可适当增加运动,每天运动 1~2 h,多晒太阳,增强骨架生长,增强体质和抗病能力。到最后 15 d 内要限制运动,以减少对能量的消耗,可将待催肥的幼兔控制在较小的笼舍内,尽量减少活动范围,并保持环境安静、黑暗,有利于迅速催肥。

(5)控制环境温度　温度过高时,家兔的食欲降低,食量减少,影响增重;温度过低时,家兔为了维持正常体温,就会消耗营养物质而使增重缓慢。有条件时,尽可能将温度控制在 15~25℃,因为此温度是育肥兔最理想的环境温度,高于或低于该温度时均会降低饲料利用率而影响育肥效果。

(6)因家兔品种不同,育肥效果也有很大差异　一般来讲,肉用品种最好,皮用品种次之,毛用品种最差。最好选用杂种一代幼兔进行育肥,能充分利用杂种优势。实践证明,用两个纯正品种的公母兔进行交配,杂种一代表现出明显的杂种优势。生活能力强、生长快,商品率高,一般体重可较纯种兔增加 8%~15%。

(7)公兔早期去势　凡不留种用的公兔,去势后不但性情温顺,便于管理,而且生长迅速,还可提高皮肉质量。研究证明,去势后的公兔可增加体重 15% 左右。公兔去势最适宜时间为 55~70 日龄。

(8)肉兔应足龄配种　一般品种的母兔 6 月龄、公兔 7 月龄,体重达 2.5 kg 以上;大型品种的母兔 6~7 月龄、公兔 7~8 月龄,体重达 4~5 kg 时配种繁殖为宜,其后代生活能力强,出生重大,生长快,育肥效果好。

(9)饲喂促生长剂　如每千克饲料中添加 5~10 mg 土霉素、维生素 B_{12},从断乳一直喂到出栏,可增重 5%~10%;添加微量元素添加剂时,其日增重可提高 22%,屠宰率可大幅提高。

(10)认真搞好防疫　应采用综合防治技术,搞好环境卫生,及时进行兔瘟接种。在屠宰前 7~15 d 应停用一切药物,为防止疾病,可适当喂些健胃药及含有杀菌素的饲料。

2.青年兔育肥法

青年兔肥育主要是指 3 月龄到配种前淘汰的后备兔催肥。育肥期一般为 30~40 d,当增重达 1 kg 以上时即可宰杀。要注意保持笼位狭小、光线较暗、温度适宜。

3.成年兔肥育法

成年兔指在繁殖、生产和生长发育过程中被淘汰的种兔、青年兔及毛兔等。过瘦的多是患慢性疾病者,育肥效果不好。

(1)成年兔育肥期　一般为 13~35 d,育肥良好的可增重 1~1.5 kg。成年兔育肥时应尽量安排在两次换毛期之间,不仅育肥速度快,而且屠宰还能得到优质皮张。

(2)驱虫　成年兔育肥前应先驱除体内外寄生虫。

(3)调整　如果食欲不佳,消化不正常时,可适当喂些青绿饲料。

(4)注意　育肥期也同幼兔育肥一样,禁喂被农药污染的草料,也不能添加其他影响兔肉品质、易在体内残留的药物。

一般在育肥 20 d 左右,如发现食量剧减,说明育肥已成,应及时屠宰,不可再养,否则会引起腹泻而掉膘。

(三)育肥兔的饲养管理

幼兔育肥一般不去势,成年兔育肥,去势后可提高兔肉品质,提高育肥效果。肉兔的饲喂方式,一般采用全价颗粒饲料任其自由采食,营养成分是根据肉兔的营养需要而配制的。适合肉兔的温度通常是5～25℃,同时需减少光照和活动范围,尽量保持安静,不让肉兔运动,以达到迅速生长目的。肉兔采用全价颗粒饲料自由采食时,肉兔增重快,饲料报酬高,采用颗粒料饲喂时,一定要供给足够的饮水。

任务6-4　兔产品加工与检验

一、兔皮

(一)兔皮的特点

1. 鲜皮成分

组成兔皮的化学成分主要为水、脂肪、无机盐、蛋白质和碳水化合物等。了解兔皮的化学成分和理化性质,对兔皮的加工、鞣制具有重要意义。

2. 兔毛类型

獭兔被毛的特点是绒毛含量高,枪毛含量低。如果一张獭兔皮的枪毛含量过高,且突出于绒毛面,就失去了獭兔毛皮的特点。

3. 换毛规律

獭兔的正常换毛现象是对外界环境的一种适应表现,换毛时间可分为年龄性换毛和季节性换毛。

(1)年龄性换毛　主要发生在未成年的幼兔和青年兔。第一次年龄性换毛始于仔兔出生后30日龄左右,直至130～150日龄结束;尤以30～90日龄最为明显。据观察,120日龄以内的獭兔被毛多呈空疏、细软,不够平整,随日龄增长而逐渐浓密、平整。獭兔皮张以第一次年龄性换毛结束后的毛皮品质为最好,屠宰剥皮最合算。

第二次年龄性换毛多在180日龄左右开始,210～240日龄结束,换毛持续时间较长,有的可达4～5个月,且受季节性影响较大。如第一次年龄性换毛结束时正值春、秋换毛季节,往往就会立即开始第二次年龄性换毛。

(2)季节性换毛　主要是指成年兔的春季换毛和秋季换毛。春季换毛,北方地区多发生在3月初至4月底,南方地区则为3月中旬至4月底;秋季换毛,北方地区多在9月初至11月底,南方地区则为9月中旬至11月底。

季节性换毛的持续时间长短与季节变化情况有关,一般春季换毛持续时间较短,秋季持续时间较长。另外,也受年龄、健康状况和饲养水平等的影响。

(3)换毛规律　据观察,獭兔的换毛顺序一般先由颈部开始,紧接着是前躯背部,再延伸到体侧、腹部及臀部。春季换毛与秋季换毛顺序大致相似,唯颈部毛在春季换毛后夏季仍不断地脱换,而秋季换毛后则无此种现象。

獭兔换毛期间体质较弱,消化能力降低,对气候环境的适应能力也相应减弱,容易受寒感冒。因此,换毛期间应加强饲养管理,供给容易消化、蛋白质含量较高的饲料,特别是含硫氨基酸丰富的饲料,对被毛的生长,提高獭兔毛皮的品质尤为重要。

4. 季节特征

从獭兔被毛的脱换规律可以看出,宰杀取皮季节不同,皮板与毛被的质量也有很大差异。

(1)春皮 自立春(2月)至立夏(5月),气候逐渐转暖,这时所产的皮张底绒空疏,光泽减退,板质较弱,略显黄色,油性不足,品质较差。

(2)夏皮 自立夏(5月)至立秋(8月),气候炎热,经春季换毛后已脱掉冬毛,换上夏毛。这时所产的皮张,被毛稀短,缺少光泽,皮板瘦薄,多呈灰白色。毛皮品质最差,制裘价值最低。

(3)秋皮 自立秋(8月)至立冬(11月),气候逐渐转冷,且饲料丰富,早秋所产的皮张,毛绒粗短,皮板厚硬,稍有油性;中晚秋皮毛绒逐渐丰厚,光泽较好,板质坚实,富含油性,毛皮品质较好。

(4)冬皮 自立冬(11月)至翌年立春(2月),气候寒冷,经秋季换毛后已全部脱换为冬毛。这时所产的皮张,毛绒丰厚、平整、富有光泽,板质足壮,富含油性,特别是冬至到大寒期间所产的毛皮品质最好。

(二)兔皮的质量要求

原料皮的品质包括被毛和皮板两个部分,被毛比皮质更为重要。兔皮(图 6-4-1)质量的优劣主要由皮板面积和质地、毛的长度和密度、颜色、光泽和兔毛类型等因素决定。兔皮要求皮板面积大而洁白、厚薄适中、无刀伤、虫蛀及色素;被毛致密、长度均匀、毛色一致、有光泽;兔毛类型符合品种要求。

图 6-4-1 兔皮

实践中通过"一看、二抖、三摸"等步骤来完成兔皮质量的鉴定。

"一看"指手捏兔皮头部,另一手执其尾部,仔细观察毛绒、色泽和板质。通常先看毛面,后看板面,重点观察被毛的粗细、色泽、皮板等是否符合标准,有无瘀血、损伤、脱毛等现象。

"二抖"指在一看的过程结束时,用执尾部的手上下轻轻抖动毛皮,以观察被毛长短、平整度,确定毛脚软硬。春、秋季剥制的兔皮,或宰杀、剥制、加工过程中处理不当引起脱毛的兔皮,在抖皮时都会出现绒毛脱落现象。

"三摸"指用手指触摸毛皮以鉴别被毛弹性、密度及有无旋毛等。检查时把手插入被毛,凭感觉直观检查其厚实程度和被毛弹性等。

(三)兔皮处理与制作

从活兔身上剥取得兔皮带有脂肪、碎肉、尾巴、腿等,加之兔皮上的微生物与酶等作用可破坏兔皮结构,因此,在兔皮保存前需要对兔皮进行初处理并进行干燥防腐加工。

1.干燥法

在自然干燥时,将鲜皮按其自然皮形,皮毛朝下,皮板朝上(图 6-4-2),贴在草席或木板上,用手铺平,呈长方形,置不受日晒、通风良好的阴凉处阴干。

在干燥过程中,兔皮不宜放在潮湿地面或草地上,要防雨淋或被露水浸湿,以免影响水分的蒸发,降低干燥速度。同时严禁在烈日下直晒或放在晒热了的沙砾地与石头上干燥兔皮。

2. 盐腌法

(1)撒盐法 将清理好的鲜皮毛面朝下,板面向上,平铺在水泥地上或水泥池中,把皮板边缘及头、腿部位拉开展平,在皮板上均匀地撒上一层盐,然后再按此方法铺

图 6-4-2 兔皮干燥

上一张,撒一层盐,直到堆到适当高度为止。最上面的一张皮需要多撒一些盐。为防止出现"花盐板",一般在五六天后翻一次垛,把上层的皮张铺到底层,再逐张撒一层盐。再经过五六天时间,待皮腌透后,取出晾晒。

(2)盐浸法 将清理好的鲜皮浸入浓度为 25%～35% 的食盐溶液中,经过 16～20 h 的浸泡,捞出来按照上述方法撒盐一次,堆码,五六天后进行晾晒。

以上两种方法的用盐量,均为鲜皮重量的 40%,所用盐的颗粒以中粗为好。冬季腌盐的时间要适当长一些。

(四)兔皮分级标准

兔皮以制裘皮为主,制革皮为辅。制裘皮兔皮要求毛绒丰富、平顺无缠结;制革皮则强调皮板质地良好。尽管獭兔已经成为中国兔皮的主要品种来源,但其他的肉用与皮肉兼用品种家兔皮在兔皮总量中仍有一定比例。国内尚无獭兔皮的国家标准。现将以制裘皮为主的兔皮商业分级标准和规格要求列于表 6-4-1,供参考。

表 6-4-1 兔皮的商业分级标准和规格要求

等级	家兔皮(土种)	獭兔皮(纯种)	青紫蓝兔皮	山兔皮
甲级皮	毛绒丰富而平顺,色泽光润,板质良好。全皮面积在 800 cm² 以上	板质足壮,绒毛丰厚平顺,毛色纯一,无旋毛(轻度旋毛降一级,严重旋毛降两级),无脱毛、油烧、烟熏、孔洞、破缝。全皮面积在 1 100 cm² 以上	等级规格参考土种家兔皮的规格执行。面积在 990 cm² 以上	毛细长,绒丰厚,面积在 770 cm² 以上
乙级皮	毛绒略薄而平顺,或色泽光润,或板质稍次于甲级皮,或具有甲级皮质量而面积在 700 cm² 以上	板质良好,绒毛略薄而平顺,毛色统一,无旋毛,或在次要部位有轻微脱毛、油烧、烟熏、孔洞、破缝一种。全皮面积与甲级皮同,或具有甲级皮质量,面积在 935 cm² 以上	等级规格参考土种家兔皮的规格执行。面积在 825 cm² 以上	毛绒较疏空;毛丰足而面积较小;或具有甲级皮质量而带小伤残
丙级皮	毛绒空疏、平顺;或色泽、毛绒、板质稍次于乙级皮;或具有甲级、乙级皮质量而面积在 600 cm² 以上	板质良好,绒毛稍空薄,边肋带一两个小孔或其他伤残,全皮面积与甲级皮同;或具甲、乙级皮质量,全皮面积在 770 cm² 以上	等级规格参考土种家兔皮的规格执行。面积在 660 cm² 以上	

续表 6-4-1

等级	家兔皮（土种）	獭兔皮（纯种）	青紫蓝兔皮	山兔皮
等级比差	甲级皮为 100％ 乙级皮为 80％ 丙级皮为 50％ 等外皮为 25％	100％ 80％ 50％ 25％	100％ 80％ 50％ 25％	100％ 60％ 50％ 25％
颜色比差	白色为 100％，黑、灰、棕、褐色为 90％；杂色为 80％	纯种兔色泽无比差，但必须在一张皮上毛色纯一，有不同毛色的皮，甲级皮降为丙级，乙、丙级皮照此类推		
品种比差		以土种白色家兔皮为 100％，纯种獭兔皮为 150％		

二、兔肉

（一）家兔的屠宰

现代化家兔屠宰过程采用机械化流水线作业（图 6-4-3），现将其主要工序诠释如下：

1. 宰前准备

外地运来的家兔进入屠宰加工厂前必须经过健康检查（宰前检疫），根据检查结果确定待宰兔的去向，并搞好宰前饲养管理。

经检验合格的家兔进入加工厂后，在指定的场所（暂养间）休息 12～24 h 方可进行屠宰。

2. 致死

致死包括击昏与放血两个步骤。击晕的方法很多，常见的有棒击法、颈部移位法、电击法、空气法等。

不同用途家兔屠宰放血剥皮的先后顺序不同。以皮为主的家兔先致昏剥皮然后再放血；肉用为主的家兔先致昏放血然后再剥皮。

3. 剥皮

家兔皮一般采用退套剥皮法，即从后腿部剥皮至前腿部，兔皮外翻，呈筒状。具体做法为：首先自颈部周围、四肢中段（前肢腕部和后肢跗部处，注意不要挑破腿部肌肉）将皮环剥，沿阴部的上缘两腿内侧把皮剪开，挑断腿皮剥至尾根处，从第二尾椎处将家兔尾巴剪断（尾巴连接在兔皮背部）；接着双手紧扣兔皮的背部与腹部，向颈部脱落剥至前腿处，使其成为皮板向外的圆筒皮。

4. 截肢去头

在腕关节稍上方截去前肢，从附关节上方截断后肢。在第一颈椎与枕大孔连接处截断兔头。

5. 剖腹去脏

沿腹中线剖腔，取肠、胃、肝脏、膀胱及生殖器官。

6. 胴体修整

切除胴体上残留的腺体、脂肪及修理胴体外伤，如图 6-4-4 所示。

图 6-4-3　兔屠宰生产线

图 6-4-4　兔肉

(二)兔肉分级

兔肉一般依据胴体大小分级。兔肉分级依据的标准有《鲜、冻兔肉》(GB/T 17239—2008)。

1.兔肉分级

根据标准,兔肉按照加工工艺分为六类:带骨鲜兔肉、带骨冻兔肉、去骨鲜兔肉、去骨冻兔肉、分割鲜兔肉、分割冻兔肉。

带骨鲜兔肉和带骨冻兔肉按"g/每只"分为 3 级,其余类别不分级。一级品,大于 1 000 g;二级品,701～1 000 g;三级品,500～700 g。

2.兔肉包装

兔肉包装依据的标准有《鲜、冻兔肉》(GB/T 17239—2008)、《食品包装用聚乙烯成型品卫生标准》(GB 9687—1988)、《预包装食品标签通则》(GB 7718—2014)。兔肉一般用聚乙烯袋包装,纸箱装箱运送。

(三)兔肉成熟与冷藏

1.兔肉成熟与腐败

家兔屠宰后,尸体经过温度升高、pH 下降、肌肉僵直(尸僵)、僵直解除与兔肉成熟等一系列的变化。兔肉成熟指尸僵完全的兔肉在冰点以上温度条件下放置一定时间,使其僵直解除、肌肉变软、系水力和风味得到很大改善的过程。肉在成熟过程中的分解产物与形成的 pH,为腐败微生物生长、繁殖提供了良好的营养物质与环境条件。屠宰过程中污染的微生物,当温度和湿度等条件适宜时,大量繁殖而导致兔肉蛋白质、脂类与糖类的分解,形成各种低级产物,肉类出现腐败现象,使肉品质量发生根本性的变化。

2.兔肉冷藏

(1)兔肉的冷却保存　它是将兔肉放在冷却室内,以便在极短的时间内使肉的深层温度达能有效地抑制微生物生长和繁殖的 0～4℃,使酶和微生物的活动能力减弱到最低限度,使肉品进行短期贮藏。冷却兔肉的保藏期一般很短,为 7～12 d。

(2)兔肉的冷冻保存　冻结要求的最终温度通常为－18～－15℃。肉品冻结使用的方法有静止空气冻结法、板式冻结、风冷式速冻和液体浸渍和喷雾冻结四种。

（四）兔肉卫生检查与肉尸无害化处理

1. 抽检规则

产品出厂前由工厂技术检验部门按 GB/T 17239—2008 标准逐批检验，并出具质量合格证书。检验项目包括产品规格、感官、挥发性盐基氮等。从成品库码放产品的不同部位，按表 6-4-2 规定的数量抽样。从全部抽样数量中抽取 2 kg 试样，用于检验煮沸后肉汤和挥发性盐基氮，其余部分用于感官检验和评定等级。

表 6-4-2　抽样数量及判定规则（GB/T 17239—2008）

批量范围（箱）	样本数量（箱）	合格判定数（Ae）	不合格判定数（Re）
<1 200	5	0	1
1 200～2 500	8	1	2
>2 500	13	2	3

2. 检验内容与标准

兔肉卫生检验分感官检验、理化指标与微生物三项。这些指标检验标准分别见表 6-4-3 至表 6-4-5，除感官检验按 GB/T 5009.44 规定的方法外，其他指标检验方法已在相关表格中列出。理化检验的重点是挥发性盐基氮和重金属汞含量，以 mg/100 g 含量表达。

表 6-4-3　兔肉感官检验标准

感官指标	鲜兔肉	冻兔肉
色泽	肌肉有光泽，红色均匀，脂肪白色或微黄色	肌肉有光泽，红色或稍暗，脂肪洁白或微黄色
组织状态	纤维清晰，有坚韧性	肉质坚密、坚实
黏度	外表微干或湿润，不粘手，切面湿润	外表微干或有风干膜或外表湿润不粘手，切面湿润不粘手
弹性	指压后凹陷立即恢复	解冻后指压凹陷恢复较慢
气味	具有鲜兔肉固有的气味，无臭味，无异味	解冻后具有兔肉固有的气味，无臭味
煮沸后肉汤	澄清透明，脂肪团聚于表面，具特有香味	澄清透明或稍有浑浊，脂肪团聚于表面，具特有香味

表 6-4-4　无公害兔肉理化指标

项目	指标	测定方法
挥发性盐基氮/（mg/100 g）	≤15	GB/T 5009.44
汞（以 Hg 计）/（mg/kg）	≤0.05	GB/T 5009.17
铅（以 Pb 计）/（mg/kg）	≤0.1	GB/T 5009.12
砷（以 As 计）/（mg/kg）	≤0.5	GB/T 5009.11
镉（以 Cd 计）/（mg/kg）	≤0.1	GB/T 5009.15
铬（以 Cr 计）/（mg/kg）	≤1.0	GB/T 14962

续表 6-4-4

项目	指标	测定方法
六六六/(mg/kg)	≤0.2	GB/T 5009.19
滴滴涕/(mg/kg)	≤0.2	GB/T 5009.19
敌百虫/(mg/kg)	≤0.1	SN/T 0125
金霉素/(mg/kg)	≤0.1	GB/T 14931.2
土霉素/(mg/kg)	≤0.1	GB/T 14931.2
四环素/(mg/kg)	≤0.1	GB/T 14931.2
氯霉素/(mg/kg)	不应检出	SN 0341
呋喃唑酮/(mg/kg)	不应检出	农牧发[2001]38 号文
磺胺类(以磺胺类总量计)/(mg/kg)	≤0.1	农牧发[2001]38 号文
氯羟吡啶/(mg/kg)	≤0.01	农牧发[2001]38 号文

表 6-4-5　无公害兔肉微生物指标

项目	指标	测定方法
菌落总数/(CFU/g)	≤5×10^5	GB 4789.2
大肠菌群/(MPN/100 g)	≤1×10^3	GB 4789.3
致病菌		
沙门氏菌	不应检出	GB 4789.4
志贺氏菌	不应检出	GB 4789.5
金黄色葡萄球菌	不应检出	GB 4789.10
溶血性链球菌	不应检出	GB 4789.11

三、兔毛

(一)兔毛的生长

兔毛有一定的生长期。兔毛在体外的生长速度很快,安哥拉长毛兔兔毛平均每昼夜的生长速度为 0.6～0.7 mm。据测定,中国长毛兔在生后 1 月龄时,粗毛生长的长度达 4.2 cm,细毛达 2.8 cm;2 月龄时,粗毛长度达 7.5 cm,细毛长度达 4.5 cm;3 月龄以上的幼兔,其被毛生长的速度与成年兔一样。而剪毛后的成年兔,被毛再生长到合乎优级品质的长度,仅需要 2.5～3.0 个月的时间。

长毛兔的被毛由混型毛组成。根据兔毛纤维的形态学特点,一般可分为细毛、粗毛和两型毛 3 种。

(二)采毛与梳毛

1. 采毛

生产中,长毛兔的采毛方法主要采用剪毛(图 6-4-5)和拔毛两种。

2. 梳毛

梳毛一般采用金属梳或木梳。梳毛顺序是先颈后及两肩,再梳背部、体侧、臀部、尾部及后

图 6-4-5　剪毛

肢,然后提起两耳及颈部皮肤梳理前胸、腹部、大腿两侧,最后整理额、颊及耳毛。

（三）兔毛的分级与保存

1.兔毛纤维的分级标准

（1）国家收购标准　国家收购兔毛是按长度和质量分级定价的,凡符合国家收购规格的兔毛称为等级毛。等级毛（表 6-4-6）的共同要求是长、白、松、净。长是指兔毛纤维要长,达到等级规定的标准;白是指兔毛色泽要纯白,凡有尿黄、灰黄和杂色的毛都要降级;松是指兔毛松散不结块,要全松毛;净是指兔毛要清洁干净,无杂质。凡不符合以上标准的叫次毛、等外毛。

表 6-4-6　长毛兔兔毛收购规格

等级	规格	价格级差/%
特级	长度 6 cm 以上,纯白色,全松毛,粗毛不超过 10％	120
一级	长度 5 cm 以上,纯白色,全松毛,粗毛不超过 10％	100
二级	长度 4 cm 以上,纯白色,全松毛,略带能松开、不损害品质的缠结毛,粗毛不超过 20％	80
三级	长度 3 cm 以上,纯白色,全松毛,可带能撕开、不损害品质的缠结毛,粗毛不超过 20％	60
等外一	长度不足 3 cm,全白松毛,不够三级毛要求者	40
等外二	烫熸、缠结、黏块和变色等杂毛均属此毛	30

（2）毛纺工业标准　我国毛纺工业收购长毛兔兔毛时,对安哥拉长毛兔的兔毛等级标准作如下规定（表 6-4-7）。

（3）兔毛出口标准　出口商品毛还必须按出口标准进行加工（表 6-4-8）,包括人工分选、拼配、开松、除杂和包装等工序。加工后的商品兔毛由商检局按批抽样检查,根据标准判定是否准予出口,准予出口者出具证书。

表 6-4-7　安哥拉兔毛等级标准

等级	色泽	状态	长度/cm	粗毛含量不超过/%	价格等级比差/%
特级	纯白	全松	6.4 以上	10	150
一级	纯白	全松	5.1 以上	10	100
二级	纯白	全松	3.8 以上	20	80
三级	纯白	全松	2.5 以上	20	50
等外一	白	全松	2.5 以上	—	20
等外二	严重虫蛀、灰褪、干褪、染色、烫煳、杂色毡块、黄残、全粗毛比差另定				

注：①二级兔毛可含略有撕开但不损品质的缠结毛；②三级兔毛可含有易撕开但不损品质的缠结毛；③等外毛也包括白色的缠结毛、毡块毛、烫煳毛。

表 6-4-8　中国安哥拉白兔出口标准

等级	平均长度/cm	松毛率/%	色泽	毛形	杂质含量不超过/%
优等	4.05 以上(3.8～4.3)	99	洁白	色洁白有光泽 全松、毛形清晰	1
一等	3.35 以上(3.1～3.6)	99	洁白	色洁白有光泽 全松、毛形较清晰	1
二等	2.75 以上(2.5～3)	95	洁白	色洁白 毛形略乱	5
三等	1.75 以上(1.5～2.0)	90	较白	色较白 毛形乱	10
四等	1.30 以下	90	次白	毛次白 毛中含小粒状	
等外	颜色次白,不纯,结为碎块,大小均匀,带小量短松毛				

注：①出口兔毛长度指毛丛在自然状态下的细毛长度，而不是伸直长度。②膨松状态指松散度，要求不带缠结毛。③色泽指兔毛的颜色和光泽，洁白光亮者为洁白色，列为最佳色泽；色白略带微黄、微红、微灰等色泽者称为较白色；次于较白色者为次白色；非白色者则为次色毛、有色毛、染色毛等。④净指兔毛与否含水、含杂。应将棉花、皮块、化纤和杂兽毛等除净。⑤各等级兔毛要求都要无结块、无缠结、无虫蛀。

2. 兔毛的保藏

兔毛在贮存保管过程中，必须注意防压、防潮、防蛀、防变质和防止杂物混入。切忌将装有兔毛的箱物直接接触地面和墙壁，应放置在货架或枕木上。雨季要防潮、防雨淋，晴朗天气要打开窗户通风，必要时翻垛晾晒，但切忌在阳光下曝晒，即使受潮或霉变时，也只能在阳光下晾晒 1～2 h,然后在阴凉通风处晾干。要保障仓库无鼠害、蚊蝇，库房四周要经常喷洒杀虫剂，以防影响贮藏。

【技能训练】

技能训练 6-2　家兔屠宰与取皮

一、技能训练目标

通过本次实验，掌握家兔的致死操作技术，了解屠宰规程与取皮技术，掌握兔皮整理与防腐操作要领；了解家兔肌肉分布规律与兔皮面积计算方法；掌握家兔屠宰率的测定方法。

二、技能训练材料

1. 实验材料

成年家兔 5～6 只(每组 1 只);食盐每只家兔 250 g,图钉 1 盒。

2. 实验用具

实验瓷盘每组 1 个,解剖刀、剪与镊子每组 1 套,木棒 1 根,台秤 1 架,米尺每组 1 个,楦板 5～6 块。

三、技能训练方法与步骤

1. 称重

对空腹 12 h 的屠宰家兔宰前称重,为宰前空体重。

2. 家兔致死

注意棒击位置与颈部移位操作要领。

(1)棒击法　提起兔的后肢,用直径 3～4 cm 的木棒或胶棒猛击兔头的后部,以损伤兔脑的生命中枢,引起死亡。注意用力要适量,特别是利用木棒时,如果用力过猛,易造成鼻孔出血。

(2)颈部移位法　两手拉兔耳与后肢,使兔体尽可能伸直,将家兔头与后肢向相反方向猛拉,使兔颈椎断裂。

3. 环剥法取兔皮

剥皮要先剥成筒形,不但速度快,而且血液不容易污染毛皮。其操作顺序为:①用锋利的刀在颈项周围(耳后方),后肢的区关节上方和前肢的肘关节处割成圆形切口。②将两后肢由区关节处沿两大腿内侧挑开。③把两后肢挂起,剥开大腿和尾根部皮(沿尾椎处割断),双手紧握兔皮的腹背处向下拉,兔皮成筒状脱下。

4. 兔皮初处理与食盐防腐

将兔皮上残留的脂肪和残肉刮净,用剪刀沿腹中线处将筒皮挑开,使皮板呈现开片状。将食盐均匀撒落在兔皮上,反复揉搓,使兔皮变得柔软适度即可。把毛皮展开,用图钉固定在木板上,毛面向板,内面向外。固定时要注意整形,最好呈长方形。

5. 测量兔皮长宽并计算面积

兔皮面积决定于家兔的胸围与背长。测量兔皮的有效宽度与长度,兔皮有效长宽的积就是兔皮的面积。

6. 剖腹去脏

剪掉剥皮兔的兔头及前肢没剥皮的部分,除去内脏(在用剪刀剖开胸腹腔时,剪刀头不要下得太深,以免伤及内脏),剪去背部脂肪块、残肉及筋头等。一切都处理完毕后,从后肢区关节处将后肢剪掉,留下完整胴体称重,此时的重量叫全净膛胴体重。家兔半净膛胴体重指含有肾脏、肝脏与腹壁脂肪的胴体重。

7. 计算屠宰率

家兔屠宰率有全净膛屠宰率与半净膛屠宰率两种表示方法。其计算公式为:

$$全(半)净膛屠宰率 = \frac{全(半)净膛胴体重}{宰前空体重} \times 100\%$$

8. 观察家兔胴体

了解肌肉分布规律,明确肉兔选择要点与家兔注射用药的部位选择。

9. 实训报告

(1)根据实验体会,总结家兔屠宰与兔皮处理中的操作要点。

(2)通过实验测定,计算家兔的兔皮面积与屠宰率。

(3)简述兔皮的基本组成,兔皮质量要求与影响因素,如何进行兔皮质量评定。

(4)简述兔皮初处理的内容和防腐技术操作要求。

四、技能考核标准

家兔屠宰与取皮技能考核标准见表6-4-9。

表 6-4-9 家兔屠宰与取皮技能考核标准

序号	考核项目	考核标准	参考分值
1	兔屠宰剥皮	根据学生实际操作情况,并结合口述,按实习态度(20%)、操作能力(30%)、实训结果(30%)、实训报告(20%)分项给分	30
2	兔皮面积测量计算		30
3	兔皮防腐处理		20
4	胴体测定计算		20
合计			100

【自测训练】

一、名词解释

嗜睡性、啮齿性、食粪性、夜行性、穴居性、软粪、硬粪、合并选择、同胞选择、刺激排卵、假妊娠、人工授精。

二、问答题

1. 如何进行家兔的人工催眠?

2. 家兔的生活习性有哪些?

3. 简述家兔消化特点。

4. 简述我国地方家兔和外来引入家兔的特点。

5. 详细描述某一家兔的外貌特征、生产性能和生产利用情况。

6. 简述家兔品种选择引种的方法。

7. 在选择引种时要注意哪些问题?

8. 试比较毛用、肉用和皮用家兔品种在体型外貌、被毛特征和产肉性状方面的主要特点。

9. 就产肉性能来说,你认为所观察测定的哪个品种(系)最优;结合课堂所学的知识进行综合分析,哪种肉兔适合工厂化养殖?哪种肉兔适合农家粗放养殖?

10. 描述所测定家兔每个品种(系)的主要特征,指出它们的优缺点。

11. 简述家兔繁殖的一般特性。

12. 衡量兔繁殖力的指标有哪些?如何评定?

13. 提高兔繁殖力的措施有哪些?

14. 青年兔饲养管理有哪些要求?

15. 种兔饲养管理有哪些要求?

16. 简述空怀母兔的饲养管理技术要点。

17. 简述妊娠母兔的饲养管理技术要点。

18. 哺乳母兔泌乳有哪些特点？

19. 引起母兔乳房炎的主要原因有哪些？如何预防？

20. 如何解决睡眠期仔兔吃不到奶的现象？

21. 搞好睡眠期仔兔管理工作应注意哪些问题？

22. 简述开眼期仔兔饲养管理的技术要点。

23. 影响幼兔成活率的主要因素有哪些？

24. 影响獭兔毛皮质量的因素有哪些？

25. 夏季长毛兔饲养管理技术要点有哪些？

26. 兔皮的基本组成是什么？兔皮质量要求与影响因素有哪些？如何进行兔皮质量评定？

27. 兔肉产品有哪些类型？这些产品的分级标准与包装要求是什么？

单元7 草食动物生态养殖与产业经营

【知识目标】

- ◆ 了解草食动物生态养殖的意义和特征；
- ◆ 了解生态养殖模式，掌握生态养殖技术；
- ◆ 了解草食动物生产产业化经营及家庭牧场经营的背景和意义；
- ◆ 了解草食动物产业化经营及家庭牧场经营的模式；
- ◆ 熟悉草食动物生产产业化服务体系建设。

【能力目标】

- ◆ 能设计特定地区草食动物生态养殖模式；
- ◆ 熟练运用草食动物生态养殖技术；
- ◆ 能制定特定地区草食动物生产产业化经营及家庭牧场经营模式；
- ◆ 熟练掌握草食动物生产的产业化经营管理及家庭牧场经营管理。

任务7-1 草食动物的生态养殖

一、生态养殖概念及特征

（一）生态养殖的概念

生态养殖是国内外大力推广的一种养殖模式，其核心就是遵循生态学规律，将生物安全、清洁生产、生态设计、物质循环、资源高效利用及可持续发展融为一体，发展健康养殖，维持生态平衡，降低环境污染，提供安全畜产品。

生态养殖的概念在中国已经被提出了20多年，但理解上差异很大，大致上可以分为两种：广义的生态养殖和狭义的生态养殖。广义的生态养殖就是"农—林—牧—渔"模型，种养结合，相得益彰，以自然生态为基础，发展循环经济，提升综合生产效益。常见的如"牛（羊）—沼—果"、"桑—牛（羊）—鱼"等。可以说这是20多年前生态养殖的主流，这种模式更准确的定义应该是"生态农业"，或者是"以养殖业为基础的生态农业"。而狭义的生态养殖则明确定位于牧场，原则上并不涉及农业林业等范围，其生态理念及生态技术实施的核心就是牧场，从而打造真正意义上的生物安全牧场、食品安全牧场、环境友好牧场、生态循环牧场、低耗高效牧场。可以说狭义的生态养殖才是当前养殖业最迫切需要的可持续发展模式，是养殖业摆脱污染、浪费、生物危机和恶性循环局面，走健康养殖业道路的必然选择。

（二）生态养殖的基本特征

生态养殖遵循循环经济原理，循环经济以资源高效利用和循环利用为核心，强调利用最少的资源发挥最大的经济效益，利用最小的成本保护环境，以资源投入最少的"减量化"、废弃物再利用的"资源化"和污染物排放量最小的"无害化"为原则,达到低消耗、低排放、高效率目标的经济增长模式,从根本上消除养殖业与环境污染之间的尖锐冲突。

因此,生态养殖是一种低消耗、低排放、高效率为基本特征的可持续畜牧业发展模式。

(三)生态养殖潜力

1.农作物秸秆利用

秸秆是发展现代农业的重要物质基础。秸秆含有丰富的有机质、氮、磷、钾和微量元素,是农业生产重要的有机肥源。秸秆含有丰富的营养物质,4 t秸秆的营养价值相当于1 t粮食,可为畜牧业持续发展提供物质保障。农作物秸秆的利用方法主要是原始的直接饲喂和科学的处理,如氨化、青贮、微生物贮、糖化、碱化处理等,尤以氨化和青贮最常用。加大青贮技术、秸秆氨化技术的推广力度,促进农作物秸秆的合理利用,推广熟改生喂技术,在净化环境的同时,大大降低了生产成本。依据联合国粮农组织的计算方法,饲喂 4 kg 氨化秸秆或 6.6 kg 青贮饲料,就等于节约 1 kg 饲料粮。全国农作物秸秆每年若能氨化、青贮10%,那么节约的饲料粮数目也是一个天文数字。因此,推广草食动物生态养殖实用技术,降低青贮机械成本,秸秆畜牧业才有长足的发展。

2.畜禽粪便利用

遵循"科学、实用、长效"的原则,综合考虑产业发展、基础设施、养殖规模等要素,合理确定集约化养殖场建设地点和规模,大力发展"牛(羊)—沼—粮"生态农业模式。将集约化养殖场的大型沼气工程建设方案纳入经济发展总体规划方案,与养殖产业发展同步规划、同步建设,以降低循环运行成本,达到减量化、资源化、无害化排放的目的,向生态环保畜牧业迈进。畜禽粪便的开发利用具有广阔前景,用牛粪、羊粪、兔粪喂鱼等已取得了良好的经济、社会、生态三大效益。但目前畜禽粪便在饲料中开发利用还停留在原始的直接利用阶段,大都没有经过生物的(发酵)、物理的(膨化)等科学处理,畜禽粪便就在有些地方得到利用。并且大部分地区无人过问,建议今后要加强对粪便开发利用的认识、宣传、科研,粪便加工机械的研制,开发投资的力度;在养殖专业户集中的地方,有计划地引导和扶持一些畜禽粪便加工专业户,加速对粪便的无害化处理;使畜禽粪便加工也成为一种行业并逐步走向产业化,最终使养殖业走上低成本、高效益、良性循环的理想之路。

另外,利用粪污生产沼气和有机肥,为农民节省开支,通过秸秆综合利用,过腹转化,粪污利用,变废为宝,不仅可促进养殖业循环经济体系的形成,还能减少因使用农业化肥而造成的环境污染。

3.完善的动物防疫体系

动物疫病不仅直接影响养殖业健康发展,而且直接影响畜产品质量。动物防疫工作是发展现代畜牧业的重要保障。切实加强动物防疫体系建设,落实各项防疫措施,坚持以人为本和全面、协调、可持续的科学发展观,适应新阶段养殖业发展的要求,贯彻"预防为主,防控结合"的方针,强化政府公共服务职能,依靠科学,依法防治,群防群控,全面加强动物防疫队伍、制度和基础设施建设,尽快构建符合本地实际的、与国际接轨的动物防疫体系,增强重大动物疫情应急反应能力,提高动物疫病防控整体水平,确保养殖业健康发展和公共卫生安全。

二、草食动物生态养殖模式

草食动物生态养殖的最大特点就是在有限的空间范围内,保持生态平衡,充分合理地利用资源,减少浪费,降低成本,从而实现资源循环利用、生态环境良好、养殖效益最高、产品生产安全的可持续发展。目前,生态养殖的模式很多,根据其特征大致可归纳为4种类型。

(一)利用天然牧场生态养殖

这是最原始的养殖模式(图7-1-1),如我国北方的天然草地,南方的林地、果园等,野草资源丰富,生态环境优美,是草食动物天然的生态牧场。这种模式主要是通过种植业与养殖业的结合,有效解决草食动物养殖的饲草料需求及粪便利用,一方面减少了化肥农药用量,生产无公害优质的农、畜产品;一方面又可以避免草食动物养殖对环境造成污染。

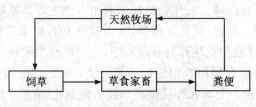

图 7-1-1　天然牧场生态养殖模式

这种模式的主要特点:

(1)草食动物养殖以天然饲草为主,受自然环境和季节影响较大,靠天养畜,生产水平较低,特别是枯草期生长明显减慢。

(2)需要良好的放牧场地,具有非常严重的局限性,在南方难以进行规模生产。

(3)养殖成本低,风险小。

(4)草食动物养殖不用任何添加剂,粪尿就近消化,不会对环境产生污染,生产的畜产品安全。

(二)以农作物秸秆利用为纽带的生态养殖

我国日益紧张的"人畜争粮"的矛盾及不断上涨的饲料粮价格,给传统的养殖业造成了很大的压力,这一现状迫使我国的草食动物生产必须走节粮型的路子。我国年产各类秸秆、糟渣等超过 7×10^8 t,目前除了一小部分用于造纸等使用外,大部分都直接燃烧在地里或还田,造成了环境污染。因此,根据各地实际情况,充分利用种植业副产品特别是秸秆资源来发展草食动物生产,不仅可以降低这些农副产品在焚烧、堆弃过程中对农村环境产生污染,保护生态环境;同时又可使这些农副产品变废为宝,有效降低草食动物养殖成本,从而实现这些资源的循环再生利用,促进草食动物养殖的可持续发展(图7-1-2)。

这一模式的关键是秸秆资源的调制技术,通过微贮、氨化、青贮等措施,提高秸秆饲料的营养价值,生产上一般采用舍饲或半舍饲方式。设计时,规模不宜过大,以秸秆资源能满足草食动物养殖需要及产生的粪便通过种植业能就近消化为宜,否则需对粪便进行无害化处理,以促进秸秆畜牧业的可持续发展。

(三)利用人工草场种养结合的生态养殖

天然草场产草量低,利用率不高,通过种植优质饲草来发展草食动物生产,有利于保持农业生态系统的良性循环,有效缓解我国饲料粮不足的问题。这种"种养结合、粪污还田"的生态循环养殖模式,可以实现种植业、养殖业、环境保护及经济发展的良性循环。结合我国各地自然和社会经济条件的特点,总结多年来草食动物生态养殖的成功经验,灵活构建种草养畜模式(图7-1-3)。

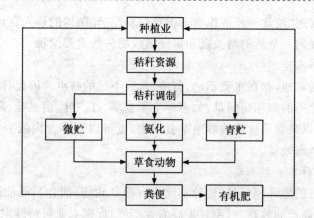

图 7-1-2　以农作物秸秆利用为纽带的生态养殖

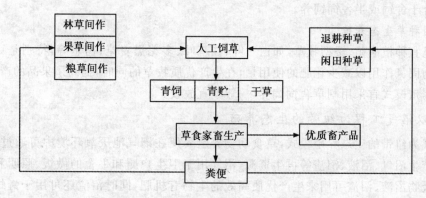

图 7-1-3　利用人工草场种养结合的生态养殖

1.利用退耕地种草生态养殖

为了促进生态的恢复与建设,我国实施了坡耕地退耕还林还草工作,在这些退耕地区种植优质高产的人工饲草,发展草食畜牧业是增加当地农民收入的主要途径。如贵州、四川等退耕还林种植牧草的实践表明,在水肥有保证的情况下,退耕还林地林草结合种植牧草可亩产鲜草 4 500～6 000 kg(折饲料干物质 1 000 kg 左右、折粗蛋白质 200 kg 左右),是同期种植粮食作物的 3～5 倍。种植多花黑麦草,平均 24 kg 鲜草可使兔增重 1 kg;平均 20 kg 鲜草可使鹅增重 1 kg;平均 28 kg 鲜草可使羊增重 1 kg;平均 30 kg 鲜草可使牛增重 1 kg。

对于退耕地应种植适应性较强、耐旱,有利于水土保持的低水分牧草,不宜种多汁饲草。退耕地上混播种植牧草后,可以进行划区轮牧、半舍饲放牧或割草舍饲。生产上要注意避免过度放牧,注意利用方式和利用时期,在养殖业增收的同时保护生态环境。

2.利用闲田种草生态养殖

我国北方因为干旱存在大量的夏闲田,南方有大量的冬闲田(全国共有 $2.66×10^6$ hm²),主要分布在农区。另外,随着大量的农民工进城打工,我国很多地方存在着大量抛荒的闲田。生产上可充分利用这些闲田种植生长期短、产量高的一年生牧草,用于青饲或加工成青贮饲料、干草等舍饲养殖草食动物。闲田种草养畜不仅可以克服饲料不足的矛盾,而且可以充分发挥耕地的价值,提高自然资源利用率和转化率,提高单位面积产出,应当成为新形势下耕作制度改革的突破口和实现"粮食—经济作物—饲草饲料"三元结构的切入点,也是农业结构调整,推动养殖业持续发展的一个新的增长点和富民增收的一条重要途径。

3.林下种草生态养殖

我国具有大量的林地,存在水肥不足、贫瘠、光照不足的特点。因此林下宜种植耐热、耐贫瘠、覆盖性好、高产优质的多年生饲草,如多年生黑麦草、红三叶、白三叶、高羊茅、鸭茅、沙打旺等。林下种草后,可以采取适度放牧养殖草食动物,也可以割草舍饲或半舍饲饲养,都能取得良好的经济效益与生态效益。

4.耕地轮、间作种草生态养殖

在水热条件较好的地区,利用耕地种草或实行粮草轮作(间作),既能改良土壤,提高粮食产量,又能生产优质高产的牧草,可明显提高农业产值,促进农业可持续发展。实践证明,用耕地种草养畜,比用耕地种粮食后以籽实来养畜具有更大的经济效益。生产上这种生态养殖模式一般适合于舍饲或半舍饲饲养。

5.果园种草生态养殖

果园里宜种植耐荫、矮型牧草,如白三叶、红三叶、多花黑麦草、鸭茅等,特别是豆科牧草,利用其生物固氮作用以减少化肥的使用量,在生产优质牧草的同时,提高了果品的产量。果园种草生态养殖模式宜采用割草舍饲饲养,一般不宜放牧。

(四)以沼气工程为纽带的生态养殖

以沼气为纽带的生态养殖模式,草食动物养殖粪便在沼气池厌氧环境中可通过微生物的分解转化产生沼气、沼液、沼渣等再生资源,沼气用于卫生户厕和牛舍的做饭、照明和取暖;沼气发酵剩余物沼液、沼渣可用来生产优质高效的生物有机肥,同时沼渣还可用于蚯蚓、蝇蛆等低等动物养殖,养殖后的低等动物用于生产优质蛋白饲料和提取传统抗生素替代品、生物营养保健液、饲料添加剂等产品;生物有机肥料用于果园或农田施肥生产绿色无公害食品和种植果、草、花卉等,果园或农田的主产品供人食用,副产品用于喂养草食动物。从而形成以"牛(羊)养殖—果、蔬、草、花卉—蛋白饲料开发、抗生素替代品研发"的综合利用生态链。

这种模式关键是利用种植业的副产物如玉米秸、麦秸和稻草等农作物秸秆及其他农副产品、饲料作物、牧草等舍饲养殖草食动物,利用养殖粪污及人粪便生产沼气。这种生态循环的养殖模式,不但具有良好的经济效益,而且社会效益和生态效益显著(图7-1-4)。

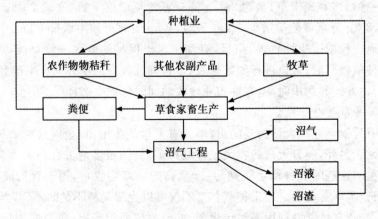

图7-1-4　以沼气工程为纽带的生态养殖模式

三、草食动物生态养殖技术

(一)生态养殖技术概述

1.资源化利用技术

利用草食动物养殖粪便、农作物副产品等农牧废弃物饲养蚯蚓、蝇蛆、藻类,既能降低这些废弃物对环境的污染,还能把养殖后的粪便用于生产优质生物有机肥料,用于生产绿色无公害食品;低等动物蚯蚓和蝇蛆等体内含有丰富的蛋白质,还富含人体和动物所需的各种天然氨基酸和抗菌肽,也可作为动物性蛋白饲料饲养草食动物,提高蛋白含量和氨基酸水平,提高畜产品品质;同时还可深加工,开发人体和动物所需的生物营养保健、抗生素替代品和饲料添加剂。

藻类能将草食动物粪便中的氨转化为蛋白质,利用经济藻类对粪便厌氧废液进行深度净化处理,去除废液中残留的氨、氮、磷等污染物质,避免废液直接排放污染环境,特别是应用固定藻膜净化处理废液,具有处理成本低、能耗少、效果良好,生产出的经济藻类易于回收利用,不会造成新的污染等优点。

利用有益微生物制成的微生态饲料发展草食动物养殖生产,有利于维护和恢复肠道微生态平衡,促进草食动物的健康生长。中草药等添加剂的应用,可以取代抗生素,提高饲料利用率、促进草食动物生长、防治疾病、改善生态环境。

2.生态环境与粪尿处理技术

(1)从草食动物营养等角度,研究环保型饲料,减少排泄物中氮、磷排出量的营养调控技术。如通过添加植酸酶可以提高饲粮中植酸磷的利用率,降低无机磷的添加量,使磷的排放减少20%~50%。

(2)研究草食动物粪尿的综合利用方法。沼气化处理技术采用现代生物发酵工程技术,以草食动物废弃物为原料,配以多功能发酵菌,通过厌氧发酵和连续池式发酵,使草食动物养殖废弃物通过有益微生物的处理,经过除臭、腐熟、脱水等一系列化学反应,最终转变成沼气和活性生物有机肥,使之无害化、资源化。

(3)采用生物和化学的方法处理污水。生物处理模式就是利用微生物将草食动物粪尿中复杂的有机物降解为简单的无机物或合成微生物体,达到处理粪尿、污水,保护自然环境的目的。生化处理模式,从采用的工艺技术来看,有厌氧处理、好氧处理、厌氧+好氧处理等,占地少、适应性广,但投资大、能耗高、运转费用高。

(4)采用新型的环境保护型的畜舍,采用清洁生产技术,对产生污染的环节实行全程控制。

(二)草食动物生态养殖技术措施

推进草食动物生态养殖是实现草食畜牧业高效规模化、保障畜产品质量安全、维护人民身体健康、促进社会和谐稳定的基本要求,是发展现代畜牧业的必由之路。而面对资源和环境的压力,草食动物生态养殖的发展必须通过各方面的技术协作与交流,解决生态养殖过程中的技术难题,把多学科的技术融入一体。

1.场址选择要适宜,结构布局要科学

在遵循当地总体规划的前提下,场址选择要符合地势高燥、背风向阳、交通便利、水电配套、水质良好等要求,禁止在水源保护区、城镇居民区、农民集居点、文化教育点等人口集中区

域内选址。场址应建设在距铁路、交通要道、城镇、居民区、学校、医院、其他畜禽场等场所1 000 m 以上,距屠宰场、畜产品加工厂、畜禽交易市场、垃圾及污水处理场所、污染严重的厂矿 1 500 m 以上。场区布局要严格区分饲养区、生活区、隔离区,布局及房舍间距要合理,清洁道和污染道严格分开,互不交叉,可利用绿化带隔离。

2.饲养品种要优良,饲养规模要适度

从事草食动物种畜生产经营行为的养殖场必须持有《种畜禽生产经营许可证》。草食动物种畜质量必须符合国家、地方或企业标准,国外引进的品种参照供方提供的标准。保持适度的养殖规模,如果规模太小,则管理成本较高;规模太大,生产风险加大。

3.生产流程要合理,设施设备要先进

要有为其服务的、与饲养规模相配套的畜牧兽医技术人员。场区内人员、草食动物和物品等应采取单一流向。全场(小区)或单栋圈舍应实行全进全出制度。草食动物圈舍配有必需的养殖基础设施、设备,要操作方便、整洁、实用。圈舍配备合适的调温、调湿、通风等设备,配备自动喂料、饮水、清污以及除尘、光照等装置。

4.档案资料要齐全,生产记录要完整

养殖档案应明确记载草食动物的品种、数量、繁殖记录、标识情况、来源和进出场日期,饲料、饲料添加剂、兽药等投入品的来源、名称、使用对象、时间和用量,检疫、免疫、消毒情况,草食动物发病、死亡和无害化处理情况等。养殖档案要妥善保管、充分利用,登记及时、准确、真实。

5.投入品使用要规范

要使用经批准合格的兽药、饲料和饲料添加剂以及环保型消毒剂,不得使用过期、变质产品,注意配伍禁忌、严格执行停药期。禁止使用法律法规、国家技术规范禁止使用的饲料、饲料添加剂、兽药等。兽药使用应在动物防疫部门或执业兽医指导下进行,凭兽医处方用药,不得擅自改变用法、用量。

6.防疫措施要严格

具备有效的《动物防疫条件合格证》。有完善的免疫制度、休药期制度、卫生消毒制度、投入品的采购使用和管理制度、无害化处理制度。生产区四周应建有围墙或防疫沟;大门出入口设有值班室、消毒池等;生产区门口应设有更衣、换鞋或消毒设施;圈舍入口处应设置消毒池或消毒盆。强制免疫疫种的应免密度达 100%,免疫标识佩戴率达 100%。具有病死草食动物隔离和无害化处理设施。

7.粪污治理要有效

草食动物圈舍内配备粪污收集、运输设施、设备,要有与养殖规模相适应的堆粪场,不得露天堆放。场区内粪污通道改为暗沟,实行干湿分离、雨污分离。建有对粪便、废水和其他固体废弃物进行综合利用的沼气池等设施或其他无害化处理设施。粪污实行农牧结合,就近就地利用,不直接排放到水体,或经综合治理后实行达标排放。

四、草食动物生态养殖案例分析

不同地区实际情况不同,生产上要因地制宜,采取切实可行的草食动物生态养殖模式,科学规划与资源重组,保证生态养殖模式的正常运行。不同模式运行机制有所差异,但原理相似。下面通过几个草食动物生态养殖案例,对其运行机制及运行条件进行分析,保障草食家畜生态养殖的可持续发展。

(一)西北果园"五配套"生态养牛模式

1.构造

以沼气池、太阳能牛圈(暖圈)、卫生护厕(看护房及厕所)、集水系统(蓄水窖)、滴灌系统(节水设施)为特征的西北果园"五配套"生态养牛模式的构造如图 7-1-5 所示。

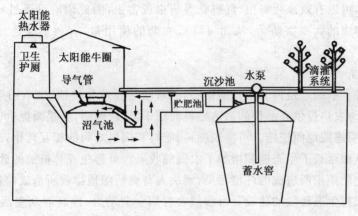

图 7-1-5 西北果园"五配套"生态养牛模式的构造

2.基本要素

以 0.333 hm²(3 333 m²)左右的成龄果园为基本生产单元,在果园或农户住宅前后配套一口 8 m³ 的新型高效沼气池,一座 40 m² 的太阳能牛圈,一个 8 m² 的卫生户厕,一眼 60 m³ 的蓄水窖及配套的集雨场,一套果园节水滴灌设施。

3.太阳能牛圈的建造

西北模式中的太阳能牛圈应坐北朝南,东西延长,并应由牛舍、沼气池、卫生户厕而组成"三位一体"的生产结构。其平面布置是沼气池建在牛舍地面之下,且主池中心应位于牛床前后跨度(南北宽)的中心线上;卫生户厕建在靠近沼气池地面之上的一角,且应与牛舍相邻。其建设形状是单列式半拱型塑料薄膜暖棚。牛圈后墙高 1.8 m,中梁高 2.5 m,前缘墙高 1.2 m,前后跨度(南北宽)5 m,左右跨度(东西长)8 m 以上,牛床前后跨度 3 m,人行道前后跨度 2 m。在后墙与中梁之间用木檩及木椽搭棚,檩及椽上用高粱秸、芦苇、玉米秸勒箔,箔上抹草泥,冬季上铺碎草并用玉米秸压住防寒。在中梁与前缘墙之间用竹片搭成拱形支架,冬季上覆塑料薄膜。在牛床和人行道之间设置采食隔栏和食槽。为了加强冬季保温能力,前后缘墙、左右山墙应采用保温复合墙体,其可用苯板、蛭石或经防腐处理的高粱壳、稻壳、锯末等来做保温材料。

4.运行要点

(1)在西北干旱半干旱地区的果园套种高效牧草,如美国香豌豆、三叶草、百脉根、草木樨、沙打旺、红豆草、紫花苜蓿、毛叶苕子、冬牧 70 黑麦草、籽粒苋、俄罗斯饲料菜、普那菊苣等。

(2)利用果园人工牧草、杂草、落叶、农作物秸秆以及粮食加工副产品养牛。在青草期饲喂青绿草,在枯草期饲喂青干草;在秋季收集落叶,在冬季用其喂牛;在作物收获期将秸秆保存起来,在枯草期将其经过物理、化学或生物的方法加工、处理后用于养牛;将粮食加工副产品进行配合,作为精饲料用于牛的补饲。

（3）牛粪、人粪便、生活污水以及不能饲用的杂草、剩草进入沼气池进行厌氧发酵，所生产的沼气用于农户做饭、照明、烘烤、取暖、热水洗澡，或点燃后为温室作物的光合作用提供二氧化碳气肥，同时给温室增温。

（4）沼气发酵的剩余物是沼液沼渣，简称为沼肥，其随着集水系统和滴灌系统而用于果园施肥（地面根施），或病虫害防治（叶子背面喷施）。由于沼液中含有微量吲哚乙酸、赤霉素、硫化氢等杀虫成分，可以有效杀死蚜虫、红蜘蛛等病虫或害虫，因此沼液可通过叶面喷施用于果树、蔬菜、花卉、作物的病虫害防治，从而可降低农药的使用量，有利于绿色无公害农产品的生产。

5.子系统功能

（1）沼气发酵子系统　是西北模式的核心，起着联结养殖与种植、生活用能与生产用肥的纽带作用。其可为农户提供高品位的清洁燃料而用于做饭、照明，为果园提供优质高效的有机肥料而用于叶面喷施或地面根施。可实现燃料、肥料和饲料之间的相互转化，回收农牧业废弃物能量和物质，从而延长了生态链和增加了农民的收入。可避免森林植被的砍伐，减少秸秆焚烧、农药喷洒和化肥施用所造成的环境污染，解决人畜粪便随地排放所造成的各种病虫害的孳生，从而促进了农村生态环境的建设。可解放农村妇女劳动力，提高群众生活质量，促进农业增产、农民增收和农村经济的可持续发展。

（2）太阳能牛圈子系统　是实现以牧促沼、以沼促果、果牧结合的前提。采用太阳能暖圈养牛，解决了牛和沼气池的越冬问题，提高了牛的生长率和沼气池的产气率。

（3）集水系统　是收集和贮蓄地表径流雨、雪等水资源的集水场、蓄水窖等设施，为果园配套集水系统。其既可供沼气池、园内喷药及人畜生活用水，还可弥补关键时期果园滴灌、穴灌用水，以防关键时期缺水对果树生长发育和生产而造成影响。

（4）滴灌子系统　是将蓄水窖中蓄积的雨水通过水泵增压提出，输水管道输送，滴灌滴头分配，最后以水滴或细小射流均匀而缓慢地滴入果树根部附近的系统。结合该系统可使沼液随灌水施入果树根部，从而可使果树根部经常保持适宜的水分和养分。

（5）卫生户厕子系统　包括看护房和厕所两部分，前者是人炊事和休息的地方，后者是人大小便的地方。看护房中用沼气灶来做饭、用沼气灯来照明、用沼气炉来取暖，厕所中用太阳能热水器或沼气淋浴器来洗澡。生活污水流经厕所时连同屎尿一起进入沼气池。

6.效益

西北模式实行圈厕池上下联体、种养沼有机结合，能使生物种群互惠共生、物能良性循环，从而可取得"四省、三增、两减少、一净化"的综合效益，即省煤、省电、省劳、省钱，增肥、增效、增产，病虫减少、水土流失减少，净化环境。

（二）北方"四位一体"生态养牛模式

1.构造

以沼气池、牛舍、厕所、日光温室为特征的北方"四位一体"生态养牛模式的构造如图7-1-6所示。

2.基本要素

以 640 m² 左右的日光温室为基本生产单元，在日光温室的一端建一座 40 m² 的太阳能牛舍和一个 2 m² 的厕所，牛舍下部为一个 8 m³ 的高效沼气池。

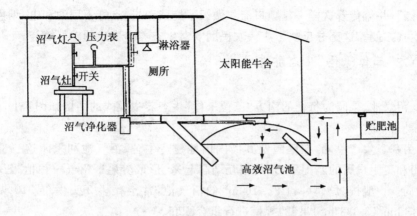

图 7-1-6　北方"四位一体"生态养牛模式的构造

3.运行要点

(1)利用玉米秸、麦秸和稻秸等农作物秸秆,粮食加工副产品及温室作物副产品养牛。

(2)利用牛粪及人粪便生产沼气。沼气作为一种高品位的清洁能源而用于农户的做饭、照明及日光温室和牛舍的增温;并可在点燃照明、增温的同时,为温室作物的光合作用提供二氧化碳气肥。

(3)沼气发酵剩余物沼液沼渣作为一种优质高效的有机肥料而用于温室作物的喷施或根施。

4.单元功能

(1)沼气池　是北方模式的核心,起着联结养殖与种植、生活用能与生产用肥的纽带作用。利用牛粪、人粪便,既可为农户生活提供沼气燃料,又可为温室作物提供沼液沼渣有机肥料,还可点燃沼气后为温室作物的光合作用提供二氧化碳气肥。

(2)日光温室　是北方模式的主体,沼气池、牛舍、厕所、栽培作物都装入温室中,形成全封闭或半封闭状态。既有利于沼气池和牛只的安全越冬,又有利于温室作物的增温和二氧化碳气肥的施用。

(3)太阳能牛舍　是北方模式的基础,根据日光温室设计原则建造,其在冬季可保温、增温,在夏季能降温、防晒。能使牛只全年生长、育肥时间缩短、饲料节省、效益提高,并能使沼气池常年产气利用。牛只的散热和呼吸,还能为温室作物增温和提供光合作用所需的二氧化碳气肥。温室作物的光合作用,还能为牛只提供呼吸所需的氧气。

(4)厕所　既方便了人的生活,又增加了沼气发酵的原料,还确保了环境的干净卫生。

5.配套技术

北方模式受自然条件限制,沼气池建在日光温室和三结合牛舍内,模式整体为封闭式系统。北方模式的主要配套技术是由沼气池、牛舍、厕所、日光温室组成的。北方模式的核心技术是利用温棚保温、增温,为此把日光温室和牛舍院棚统称温棚。这种模式的四个主要部分需要做到优化配套,互相连接,有机结合,并能充分利用太阳能,所以在筹建温棚时,必须科学规划,精心施工,才能保证模式的运行效益。

6.效益

实践表明北方模式具有无比的优越性,许多农户深有体会地说:"种十亩田,不如建一个生态养牛小家园";并流传着这样一首顺口溜:"做饭不烧柴和炭,点灯不用油和电,烟熏火燎不再现,文明卫生真方便。"这充分反映了广大农民朋友对生态养牛模式的美好赞誉。

(三)南方"三位一体"生态养牛模式

1.构造

以牛舍、沼气池、果园为特征的南方"三位一体"生态养牛模式的结构如图7-1-7所示。

2.基本要素

以农户为基本生产单元,在庭园及其周围山地建造牛舍、沼气池和果园这三部分生产结构,并在农田和卫生户厕的匹配下,使其相互结合起来,形成养殖—沼气—种植"三位一体"的庭院经济格局。一般按"户建一口 $8\sim10\ m^3$ 的沼气池,常年存栏 2 头牛(或 10 头羊或 6 头猪),种 $0.333\ hm^2(3\ 333\ m^2)$果"的规模进行组合配套。

3.运行要点

(1)在果园套种高效牧草,利用果园牧草、饲料作物、农作物秸秆及农副产品养牛,农作物主产品及果实供人食用。

(2)牛粪及人粪便进入沼气池生产沼气,沼气用于卫生户厕和牛舍的做饭、照明和取暖。

(3)沼气生产的剩余物沼液沼渣,用于果园或农田施肥。果园或农田的主产品再供人食用,副产品再供养牛。

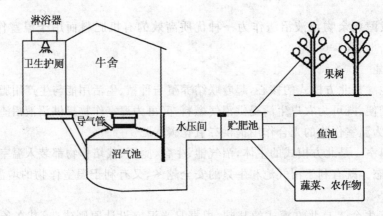

图7-1-7 南方"三位一体"生态养牛模式的结构

4.单元功能

(1)牛舍及卫生户厕 一是为人生活提供地点,二是为养牛提供场地,三是为生产沼气提供原料。

(2)沼气池 一是为生活及生产提供做饭、照明和取暖的高品位的清洁燃料(沼气),二是为果园及农田提供叶面喷施或地面根施的无公害、优质高效的有机肥料(沼液沼渣)。

(3)果园及农田 一是为人生活提供食品,二是为养牛业生产提供饲料。

5.配套技术

南方"畜—沼—果"模式是沼气池与养殖业、种植业(主要是果业)紧密联系的开放式系统。该模式是以户为单元,利用山地、农田、水面、庭院等资源,采用先进技术,建造以"沼气池、畜舍、厕所"为要素的三结合工程,并围绕主导产业(主要是果业),因地制宜开展"三沼"综合利用工作,构成户用南方模式工程。该工程的果园面积、养殖规模、沼气池容积必须合理组合。一般是先构建由 8~10 m³ 的沼气池、2 m² 的厕所和 25 m² 的畜舍组成的三结合系统,再使这一系统和 0.333 hm² 的果园相配套。

6.类似模式

应结合南方特点,围绕当地主导产业,因地制宜地利用沼液、沼渣。除与果园结合,构建"牛—沼—果"模式之外,还可与菜园、菇园、花园、鱼塘、经济作物等结合,构建"牛—沼—菜"、"牛—沼—菇"、"牛—沼—花"、"牛—沼—鱼"、"牛—沼—经"等许多类似模式。

7.效益

该模式与农业主导产业相结合,延长了产业链,促进了生态良性循环,增加了农民收入,变革了农村传统的生产和生活方式,达到了"四化"的目标,即农业废弃物资源化、农业生产高效化、农村环境清洁化和农民生活文明化,具有能源、环卫、经济、生态和社会等方面的综合效益。

由此可见,为了发展有机农业、生态农业或可持续农业,必须发展草食畜牧业,特别是养牛业;为了解决生活所需燃料、养畜所需饲料和种植所需肥料这"三料"之间相互矛盾的问题,草食动物养殖业的发展必须走以沼气为纽带的生态养殖的道路;西北果园"五配套"模式(西北模式)、北方"四位一体"模式(北方模式)和南方"三结合"模式(南方模式),是草食动物生态养殖的三大典型模式;畜粪的综合利用,是生态养殖模式的重要内容和环节,其方法和途径是先利用草食动物粪污生产沼气,再对沼气生产的产物沼气、沼液、沼渣进行综合利用。

任务 7-2　草食动物产业化经营

一、草食动物产业化经营的背景与意义

草食动物生产产业化经营实质上是以市场为导向,以草食动物养殖场(户)承包经营为基础,依靠龙头企业及各种中介组织,将产前、产中和产后诸环节紧密地联系成产业链,实行多种形式的一体化经营,形成系统内部有机结合、相互促进和利益互补机制,实现资源优化配置的一种新型的生产经营方式。

(一)草食动物产业化经营的背景

我国的草食畜牧业生产相对落后,产业化经营起步晚、产业化程度低,从而造成了草食畜牧业发展缓慢,竞争力不强。

1.小农户分散经营,缺乏规模效益

草食动物生产的条件性及放牧、饲草料等资源的分散性,决定了我国大部分的草食动物生产为小农户的分散经营,特别是南方山区、半山区。其最大特点是规模小、生产方式落后、劳动生产率低、经济效益不高、产品缺乏竞争力。

2.产品供需不平衡,缺乏稳定的市场条件

目前我国草食动物生产市场主要存在两方面的问题,一是由于缺乏规范的管理及草食动物种畜场,造成种源市场混乱,种畜质量参差不齐、鱼目混珠、以假乱真;二是由于缺乏信息管理与统筹理念,草食动物产品销售市场混乱,"买难卖难"的矛盾突出,从而影响了草食动物养殖场(户)的经济效益与正常运转。

3.畜产品附加值不高,缺乏竞争力

我国草食动物产品的供需关系已发生了重大变化,逐渐由卖方市场向买方市场转变,如今

的消费者追求产品要求高质量、卫生安全、食用方便、包装美观、货真价实,而传统的草食动物产品结构显然已无法适应消费者需求及日益激烈的国内外市场竞争。

(二)草食动物产业化经营的意义

实行草食畜牧业产业化,将产前、产中和产后相衔接,生产与流通融为一体,把草食动物产品的生产、加工、销售紧密结合起来,形成一条龙经营,有利于保持最佳生产效益及消费市场的有效供给。实行草食畜牧业产业化在增强畜牧业经济效益的同时,增强了畜牧业的自我积累能力,使得单一的畜牧业延伸到二、三产业,把草食动物产品的产、加、销连成一片,向生产、经营的深度和广度进军,有效地提高了草食动物产品的附加值和比较效益,从而实现风险共担、利益均沾、互惠互利的经济共同体。实践证明,通过种、养、加、供、技术服务,企业化、商品化、经营与管理一体化,提高了草食动物生产的组织化程度,把小生产与大市场连接起来,大力发展"小产品、大产业"和"小规模、大群体"的模式,解决了农户分散经营与市场风险的矛盾,从而促进了草食动物生产高效、安全的可持续发展。

1.推进畜牧业结构战略性调整

畜牧业结构战略性调整是对畜禽产品品种和质量、优势畜禽产品区域布局和产后加工转化进行全面调整的过程,也是加快畜牧业科技进步、提高养殖人员素质、转变畜牧业增长方式、促进畜牧业向深度进军的过程。畜牧业产业化经营,一是促进畜牧业生产结构调整。畜牧业产业化通过产加销、贸工农的一体化生产,将生产与市场紧密联系到一起,带动了订单养殖、特色养殖的发展,形成了各具特色的养殖基地,使畜牧业生产结构的调整步伐明显加快。二是促进畜牧业产业结构调整。参与畜牧业产业化经营的龙头企业涵盖了生产、加工、销售、营运等多领域,可以带动农村相关加工业、营销业、运输业和服务业的发展,从而促使畜牧业经济结构由单一的部门或产业向多门类、多产业发展,形成畜牧业多门类产业共同发展的新格局,促进畜牧业工业化与农村城镇化等非农产业的发展壮大。

2.促进农村畜禽规模化、集约化、专业化养殖

在现阶段农村家庭承包经营的制度下,农村人口多,人均养殖资料占有量少,农村分散小规模经营的格局在短期内不会发生根本性改变。实行畜牧业产业化经营,由龙头企业和专业化合作经济组织与千家万户建立起多种合作形式,形成专业化生产联合体和大规模的畜禽产品商品生产基地。

3.提高畜禽产品市场竞争力

畜牧业产业化造就了一批有竞争力的市场主体。龙头企业通过组织农户,实行专业化、标准化和规模化生产,充分发挥家庭经营和农村劳动力成本较低的优势,再依靠精深加工和提高科技含量,创出一批有较强竞争力的名牌农产品,在国内外市场参与竞争。益阳宜信、湘潭港越等加工企业引进国际先进技术、设备和生产工艺,采用全封闭的现代化冷分割生产屠宰流水生产线,采用严格的产品质量控制措施,生产的中仔猪等畜禽产品及其制品,符合绿色食品要求,并全部出口香港、澳门、新加坡、俄罗斯等地。

4.推动农村畜牧业社会化服务,转变服务方式

随着龙头企业带动作用的增大,政府对畜牧业和畜牧业经济的管理逐渐由过去的直接干预转变为引导和服务。政策方面的引导包括引导和鼓励,建立高质量、高水准的畜牧业产业化生产基地示范点,支持产业化组织跨地区、跨行业、跨部门经营等。畜牧业产业化经营的服务,主要表现在由过去产中服务发展到产前提供市场信息、市场预测,产后为产品的流通、销售提

供服务等。尤其是信息技术服务方面,通过龙头企业设立专门的信息技术服务机构,对基地的农户实行包种苗优质优价供应,包农资组织,包技术指导,及时推广新品种、传授新技术,定期组织养殖技术讲座。

5.实现了小生产与大市场有效对接

产业化经营,将分散的小规模经营农户与大规模的加工、营销企业有机联系起来,形成了一体化经营的整体,实现了企业与农民利益的双赢。

(三)推进草食动物产业化发展的措施

1.加强政府对草食动物生产产业化发展的政策引导

(1)加强宣传,提高思想认识。

(2)继续进行机构改革,突破部门之间的条块分割,对草食动物生产产业化实行一体化管理。

(3)完善合同契约制度和市场法规及市场管理条例。

(4)要运用市场经济手段,利用市场力量促进产业化的发展。

2.加大结构调整力度,建立草食动物产业化经营的优质原料基地

要突出发展肉牛、肉羊、奶牛为主的草食动物,抓好优势产业带建设。要结合优势产业带的建设,推进草食动物养殖小区建设,推行"公司＋小区牧场"的产业化体系,拉动草食动物养殖小区建设,使30％以上的养殖户、60％以上的草食动物入区经营,使草食动物养殖小区成为畜牧业规模化养殖的主要形式。

3.培育和壮大龙头企业,提高草食动物产业化经营的核心竞争力

草食动物产业化的经营主体有一般养殖户,也有加工企业、专业市场、中介组织等,但其真正的市场竞争主体是规模养殖企业、加工企业、专业市场和中介组织等辐射面广、带动能力强的龙头企业。要把发展龙头企业作为发展草食动物产业化经营的突破口,实施龙头带动战略,重点培育和扶持发展有竞争优势和带动能力强的龙头企业。要按照"扶优、扶强、扶大"的原则,着力培育壮大一批起点高、规模大、带动力强的大型骨干龙头企业。引导具有比较优势的行业龙头企业发展,要以资本运营为纽带,着力盘活资本存量,整合资源、资金、技术、人才等要素,开展跨区域、跨行业、跨所有制的兼并与联营,组建企业集团。要支持龙头企业率先执行ISO9001 和 HACCP 等国际质量认证体系,制定和完善企业标准,使生产、加工、包装、销售等各个环节与国内外质量标准相衔接,创立知名品牌,提高草食动物产品的核心竞争力。

4.推动科技进步,增强草食动物产业化经营的持续发展动力

科技进步是草食动物产业化经营的强大动力和重要支撑。在草食动物生产产业化过程中,要加大科技投入,集中力量,尽快提供符合产业化、市场化、现代化的配套科学技术,加速新技术革命,使科技在草食动物生产产业化中大显身手。为此必须从以下方面加大科技工作力度:

(1)实施"良种工程",加速草食动物良种化进程。在继续提高产量的前提下,注重产品质量。

(2)加大草食动物生产高产、优质、高效饲养综合配套技术推广。重点推广草食动物生产规模化、工厂化高效养殖技术以及舍饲半舍饲化养殖技术。

(3)加强草食动物生产的疫病防治工作。加快研制和推广疫病快速诊断技术与新疫苗、新药剂,为草食动物生产产业化发展提供强大支持。

（4）加强草食动物产品保鲜与深加工技术的研究与开发应用。重点研发产品保鲜、长距离运输和深加工新技术，大力提高草食动物生产产品加工品的卫生质量。

5. 实施质量安全监管，保障草食动物产业化经营的产品质量

草食动物产品质量安全问题，已经引起社会广泛关注，必须引起高度重视。要贯彻预防为主的方针，切实抓好动物强制免疫和严格检疫，从源头上为草食动物产业化的发展和产品质量提供保证。要制定重大疫病的应急方案，做到队伍、经费、物资"三落实"，及时扑灭可能发生的动物疫病。并切实加强动物的产地检疫和屠宰检疫，强化检疫监督力度，严格控制染疫动物及产品的流通，严防疫畜产品进入市场和进入加工企业。应依法加强对饲料、兽药生产企业产品的质量监控。加强饲料、兽药市场管理，指导生产经营者科学合理用料用药，严禁违禁药物的使用，切实建立健全草食动物产品质量标准体系、检验检测体系和产品认证体系建设，有计划地在各地，尤其是草食动物规模生产基地，建立草食动物产品质量检验检测中心，在各类批发市场特别是大型批发市场建立快速检测点，建立质检制度和产品质量追溯制，完善质检设备和手段，逐步实现对草食动物产品产前、产中、产后的全过程跟踪检测监控。

6. 加大扶持力度，优化草食动物产业化经营的发展环境

草食动物生产产业化发展既需要政策支持，更需要资金投入的支持。今后我国草食动物生产产业化发展必须走多渠道筹集资金的方针。各级政府要加大对草食动物生产的投入，并将其纳入国民经济发展的总体发展规划中，确保投资及时到位。

要增加财政资金投入，加大对草食动物产业化经营的扶持力度，要以法律法规的形式明确草食动物产业在整个财政支出中的比例。财政要建立草食畜牧业发展风险基金，以解决或减轻草食动物养殖自然灾害造成的损失。农业综合开发资金、扶贫资金，要根据草食畜牧业是农民增收的主渠道的实际，重点支持草食动物安全生产基地建设、市场建设和草食动物产品加工项目建设，其资金的每年投入比例要占总资金的60％以上。水利、退耕还林还草等专项资金和农业综合开发资金，要结合草食动物产业化发展，优先投向与草食动物生产基地相配套的水利工程建设、牧草基地建设等，实现生态效益与经济效益"双赢"。

7. 完善利益联结机制

草食动物生产产业化的实质是使龙头企业与农民建立比较稳定的利益关系。企业与农户之间是否能建立稳定的利益协调机制，是事关产业化能否可持续发展的大事。各地要根据草食动物生产产业化经营发展的不同阶段，采取相应对策。在产业化经营处于起步阶段的地方，要重点发展和规范合同契约、"订单草食畜牧业"。产业化经营基础较好的地方，可以通过建立风险基金、实行最低收购保护价、返还一定利润等，使企业与养殖户建立比较紧密的利益连接机制。其次，也要积极探索草食动物生产产业化利益分配的新机制。

要大力发展农民专业合作经济组织，实行农民用土地使用权、产品、技术和资金入股，形成利益共享、风险共担的利益共同体。积极鼓励采用股份制、股份合作制等多种经营形式，使农民与龙头企业实现风险共担、利益共享。

此外，还要加大法制宣传力度，使广大养殖户和企业管理者自觉履行各种经济契约和合同，尽量减少产业化发展中的履约交易成本，促进草食动物生产产业化的健康发展。

二、草食动物产业化经营的模式

(一)龙头企业带动模式(公司＋基地＋养殖户型)

以公司或集团企业为主导,围绕草食动物产品的生产、销售、与生产基地和农户实行有机的联合,进行一体化经营,形成"风险共担,利益共享"的经济共同体。在实际运行中,"龙头"企业联基地,基地联农户,进行专业协作。

该模式降低了草食动物养殖户生产的盲目性,适应了市场需要,改变了小规模分散经营户参与市场竞争的被动局面。公司与农户相互合作,双方或多方在资金、劳动力、场地、技术、管理、销售等方面进行优化配置,发挥资源优势互补,实现标准化养殖、品牌化运作、一体化经营、最大化效益,以应对激烈的市场竞争。生产实践中,由公司负责饲料供给、引种、技术培训、销售等,农户负责草食动物养殖管理。公司与农户的合作是一种生产行为的自愿组合,即与公司合作的农户实际上是公司的小型生产基地,要按公司的生产管理和技术标准生产,农户饲养的草食动物产权归公司所有,公司保证农户的养殖收益,合作双方或多方形成利益共同体,利益共享,风险共担。

(二)合作经济组织带动型(专业合作社或专业协会＋养殖户)

近几年来,各地农民自办或在政府引导下兴办的各种专业(技术)协会、专业合作社等经济组织登上草食畜牧业产业化经营的前台,由于他们都是农民为发展商品经济而自愿地或在政府引导下组织起来的,因而具有明显的群众性、专业性、互利性和自助性,实行"民办、民管、民受益",效果较好。

以专业协会为依托,创办各类草食动物产品生产、加工、服务、运销企业,组织农民进入大市场,是一种受农民欢迎的好形式。专业合作社是专门为入社会员提供引种、饲草料供应、资金、信息、销售及养殖环节的技术服务,有些还成立了加工、运销企业,直接组织草食动物养殖场(户)走向市场,这些合作社在操作中一般实行经济共营原则、自愿和开放原则、民主管理原则、服务原则、利益返还原则等。

这种模式实行企业与合作社签订供销合同,合作社与草食动物养殖场(户)签订产销合同,按合同运作。首先,可以使草食动物实行标准化养殖、规范化管理,克服引种、日粮调配、防疫、用药安全等混乱状况,保证草食动物产品安全;其次,草食动物养殖场(户)往往缺乏信息渠道,只能靠一些滞后的信息和经验被动地调整生产,从而容易在市场波动中身受其害,通过合作组织可以准确获得市场信息,避免养殖生产的盲目性;第三,通过合作组织可以随时获得各项技术咨询与服务,消除了草食动物养殖户的后顾之忧;第四,克服了"买难卖难"的矛盾,避免了销售市场的恶性竞争,在稳定销售价格的同时可以分享合作组织的加工增值和销售返利,提高了草食动物养殖比较效益。

如浙江某农业专业合作社,采取"合作社＋基地＋农户"的产业化经营服务体系,由合作社创建基地负责草食动物种畜养殖,承担配种繁殖及幼畜饲养工作,直到断奶;然后与农户签订合同,以低于市场的价格出售(出租)给空闲农户进行生态分散养殖,若农户临时有事或农忙可随时中断养殖,由合作社按市场价收回另给其他农户饲养;最后由合作社按市场价统一收购、加工、包装、注册商标及销售。同时合作社还要负责草食动物养殖户的技术服务工作,保证草食动物生产的安全与健康。这种模式的特点是灵活、高效,有效解决了基地不足及劳动力缺乏的问题。

(三)中介经济组织带动模式(行业协会＋企业＋养殖户)

中介经济组织带动模式又称为依托行业协会型,即草食动物养殖场(户)与专业合作经济组织、专业协会签订草食动物产品生产销售合约或松散型协议的协调型发展模式,以形成市场竞争力强,经营规模大,生产、加工、销售相联结的行业一体化企业集团。实践中有"行业协会＋农户"、"专业合作经济组织＋农户"等形式。

行业协会的主要作用首先是通过沟通信息,为企业集团提供国内外饲料与草食动物产品市场、加工企业、养殖新技术、经营管理等动态信息,避免草食动物养殖生产、加工、销售的盲目性和无序竞争,避免新品种、新技术、新设备的重复引入;其次通过协调与上级主管部门的关系,争取有关部门的资金与政策支持,避免不正当竞争;第三有利于草食动物产品的合作开发。

该模式中的中介经济组织以"为草食动物养殖户提供服务"为宗旨,由草食动物养殖户自愿组成。对内服务养殖户,协调行动,统一标准,不以赢利为目的;对外统一经营,直接进入市场,追求利润最大化;每个成员既是利益的共享者也是风险的承担者;合作是前提,能者牵头,多种形式,共同发展。

(四)销售市场带动型(专业市场＋养殖户)

以专业市场或专业交易中心为依托,拓宽草食动物产品流通渠道,带动区域专业化生产,实行产加销一体化经营,扩大养殖规模,形成产业优势,节省交易成本,提高运营效率和经济效益。这种模式又称为"依托市场型"。即由销售市场与草食动物养殖场(户)签订购销合同或提供交易平台,带动草食动物产业发展。实践中有"市场＋农户"、"市场＋专业合作组织＋农户"、"市场＋基地＋农户"等模式。通过交易市场的平台将养殖场(户)饲养的草食动物销售出去,减少养殖户的交易成本,并尽可能获得适度利润,推动草食畜牧业的发展。

(五)加工市场带动型(加工市场＋养殖户)

以当地草食动物产品加工企业为依托,拉动草食动物产品的消费需求,带动周边草食动物养殖场(户)的专业化生产,提高养殖业的经济效益,有利于当地草食动物养殖业的可持续发展。这种模式的关键是通过特色加工来促进消费,并提高草食动物产品的附加值,如很多地方出现的"特色餐饮业＋养殖户"就是以餐饮促生产的方式,最终达到草食动物生产的安全、高效的可持续发展。

三、草食动物产业化社会化服务体系的建设

(一)草食动物产业化社会化服务体系发展背景及存在问题

1. 产业化内部利益分配机制不完善

在利益分配方面,当前存在的主要问题是:

(1)企业与农民签订的经济合同不规范。一些企业往往凭借其自身的强大经济优势,在与农民签订合同时故意损害农民利益,使所订立的合同条款尽量有利于企业。

(2)利益主体双方不守信誉。有些地方,当产品市场价高、产品畅销时,农民往往违背合同,不愿将产品卖给企业,导致企业停工待料;而市场价低、产品滞销时,农民愿意把原料都卖给企业,但企业又不愿意按原定合同收购,有时即使愿意收购也经常压级压价,导致农民利益严重受损。

（3）违约追索成本高。

2.龙头企业优势不明显,一体化、集团化程度不高

有些草食动物生产龙头企业经过十几年的发展,虽然有所壮大和发展,并在农业产业化中处于领先地位,但面对日益竞争激烈的国内外市场,仍然存在许多问题:

（1）企业规模小,产品质量差,管理制度落后,竞争力不强。

（2）大型龙头企业科技和制度创新能力不足。许多大型企业仍然依靠粗放扩张的经营模式,严重忽视新技术和新产品的研发,在市场竞争中缺乏自己的名牌产品和优势产品。在企业管理中,没有及时采用现代经营管理制度,存在产权不明晰,决策不科学的问题,仍然依靠传统家族式的管理方法来管理集团企业,企业长远发展受到很大影响。

（3）龙头企业的一体化、集团化程度不高。一些企业严重缺乏稳定的原料基地,一些企业市场营销渠道不畅,企业开拓国内外市场的能力和手段有待继续提高。

3.产业化管理条块分割,政策引导失当

经过机构改革,我国畜牧业产业化发展的管理体制虽然有了很大改善,但仍然存在部门分割、产销脱节的问题。到目前为止,畜牧部门只管生产,加工和流通则由其他部门管理,各行政部门为了维持原有的利益格局,往往各行其是,政出多门,生产、加工和流通缺乏统一管理,严重影响了草食动物生产产业化的健康发展。政府对产业化发展的引导方面,则存在两种极端倾向:一是个别地方政府出于促进产业化发展的需要,往往不顾经济规律,简单采用行政命令,人为制造产业化企业和组织;有些地方则一方面强调要大力发展草食动物生产产业化;另一方面却对产业化企业在投资和融资方面设置了许多障碍,现在很多中小型民营企业反映得不到政府投资和银行贷款。

4.草食动物产品加工业严重滞后

草食动物生产产业化要求产前、产中和产后要有机联合,但我国的草食动物生产产业化却存在产中、产前发达,产后加工严重滞后的格局,草食动物产品加工业与发达国家存在巨大差距。如发达国家畜产品加工量占畜产品生产总量的比重高达 $60\%\sim70\%$,而我国肉类加工比重不到 5% ,且加工技术较落后,企业规模较小,还存在着加工深度不够、花色品种较少和优质高档品种比重低等问题。

5.草食动物产业社会化服务中存在诸多问题

（1）专业经济技术部门的服务中存在形式主义、偏离服务宗旨、部门分割等问题。如某省政府把肉牛养殖业作为发展高效农业的重点,此后各级政府都强调肉牛养殖业社会化服务体系建设,有些地方为了应付检查而夸大成绩,虚报服务内容和水平。有的地方服务机构多服务活动少,形成服务中的形式主义。

从专业经济技术部门本身来看,其运行机制也在发生变化。随着国家经济体制的改革,他们在承担为养牛户服务职能的同时,必然要追求自身利益目标,甚至要用手中的权力为实现自身利益服务。一些服务组织打着"围绕服务办实体,办好实体促服务"的名义,经营中偏离服务宗旨,只顾赚钱,甚于个别服务机构把质次价高产品推销给养牛户。有的县以推广肉牛养殖实用技术的名义,向上级申请资助,资金到位后就挪作他用。各部门多元化的利益目标冲突以及由此而形成的部门分割,成为制约社会化服务体系建设的突出问题。

（2）缺乏草食动物养殖业民间合作经济组织。草食动物养殖业民间合作经济组织是指围绕草食动物生产建立起来的,以增加成员收入为目的,在品种改良、疫病防治、技术、资金、信息、购销等方面合作互助的民间组织。它是养殖户自己的组织,代表养殖户的利益,可把分散的养殖户组织起来,提高养殖户进入市场的组织化程度,有利于保护和保证养殖户利益的实现。它是联结养殖户与企业、养殖户与市场的有效中介组织。

(3)产前、产中、产后服务脱节,缺乏系列服务。如在肉牛生产实践中,产中服务多,产前服务较少,产后服务严重不足。从服务主体来看,产中服务主要由畜牧系统的服务组织提供,有固定的机构和人员,服务水平稳定且基本能满足需要。产前服务主要由个体户提供,个体户在经营上灵活多变且缺乏管理,服务不稳定。产后服务主要由屠宰加工企业提供,因组建与经营企业的复杂性、投入的集中性,我国高水平肉牛屠宰加工企业较少,产后服务严重滞后。除个别地方肉牛养殖业服务较为全面外,大多数地区或许在某一方面服务程度较高,但距围绕肉牛养殖业的品种改良、饲料加工供应、饲养技术、疫病防治、信息咨询、加工销售等系列服务还相差甚远。

(4)草食动物市场体系还不很健全,市场引导乏力。在市场经济体制下,市场是产品供需的载体,只有通过市场,生产者生产的产品才能转移到消费者手中。如我国目前肉牛市场体系建设相对落后,一些地区甚至没有专门肉牛交易市场,养牛户无从了解市场信息。市场体系不健全,使肉牛及其产品产销之间的联结不够畅通,流通环节多,中间流失大,生产者和消费者得到的好处少。市场不稳定,使养牛户的经营风险增大。

(5)服务体系的层次结构中存在问题。服务层次存在的主要问题有:服务层次较紊乱,"条块"分割严重,难以发挥草食动物养殖业社会化服务多层次的综合力。各地普遍存在各服务层面因经济基础薄弱,积累水平低,资金缺乏,加之政策上的滞后,导致服务功能较弱,服务内容不配套,整体效益较差。乡级和村级层次仍是服务体系的薄弱环节。当前最突出问题是在各服务层次上缺少草食动物养殖户自己的服务组织。

(二)草食动物产业社会化服务体系建设的基本框架

1. 草食动物养殖业社会化服务体系的发展方向

结合各地草食动物养殖业的实际情况,服务体系的发展方向应是:建设一个适合不同地区草食动物生产水平的多样化的草食动物养殖业社会化服务体系,为草食动物养殖者提供产前、产中和产后的综合配套服务。一方面是服务体系自身的建设要适合不同地区草食动物生产发展水平,强调从实际出发,因地制宜,循序渐进,不搞一刀切,不搞拔苗助长。另一方面是开展服务活动的要求,要开展草食动物生产全过程综合配套服务。体现当前草食动物养殖者要求延长草食动物产业链,得到综合服务及加工增值的要求。

具体来讲,要按照发展社会主义市场经济,深化农村改革的要求,建设和完善我国草食动物养殖业社会化服务体系要朝以下几方面努力。

(1)服务导向市场化　按照发展社会主义市场经济的要求,草食动物生产必须建立灵敏的市场信息网和多功能、综合性交易市场,广泛推行草食动物产品购销合同制,积极加快农村市场体系建设。

(2)服务决策科学化　在服务项目的选择上,要进行科学论证。根据当前情况和对未来发展趋势的预测,对方案进行比较、评价和选择。评价的标准包括项目的作用、效果、利益等,并具有技术可能性和经济合理性的综合要求,还要充分考虑市场因素和非市场因素的双重影响,最终做肯定性决策。这样就使每个项目都能建立在周密的可行性研究基础之上。

(3)服务组织系列化　发展产前、产中、产后的系列化服务,走产、供、销一体化,贸、工、农共同发展的道路。要特别注意发展草食动物屠宰加工业,通过加工增值提高草食动物养殖业的比较效益。

(4)服务网络体系化　以科技服务和草食动物屠宰、加工、销售为龙头,强化为基层养殖户服务的功能。逐步形成一定经济区域范围内(一般以县为单位)的"草食动物产业发展研究咨询信息中心"、"品种改良研究服务中心"、"秸秆氨化、饲料监测服务中心"、"疫病防治服务中心"、"草食动物产品开发科研中心"。

(5)服务形式规范化　一方面,各级服务组织要制定管理办法,规范各组织的服务活动。另一方面,要积极探索实行草食动物产品经营代理和委托销售制的途径,使购销部门逐步建立与养殖户结成经济利益共同体的规范化的服务形式。

(6)服务手段现代化　包括现代化的服务设备和现代科学技术。草食动物养殖业的发展,一靠政策,二靠科技,三靠投入,但最终还是要靠科技解决问题。完善草食动物养殖业社会化服务体系必须依靠科技进步。

(7)服务产业化　社会化服务要作为一项产业来发展,走产业化服务的路子。要转换经营机制。一方面要吸收其他成分的有效经营机制(包括大、中型全民所有制企业机制、三资企业机制、股份企业机制、个体机制中的有效成分),真正实现自主经营,自负盈亏,自我发展,自控管理;另一方面要建立管理制度,强化为广大养殖户服务的功能,让利于农,提高企业和养殖户的经济效益,促进草食动物养殖业发展,最终促进农村经济的发展。

2.草食动物养殖业社会化服务体系的组织结构

我国草食动物养殖业要获得持续发展,必然要依靠高水平的社会化服务。怎样提高社会化服务水平呢?一方面,完全依靠政府投入是不可能的,原因是随着经济体制改革,政府对畜牧业人力、财力的投入正在减少,而且国企改革正在经历"阵痛",大面积的企业亏损造成国家财政紧张。从中国加入世贸组织来看,在竞争日益激烈的国际市场上依靠政府的补贴、高福利服务的草食动物养殖业也是没有发展前途的;另一方面,完全依靠养殖户和养殖场自身组织高水平的社会化服务是不现实的。究其原因,一是众多养殖户及养殖场的积累水平低,拿不出较多资金开展社会化服务活动。二是由于低水平草食动物生产简便易行,因而养殖场、养殖户及屠宰加工经营者普遍缺乏合作互助意识,尚认识不到高水平社会化服务对当地草食动物生产长远发展的深刻意义。仅靠他们自身很难组织起高水平的社会化服务活动,必须要有政府的指导和帮助。

鉴于上述原因,在草食动物养殖业社会化服务组织机构建设中,要形成一种以政府有关经济技术部门为依托,但主要依靠养殖场、养殖户及屠宰加工经营者自身力量发展社会化服务的路子。社会化服务组织在发展中要不断积累,增强自身的经济实力,逐步使服务组织、服务功能和内部机制得以建立和完善,最终使社会化服务活动走上自主经营、自负盈亏、自担风险、自我发展的良性轨道。基于这种思想,确定我国草食动物养殖业社会化服务体系建设的基本框架是:以合作经济组织为基础,以政府有关经济技术部门为依托,以个体服务组织为补充,充分发挥龙头企业的带动作用。这四个方面的服务组织同时并存、互为补充,形成适应市场经济发展的以合作经济组织为中心的"四位一体"服务体系。

(三)建立草食动物生产农民合作协会

草食动物生产农民合作协会是由从事草食动物生产经营的养殖户自愿组织起来,以增加成员收入为目的,在技术、资金、信息、购销、加工、储运等环节为会员利益服务,实行自我管理、民主决策、自我发展的群众性合作生产的经济组织。它是一种向着合作社经济、股份合作制经济过渡的初级阶段的经济组织。

1.建立草食动物生产农民合作协会的必要性和可行性

草食动物产业化经营所需解决的本质问题有两个:一是草食动物养殖业产业链被条块分割,要探索某种机制把产业链连起来,形成"一体化"的"龙"形产业链式结构。二是要解决分散养殖户的小规模生产经营与大市场的对接问题。农民合作经济组织可以解决这两个问题,可以说农民合作经济组织是实施草食动物产业化经营的组织形式。从这个意义上讲,建立和发展草食动物生产农民合作协会对实施草食动物产业化经营有重大意义。

在草食动物养殖较为集中的地区建立草食动物生产农民合作协会的可行性体现在两个方面:一是具备建立草食动物生产农民合作协会必需的三个基本条件。①有发展商品经济的宏观环境,草食动物商品生产在一些地区已有一定基础。②草食动物生产已逐渐成为一些地方经济的主要项目,养殖草食动物已成为当地群众收入的主要来源且形成一定的规模。③在农村中有组织草食动物商品生产的能人。二是政府部门对合作协会的建立有倡导和支持的可能。

2.草食动物生产农民合作协会的组织结构

草食动物生产农民合作协会的组织结构从形态上看是一种网状结构,每一个养殖户都是独立经营主体的网结;组织外部,行业性的各种协会组织并存,这些组织之间是平等合作关系。在农民合作协会组织内部层次上,形成一种与行政组织或企业组织相类似的层级结构。一般农民合作协会要从村级发展,其组织内部层级为理事会、监事会、骨干会员、一般会员。各村农民合作协会联合,成立乡级农民合作协会,同样发展到县级农民合作协会。

3.草食动物生产农民合作协会的功能

建立草食动物生产农民合作协会的根本目的是架起三座桥。一座桥是联系科研部门与养殖户,实现科研成果推广到养殖户应用;另一座桥是联系生产资料供应部门与养殖户,实现统一购买,降低成本;最后是架起分散养殖户与国内外市场间的金桥,解决养殖户家庭小规模经营与大市场的矛盾。最终通过各架桥梁的作用,解决草食动物养殖比较利益低的问题。具体来讲,草食动物生产农民合作协会的功能作用有以下几个方面:加快草食动物养殖业科学技术的推广应用;提高养殖户进入市场的组织化程度;推动草食动物产业化经营的发展;协调各部门的草食动物生产社会化服务活动;有利于提高养殖者收入;促进自我教育、自我管理、自我约束机制的形成;增进政府与农民的联系。

(四)草食动物养殖业信息咨询社会化服务体系

发展草食动物产业化养殖,需要大量及时准确的信息。建立草食动物养殖业信息咨询社会化服务体系,有利于草食动物有关信息的收集、加工、传递、转化和利用,对解决草食动物养殖业小生产与大市场的矛盾,推进草食动物养殖业向产业化经营发展有着重要意义。

1.信息服务网络结构

县级以上信息网络完全利用国家农村经济信息网络。在县级以下各级草食动物生产农民合作协会中强化信息服务功能。在经济条件好的地区,争取建立乡镇信息站、村级信息站服务于养殖户,草食动物生产经营者可主要依靠这些站点获取信息。在经济条件不好或信息服务发展落后地区,要主要依靠县级信息中心获取有关信息。

2.信息服务的系统组成

根据草食动物养殖业信息咨询的目标和任务,省级农业厅信息中心应建立草食动物养殖业信息服务系统。该信息系统应由信息采集、输入系统、数据库、数据应用系统和输出系统等各个实体组成。

3.信息服务的内容

(1)国内外市场行情及市场预测。

(2)利用网络为草食动物生产经营者做网上广告。

(3)提供草食动物饲料优化配方,达到饲料配方低耗高效的目的。

(4)提供草食动物养殖场的电脑管理服务,可用于设备计划、生产管理和经济分析。

(5)提供草食动物主要传染病和寄生虫病临床诊断服务。

(6)提供国家、省、市、县草食动物养殖政策法规服务。

(五)草食动物产业加工销售社会化服务体系

1.加工销售的组织模式

(1)中介组织＋养殖户 单个养殖户进入市场,抵御和分散风险的能力小。因此,要搞好草食动物产品加工销售,必须发展养殖户自己的组织,建立中介组织和建立购销服务体系。

(2)龙头企业带动型 草食动物养殖业龙头企业是具有引导生产、深化加工、服务基地和开拓市场等综合功能,与基地养殖户形成风险共担、利益均沾的养加销一条龙、贸工农一体化利益机制和经营机制的草食动物育肥及草食动物产品加工流通企业。

由于一般草食动物加工企业与养殖户间在利益方面有对立的一面,使这种模式难以自发形成。实践中,草食动物生产农民合作协会要作为养殖户整体代表与企业谈判,龙头企业应本着互利互惠的原则与合作协会合作,以合同契约方式,明确养加销各方的权利义务,使龙头企业与养殖户间形成稳定的产销关系,以促进双方共同发展。

2.草食动物产品的促销方法

以肉牛为例,按照母牛养殖→幼牛培育→肉牛育肥→屠宰加工的生产环节进行。具体促销方法有:

(1)完善销售网络 加快草食动物产品市场建设的同时,要积极在全国建立销售网点,采取定点供应、联合生产、合同订货等多种形式,建立稳定的产销衔接关系。亦可在各地开办草食动物产品配送中心,实行产品直销,大力开拓草食动物产品销售市场。在抓住京津沪及沿海市场、抢占全国市场的同时,积极开拓国际市场。

(2)创建名牌 商标是一家企业产品区别于其他企业产品的标志。在用户中具有较强的广告效应。草食动物屠宰加工企业必须强化商标意识,积极申请注册商标,在稳步提高产品质量的基础上,加大宣传力度,走靠品牌闯市场的路子。

(3)信息服务 在草食动物生产农民合作协会和各级畜牧部门中加强完善信息网络,强化信息服务功能,在传递市场行情和供求信息的基础上,提高信息服务质量。主要加强市场调研预测,建立市场信息网络和草食动物产品市场信息的统计分析、报告制度,引导养殖户按市场需求组织生产。

(4)建立委托销售中心 依托大型的草食动物产品市场,建立委托销售机构,开办委托销售业务。养殖户可把草食动物交到销售中心按自己要求销售,销售中心以尽可能高的价格推销草食动物产品,成交后销售中心提取一定酬金。这样可变分散的经纪行为成为集中的经纪行为,不仅使草食动物交易规范化而且可节省养殖户时间,提高养殖户生产效率。

3.构建市场风险防范体系

(1)强化信息服务,增强养殖户的市场预测和经营决策能力。

(2)发展市场中介组织。

(3)援引补偿机制,建立和完善草食动物产品市场风险调节基金。

(4)规范市场行为,保障养殖户利益。

(六)草食动物疫病防治社会化服务体系

1.加强疫病防治组织建设

草食动物疫病防治社会化服务体系要采用国家、集体、个体相结合的三元社会服务体系。

国家服务组织是指各级政府畜牧部门,具有服务手段好、设备先进、技术水平高、人才众多、组织完善等特点,在疫病防治服务中兼有服务和监督的双重职能,在服务体系中处主导地位。县级应在兽医院基础上,建立"草食动物疫病防治服务中心",强化疫病防治工作。

集体主要指草食动物生产农民合作协会或其他合作经济组织,它在疫病防治服务活动中可发挥其对会员的组织作用,协助政府完成疫病防治任务。亦可从合作协会角度组织专业人员对养殖户进行疫病防治服务。

个体是指由个人或合伙组成的专业性草食动物疫病防治组织,其活动以治病和售药为主。它以服务的机动灵活、成本低、适应性强和方便直接为特点,是服务体系中不可缺少的组成部分。

2.依法开展服务,强化畜牧部门的主导作用

县级畜牧部门要加强对集体、个体的疫病防治服务活动进行监督管理,对其从业人员要进行系统培训,经考试合格后发给营业许可证方可营业。对不合乎规定且不服从畜牧部门管理的草食动物疫病防治服务点要坚决取缔。

3.完善运行机制,提高服务质量

畜牧部门在大力改善草食动物养殖业行政执法、监督的技术设备条件,不断提高人员素质的同时,要采用新型运行机制,提高疫病防治服务质量。运作中建议采用草食动物保健保险制,这种运行机制就是采取经济管理方法,开展草食动物疫病防治工作。草食动物保健保险制就是草食动物养殖者可为草食动物投保,由乡级畜牧兽医站发给保健保险卡,对畜主饲养的草食动物做到:无病包防、有病包治、死亡包赔。

(七)饲料生产加工、供应社会化服务体系

饲料是草食动物养殖业发展的物质基础。饲料生产加工、供应服务体系的建设,关系到草食动物规模化养殖水平的提高。建立完善的饲料生产加工、供应社会化服务体系,有利于提高草食动物养殖业的经济效益并促进草食动物规模化养殖的发展。

1.精饲料生产加工

(1)建设高水平草食动物饲料生产加工企业的必要性　全国各地小饲料加工厂众多,普遍存在规模小、技术水平低,与草食动物养殖业产业链条脱节等问题。

从草食动物精饲料供给整体上来看是短缺的,缺的是国内外最先进水平的饲料生产加工厂和国内外一流的草食动物精饲料产品。随着草食动物养殖业的集约化产业化发展和养殖户传统饲养方式转变,将对草食动物饲料提出量和质的要求。

在饲料企业产品市场方面,要打破传统的区域观念,用市场经济的眼光把区域饲料产品市场看成是一个开放系统。饲料企业要以产品的高质量、低价格占领市场。要在竞争中取胜,就必须有高水平的草食动物饲料生产加工企业。

(2)饲料生产加工企业的发展　饲料生产加工企业的经营者应是独立的法人,对企业行使独立的经营权,使企业成为真正的产权清晰、责任明确、独立经营、自我发展的现代企业。在经营中要结合草食动物产业化的发展,走联合和集团化发展的路子。

(3)饲料产品的销售　一是加强宣传力度,提高产品的知名度,实践中可选具有代表性的养殖户做对比实验。二是建立饲料产品的销售网络。三是产品销售过程中强调草食动物饲喂技术服务。四是饲料生产加工企业要与草食动物育肥场、屠宰加工厂、生产基地联合,形成整体上的草食动物一体化生产。

2. 粗饲料的加工供应

提高草食动物粗饲料加工供应水平应从以下几方面着手,一是调整种植结构。大力发展秸秆养畜,必须强调粗饲料加工供应,增加高产饲料作物的生产。加快种植结构由"粮、经"二元结构向"粮、经、饲"三元结构转变。二是推广秸秆青贮、氨化、微贮技术,提高秸秆处理利用率。三是实行粗饲料的集中加工。针对养殖户饲养量小,进行秸秆处理怕投资嫌麻烦的心理,积极引导合作进行秸秆处理或实行秸秆饲料的商品化生产,按合同向各类草食动物育肥场、户供应。

(八)草食动物良种繁育与供应社会化服务体系

利用现有草食动物种畜场及拥有的优秀种公畜,努力形成草食动物原种场、良种扩繁场和商品生产场三级结构的良种繁育体系,采用育种新技术,组成快速繁育核心群。

1. 建立完善的品种改良网络

要以草食动物种畜场为中心,依托各级畜牧部门,建立省、市、县草食动物品种改良研究服务中心,并形成覆盖全国各地的品种改良服务网络。在网络建设中,原则上遵循省、市、县、乡四级品种改良机构建设,但鉴于各服务点的服务区域有限,可根据实际情况建村级服务点,每个点服务半径为 7.5 km 为宜,建设目标是不留服务空白区。

2. 在运作中主要依靠政府支持

原则上市级畜牧部门安排专门车辆及人员负责各县液氮罐的运送。在需求量较大的县,县畜牧部门要安排车辆人员直接从种公畜场购精液并送到各基层冷配点。精液运送费用要由部门和各冷配点共同负担。各基层冷配点要走自收自支、自我发展的路子。

3. 建立稳定的品种改良技术人才队伍,提高冷配服务水平

县级畜牧部门要负责对站点冷配技术人员的培训和职业教育,增强其责任心和技术水平。基层冷配点要实现"三室一舍"(即输精室、化验室、接待室、栏舍)达标,大大提高冷配受胎率。努力提高机动冷配服务能力,以实现及时、准确高水平的服务。

4. 实行配种风险承包制

运用经济管理方法,通过经济合同形式开展草食动物冷配生产责任制,即配种人员实行包配种、包受胎、包收费的"三包"政策,若母畜空怀,配种员要赔偿一定比例的空怀损失费。这种承包法把母畜配种、受胎与配种员的经济利益直接挂钩,不仅可消除畜主怕空怀的思想顾虑,而且可大大提高配种员的工作责任心和钻研技术的积极性。

5.由公司带动的良种推广模式

即"公司＋养殖户"良种推广模式。如"肉牛养殖场＋畜牧部门＋养牛户"良种推广模式：肉牛育肥场负责肉牛的育肥及销售，畜牧部门负责组织养殖户进行生产并向养殖户提供良种冷配及疫病防治服务，养殖户负责繁育小牛并按畜牧部门要求喂养肉牛，并将符合标准的架子牛出售给肉牛养殖场。三方签订合同规定各方的权利和义务。

四、草食动物产业化经营案例分析

（一）以种羊场为依托的"公司＋基地＋农户"型

如浙江临安自然资源丰富，具有得天独厚的养羊优势。以临安正兴牧业有限公司为依托和龙头，建成拥有种羊300多头的波尔山羊繁育推广中心。在中心的引导和推广下，在全市建立了十多个养羊基地、几十个波尔山羊杂交改良科技示范户和几百个规模养羊大户，使全市羊年饲养量达到近10万只，促进了当地养羊业的持续健康发展，实现了农民增收，真正走出了一条"公司＋基地＋农业户型"的产业化经营模式。总结其成功经验主要有以下几点：

（1）以种羊场为依托，采取"借种还羊"的措施。临安市波尔山羊繁育推广中心具有明显的种羊繁育及改良优势，但受到场地、资源等因素限制，规模无法做大，常常造成种羊供不应求的局面，影响了公司效益及基地的发展。为此公司领导经过调研与策划，在全市山区建立多个养羊基地，由中心提供种羊和技术，农户负责养殖，中心回收小羊，既保证农户利益又促进了中心快速的发展。基地农户的增收促进了一大批养羊专业户的兴起，中心又推出了"无偿换公羊配种"的措施，保证养羊户定期地进行血缘更新，防止了品种衰退现象。

（2）通过不定期举办养羊技术培训，及时传输先进的养羊理念，提高了农民养殖技术，也推动了中心的发展。

（3）建立以公司为龙头的经济合作组织，实现"产、供、销"一条龙服务。为了促进山羊产业的良性循环，总公司在全市建立了养羊专业合作组织，在提供种羊服务的同时，开展优质肉羊加工、流通等领域的服务，开发了天目山牌肉羊品牌，提高肉羊产品的市场竞争力，在农户增收的同时大大提高了公司效益。

（4）坚持生产与科研相结合的发展思路。在波尔山羊繁育推广中心建立以来，中心与国内外有关专家合作，开展了山羊人工授精、同期发情、胚胎移植等先进技术的研究与推广，因地制宜地开发了山羊"竹叶颗粒饲料"，并及时向农户推广服务，加速了山羊品种改良进程，提高了山羊增重与效益。

（二）以集团为核心的"集团＋农户"型

伊利实业集团股份有限公司作为国内知名的乳品上市企业，是我国奶牛产业化发展的龙头企业，业绩始终名列同行业前茅，企业高速发展。

在发展乳制品加工业中，伊利集团始终把稳定基地原料乳作为企业龙头闯市场的重要保证。伊利公司采用"集团＋农户"的产业化经营模式，在呼和浩特市率先创建了"分散饲养、集中挤奶、优质优价、全面服务"的奶源基地建设模式，即集团为购奶牛的农民每头牛补贴3 000元扶持他们养牛；在养牛集中的地区建立奶站，集中挤奶；牛奶不分淡旺季全部按合同价格收购；为奶牛养殖户提供资金、技术、医疗、信息服务等。从而彻底改变了企业与农牧民松散无序的生产关系，使集团有了稳定的奶源，为集团的发展奠定了基础，同时也使农牧民走上了致富之路。

实践证明,"集团＋农户"的产业化经营模式在内蒙古伊利集团取得了明显成效。特别是呼和浩特市奶源基地的建设,使规模养殖进一步得到发展,全市建成万头以上奶牛基地旗(县)5个,千头以上奶牛基地乡(镇)30个,分别占全市旗县、乡镇的55.6％和39％。各类规模养殖户超过5 000户,其中养10头牛以上的有2 000多户。在伊利等公司的带动下,呼和浩特市鲜奶日加工能力达到1 800 t以上,带动了4.6万户、18万农牧民脱贫致富,仅奶牛养殖一项,基地农牧民人均增收达到1 000元左右。而优质的奶源、先进的技术装备和顶级的研发体系将对公司产品的安全和可持续发展提供最可靠的保证。

内蒙古千千万万个奶牛养殖户依靠伊利这个龙头企业走上了富裕文明之路。一般养牛户依托伊利公司投资建设奶牛养殖小区和现代化奶站,搞青贮、打疫苗、做冷配;非养牛户放弃小麦等粮食作物种植,专种饲料作物及高产牧草,促进了产业结构的调整。

伊利集团公司作为龙头企业,不仅重视处于龙尾的农户在物质上富起来,而且还注重引导他们在现代农业生产及技术上也"富"起来。龙头企业依靠对信息的敏感,及时把最新的信息反馈给农户,使奶牛养殖户在奶牛养殖业上不断得到提升。目前,"干草凉水"的粗放饲养已经被科学配方饲料喂养取代,设施先进的牛舍取代了简陋的牛棚,自然杂交的繁殖方式转变为精液冷配、胚胎移植的科学方式等等。虽然内蒙古奶牛养殖业的落后养殖方式还没有彻底改变,科学饲养方式还没有完全普及,但不容置疑的是,在龙头企业的带动下,农户的科学饲喂管理意识和实际水平已经明显提高。

(三)以大众消费为依托的"消费市场＋农户"型

浙江余杭仓前镇素有吃羊肉的习俗,那些卖羊肉的,长年用一只锅子烧制羊肉,整只整只羊放在锅里烧,锅底也不换,也就是传说中的老汤。羊肉卖了,但总有些羊杂碎遗落在锅里。把那些羊肚、羊脚、羊肠、羊杂碎掏起来吃,味道相当鲜美,因此拣了便宜的食客称之为"掏羊锅"。这个民间美食"掏羊锅"至今已有上百年的历史。

掏羊锅的羊肉,主要来自衢州龙游等肉羊养殖基地,那里的羊全部由农户分散放牧,吃的是新鲜青草、红豆杉叶,喝的是山涧溪水,纯天然养殖。这些完全生态养殖的肉羊经过检疫合格才能进入"羊锅村",保证"掏羊锅"的肉品安全。

南方的羊肉消费具有明显的季节性,而"掏羊锅"这个羊肉消费专业村,一方面,通过其传奇的历史与由来及特有的风味与氛围来吸引八方宾客,促进了羊肉的消费,淡化了季节对羊肉消费量的影响;另一方面,通过"掏羊锅"的平台,提高了当地肉羊的销售价格,从而增加了养羊户的经济效益与养殖积极性,促进了养羊业的发展。据调查,"羊锅村"旺季日均消费肉羊达500只以上,价格也往往高于市场价,从而达到了互惠互利的目的。

浙江余杭仓前"羊锅村"产业化经营的成功主要体现在以下三个方面:

第一,以"美食文化"为平台,通过"掏羊锅"的美味及每年一届的"羊锅节"来宣传"掏羊锅"文化及吸引消费者,做大做强美食专业村。

第二,通过与生态养殖基地签约,保证原生态养殖肉羊供应的稳定。

第三,体现"优质高价",把消费收入的一部分返利给农户,保障养殖户有较高的经济效益。

需要注意的是消费者的口味在不断变化,因此在保持"掏羊锅"美食风味的基础上,对羊肉加工需有所创新,不断推出新的产品,使消费者"喜新不厌旧",从而可以保持"羊锅美食"的红火。另外必须强化食品卫生,绝对保证餐桌安全,让消费者吃得放心,只有这样才能保证"掏羊锅"消费市场的稳步发展,也只有这样才能使"消费市场＋农户"这种产业化经营模式可持续发展。

任务 7-3　家庭牧场经营

家庭农场是在我国新农村建设进入新阶段,探索有中国特色社会主义农业发展的新型现代化农业道路,创新农业生产经营体制,提高农业生产规模和经济效益,实现农业现代化与工业化、城镇化、信息化四化同步发展,实现我国农业现代化发展与发达国家农业规模化、现代化发展接轨,实现我国农业生产经营发展历史性突破而提出的一种新型的规模化、集约化、现代化、科技化、组织化、社会化的生产经营方式。

家庭牧场是一个具体农(牧)场资源的利用单元,其在生态恢复,多样性保护,农牧民经济收入提高等方面的重要性在国内外逐渐被凸显出来。家庭牧场归结而言是一个在时间和空间尺度上的规模和经营管理的问题,其范围内包含着环境、资源、经济、社会、管理等多层面的内容,是一个复杂系统。

一、家庭牧场的来源

牧场养殖或畜牧业,起源于欧洲的大范围开放草地畜牧养殖技术。早在殖民统治时期,西班牙殖民者将牛和马引入到阿根廷和乌拉圭的潘帕斯草原和墨西哥地区,而这些放牧动物现在已经蔓延到美国的西南部地区。

1773 年托马斯·杰斐逊和乔治·华盛顿明确阐述了新的国家原则和国家实际,其表示通过清除森林和草原来获得农场。但是,在他们移居到广袤的西南地区之前,西班牙人已经首先到达,并且采用了印第安人在干旱地区的生活方式,因此通过开垦草原获得农场已经不再适合了。当以英语为母语的移民在这一地区建立家园的时候,他们把西班牙语的"ranchos"改名为"ranch",他们称自己为牧场主(1836),这也是最早的家庭牧场雏形,并且这一形式至今仍在北美地区保持。到 19 世纪初,牧场已成为北美范围内的经济支柱。1862 年美国联邦政府为了在其西部地区发展农业,移民西部,颁布了《Homestead Act(宅地法)》,该法案促使西部产生很多大型草原农场,而且在 19 世纪 80 年代达到了顶峰。在 18 世纪末至 19 世纪初期,英国殖民者占领澳大利亚和新西兰地区后,致使大量欧洲移民涌入,并大范围的开垦天然草地和砍伐森林,对草地进行改良,引入家畜进行放牧。并在北美及欧洲牧场的影响下,逐渐形成了现有的牧场形式。

我国家庭牧场的形式主要分布于北方牧区草地面积较大地区。该地区传统上是以利用天然草地资源,采用群牧式生产的低投入、低产出而效益较高的畜牧业。新中国成立前,牧场由牧主、农奴主和封建部落等所控制,牧民仅仅是在其牧场中从事高强度、低收入的工作而已。20 世纪 50 年代以来,牧区的经济体制改革使牧民的生产生活方式发生改变,但由于近年来人口和家畜数量不断增长,以及气候变化的压力,同时加之粗放的草地畜牧业管理方式和薄弱的草地保护意识,使草原生态系统功能严重受损,造成草原全面退化的严酷局面,平均产草量下降 30%～50%。20 世纪 80 年代初,在借鉴我国农耕区"家庭联产承包责任制"的基础上,广大草原牧区也开展了轰轰烈烈的土地制度改革,实施"土地所有权归国家和集体所有,牧民通过签订承包合同,获取土地(草地)经营权"的土地制度,即"双权一制"。这一制度的实施,改变了长期以来草地公有共用、牲畜私有的传统牧区畜牧业生产局面,形成了以家庭牧场为基本单元的经济格局。家庭牧场是牲畜折价归户和落实草地承包责任制以后,畜牧业由游牧进入现代化经营的历史必然,是牧区经济实现可持续发展的大势所趋。近年来我国对于肉、禽产品需求的不断增加,一场"食物革命"正在悄然发生。"食草型"畜产品价格的飞涨,积极地推动了以家庭牧场为基础的草地农业发展。

二、家庭牧场的概念

国内外关于家庭牧场的定义有着不同的认知,这主要是由于历史文化背景和生产经营水平的差异所致。在发达国家,家庭牧场往往是被包含在家庭农场的范畴之内的。通常意义上的牧场是指专门用于牛、羊、马等的繁育和饲养的大面积区域;而现代意义上的农场中不仅仅进行着作物种植,也进行着家畜的舍饲圈养,甚至放牧饲养,这是不同于利用天然草地放牧的放牧畜牧业的。当前与家庭牧场相关的概念和模式有很多,如多样性农场,可持续农(牧)场,有机农(牧)场或生态农业等,但是它们之间有很多相似之处,但也存在不同。相似之处在于将家庭牧场作为一个小尺度的生态系统或复杂系统进行对待,而不同之处则是尺度(规模)或利用方式的区别。

在美国,任何能够在一年内生产和销售 1 000 美元以上农产品的地方都被称为农场。自从该定义被使用以来,即使其产值没有达到 1 000 美元,也被美国农业部国家农业统计服务系统看作为一个农场点。通常情况下,家庭农场的所有权和控制权是由具有血缘、婚姻或收养关系家族掌控,这种家庭关系往往延伸到几代人。但是,随着时间的变化,农场的组织形式发生变化,由过去普遍的家庭农场提供所有劳动力,并拥有所有的土地和资本,变为当前有些家庭农场雇佣非家族劳动力、出租土地或其他资产等方式。农场通常情况下是能够获得较高收益的,但是在特殊年份,如气候、疾病、市场等因素的影响也会导致收益很低。美国农业部和全国小农场委员会根据产品销售额将农场类型规模划定为小型家庭农场(总销售额低于 25 万美元),大型家庭农场(总销售额在 25 万美元至 50 万美元)和超大型家庭农场(销售总额 50 万美元或以上)。其中 91% 的农场被认为是"小型家庭农场",而这些农场的农业产值占美国的27%。美国农业部的定义是,家庭农场是一个由农场主与其家庭通过大量劳动进行自行管理,用于生产销售农产品,以产生足够的收入来支付家庭农场经营开支,偿还债务和财产维持的农场。家庭农场是人类历史中大部分主要农业经济的基本单元。在发达国家,如法国,日本,美国,往往视其为理想的生活方式,并将其作为一种保存传统的生活方式。

农业已成为更高效的现代化管理和新技术的应用的领域。现在理想化的经典家庭农场是简单陈旧,规模小,更多的时候无法与具有大规模经济实力的现代农场竞争。因此一些人认为,所有国家都需要保护现有的家庭农场,其是当前农村和社会稳定的基础。

几千年以来,草原和放牧一直是牧民生命的组成部分。我国牧民长期从事传统的草地畜牧业生产,没有或很少涉入其他产业领域,他们身居偏远地区,获得信息的渠道比较窄,除畜牧业生产外的其他知识和技能相对匮乏,牧民依赖草原经营畜牧业的思想十分严重。家庭牧场可以有效地促进牧区畜牧业增长方式和经济体制的转变,其将市场机制引入到草地畜牧业生产中,把延续几千年从事传统放牧的普通牧民从"生产者"变成了懂科技、懂经营、会管理的"管理者"的角色,成为现代牧场主。家庭牧场从过去单纯自给型生产变成以商品生产为主的市场型生产。

因此,我国家庭牧场归结为是以家庭关系为主,辅之以亲朋关系、邻里关系的具有一定规模,实行自主经营、自负盈亏,从事畜牧业商品性生产的相对独立的经济实体。家庭成员是牧场生产活动的主要参加者、决策者、组织者,牧场生产资料除土地之外的使用者和所有者。家庭成员直接参与整个生产过程。自行决定饲养牲畜品种、数量,自行决定劳动力,资金和物资的分配使用。

其实,家庭牧场是指以草场和牲畜的家庭经营为基础,以畜产品生产为目的,具有一定基础设施和畜群规模,能够获得稳定收入的畜牧业生产单位。若从构建家庭牧场可持续利用发展力评价指标体系与综合评价角度来分析,家庭牧场又是一个以草地资源为基础,高度人为调节的、活跃的生产单元,一般以户为单位,通过土地承包和土地流转,获得草地使用权,主要用于饲养牲畜,具有自主经营决策、调控权。其具有小尺度、低等级层次但又高度人为调控的特性,在缓解草原退化、加快草原保护建设、增强草原气候变化适应能力等方面,都将成为重要的和最有效的实践主体。

当前,农区家庭牧场发展的基础主要以畜牧业养殖专业大户为主。相对于规模养殖场,家庭牧场的发展具有前期投入较少、占地面积小的优势,更适用于农民发展。但是,随着退耕还(林)草项目的实施以及农村城镇化建设步伐的加快,农区土地日益减少,人畜争粮现象日益加剧,如果一味重视传统耗粮型畜牧业的发展,只能加大人畜矛盾。因此,调整农区畜牧业发展结构.加大草食畜发展力度,充分利用农区作物秸秆、牧草及农副产品发展以草食畜为主的农区家庭牧场,对于实现农业可持续发展、促进农村经济结构转变、实现农业增效、农民增收有着重要意义。

三、家庭农(牧)场的种类

1. 多元化农场系统
多元化农场系统指为了维持生态系统服务而提供如土壤肥力,病虫害防控,水分有效利用和授粉等农业投入,包含着多重时间和空间尺度上的功能多样性的牧场经营和景观。

多元化农场系统包括单一作物或者家畜在内的多重遗传品种的使用,或者多种物种的间作,还包括农业林、家畜整合、作物轮作、绿肥作物、休闲等。所有这些措施产生了农场系统从微观到宏观上的空间异质性,其中也包含着一些生物多样性方面的内容。

2. 农场系统
农场系统是一个复杂的农业生产过程,其是农场主管理投入与环境、经济、制度和社会因素影响下获得效益的多种组合。在系统中,各种气候因素和自然资源的交互作用影响着家畜可利用草地的数量和质量,因此牧民通过管理经济环境获取收益,从而降低风险。

3. 牧场复合生态系统
复合生态系统由多个生态系统交叉重叠,相互影响,即是"以人为主体的社会经济系统和自然生态系统在特定区域内,通过协调作用形成的复合系统……"家庭牧场在整个系统运行过程中涉及生态、社会、经济等多个因素。显然,家庭牧场本身也是一个小尺度的复合生态系统。从复合生态系统的角度分析,家庭牧场是将生产和消费融于一体的复杂的生态系统,在该系统之中,能量流动、物质循环、信息流动和价值流动的不停歇运转,不仅体现了系统各要素之间的关联,也体现了系统的功能,维系了系统发展。在该系统之中,生产是最终目的,通过人为对自然资源的调控分配,将自然、社会、生态诸系统有机地结合在一起。李西良等在内蒙古地区通过调查研究气候变化对家庭牧场复合生态系统的影响,牧户对于气候变化的适应行为既有生态方面的,也有经济方面的,但其主要反馈过程的关键节点还是牧场生产经营的主体对象——草和畜。

4.草原生态经济系统

以天然草地资源和家畜生产为基础的家庭牧场构成了一个小规模的复杂生态经济系统,该系统的存在是人类活动的结果。从直观上讲,我们很容易将家庭牧场看作是一个生态系统或者是一个经济实体,这也是长久以来草地退化、草原牧区经济落后、牧民收入较低的原因之一。包畜到户以后,牧民从"大锅饭"中解放出来,开始在"自家"草场上饲养大量的"自家"牲畜,仅仅关注着家畜数量,忽略了草地生态和畜产品的质量问题;草地退化、沙尘天气频发、自然条件恶化,直接导致了生产成本的增加和生产效率的降低,因此国家和政府开始治理和保护生态环境。此时个别地区则又出现了以保护生态位主旨的活动,而对于长期以来依靠草地放牧获得收益的牧民而言却并不是受欢迎的事情。这就是将生态系统和经济系统剥离的症结,若要解决生态-经济效益这一共同体的问题,势必需要将二者有机结合,因地制宜的在家庭牧场尺度上开展草原生态经济系统研究和实践。

生态经济系统具有可塑性、时间和空间异质性、动态平衡性等特点。在当今社会,撇开人类经济活动的单一草原生态系统是不存在的,我们所要研究的自然的草原生态系统与人类介入的经济系统的复合系统——草原生态经济系统,家庭牧场则是最好的研究平台。

我国现有家庭牧场大致有以下类型:

(1)独立养殖户自建型　养殖大户依靠自身直接投资兴建家庭牧场。

(2)联户型　两个或两个以上牧户在家庭经营的基础上,通过租赁流转草牧场或承包牲畜实行的联户经营模式。

(3)合作社(或协会)　5 个或 5 个以上牧户或集体整体为单位,按照自愿、平等、互惠互利的原则,组建合作经济组织的联户经营模式。

(4)公司型(股份型)　牧户通过控股、参股、合资合作等方式,成立股份公司,内部实行公司化经营管理,按股利益分配制度的联户经营模式。

四、家庭牧场的模式

在牧场尺度上进行的相关研究的报道逐年增多,国内相关研究侧重于家畜疫病防治和经济学方面,而国外则是侧重于环境科学和生物科学方面,因此,不难看出国内外对于家庭牧场(农场)的理解和技术应用的侧重点并不相同。以下列举几个常见的牧场模式。

1.农场系统模式

在澳大利亚新南威尔士州地区,农场系统根据各地气候状况,土壤类型和植被种类将牧区划分为 3 个主要亚地带,即 Upper Darling(UD),Murray Darling(MD)和 Far Westregions(FW)。并使用全牧场模型模拟 3 个亚地带牧场系统。

UD——该地区牧场系统大多为牛羊混合饲养的经营模式,夏季集中降雨,年平均降雨量约为 380 mm,作物地十分有限。母羊通常在草地较好的地区放牧,尽管牛在该牧场系统中占总净收入的 40%以上,但由于气候影响下的经济回报率波动较大,所以对其管理的比重较少。草地利用采用连续放牧、轮牧、延迟放牧等方式,载畜率根据草地质量和产量进行变化。在该地区的代表性牧场具有 24 000 hm² 土地,饲养 9 000 只羊单位,载畜率约为每公顷 0.4 个标准羊单位,其中绵羊占 75%,肉牛占 25%。农场资产总值的 70% 是以土地的形式体现,其余的 30% 是其他农业资产。总投入 150 万美元,股份占有率为 85%,年均收益 85 156 美元,股份回报率为 6.7%。该结果获得是在载畜率适中,23 μm 羊毛的产量为母羊 5 kg/头,羯羊 4.5 kg/头,产羔率为 85%,产犊率为 86% 等模型主要参数设置下获得的。

MD——该地区农业生产是基于家畜和作物的集成系统。该系统以饲养绵羊为主,其中家畜收入占牧场总收益的 62%,作物占 38%。代表性牧场在该地区具有 25 000 hm² 土地,64% 为天然草场,20% 为自然保护区,其余的 16% 为作物地,作物地主要用于生产小麦和一年生牧草。牧场共饲养 8 800 只羊单位,绵羊占 74%,肉牛占 26%。该地区曾经在 20 世纪 90 年代被作为示范区,澳大利亚新南威尔士州政府将土地所有者的土地封闭起来,其具有自然保护和适宜发展耕地的巨大价值。牧场总投入 140 万美元,股份占有率为 84%,年均收益 160 605 美元,股份回报率为 13.3%。在平均载畜率的基础上,模型参数设置:23 μm 羊毛的产量为母羊 5 kg/头,羯羊 4.5 kg/头,产羔率为 87%,小麦年产量为 1.5 t/hm²。

FW——该地区是澳大利亚新南威尔士州 Broken Hill 郡的一部分,其年均降雨量为 175 mm 且季节性变率较大。该系统中绵羊毛、肉生产占主导,占牧场中收益的 98%。代表性牧场在该地区具有 35 000 hm² 土地饲养 7 000 只羊单位,总投入 83 万美元,股份占有率为 80%,年均收益 98 312 美元,股份回报率为 14%。在当地平均载畜率的基础上,模型参数设置:23 μm 羊毛的产量为母羊 5 kg/头,羯羊 4.5 kg/头,产羔率为 82%。

2. 生态系统模式

系统能够在物种保护、水分循环、营养循环和能量流之中进行维持运行。在此情境下,从草地收获的产品是显著少于为了维持系统内部能量和营养流动以及生态系统过程所产生的产品。因为大多数影响生产的因素(包括许多环境因素)都是系统因素的一部分,生态系统是要更明确的利用输入,保障内部营养循环和最少流失。

由于牧场作为一个管理系统不是独立存在的,克服单一限制因子是不适当地。该模式是以可持续发展理论为背景,目前已经被澳大利亚一些地区的牧民应用。该模式使牧民从"工厂化生产"到"生态系统"的观点发生转化,并将如何发展草地系统管理策略和评估其影响作为主要内容。在生态系统内部主要考虑的是优化每一组分是不切实际的,最佳优化的范围是在生产和生态系统功能上没有造成巨大损失的情况下进行管理,牧民则是可以接受的,如单位面积上的家畜增重,最优化净收入。牧民通过意识转变,能够超越草地范畴进行不断优化草地管理,因此当他们临近限制边界时就会矫正其管理活动,而不是继续进行。使用最大长期效益的最佳范围约束最大可持续产量的目标,这表明生态学观点迫使我们在不同时间尺度上确定目标,而不是典型短期利益至上的工厂。

3. 其他模式

食品安全问题在近些年一直困扰着人们,因此为了能够生产出健康、绿色、安全的食品,陆续出现了一些有机农(牧)场。有机农(牧)场指为避免对有机体和有机牧场产生负面影响,不使用杀虫剂或化肥,不仅有避免生物多样性损失的潜力,而且还能通过生态系统服务的加强而从农产品中获得效益的牧场。研究表明,在有机农场中实现生物多样性效益是成功的,而且大多数研究已经构建了有机农场的混合效益同多变的类群与环境之间的响应关系。

此外,随着气候变化的逐年加剧,减少温室气体排放已经成为各个领域研究和实践的焦点。在牧场尺度上,温室气体的排放主要来源于土壤和家畜,通过草地植被恢复,防止草地退化,调节家畜饲喂日粮以及减少家畜数量来减少温室气体的排放。碳汇(农)牧场的目的是通过土壤和植被固定 CO_2,减少温室气体排放,构建有益于生态经济恢复的当地景观。健康的土壤=健康的碳循环=大气 CO_2 的固定。任何支撑该方程的管理活动,尤其是额外 CO_2 的固定,将有助于改变气候变化。

4. 我国新型家庭牧场模式

在我国北方草原牧区,利用新技术、新手段,结合自身优势不断地进行着各式家庭牧场生产经营模式的尝试,并初见成效。

1997 年在甘孜、阿坝地区进行试验示范,提出了适合四川省牧区推行的家庭牧场优化模式,即"五推、四化、三配套",简称"五·四·三"模式。具体内容是:推广高产、优质草地培育技术,畜种改良及畜群结构优化技术,冷季保畜保膘技术,暖季快速肥育、促乳技术,家畜主要疫病及寄生虫病的规范化防治技术;实行规模化养殖,专业化生产,集约化经营,规范化管理;实现住房、畜牧业基础设施、打贮草基地的配套建设。

2006 年,在内蒙古自治区鄂尔多斯市鄂托克前旗昂素嘎查开展以"生产发展、生活富裕、生态良好"为目标的现代生态型家庭牧场建设。生产发展是指通过转变包括传统的放牧方式和畜牧业经营方式(短期育肥出栏、一年三季配种、一胎双羔、两年三胎、四季出栏、配方饲喂、效益养殖),实现牧区经济及草原畜牧业生产发展;生活富裕是指牧场生产机械化、品种良种化、经营科学化、生活城市化;生态良好是指通过采取禁牧、划区轮牧、限时放牧、草牧场改良、人工草地建设等草原建设和保护措施,改善草地破坏,生态恶化的状况。

2007 年,杨予海在青海省以退牧还草工程为前提,以牧民现有生产力水平为基础,合理配置与重组各生产要素,建立以新型家庭牧场为主体的草地畜牧业生产经营优化模式。新型家庭牧场有决策上的自主性,经营上的灵活性,劳动上的高效性,生产上的风险性及分配上的合理性等特性,但其也面临自建能力差;饲草饲料不足;文化素质较低,科学技术缺乏等问题。新型家庭牧场从转变广大牧民思想观念,改变传统养畜习惯着手,引领其走上科学养畜之路,以适应市场畜牧业发展的需要;通过可增加养畜科技含量,提高经济效益,影响和带动周围其他牧户发展生产、科学养畜的积极性,推动畜牧业生产向集约化、产业化方向发展。

2009 年,吴建平等提出的家庭牧场家畜精准管理是指按照家畜需要进行管理,以期充分发挥家畜的生产潜力,提高家畜个体生产效率,实现效益最大化和资源利用的可持续性。对肃南县典型农户进行草地生产力和细毛羊生产性能测定,建立草畜平衡和精准管理计算机模型,评价肃南县草畜平衡现状,进行精准管理模式的研究。研究表明,放牧绵羊群体中 20%～30%对经济收入没有贡献。

2007—2011 年期间,Han 和李治国等在内蒙古四子王旗地区进行大量调研的基础上,通过在选择牧户中进行冬季舍饲夏季放牧,并通过家畜监测优化畜群,实现了荒漠草原家庭牧场减畜 15%以上,增收 65%。优化后的管理方法可提高家畜个体生产性能,从而使整个畜群向着优化的方向发展,同时还可以增加草地产量,改善环境,提高饲草料利用率,降低生产成本。另外 Han 等结合内蒙古地区的家庭牧场主要信息,利用模拟分析草地放牧利用率,舍饲圈养,产羔时间等,确定最优经济效益目标下的最优生产方式。

五、家庭牧场经营的技术保障

1.规模确定

一般家庭牧场养殖规模为:养基础母猪50～100头,投资100万～150万元;或养基础母羊50～100只,投资20万～40万元;或养基础母牛30～50头,投资30万～80万元;或养产蛋鸡3 000～5 000只,投资30万～80万元。配套5～10亩耕地、一辆农用三轮车及相关配套农机具等,投资2万～10万元,年纯收入达到5万～10万元。

2.制订计划

参与养殖的农民群众应结合自身情况,制订全面详细的养殖发展计划,明确养殖目标,避免了羊贵养羊,猪贵养猪。特别是对所需资金心中要有数,并制订资金周转计划,从建场到购设备、购饲料、引种购猪等每个环节的资金来源要有保障,防止盲目跟从。

3.品种选择

每个养殖户应结合各自不同情况,选择引进适宜自己养殖的优良品种,向品种要效益,作为商品养殖场应选择经济实用、市场需求量大的品种及杂交组合,同时不断吸收同行先进经验,增加科技含量。

4.科学建场

从养殖场选址、场区布局、圈舍建设、设备选择安装、生产周期安排等严格按照标准化养殖场的要求进行施工和建设,使各方面达到科学合理,便于使用期间的日常管理,使动物饲养管理环境优越舒适。

5.自繁自养

这是从事养殖业应遵循的基本原则,是养殖成功与否的重要保障,要始终坚持自繁自养不动摇,避免一次大量从外地引进造成的疫病风险和各种应激反应的发生。依靠自我发展能力,培养和增强造血功能,要明白养殖和人吃饭一样,一口吃不出大胖子,应逐步积累,逐步发展壮大。

6.良种良养

抓好饲养管理的各项工作,养殖的每一个环节都认真操作,精心喂养,勤于观察,科学管理。在良种良养的同时不断引进新技术、新方法,实施健康养殖,使动物快乐的生产和生活,最大限度地发挥其生产潜力,不断提高养殖的经济效益和社会效益。

7.种养结合

养殖所产生的粪便为种植提供有机肥,有效提高土壤有机质,减少或不用化肥、农药,节约种植业支出,种植业又为养殖提供一部分饲草、饲料,从而降低养殖成本,从而使种养有机结合,循环利用,一举多得。

8.抓好兽医卫生工作

要清醒地认识到疫病风险始终存在,常抓养殖场生物安全综合措施的落实不放松。牢固树立以养为主、养防结合的思想,最大限度减少疾病的发生。同时做好养殖业粪污的综合处治,推广种养结合模式,达到综合利用,良性发展。

9.增加资金投入

家庭牧场经营是畜牧业新形势发展的需要,处在起步阶段,养殖业的特征是投入成本大,风险因素多。这方面政府应多关心、多支持,加大对其补贴奖励力度,小额担保贷款、扶贫到户资金等优先扶持家庭牧场养殖。

10. 加强预测预警

随时掌握养殖业发展趋势,探索市场变化规律,了解城乡消费需求,及时发布市场信息,提高养殖者抗御市场风险能力,指导养殖者合理安排生产,将技术服务、技术指导、技术培训延伸到养殖全过程。

11. 搞好服务

成立领导机构,专人负责,落实相关配套服务措施。树立典型,加强宣传,发挥示范带动作用。做好无公害认证,注册商标,做出品牌,提高知名度,增加附加值。引进屠宰加工、饲料加工企业,搞好产前、产中、产后服务,不断延长产业链。

六、发展家庭牧场经营的措施

1. 加强政策引导

一是政府部门要加强家庭牧场政策引导工作,切实提高牧民家庭养殖的积极性。二是政府及农牧业局加强对基层牧民的培训力度,促使牧民提高养殖技术和畜产品深加工的技术,切实提高牧业科技应用能力。三是建立与农牧业科研单位和大专院校建立固定联系,聘请农牧业专家定期辅导本地牧业科技人员和科技示范户。四是要在牛羊育肥出栏上取得突破。从实际出发,确定合理的育肥层次和育肥方式,充分利用草原资源,加大牛羊育肥出栏率,满足不同季节牛羊肉需求。五是要大力培植龙头企业,增加辐射和带动能力。采取扶持和引进的办法,不断壮大本地区畜产品龙头企业,切实增加辐射与带动能力。

2. 优化政策环境,充分调动养殖场户的积极性

出台畜牧奖励扶持政策。要切实把各项政策措施落到实处,从资金、技术、土地等方面对养殖示范户进行扶持,积极培育示范典型,通过以点带面,快速推进,保障政策引领的效果。

3. 加强科技培训,着力提高养殖者的科技素质

把开展农民科技培训作为实施科技兴牧战略的重要举措,列入当地农业农村经济发展中长期发展规划。建议开展不同类型的畜牧业养殖科技培训,采取定期培训、分类指导、轮回培训等方式,让家庭牧场从业人员享受到畜牧科技成果,为农村培育出懂技术、会经营、善管理的家庭牧场经营业主,从根本上增强畜牧业发展后劲。

4. 改革管理体制,提高畜牧科技服务创新能力

通过畜牧兽医体制改革,增加畜牧兽医部门财政编制,加强畜牧兽医科技推广队伍力量,确保畜牧科技人员进得来、留得住、用得上。畜牧部门要制订落实专业技术人才培养计划,充分发挥畜牧兽医专业学术带头人的作用。培养造就一批专家型、学术型、复合型人才,切实扭转当前畜牧科技推广力量严重不足的局面。要进一步完善"以钱养事"资金拨付方式,既要切实把国家"以钱养事"的钱落到基层一线,又要扩展"养事"的范围,改变只养"防疫"不养"推广"这一不合理现象。

5. 建立政银联合促进机制

地方政府牵头,多个职能部门参与,出台扶持优惠政策,人民银行运用支农再贷款和信贷规划等政策工具,进行倾斜扶持,并引导放贷金融机构适当降低贷款利率,开发新的信贷品种和抵押方式。

6.金融部门开发创新信贷品种,逐步适应牧民发展需求

金融部门不能仅停留在有什么产品就提供什么服务的水平上,而是要不断适应客户需要,及时开发提供新的服务品种和项目。首先要不断完善小额信用贷款和农户联保贷款两个信贷品种;其次,要根据家庭牧场的需要来开发完善贷款品种,满足家庭牧场发展的需求;三是要大力拓展农牧区资产担保范围,将农牧业地区的房产、农牧业动产、运输工具等转换为担保资产,解决农牧区动产不能抵押的问题。

7.加快政策性农业保险的建设步伐

政策性农业保险是减轻农牧民负担,保证畜牧业可持续发展的一种有效政策,该项政策的实施,不仅可以降低牧民遭受自然灾害的所带来的损失,也能降低金融信贷资产风险,促使农村信用社更有信心、有能力投向三农。加快政策性农业保险建设步伐是广大牧民的需求,也是金融服务的需求。因此,加快政策性农牧业保险势在必行。

【自测训练】

1.简述生态养殖的概念。

2.常见的草食动物生态养殖模式有哪些?

3.请描述你所熟悉的草食动物生态养殖个案,并分析其运行机制。

4.简述草食动物生态养殖技术措施。

5.阐述发展草食动物生产产业化的意义。

6.简述现代草食动物生产的基本特征。

7.草食动物生产产业化经营有哪些模式?

8.如何建设草食动物生产产业化经营服务体系?

9.请分析伊利实业集团股份有限公司产业化经营的主要途径与关键点。

10.简述家庭牧场的概念,我国家庭牧场有哪些类型?

11.阐述家庭牧场经营模式。

附　录

附录一　高产奶牛饲养管理规范(NY/T 14—1985)

本《规范》适用于国营、集体和个体专业户奶牛场高产奶牛群(或个体)的饲养与管理。

1　总则

1.1　制定本规范的目的,在于维护高产奶牛的健康,延长利用年限,充分发挥其产奶性能,降低饲养成本,增加经济效益。

1.2　本规范主要是针对一个泌乳期305天产奶量6 000 kg以上、含脂率3.4%(或与此相当的乳脂量)的牛群和个体奶牛。中等产奶水平的牛群或305天产奶万千克以上的高产奶牛,也可参考使用。

1.3　本规范的各条内容应认真执行。各地也可根据这些条款,因地制宜地制定适合本地区情况的"饲养管理技术操作规程"。

2　饲料

2.1　充分利用现有资料资源,划拨饲料基地,保证饲料供给。一头高产奶牛全年应贮备、供应的饲草、饲料量如下:

a 青干草1 100～1 850 kg(应用一定比例的豆科干草)。

b 玉米青贮10 000～125 000 kg(或青草青贮7 500 kg和青草10 000～15 000 kg)。

c 块根、块茎及瓜果类、1 500～2 000 kg。

d 糟渣类2 000～3 000 kg。

e 精饲料2 300～4 000 kg(其中高能量饲料占50%,蛋白质饲料占25%～30%),精饲料的各个品种应做到常年均衡供应。尽可能供给适合本地区的经济、高效的平衡日粮、其中矿物质饲料应占精料量的2%～3%。

2.2　每年应对所喂奶牛的各种饲料进行一次常规营养成分测定,并反复做出饲用及经济价值的鉴定。

2.3　提倡种植豆科及其他牧草。调制禾本科干草,应于抽穗期刈割;豆科或其他干草,在开花期刈割。青干草的含水量在15%以下,绿色,芳香,茎枝柔软,叶片多,杂质少,并应打捆和设棚贮藏,防止营养损失;其切铡长度,应在3 cm以上。

2.4　建议不喂青刈玉米,应喂带穗玉米青贮。青贮原料应富含糖分(例如甜高粱等)、干物质在25%以上。青贮玉米在蜡熟期收贮。禾本科野草在结籽前收割。各种含水分较多的根茎类应经风干,或掺入10%～20%的糠麸类饲料青贮。也可将豆科和禾本科草混贮。建议用塑料薄膜或青贮塔(窖)贮藏。制成的青贮应呈黄绿色或棕黄色,气味微酸带酒香味。南方应推广青草青贮。

2.5 块根、块茎及瓜果类应尽量用含干物质和糖多的品种,并妥为贮藏,防霉防冻,喂前洗净切成小块。糟渣类饲料除鲜喂外,也可与切碎的秸秆混贮。

2.6 库存精饲料的含水量不得超过 14%,谷实类饲料喂前应粉碎成 1~2 mm 的粗粒或压扁,一次加工不应过多,夏季以 10 天内喂完为宜。

2.7 应重视矿物质饲料的来源和组成。在矿物质饲料中,应有食盐和一定比例的常量和微量矿物盐。例如骨粉、白垩(非晶质碳酸钙)、碳酸钙、磷酸二钙、脱氟磷酸盐类及微量元素,并应定期检查饲喂效果。

2.8 配合饲料应根据本地区的饲料资源、各种饲料的营养成分,结合高产奶牛的营养需要,因地制宜地选用饲料,进行加工配制。

2.9 应用定型商品配(混)合饲料时,必须了解其营养价值。

2.10 应用化学、生物活性等添加剂时,必须了解其作用与安全性。

2.11 严禁饲喂霉烂变质饲料、冰冻饲料、农药残毒污染严重的饲料、被病菌或黄曲霉污染的饲料、黑斑病甘薯和未经处理的发芽马铃薯等有毒饲料,严密清除饲料中的金属异物。

3 营养需要

3.1 干奶期,日粮干物质应占体重 2.0%~2.5%,每千克饲料干物质含奶牛能量单位 1.75,粗蛋白 11%~12%,钙 0.6%,磷 0.3%,精料和粗饲料比为 25:75,粗纤维含量不少于 20%。

3.2 围产期的分娩前两周,日粮干物质应占体重 2.5%~3%,每千克饲料干物质含奶牛能量单位 2.00,粗蛋白占 13%,含钙 0.2%,磷 0.3%;分娩后立即改为钙 0.6%,磷 0.3%,精料和粗饲料比为 40:60,粗纤维含量不少于 23%。

3.3 泌乳盛期,日粮干物质应由占体重 2.5%~3% 逐渐增加到 3.5% 以上。每千克干物质应含奶牛能量单位 2.40,粗蛋白占 16%~18%,钙 0.7%,磷 0.45%,精料和粗饲料比由 40:60 逐渐改为 60:40,粗纤维含量不少于 15%。

3.4 泌乳中期,日粮干物质应占体重 3.0%~3.2%,每千克含奶牛能量单位 2.13,粗蛋白占 13%,钙 0.45%,磷 0.4%,精料和粗饲料比为 40:60,粗纤维含量不少于 17%。

3.5 泌乳后期,日粮干物质应占体重 3.0%~3.2%,每千克含奶牛能量单位 2.00,粗蛋白占 12%,钙 0.45%,磷 0.35%,精料和粗饲料比为 30:70,粗纤维含量不少于 20%。

4 饲养

4.1 干奶期应控制精料喂量,日粮以粗饲料为主,但不应饲喂过量的苜蓿干草和玉米青贮。同时应补喂矿物质、食盐,保证喂给一定数量的长干草。

4.2 围产期必须精心饲养,分娩前两周可逐渐增加精料,但最大喂量不得超过体重的 1%,干奶期禁止喂甜菜渣,适当减少其他糟渣类饲料。分娩后第 1~2 天应喂容易消化的饲料,补喂 40~60 g 硫酸钠,自由采食优质饲草,适当控制食盐喂量,不得以凉水饮牛。分娩后第 3~4 天起,可逐渐增喂精料,每天增喂量为 0.5~0.8 kg,青贮、块根喂量必须控制。分娩 2 周以后,在奶牛食欲良好、消化正常、恶露排净、乳房生理肿胀消失的情况下,日粮可按标准喂给,并可逐渐加喂青贮、块根类饲料,但应防止糟渣块根过食和消化机能紊乱。

4.3 泌乳盛期,必须饲喂高能量的饲料,并使高产奶牛保持良好食欲,尽量采食较多的干物质和精料,但不宜过量。适当增加饲喂次数,多喂品质好、适口性强的饲料。在泌乳高峰期,青干草、青贮应自由采食。

4.4 泌乳中、后期,应逐渐减少日粮中的能量和蛋白质。泌乳后期,可适当增加精料,但应防止牛体过肥。

4.5 初孕牛在分娩前2~3个月应转入成母牛群,并按成母牛干奶期的营养水平进行饲喂。分娩后,为维持营养需要,应增加20%,第二胎增加10%。

4.6 全年饲料供给应均衡稳定,冬夏季日粮不得过于悬殊,饲料必须合理搭配。配合日粮时,各种饲料的最大喂量建议为:

a. 青干草 10 kg(不少于 3 kg)。

b. 青贮 25 kg。

c. 青草 50 kg(幼嫩优质青草喂量可适当增加)。

d. 糟渣类 10 kg(白酒糟不超过 5 kg)。

e. 块根、块茎及瓜果类 10 kg。

f. 玉米、大麦、燕麦、豆饼,各 4 kg。

g. 小麦麸 3 kg。

h. 豆类 1 kg。

4.7 泌乳盛期、日产奶量较高或有特殊情况(干奶,妊娠后期)的奶牛,应有明显标志,以便区别对待饲养。饲养必须定时定量,每天喂 3~4 次,每次饲喂的饲料建议精、粗交替,多次喂给,并在运动场内设补饲槽,供奶牛自由采食饲草。在饲喂过程中,应少喂勤添,防止精料和糟渣饲料过食。

4.8 夏季日粮应适当提高营养浓度,保证供给充足的饮水,降低饲料组纤维含量,增加精料和蛋白质的比例,并补喂块根、块茎和瓜类饲料;冬季日粮营养应丰富,增加能量饲料,饮水温度应保持在 12~16℃,不饮冰水。

5 管理

5.1 奶牛场应建造在地势高燥、采光充足、排水良好、环境幽静、交通方便、没有传染病威胁和三废污染、易于组织防疫的地方,严禁在低洼潮湿、排水不良和人口密集的地方建场。

5.2 牛舍建筑应符合卫生要求,坚固耐用、冬暖夏凉、宽敞明亮,具备良好的清粪排尿系统,舍外设粪尿池。有条件的地方可利用粪尿池制作沼气。

5.3 在牛舍外的向阳面,应设运动场,并和牛舍相通。每头牛占用面积 20 m² 左右。运动场地面应平坦,为沙土地,有一定坡度,四周建有排水沟,场内有荫棚和饮水槽、矿物质补饲槽,四周围栏应坚实、美观,运动场应有专人管理清扫粪便、垫平坑洼、排除污泥积水。

5.4 牛舍和运动场周围应有计划地种树、种草、种花、美化环境,改善奶牛场小气候。

5.5 奶牛场各饲养阶段奶牛应分群(槽)管理,合理安排挤奶、饲喂、饮水、刷拭、打扫卫生、运动、休息等项工作日程,一切生产作业必须在规定时间完成,作息时间不应轻易变动。

5.6 严格执行防疫、检疫和其他兽医卫生制度,定期进行消毒,建立系统的奶牛病历档案;每年定期进行1～2次健康检查,其中包括酮病、骨营养不良等病的检查;春秋季各进行一次检蹄修蹄。建议在犊牛阶段进行去角。

5.7 高产奶牛每天必须铺换褥草,坚持刷拭,清洗乳房和牛体上的粪便污垢,夏季最好每周进行一次水浴或淋浴(气温过高时应每天一至数次),并应采取排风和其他防暑降温措施,冬季防寒保温。

5.8 高产奶牛每天应保持一定时间和距离的缓慢运动。对乳房容积大、行动不便的高产奶牛,可作牵行运动。酷热天气,中午牛舍外温度过高时,应改变放牛和运动时间。

5.9 高产奶牛每胎必须有60～70天干奶期,建议采用快速干奶法,干奶前用CMT法进行隐性乳房炎检查,对强阳性(＋＋以上)应治疗后干奶,在最末一次挤奶后向每个乳头内注入干奶药剂,干奶后应加强乳房检查与护理。

5.10 高产奶牛产前两周进入产房,对出入产房的奶牛应进行健康检查,建立产房档案。产房必须干燥卫生,无贼风。建立产房值班和交接班制度,加强围产期的护理,母牛分娩前,应对其后躯、外阴进行消毒。对于分娩正常的母牛,不得人工助产,如遇难产,兽医应及时处理。

5.11 高产奶牛分娩后,应及早驱使站起,饮以温水,喂以优质青干草,同时用温水或消毒液清洗乳房、后躯和牛尾。然后清除粪便,更换清洁柔软褥草。分娩后1～1.5 h,进行第一次挤奶,但不要挤净,同时观察母牛食欲、粪便及胎衣的排出情况,如发现异常,应及时诊治。分娩两周后,应作酮尿病等检查,如无疾病,食欲正常,可转大群管理。

6 挤奶

6.1 每年应编制每头奶牛的产奶计划,建议以高产奶牛泌乳曲线做参考,按照每头奶牛的年龄、分娩时间、产奶量、乳脂率以及饲料供应等情况,进行综合估算。

6.2 高产奶牛的挤奶次数,应根据各泌乳阶段、产奶水平而定。每天可挤奶三次,也可根据挤奶量高低,酌情增减。

6.3 挤奶员必须经常修剪指甲,挤奶前穿好工作服,洗净双手,每挤完一头牛应洗净手臂,洗手的水中应加0.1%漂白粉。

6.4 奶具使用前后必须彻底清洗、消毒,奶桶及胶垫处必须清洗干净,洗涤时应用冷水冲洗,后用温水冲洗,再用0.5%烧碱温水(45℃)刷洗干净,并用清水冲洗,然后进行蒸汽消毒。橡胶制品清洗后用消毒液消毒。

6.5 挤奶环境应保持安静,对牛态度和蔼,挤奶前先拴牛尾,并将牛体后躯、腹部及牛尾清洗干净,然后用45～50℃的温水,按先后顺序擦洗乳房、乳头、乳房底部中沟、左右乳区与乳镜,开始时可用带水多的湿毛巾,然后将毛巾拧干自下而上擦干乳房。

6.6 乳房洗净后应进行按摩,待乳房膨胀,乳静脉怒张,出现排乳反射时,即应开始挤奶。第一把挤出的奶含细菌多,应弃去。挤奶时严禁用牛奶或凡士林擦抹乳头,挤奶后还应再次按摩乳房,然后一手托住各乳区底部另一手把牛奶挤净。初孕牛在妊娠5个月以后,应进行乳房按摩,每次5 min,分娩前10～15天停止。

6.7 手工挤奶应采用拳握式,开始用力宜轻,速度稍慢,待排乳旺盛时应加快速度,每分钟压挤80～120次,每分钟挤奶量不少于1.5 kg。

6.8 每次挤奶必须挤净,先挤健康牛,后挤病牛,牛奶挤净后,擦干乳房,用消毒液浸泡乳头。

6.9　机器挤奶真空压力应控制在 46 662.7～50 662.36 Pa,搏动器搏动次数每分钟应控制在 60～70 次,在挤少时应对乳房进行自上而下的按摩,并应防止空挤。挤奶结束后,应将挤奶机清洗消毒,然后放在干燥柜内备用。分娩 10 天以内的母牛,或患乳房炎的母牛,应改为手挤,病愈后再恢复机器挤奶。

6.10　认真做好产奶记录,刚挤下的奶必须通过滤器或多层纱布进行过滤,过滤后的牛奶,应在 2 h 内冷却到 4℃以下,入冷库保藏。过滤用的纱布每次用后应该洗涤消毒,并应定期更换,保持清洁卫生。

6.11　重视培训挤奶人员,并应保持相对稳定,不应轻易更换。

7　配种

7.1　建立发情预报制度,观察到母牛发情,不论配种与否,均应及时记录。配种前,除作表现、行为观察和黏液鉴定外,还应进行直肠检查,以便根据卵泡发育状况,适时输精。

7.2　高产奶牛分娩后 20 天,应进行生殖器检查,如有病变,应及时治疗。对超过 70 天不发情的母牛或发情不正常者,应及时检查,并应从营养和管理方面寻找原因,改善饲养管理。

7.3　高产奶牛产后 70 天左右开始配种,配准天数不超过 90 天。初配年龄以 15～16 月龄,体重为成母牛 60%以上为宜。

7.4　合理安排全年产犊计划,尽量做到均衡产犊,在炎热地区的酷暑季节,可适当控制产犊头数。

7.5　高产奶牛应严格按照选配计划,用优良公牛精液进行配种,必须保证种公牛精液的质量。

8　统计记录

8.1　奶牛场应逐项准确地记载各项生产记录,包括产奶量、乳脂率、配种产犊、生长发育、外貌鉴定、饲料消耗、谱系以及疾病档案(包括防疫、检疫)等。

8.2　根据原始记录,定期进行统计、分析和总结,用于指导生产。

附录A　名词解释(补充件)

A1　高产奶牛:305 天产奶(不足 305 天者,以实际天数统计)6 000 kg 以上,含脂率 3.4%的奶牛。

A2　初产牛:指第一次分娩后的母牛。

A3　初孕牛:指第一次怀孕后的母牛。

A4　围产期:指母牛分娩前、后各 15 天以内的时间。

A5　泌乳盛期:母牛分娩 15 天以后,到泌乳高峰期结束,一般指产后 16～100 天以内。

A6　泌乳中期:泌乳盛期以后,泌乳后期之前的一段时间,一般指产后第 101～200 天。

A7　泌乳后期:泌乳中期之后,干奶期以前的一段时间,一般指产后第 201 天至干奶前。

A8　干奶期:指停止挤奶到分娩前 15 天的一段时间。

A9　粗饲料:指各种牧草、秸秆、野草、甘薯藤、蔬菜以及用其制作的青贮、干草等。

A10　块根、块茎及瓜果类:指甘薯、甜菜、马铃薯、南瓜、胡萝卜、芜菁等。

A11　青干草:指以各种野草或播种的牧草为原料调制而成的干草,不包括各种作物秸秆。

　　A12　糟渣类:也称副料,主要有酒糟、粉渣、啤酒糟、豆腐渣、饴糖渣、甜菜渣、玉米淀粉渣等。

　　A13　精饲料:指谷实类、糠麸类和饼粕类饲料。

　　A14　矿物质饲料:主要包括食盐、白垩、脱氟磷酸盐以及微量元素等。

　　A15　日粮:一昼夜内,一头奶牛采食的各种饲料之总和。

　　A16　饲养标准:指我国制定的奶牛饲养标准。

　　A17　奶牛能量单位:我国饲养标准中,以 3 138 kJ(750 kcal)产奶净能作为一个奶牛能量单位。

　　A18　CMT 隐性乳房炎检查法:加州的乳房炎试验检查隐性乳房炎的一种方法。

附录二　无公害肉羊标准化生产技术规程

1　范围

本规程规定了无公害肉羊生产的饲养管理、饲料使用、兽药防疫、兽药使用等技术。

2　规范性引用文件

下列文件中的条款通过本标准的引用而成为本标准的条款。凡是注日期的引用文件,其随后所有的修改单(不包括勘误的内容)或修订版均不适用于本标准,然而,鼓励根据本标准达成协议的各方研究是否可使用这些文件的最新版本。凡是不注日期的引用文件,其最新版本适用于本标准。

GB 16548 畜禽病害肉尸及其产品无害化处理规程

GB/T 13078 饲料、饲料添加剂卫生指标和实验方法

NY 5148 无公害肉羊兽药使用准则

NY 5149 无公害肉羊兽医防疫准则

NY 5150 无公害肉羊饲料使用准则

NY 5151 无公害肉羊饲养管理准则

NY 5027 无公害畜禽饮水准则

3　饲养管理

3.1　养场环境、工艺

3.1.1　羊场环境应符合当地利用规划的要求,充分考虑羊场的放牧和饲草、饲料条件,羊场应建在地势干燥、排水良好、通风、易于组织防疫的地方。

3.1.2　羊场周围 3 km 以内无大型化工厂、采矿厂、皮革厂、肉品加工厂、屠宰厂或其他畜牧场等污染源。羊场距离干线公路、铁路、城镇、居民区和公共场所 1 km 以上,远离高压线。羊场周围有围墙或防疫沟,并建立绿化隔离带。

3.1.3　羊场生产区要布置在管理区主风向的下风或侧风向,羊舍应布置在生产区上风向,隔离羊舍、污水、粪便处理设施和病、死羊处理区设在生产区主风向的下风或侧风向。

3.1.4　羊场要设立隔离区隔离观察羊舍。

3.1.5　场区内净道和污道分开,互不交叉。

3.1.6　按性别、年龄、生长阶段设计羊舍,实行分阶段饲养,集中育肥的饲养工艺。

3.1.7　羊舍设计应能保温隔热,地面和隔墙应便于消毒。

3.1.8　羊舍设计应通风、采光良好,空气中有毒有害气体不超过规定含量。

3.1.9　饲养区内不应饲养其他经济用途动物。

3.1.10　羊场应设有废弃物处理设施。

3.2　引种

3.2.1　引进种羊要严格从持有《种畜禽生产经营许可证》的场(户)引进一级以上种羊。

3.2.2　购入种羊要在隔离场(区)观察不少于30 d,经兽医检查确定为健康合格后,方可转入生产群。

3.2.3　不得从疫区购买购入种羊。

3.3　饮水

3.3.1　饮水应符合人类的饮水标准,水质无污染、无毒无害。详见"畜禽饮水水质标准"和"畜禽饮水中农药限量指标"。

3.3.2　饮水设备不能漏水,以免弄湿地面或粪便。应经常或定期清洗消毒饮水设备,避免细菌孳生。

3.4　卫生消毒

3.4.1　消毒剂

消毒剂要选用对人和羊安全,对设备无破坏性、没有残留毒性的消毒剂,消毒剂的任一成分都不会在肉里产生有害蓄积。

3.4.2　消毒方法

3.4.2.1　喷雾消毒,用规定浓度的次氯酸盐、有机碘混合物、过氧乙酸、新洁尔灭、煤酚等,进行羊舍消毒、带羊环境消毒、羊场道路和周围以及进入场区的车辆消毒。

3.4.2.2　浸液消毒,用规定浓度的新洁尔灭、有机碘混合物或煤酚的水溶液,洗手、洗工作服或进行胶靴消毒。

3.4.2.3　紫外线消毒,人员入口处设紫外线灯照射。

3.4.2.4　喷洒消毒,在羊舍周围、入口、产房和羊产床下面撒生石灰或火碱液进行消毒。

3.4.2.5　火焰消毒,用喷灯对羊只经常出入的地方、产房、培育舍,每年进行1~2次火焰瞬间喷射消毒。

3.4.2.6　熏蒸消毒,用甲醛等对饲喂用具和器械在密闭的室内或容器内进行熏蒸。

3.4.3　消毒制度

3.4.3.1　环境消毒:羊舍周围环境定期用2%火碱液或撒生石灰消毒;场周围及场内污水池、排粪坑、下水道出口,每月用漂白粉消毒一次。在羊场、羊舍入口处设消毒池,使用2%火碱或煤酚皂溶液,定期更换消毒液。

3.4.3.2　人员消毒:工作人员进入生产区净道和羊舍,要更换工作服、工作鞋,并经紫外线照射进行消毒,并遵守场防疫制度按指定路线行走。

3.4.3.3 羊舍消毒:每批羊只出栏后,要彻底清扫羊舍,采用喷雾、火焰或熏蒸消毒。

3.4.3.4 用具消毒:定期对分娩栏、补料槽、料桶等饲养用具进行消毒。

3.4.3.5 带羊消毒:定期进行带羊消毒,减少环境中的病原微生物。

3.5 日常管理

3.5.1 羊场工作人员应定期进行健康检查,有传染病者不应从事饲养工作。

3.5.2 场内兽医人员不应对外诊疗羊及其他动物疾病,羊场配种人员不应对外开展羊的配种工作。

3.5.3 防止周围其他动物进入场区。

3.5.4 每天打扫羊舍卫生,保持料槽、水槽用具干净,地面清洁。使用垫草时应定期更换,保持卫生清洁。

3.6 羊只管理

3.6.1 选择高效、安全的抗寄生虫药,定期对羊只进行驱虫、药浴。

3.6.2 应对成年种公羊、母羊定期浴蹄和修蹄。

3.6.3 经常观察羊群健康状态,发现异常及时处理。

3.7 灭鼠、灭蚊蝇

3.7.1 应定期定点投放灭鼠药,及时收集死鼠和残余鼠药,并应做到深埋处理。

3.7.2 消除水坑等蚊蝇孳生地,定期喷洒消毒药物。

3.8 病、死羊处理

3.8.1 对可疑病羊应隔离观察、确诊。有使用价值的病羊应隔离饲养、治疗,彻底治愈后,才能归群。

3.8.2 因传染病和其他需要处死的病羊,应在指定地点进行扑杀,尸体按规定进行无害化处理。

3.9 废弃物处理

3.9.1 羊场污染物排放应符合规定要求。

3.9.2 羊场废弃物实行无害化、资源化处理原则。

3.10 资料记录

3.10.1 所有记录应准确、可靠、完整。

3.10.2 引进、购入、配种、产羔、哺乳、转群、增重、饲料消耗记录。

3.10.3 羊群来源,种羊系谱档案和主要生产性能记录。

3.10.4 饲料、饲草来源、配方及各种添加剂使用记录。

3.10.5 疫病防治记录。

3.10.6 出场销售记录。

3.10.7 上述有关资料应长期保存,最少保留3年。

4 饲料使用规程

4.1 饲料原料

4.1.1 感官要求:应具有该品种应有的色、嗅、味和形态特征,无发霉、变质、结块及异味。

4.1.2 青绿饲料、干粗饲料不应发霉、变质。

4.1.3　不应在肉羊饲料中使用除蛋、乳制品外的动物源性饲料。

4.1.4　不应在肉羊饲料中使用各种抗生素滤渣。

4.2　饲料添加剂

4.2.1　感官要求:具有该品种应有的色、嗅、味和组织形态特征,无结块、发霉、变质。

4.2.2　饲料中使用的饲料添加剂应是农业部《允许使用的饲料添加剂品种目录》中所规定的品种和取得批准文号的新饲料添加剂品种。

4.2.3　饲料中使用的饲料添加剂产品应是取得饲料添加剂产品生产许可证的企业生产的、具有产品批准文号的产品。

4.3　配合饲料、浓缩饲料、精料补充料和添加剂预混合饲料。

4.3.1　感官要求:色泽一致,无发酵霉变、结块及异味、异臭。

4.3.2　肉羊配合饲料、浓缩饲料、精料补充料和添加剂预混合饲料中药物饲料添加剂使用应遵守《饲料药物添加剂使用规范》。

4.3.3　肉羊饲料中不得添加《禁止在饲料和动物饮水中使用的药物品种目录》中规定的违禁药物。

5　肉羊饲养兽医防疫准则

5.1　疫病预防

5.1.1　工作人员要求

工作人员应定期进行体检,取得健康合格证后方可上岗,进入生产区并经过紫外线消毒进行无污染操作。

5.1.2　引进羊只

5.1.2.1　坚持自繁自养的原则,不从有痒病或牛海绵状脑病和其他羊只传染病及高风险的国家和地区引进羊只、胚胎(冻精、卵)。

5.1.2.2　必须引进羊只时,应从非疫区引进,并有动物检疫合格证明。

5.1.2.3　羊只在装运及运输过程中不应接触其他偶蹄动物,运输车辆应进行彻底清洗消毒。

5.1.3　免疫接种

肉羊饲养场要根据当地畜牧兽医行政管理部门制定疫病的免疫规划,制定本场的免疫程序,并认真实施,注意选择适宜的疫苗和免疫方法。

5.2　疫病控制和扑灭

肉羊场发生以下疫病时,应及时采取以下措施:

5.2.1　立即封锁现场,驻场兽医应及时进行诊断,并尽快向当地动物防疫监督机构报告疫情。

5.2.2　确诊发生口蹄疫、小反刍兽疫时,肉羊饲养场应配合当地动物防疫监督机构,对羊群实施严格的隔离、扑杀措施。

5.2.3　发生痒病时,除了对羊群实施严格的隔离、扑杀措施外,还需追踪调查病羊的亲代和子代。

5.2.4　发生蓝舌病时,应扑杀病羊;如只是血清学反应呈现抗体阳性,并不表现临床症状时,需采取清群和净化措施。

5.2.5 发生炭疽时,应焚毁病羊,并对可能污染点彻底消毒。

5.2.6 发生羊痘、布鲁氏菌病、梅迪/维斯纳病、山羊关节炎/脑炎等疫病时,应对羊群实施清群和净化措施。

5.2.7 全场进行彻底清洗消毒,病死或淘汰羊的尸体严格按动物防疫法的有关规定进行深埋、焚烧等无害化处理。

5.3 疫病监测

5.3.1 当地畜牧兽医行政管理部门应依照《中华人民共和国动物防疫法》及其配套法规的要求,结合当地实际情况,制定疫病监测方案。由当地动物防疫监督机构实施,肉羊饲养场应积极予以配合。

5.3.2 肉羊饲养场常规监测的疾病至少应包括:口蹄疫、羊痘、蓝舌病、炭疽、布鲁氏菌病。同时需注意监测外来病的传入,如痒病、小反刍兽疫、梅迪/维斯纳病、山羊关节炎/脑炎等。除上述疫病外,还应根据当地实际情况,选择其他一些必要的疫病进行监测。

5.3.3 根据实际情况由当地动物防疫监督机构定期或不定期对肉羊饲养场进行必要的疫病监督抽查,并将抽查结果报告当地畜牧兽医行政管理部门,必要时还应反馈给肉羊饲养场。

5.4 记录

每群肉羊都应有相关的生产记录,其内容包括:羊只来源,饲料消耗情况,发病率、死亡率及发病死亡原因,无害化处理情况,实验室检查及其结果,用药及疫苗免疫接种情况,消毒情况,羊只发运目的地等。所有记录应妥善保存。

6 兽药使用准则

使用兽药时还应遵循以下原则:

6.1 进行预防、治疗和诊断所用的兽药必须符合《中华人民共和国兽药典》、《中华人民共和国兽药规定》、《兽药质量标准》和《进口兽药质量标准》的相关规定。

6.2 优先使用符合《中华人民共和国兽用生物制品质量标准》、《进口兽药质量标准》规定的疫苗预防肉羊疾病。

6.3 允许使用消毒预防剂对饲养环境、厩舍和器具进行消毒,并应符合饲养管理中有关卫生消毒要求。

6.4 允许使用《中华人民共和国兽药典》(二部)及《中华人民共和国兽药规范》(二部)收载的用于羊的兽用中药材、中药成方制剂。

6.5 允许使用国家畜牧兽医行政管理部门批准和微生态制剂。

6.6 允许使用附录中的抗菌药和抗生寄生虫药,并应注意以下几点:

6.6.1 严格遵守规定的作用与用途、用法与用量及其他注意事项。

6.6.2 严格遵守附录中规定休药期。

6.7 所用兽药必须来自具有《兽药生产许可证》和产品批准文号的生产企业,或者具有《进口兽药许可证》的供应商。所用兽药的标签必须符合《兽药管理条例》规定。

6.8 建立并保存免疫程序记录;建立并保存全部用药的记录,治疗用药记录包括肉羊编号、发病时间及症状、药物名称(商品名、有效成分、生产单位)、给药途径、给药剂量、疗程等。

6.9　禁止使用未经国家畜牧兽医行政管理部门批准的兽药和已经淘汰的兽药。

6.10　禁止使用《食品动物禁用的兽药及其他化合物清单》中的药物。

附录三　主要相关网站

1. 中国养牛养羊技术网 http://www.zgynyw.com/

2. 中国养殖网 http://www.chinabreed.com/

3. 中国养殖信息网 http://www.aaabio.com/

4. 养殖商贸网 http://www.yzsmw.com/

5. 兽医中国网 http://www.evetcn.com/

6. 中国养殖技术网 http://yz.ag365.com/

7. 中国羊网 http://www.chinasheep.com/

8. 中国牛网 http://www.chinacattle.net/

9. 牛网 http://www.zhniu.com/

10. 中华羊网 http://www.sheepchina.com/

11. 中国畜牧业信息网 http://www.caaa.cn/

12. 中华畜牧业信息网 http://www.cnxmy.com/

13. 中国畜牧人论坛 http://www.xumuren.cn/

参 考 文 献

1. 莫放. 养牛生产学. 北京:中国农业大学出版社,2010.

2. 张英杰. 羊生产学. 北京:中国农业大学出版社,2010.

3. 李福昌. 兔生产学. 北京:中国农业出版社,2009.

4. 陈晓华. 牛羊生产与疾病防治. 北京:中国轻工业出版社,2014.

5. 刘海霞,张力. 牛羊生产. 北京:中国农业出版社,2012.

6. 姜明明. 牛羊生产与疾病防治. 北京:中国农业出版社,2012.

7. 姚新奎,韩国才. 马生产管理学. 北京:中国农业大学出版社,2008.

8. 侯文通. 现代马学. 北京:中国农业出版社,2013.

9. 岳炳辉,闫红军. 养羊与羊病防治. 北京:中国农业大学出版社,2014.

10. 何英俊,李润元. 草食家畜生产. 北京:科学出版社,2012.

11. 李治国,韩国栋,赵萌莉,等. 家庭牧场研究现状及展望. 草业学报,2015,24(1):158-167.

12. 薛庆玲,王惠生,刘艳敏,等. 以沼气为纽带的生态养牛模式的构建. 中国牛业科学,2009,35(3):77-81.

13. 李英,桑润滋. 现代肉牛产业化生产. 石家庄:河北科学技术出版社,2000.

14. 陈晓华,刘海霞. 牛羊生产技术. 北京:中国农业科学技术出版社,2012.

15. 闫明伟. 牛羊生产. 北京:北京师范大学出版社,2011.

16. 刘太宇,阎慎飞. 养牛生产技术. 北京:中国农业大学出版社,2013.

17. 王根林. 养牛学. 北京:中国农业出版社,2006.

18. 昝林森. 牛生产学. 北京:中国农业出版社,2007.